节点控制主导的城市设计方法

曲 崎 著

中国建筑工业出版社

图书在版编目（CIP）数据

节点控制主导的城市设计方法／曲崎著. — 北京：中国建筑工业出版社，2014.5
ISBN 978-7-112-16442-4

Ⅰ. ①节…　Ⅱ. ①曲…　Ⅲ. ①城市规划-建筑设计
Ⅳ. ①TU984

中国版本图书馆CIP数据核字（2014）第030601号

责任编辑：刘　丹　张　明
责任设计：张　虹
责任校对：李美娜　关　健

节点控制主导的城市设计方法
曲　崎　著
*
中国建筑工业出版社出版、发行（北京西郊百万庄）
各地新华书店、建筑书店经销
北京嘉泰利德公司制版
北京中科印刷有限公司印刷
*
开本：850×1168毫米　1/16　印张：19　字数：450千字
2014年4月第一版　2014年4月第一次印刷
定价：49.00元
ISBN 978-7-112-16442-4
(25253)

自　序

了解大连的人，会有一个较普遍的共识，大连是一个比较浪漫的城市，这里有美丽的广场，“成串”的广场，环绕着欧洲经典建筑的广场……这些广场显然具有独特的魅力，初到大连，会使人感到耳目一新，感觉身处一种特别的氛围之中。然而，这是一种什么氛围？是如何产生的？或许有人会产生疑问。然而，作为从事城市规划工作，生长在大连的笔者，却没有特别的感觉，也没产生过疑问。

1986年，笔者主持了“大连市城市建筑调查”工作。任务是对大连市管辖区内的所有建筑进行实地调查，主要目的是确定大连市城市建筑质量的分布状态，划定城市的历史保护区，确定改造区，为城市的旧城改造规划奠定基础，指导城市的旧城改造。20世纪80年代后期的大连，城市建设速度加快，城市核心区域的开发价值备受关注，旧城改造成为城市发展的主导方式。城市核心区有大量的，连片的，富有“特色的”历史街区，这些街区需要通过相应的规划予以保护。此次工作的主要成果是划定了大连的历史风貌保护区，各类保护区包括城市核心区的大部分。由于各种原因，此规划几乎等同于废纸若干，虽然中山广场当时被划为一类保护区，但即便没有划定，结果也不会比现实更糟糕。不过，通过这项工作，笔者对大连有了较全面、较细致的感性认识，并且上升到了一定的理性水准；对聂兰生教授关于大连“日本房”的注释，有了充分的理解；认识到大连居住建筑的主体为欧式日本房，大连的建筑风格以欧式风格为主。

1989年，笔者负责“大连市中山区分区规划”工作，对以中山广场、友好广场、站前广场为核心的城市核心商业区，进行了全面的调研。通过此项目，对大连的城市广场的布局具有了初步的感性认识：这些广场是城市核心商业区的核心，正是因为这些广场的存在，才使得大连的核心商业区具有较漂亮的形象，更具吸引力；大连城市广场的布局是“有意为之”，有一定的规律与目的性。

在1986年的调查工作中，笔者接触到了1938年日本人出版的《最新・详密　大连市全图》（见图4-30）。事实上，此图是“市街图”与“规划图”的综合性图纸。图中既反映出当时城市的建设实况，也反映出城市的规划实况。2000年初，阅读《大连城市规划100年》一书，了解了大连的历史，同时接触到了大连的初始规划图——俄国人萨哈罗夫的《达里尼规划》（PLAN DALNY，见图4-1）。比较两张图，对大连城市及广场的建设有了初步的认识：

（1）20世纪初，以俄罗斯人的规划为基础，日本人规划建设了早期的大连。20世纪50～80年代，城市建设成果有限。

（2）从萨哈罗夫的规划中明显体验到，城市广场布局规划为总规层面的规划。城市广场在总体规划层面，按照一定的规则或理念进行布局。

（3）初步认识到中山路、鲁迅路为大连一条靓丽的广场文化轴。其他的广场似乎也有一定的布局规律。

（4）20 世纪 80 年代后，大连的城市广场意在“延续大连的历史文脉”，却没有总规层面的统一规划，实际是破坏了大连城市广场的历史文脉。

（5）至 20 世纪 90 年代前，城市空间的发展，并没有超出日本人的规划控制范围。日本人规划的城市干道体系，至今也是城市发展与城市空间拓展的根基。

有了上述的认识，感觉有必要对大连的城市广场文化进行研究与探讨。2006 年笔者开始对大连城市广场的规划理念，以及广场的构成、广场的城市意义等几方面进行研究。当对大连的城市广场有了初步成型的系统的研究结果后，感觉还缺少相应的理论支持。在寻求相关理论的过程中，笔者学习了蔡永洁先生编著的《城市广场》一书，从理论上了解了欧洲的城市广场，了解了希波丹姆模式、欧洲古典主义风格、巴洛克风格。同时，为了解中国城市广场的发展，学习了《周礼・考工记》中“匠人营国”的理论，学习了梁思成、林徽因、杨鸿勋等专家的著作与文章，了解了中国城市及建筑空间的发展历史，也学习了黑川纪章、芦原义信等关于城市空间方面的著作，以及一些考古方面的论文。而关于中国的城市广场发展史，却是资料匮乏。所以，参考专家的文献和各种考古资料，包括《清明上河图》，笔者对中国城市广场的发展史作了初步的研究。在理论与实践结合的基础上，综合研究希波丹姆模式、匠人营国理论、国内外的广场与大连的城市广场体系，总结提出“节点控制主导的城市设计方法”。

2013 年 11 月

目　录

第2篇　节点控制主导的城市设计理论研究

导　言

关于城市设计的书很多，美国学者唐纳德·沃特森等编著的《城市设计手册》中，收集了历史上一些著名设计师的理论与作品，但并没有总结形成设计内容明晰，设计对象明确，设计步骤清晰，系统性的总体城市设计方法。中国城市规划设计研究院、建设部城乡规划司主编的《城市规划资料集》中指出："从城市设计理论的发展看，1980年代，我国规划界主要是引进欧美城市设计理论与方法；1990年代至今，国内对城市设计的内容、性质、对象、目标、组成要素、设计原则及城市设计过程有了新的认识。"但其中没有强调系统的总体城市设计方法，也未设置有关设计方法的章节，只是列举了一些城市设计的实例。

当今的城市设计理论与方法较为个性化，个案（示例）的理论，毕竟缺乏公共性与系统性。所以，我国目前的总体城市设计，缺乏较统一的模式与标准（这似乎也是世界性的问题），在总体城市设计方面，可谓良莠不齐。然而，总体城市设计具有基础性的意义，没有总体城市设计控制，任何层面的城市设计都是缺乏依据的，可能会给城市造成一定的混乱，比如没有上位规划的支持，重复设置地标建筑。

在研究专家、学者相关理论的基础上，笔者总结学习心得及几十年的工作经验，提出"节点控制主导的城市设计方法"。该方法着重于总体城市设计，尝试增强节点控制理论的公共性与系统性；确定设计的主要内容、对象、方法与步骤，并进行了较详尽的解析；力争与规划师的职责与知识层面相当，去"大师化"，重"专家化"，宜于系统地理解、掌握与应用；理论逻辑清晰：节点控制轴线，轴线控制路网，天面控制形态，对城市空间实施三维的弹性控制。基于东西方的传统理论与文化，提出新概念、新理论、新方法，对城市规划学科及行业的发展，具有基础性与革新性的理论与实践意义：

（1）"节点控制"理论，具有社会文化及空间文化的历史渊源，源于周代的"匠人营国"理论，以及古希腊时期的希波丹姆模式，是对中、西古典城市规划理论、方法的继承与发展。

（2）解析匠人营国的城市设计理论，追溯我国古典城市设计理论的文化渊源，一定程度上填补了我国城市设计理论发展史研究的空白。

（3）汉字、老子、物理，一一对应注释空间，进一步明晰了汉文化对空间的定义。对研究我国城市空间、建筑空间及空间文化具有基础性的理论意义。

（4）研究中国古代城市空间文化特色，提出"中华红空间"的概念，拓展学术研究领域，并奠定节点控制法的空间文化基础。

（5）提出中国城市广场的发展历程：原始社会的聚落广场，发展为宫廷广场、"坛"与"市"。一定程度上，填补了中国城市广场发展史研究的空白。

（6）明确定义城市结构，阐释其城市意义，对城市规划理论具有较重要的核心意义。

（7）提出城市运行机制的概念，为构建城市结构体系奠定理论基础。

（8）分析东西方城市空间文化的特点，相同点与不同点，明确东西方主流城市空间文化体系及其对于当代城市的意义。

（9）提出城市空间三大构成的概念，以节点空间、轴线空间、主体空间，建立城市空间研究的基础理论体系。

（10）提出城市天面的概念，以更准确地描述城市空间的形态，为城市容量的确定，提供符合城市空间形态要求的约束条件。

（11）提出城市自然体系的概念，构建绿色、可持续发展规划的基础。制定自然体系的发展规划，形成城市规划设计的自然约束条件与依据体系。

（12）提出城市文化体系的概念，构建城市的意识形态与上层建筑领域的基础。制定文化体系发展规划，形成城市规划设计的文化约束条件与依据体系。

第 1 篇

城市广场的发展史

对于节点控制法而言，正确地认识城市广场是基础。学习城市广场的发展史，能够改变对城市广场不全面与不正确认识的现状，明确城市广场结构性的城市意义，更好地建设广场、建设城市。欧洲是城市广场的发源与繁盛之地，其城市广场的发展历史是认识城市广场最好的教材。中国聚落广场的发展历程，可证明城市广场与社会形态、文化形态具有密切的关系。旧大连 (20 世纪 80 年代前) 的城市广场源于地中海文化，结合其在城市中现实的作用，分析其布局方法与形式，可以清晰地看出城市广场对于城市的控制及组织意义。分析“达里尼初始规划图”，明显地反映出城市广场在城市规划设计中的主导性与控制性意义。旧大连是广场塑造的城市，是研究“节点控制主导的城市设计方法”的起点，也是研究“节点控制理论”理想的、现实的城市模型。新大连 (20 世纪 80 年代后) 时期的城市广场，反映出我国的城市规划界，对城市广场认识存在着不足与偏差。

本部分重点介绍欧洲城市广场的发展史。为了反映城市广场发展历史的原始信息特征，了解城市广场原始的发展背景，本篇中关于欧洲城市广场的基本信息，参考蔡永洁先生所著的《城市广场》一书，在此表示衷心的感谢。

第 1 章

城市广场的基本意义与概念

本章的主要内容是阐述城市广场的基本意义与概念。由于不了解城市广场，导致了对城市广场认识的片面性，使当今城市广场的规划、建设表现出平面化的发展态势。城市广场似乎就是绿地与硬铺地的结合，其存在的目的只是为了漂亮，景观成为其唯一的城市功能。然而，这是片面的，甚至可以说是错误的。要改变这个现状，有必要了解城市广场的基本概念，理解城市广场存在的基本意义，认识广场对于城市的控制及组织意义，明确城市广场的“节点”本质。这对于城市广场的规划建设，对于城市建设，具有重要的结构性与基础性意义，也是理解节点控制理论的基础。

1.1　正确认识城市广场

20 世纪 90 年代以来，随着城市建设的大规模兴起，城市广场在全国得到推崇，呈现出特别繁荣的景象。虽然在城市产生的初期，有过城市广场的萌芽，但就城市广场而言，我国是一个城市广场建设历史短暂的国度，近代的城市广场建设源于外来文化。因此，不了解城市广场，对城市广场的认识产生偏差，甚至是错误，都是可能发生的事情，事实就是如此。以大连为例，对比新、旧大连的城市广场，会清晰地看出当今我国城市广场规划、建设中所存在的各种各样的问题。解决这些问题，发挥城市广场的重要作用，是学习城市广场的基本概念，了解城市广场对于城市的意义的根本目的。

1.1.1　从大连看对城市广场的认识问题

大连城市广场的建设历史，可以分为两个阶段。第一阶段是 20 世纪 50 年代前（旧大连），第二个阶段是 20 世纪 80 年代后（新大连）。旧大连的广场建设取得了很好的结果，这一点是得到公认的，表明旧大连的规划者，对广场的功能及城市意义具有明确的认知；而新大连城市广场建设中所出现的问题，表明新大连的规划人，在对城市广场的认识上存在一定的问题。

问题是多方面的，主要源于两种错误的倾向：一种倾向认为广场只是场地，另一种倾向认为广场唯美而无其他。由于对城市广场的构成、范围、功能等方面的认识不足，忽视城市广场的建筑元素，导致大连城市广场小品化、低俗化，成为城市的绿化景观，这是主要的现实问题。在场地周围的建筑毫无章法地建完之后，将其中间的场地画个圈，在圈内作“广场规划”，这种情况是较为常见的。在一个圆形的用地界线内作城市广场的规划设计，目的也只有一个，塑造广场之美。这必然使城市广场的规划设计，演变为场地的景观设计、图案设计。无论如何，这样的广场规划只能是二维的广场设计——场地设计，难以称其为规划设计，也可能变为绿化设计、图案设计等不属于规划设计的设计。单纯的以绿化为主的场地景观设计，不可能作好城市广场的建设规划，也不能成就“美”的结果，新大连及其他城市的很多广场都可以证明。

旧大连的规划者用心去作好广场边的每一栋建筑，而新大连的规划人用心地在一个圈里作广场的图案设计，却把建筑划在圈外。这就完全表明，旧大连的规划者认为广场主要由建筑构成，也包括场地；新大连的规划者认为广场由场地构成，不包括建筑。究竟是通过场地设计得到的星海广场好呢，还是注重周边建筑的中山广场好呢？答案是显而易见的，对广场的错误认识也是显而易见的。当前，一些平面化的广场随处可见，使得城市广场只剩景观意义而无其他，丧失了城市广场对城市更重要的意义。旧大连的城市广场是构筑城市的核心元素，而新大连的城市广场仅仅是绿化小品，城市广场已与构图“漂亮”的花坛画了等号。这样的问题也不仅仅出现在大连，是较普遍的现象。

1.1.2　正确认识城市广场的方法与目的

要解决对城市广场的认识问题，学习历史是必要的，历史能解释关于城市广场的一切。对城市广场发展历史进行研究，目的是对城市广场进行较全面的了解，以形成正确的认识，了解城市广场的城市功能、空间构成、空间范围等基本情况，明确城市广场在城市中所发挥的作用与意义，尤其是城市广场对于城市控制与组织的结构性意义。这对于了解节点控制理论，应用节点控制主导的城市设计方法，具有基础性的意义。可以避免城市广场建设中的错误，为城市奉献美丽、漂亮的空间形式，以及重要的、核心的城市元素，构筑城市建设与发展的结构性基础。

1.2　城市广场的核心与节点意义

城市广场的城市核心与结构性节点的意义，在古希腊早期的城市中就有所表现。伴随着社会的发展、进步，直至20世纪初期，城市广场一直是欧洲城市的核心，在城市中占有主导性与控制性的意义。

1.2.1　城市广场的核心控制性意义

“城市广场的出现首先归功于人类实际的社会需求，而并非有目的的城市空间造型的结果”[①]，古希腊集市广场的产生，就是源于古希腊社会的需求。古希腊人注重公共生活与公共利益，追求自由与民主，民主政体是古希腊社会形态的最大特点。社会形态要求与其相适应的城市形态，能够突出公共利益、服务于民主政体的公共空间，伴随着古希腊的社会、城市的发展而诞生，集市广场就是这样的公共空间。广场满足人们集会、贸易、交往等公共性活动的需求，神庙是上天与公理的象征，议事厅是民众参政的场所。集市广场是城市社会最具凝聚力，最具权威性，公共性最强的空间。集市广场的社会意义及城市功能，使其成为城市的政治、经济、文化中心。

古希腊时期城市的规模都不是很大，集市广场是城市唯一具有上述意义的公共空间，为控制城市生活唯一的核心。《人性场所》一书中这样描绘城市广场：“中世纪的城市广场或方场（piazza）通常是一个城市的核心，它是城市的户外生活和聚会场所；是集市、庆典及执行死刑的场地；还是市民了解新闻、购买食物打水、谈论时政或观察世态万象的场所。……如果没有了广场，人们怀疑中世纪的城市还能否依然发挥功能。”[②]

① 蔡永洁．城市广场[M]．南京：东南大学出版社，2006：1.

② 克莱尔·库珀·马库斯等．人性场所[M]．北京：中国建筑工业出版社，2001：1.

1.2.2　城市广场的结构特性与意义

古希腊时期，拉托与雅典是生长型的单核心结构模式的城市，米利都城是公元前5世纪由希波丹姆规划设计的典型的单核心结构模式的城市。集市广场是这些城市唯一的、核心的结构元素。古罗马时期，其城市文化在很大程度上继承了古希腊文明，到了帝国时期，社会的发展使城市的规模不断扩大。空间的拓展，人口的增加，成为集市广场发展的基础，帝王的需求成为集市广场变化的动力。首先，集市广场的空间形态，呈规则化的发展态势，按照帝王的意志，规划、塑造与运用空间，集市广场成为具有纪念意义的空间。其次，城市中集市广场的数量开始变为复数，以满足帝王们的欲望以及社会发展的需求。集市广场的这种变化，使城市的结构形式随之产生变化。古希腊的城市以一个集市广场为核心，是以点控制面的控制模式；罗马时期的城市，由多个集市广场形成多点控制的模式，也出现了由点确立轴线，由点与线共同控制的结构体系的雏形，如奥斯蒂亚（参见图4–17）。

中世纪的城市，集市广场发生了变化，“古希腊的城市公共空间很大程度上受民主政体的影响，具有很强的政治色彩，而中世纪集市广场的出现则主要来源于贸易活动的推力，经济特征强烈”[①]。因而出现了赫尔福德，其公共空间沿着城市的主要道路带状分布，以线（带）控制面；也出现了像伯尔尼、威林根这样的十字形带状公共空间与网络状公共空间，其共同的特点是以带状公共空间控制城市。中世纪虽然传承了古希腊、古罗马的古典文化，但其城市的空间形态与结构体系有了很大的变化。

文艺复兴时期，开创了复兴古典文化时代，艺术家、城市设计师们复兴古典城市文化的努力，产生了相对成熟的、多样化城市结构形式，如佛罗伦萨（参见图4–34），由安努齐亚塔广场、大教堂广场与乌菲齐广场共同确立了城市的主轴线，即以广场为控制节点，确立城市的控制轴线，形成控制城市的“点轴式”结构体系；罗马出现了以广场为核心的放射形与斜轴线空间结构体系（参见图2–11）；也出现了理想城市帕尔马诺瓦，以核心广场为主的广场群构成的放射形城市结构体系等等。城市的结构体系开始了复杂化、多元化的发展，但城市广场始终是城市结构体系的决定性元素，这是不变的。可以说，文艺复兴时期，是古典主义城市文化的巅峰期，创造了不朽的古典主义城市文化，如佛罗伦萨、威尼斯、罗马。此后，世界的许多城市都受到了古典主义城市文化的影响，如17～18世纪的巴黎，国王们借鉴罗马对巴黎进行了大规模的改造，如图4–4与图4–35所示，以古典主义风格为基础，塑造出巴黎的“帝国风格”；如18世纪成为首都后的华盛顿（见图4–33），同样具有典型的古典主义风格；再如达里尼（即旧大连），由广场构建的城市结构体系，是欧洲古典主义风格在中国的典型代表城市。

纵观欧洲的城市发展史，人类社会形态的实际需求，是城市结构体系形成的根本，社会形态决定集市广场对于城市的结构性意义。古希腊时期的社会体系，催生了单核心结构形式的城市。统治者、贵族阶级、普通民众均依赖城市广场发挥他们对社会的影响，这是集市广场城市结构性意义的社会基础，也是其产生与发展的动因。至今，城市广场在城市中仍然发挥着同样的作用，随着社会的发展、进步与社会分工的细化，城市广场正在扮演，

---

① 蔡永洁．城市广场[M]．南京：东南大学出版社，2006：26.

并可以扮演更多“中心”的角色，这样的中心当然是城市重要的公共空间节点，各种“中心”形成的网络构成城市的轴线控制体系，发挥结构性的作用。

1.3 解析城市广场

1.3.1 城市广场的功能与定义

1. 城市广场的功能本质

纵观欧洲的城市广场建设、发展历史，城市广场依托于集市而诞生，集市的城市功能是很明确的。所以说，城市广场在城市中的主要作用是承载城市职能。古雅典的集市广场是城市的政治、经济、文化中心；罗马的广场除了上述功能外，还强调广场的纪念意义，使广场成为帝王的纪念园，如图拉真广场；巴洛克风格的广场也同样，但更加注重广场的展示功能，如巴黎的星形广场；圣马可广场为世界的宗教中心……；城市广场不仅仅是城市重要职能的载体，而且是城市的功能核心，具有不可忽视的功能本质。

阿尔贝蒂对广场的主导功能有所阐述，一个是经营金银的，另一个是经营药草的，再一个是经营牲口的，还有经营木材的等等，强调每个广场的功能特点。他的观点充分揭示了欧洲城市广场的规划，重视广场的实用功能，在保证功能的基础上寻求艺术与城市的结合。随着城市的发展、社会的进步，城市广场的功能随之拓展，城市广场的功能更加繁多，综合性相对更强。为了突出广场的特性、特色，有必要强调广场的主导性功能，以区别广场不同的城市功能意义。如大连的人民广场以行政办公为主要功能，其城市意义为城市的行政中心；中山广场以金融功能为主，其城市意义为城市的金融中心。城市广场的基本的、主导的功能，包括政治、经济、文化、宗教等功能。

2. 功能对于城市广场的重要性

城市广场的功能性是众所周知的，也是容易被忽视的，或者被片面理解。正确认识城市广场的功能，赋予城市广场强大的城市功能，才能保证广场对于城市的重要意义。忽视广场城市功能的重要性，或片面理解广场的功能，往往会事与愿违，导致广场对于城市的意义大幅降低与贬值。例如，不承载重要的城市职能，只有景观功能的广场，就会丧失其存在的意义，也会失去它的光芒。

（1）成功案例

旧大连，在总体规划及总体城市设计层面，确定城市广场的布局，并赋予其强大的城市功能，使其成为城市的政治、经济、金融、商贸以及文化中心，从而保证了广场对于城市的重要意义，使得旧大连的城市广场为城市增光添彩，广受赞誉，规划人对此也津津乐道。新建的大连奥林匹克广场，承载着城市级的体育功能，是城市体育管理、比赛、活动与体育商品销售的重要场所，成为城市广场文化轴上新的亮点。

（2）失败案例

20 世纪 80 年代后，大连的城市广场建设规划，虽然整体上比较成功，但失败的案例也为数不少，原因就在于不能正确地认识城市广场的功能。提及广场，往往与城市的“美”同义，只注重广场的景观功能，对城市广场的综合功能产生了曲解。

过度偏重于景观功能，或者单纯追求景观效果，使得城市广场规划成为绿化、小品等景观元素的布局设计，城市广场沦为街头绿地的现象也时有发生。如 20 世纪 90 年代，在城市东部的华乐小区详细规划方案中规划设置了广场，而在详细规划层面根本不可能赋予广场重要的城市功能，所以该广场根本没有强调城市功能，只是为了“漂亮”而强调场地的美化。这样的广场概念不清晰，其作用无法与旧大连的城市广场相提并论，对于城市的意义并不大，不应称其为城市广场。这样的广场达不到设计者的预期目的，甚至起到相反的作用，所以，至今华乐广场仍未建成。

3. 城市广场的定义

城市广场属于地中海文化的产物。古希腊时代的广场“Agora”，作为市民各种活动、聚会的露天场所，如雅典市中心广场；古罗马时代的广场“Forum”，为公共集会的场所，指古罗马的市场与公共集会地、讨论地或法庭，如恺撒广场；中世纪、文艺复兴和巴洛克时代的广场“Plazza”，原意指大利城镇中的市场，后泛指周围有房屋的空旷场地，如威尼斯的政治中心圣马可广场；古典主义时代的广场“Place”，指的是街、路、停车场等场所，如旺道姆广场；近、现代的广场“Square”，指四周植树以供休息的方形场地，或指街道交会的广场。

从语言学角度分析，“广场”的概念在古希腊语中为“Platia”，含义为“宽阔的路”；拉丁语中为“Placo”，含义为“平坦的面”，与意大利语的“Piazza”含义相近；法语中的“Place”,英语中的“Place”以及德语中的“Platz”等都可以追溯到古希腊与古拉丁语的源头。英文描述与定义一些欧洲的城市广场采用“an open place used for public business”，“a short street、square etc in a town”，“a broad open place at the meeting of streets”等等词汇，其意义不能简单地“翻译”，但是，可以领会到其含义，也包含着古希腊语与古拉丁语的含义。

由于国家的体制不同，古代的中国没有欧洲式的市民广场，但远古时代王国的“祭坛”（祭拜祖先、神灵、天地，问卜等活动场所），封建制时期会聚人群的“市”，如供市民买“东西”的古长安城的东市、西市。其空间意义类似于“a broad open place at the meeting of streets”，也有“Agora”、“Placo”、“Plazza”、“an open place used for public business”等词语的含义。

建筑师与城市理论家罗布·克里尔（Rob krier）指出：“广场很可能是人类最早学会的城市空间的利用方式。它是由一组房子围绕一开敞空间而产生。”[①]《城市广场》中这样定义广场：“可以将城市广场理解为一种物质要素和非物质要素的复合物。首先，城市广场具有场所性价值，即对城市空间的控制性意义（至少对传统城市而言）及其自身的社会公共性征，……它是城市和城市公共生活的核心，它是社会融合的体现。”[②]

通过上述分析可以看出，城市广场的实际意义与描述广场的词语，有许多共同点：广场是城市某项或多项重要职能的载体，位于城市中的重点地段与核心部位，是汇聚人流、车流的场所，是围合型的、平整的、相对开敞、开阔的空间，是由建筑围绕开敞空间构成的。据这些共同点，综合考虑诸多因素，可从功能与空间形态两个方面定义城市广场。

---

① 唐纳德·沃特森，艾伦·布拉斯特，罗伯特·G. 谢卜利 . 城市设计手册 [M]. 刘海龙，郭凌云，俞孔坚译 . 北京：中国建筑工业出版社，2006：278.

② 蔡永洁 . 城市广场 [M]. 南京：东南大学出版社，2006：6.

从功能方面分析，城市广场是城市重要职能的载体，是城市重要的功能核心，是市民集会、休憩等活动的公众活动场所，等等。从空间形态方面分析，广场是尺度相对宽敞，场地较平整，有多条道路交会，主要由建筑围合形成的城市的重要空间元素。所以，可定义城市广场为：广场是城市中尺度相对宽敞，场地较平整，有多条道路交会，主要由建筑围合成的城市核心型空间；广场是城市重要职能的载体，是城市公共服务功能聚集的核心场所；广场是市民集会、休憩等活动的公共活动中心。

1.3.2 城市广场的构成与范围

1. 城市广场的构成

城市广场发展的不同阶段，广场的构成元素不尽相同，直到20世纪初，广场还保留有传统的构成元素。古希腊的集市广场由元老院、神庙、台阶（议事、观摩的座位）、巴西利卡、集市等构成，古罗马的集市广场由巴西利卡、神庙、集市、室内市场（商场）等构成，文艺复兴时期的广场由宫殿、教堂、政府大厦、巴西利卡、神庙等构成……研究欧洲的城市广场，不可能离开建筑，如果没有上述建筑，随便一块场地，不能被称为广场，而考古人员很难认定一片空旷的场地为广场。同样，如果没有商业活动的场所“商场”，也不能构成中国的“市”。重要的是，建筑是广场承载城市功能的必需，没有建筑，何谈广场的功能，没有城市功能就没有欧洲著名的广场。圣马可广场为城市的政治、宗教中心，罗马市政广场为城市的政治中心，巴黎星形广场为纪念性广场……

上述分析表明，完全意义的城市广场必须有建筑、场地两大类构成要素，场地为城市提供开敞空间，建筑限定开敞空间并赋予广场城市功能。城市功能、建筑、开敞空间三者组合，确定城市广场的物质意义。当然，城市广场还包括树木、花坛、雕塑、广场家具等其他元素，但这些只能称为广场的小品，城市广场以场地和建筑为主要构成元素。

2. 城市广场的空间范围

城市广场的空间范围与其空间形态密切相关，明确广场的范围，是广场空间形态设计的基本条件。广场的规划设计涉及广场的功能、文化、艺术等诸多方面的问题。所以，界定广场的空间范围，应从广场的城市功能及空间体系方面考虑，包括广场周边的建筑物、绿带等围合物占有的空间范围，也包括广场的场地及其周围的每一个地块。广场的范围往往被误以为是广场中间的场地的范围，所以有必要加以明确。

从古希腊的集市广场，到旧大连的长者町广场，其城市行政中心的功能不容置疑。假如没有神庙、议事厅，没有法院及市政府办公楼，场地是无法承载城市行政中心的功能的，广场空间必须包括建筑空间。然而，场地与其周边建筑的空间，也并不完整，因为建筑往往只占有其所在地块的一小部分，不能完整地表达地块的空间形态。所以，从整体角度出发，广场的范围必须是一个相对完整的空间区域单元。地块是城市最小的空间组合单元，将城市广场的场地及其周边的地块视为一个整体，才能更好地协调广场与城市空间的整体关系，并能塑造广场的整体空间形态，使广场有一个较完美的空间形象。

从空间组合角度分析广场的空间范围，城市广场的空间由场地空间及其周边的地块空间组合而成，其中包括建筑空间。场地空间为广场提供休憩及绿化、家具、雕塑等各类景观元素、广场设施布置的场地；建筑限定场地空间，并提供城市功能性应用空间，是决定广场空间形态的重要因素；地块空间为建筑提供基地。这三部分空间关系密切，是城市广场完美空间形态的基础。所以，城市广场的范围应包括广场内圈层的所有地块及场地空间，如图 1-1 所示。

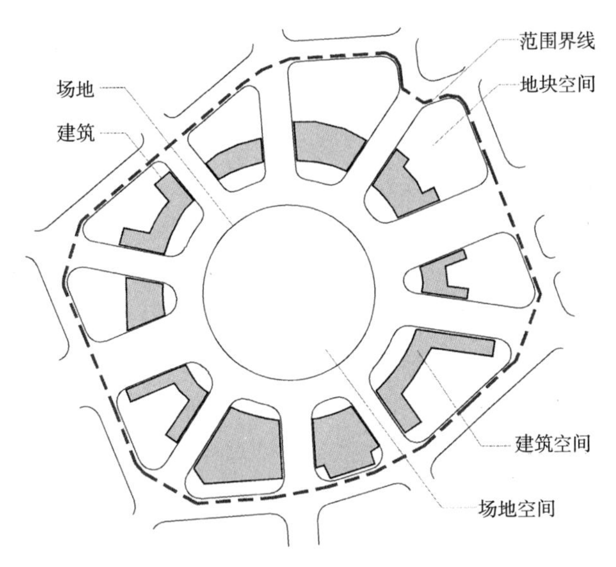

图 1-1　城市广场空间范围分析图

第 2 章

欧洲城市广场的发展史简析

本章介绍欧洲城市广场的起源与发展历史，揭示城市广场产生的社会与文化背景，对城市广场的产生与发展过程进行全面的阐述，并解析城市广场的城市意义，目的是了解与认识城市广场。认识城市广场，重要的是认识城市广场对城市的核心与控制意义。城市广场诞生的背景并不是城市需要美，而是社会深层次的政治、文化的影响与需求。人类社会的公共性需要公共空间承载，这是城市广场产生的基本背景。城市广场的城市意义，即城市广场对城市社会体系与空间体系的控制及组织意义，源于城市的社会文化与空间文化两方面的背景，这就是为什么中国远古聚落以祭坛为统治核心，古希腊以矗立着神庙的集市广场为社会核心的社会与文化渊源。祭坛与神庙都具有控制意义，是不同的社会与文化形态背景下产生的具有相同意义的城市元素。

2.1　欧洲城市广场的起源

人类生存的需求，是城市诞生的原因。人类的生存方式及其社会结构、形态会影响城市的空间形式、结构及形态。人类的生存方式是社会性的，社会性活动要求社会性的空间形式，即公共空间。城市广场属公共空间，其诞生与人类社会的政治、经济、文化具有本质的关联。公众的活动需要相对开敞的空间，共同的信仰需要更宏伟的具有震慑力与神秘感的空间，人类社会的非物质性需求，是城市广场产生的主要动因。城市广场是城市中较特殊的、重要的空间元素。相对开敞与公共性，是城市广场的空间与功能特性。

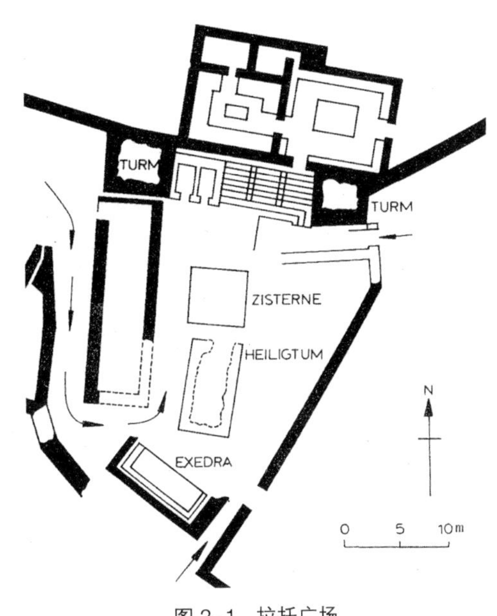

图 2–1　拉托广场

城市广场发源于地中海文明，广场的诞生可追溯到公元前 3 世纪的古希腊，希腊化时期的拉托（Lato）广场是迄今为止发现的最早的城市广场（图 2–1）。

2.1.1　古希腊文化与城市

古希腊人集体、公共、自由的意识铸就了古希腊文化，古希腊文化铸就了古希腊的社会与城市形态。古希腊文化是世界文化宝库的重要组成，其三大宝贵遗产——民主、艺术与哲学，构成古希腊文明的精髓。民主型文化是其区别于其他文化的特点所在，其优越性、先进性对欧洲，甚至世界的文明进程产生了积极的影响。古希腊人以民主、集体、公共和自由的理想，创造生活，创造城市，民主、艺术与哲学主宰着社会体系与城市体系的发展。古希腊的城市充分体现了古希腊文化的特点，城市的公共空间在城市中占有核心与主导地位，构成创造民主与自由社会的物质基础，成为民主、集体、公共文化的载体，为古希腊人公共性极强的生活方式提供了相适应的城市空间。古希腊的城市基本分为三部分，住宅构成的私人领地，神殿所在的圣地，集会、贸易、演出和竞技场所构成的公共区域。圣地、公共区域是城市的核心，其规模及形象都优于私人区域，体现其不凡的地位，以主宰、控制城市。

2.1.2 古希腊的集市广场

集市，是古希腊公共生活的载体，是古希腊城市中核心的公共空间，是城市广场诞生的城市功能性要素，是城市广场诞生的空间依托与构成基础。古希腊的集市广场是早期的城市广场，其构成主要有三大部分，集市、神庙与会聚民众的空间，也是广场构成的基本要素。集市广场的构成，与古希腊的社会形态是分不开的，民众对自由与公共型社会的追求，形成希腊民主政体的主导意识形态。在这种意识形态影响下，聚拢民众，给民众以充分的参政权，成为民主体制的重要支撑。民主政体的存在，要求城市设施与其相适应，即城市意识形态与物质形态的统一。集市广场，作为与民主政体相匹配的城市空间元素，有其产生的动力与存在的社会意义，成为承载古希腊文化的重要城市设施。

2.1.3 古希腊的拉托广场

古希腊的拉托城是克里特岛上最古老的城市，城中的集市广场为城市的核心。广场的布局如图 2–1 所示，南边布置了供贵族们议事、活动的平台；与之相对，广场的北侧为石砌的大台阶，为普通民众参政、活动的空间；中间为圣坛，南侧是议政空间，北侧为参政空间，圣坛是与神或主沟通的场所。显然，集市广场的构成与当时的政治体制及社会结构相适应，广场成为具有公众政治型的城市空间元素，是统治城市的核心场所。广场平面为梯形，高约为 25.5m，长、短边分别为 20m、12.5m，面积为 414m^2。广场的规模不大，但其三大要素，即后来广场上的议事厅或市政厅、神庙、开敞空间三大要素的雏形，是城市广场传统构成之源。

2.2 古希腊时期的城市广场

2.2.1 雅典

雅典，古老而美丽的城市，是希腊文化的精髓与代表。古雅典城的城市结构，是以集市广场为核心的单核心结构形式。古雅典集市广场的形成可追溯到公元前 500 年以前，广场周围的建筑均为公共建筑及宗教建筑，如图 2–2 所示。随着历史的发展，广场也经过多次改建，但无论广场如何变化，其公共性与核心性的本质始终不变，广场上的赫菲斯托斯（Hephaistos）神庙、议事厅、柱廊等公共建筑，一直是广场的主体。而且，随着广场的改建，广场周边的居住建筑逐渐被公共建筑所代替，这些公共建筑铸就与加强了集市广场的公共性与城市核心的地位。城市生活以集市广场为核心，追求社会的民主、自由、公共与开放性。

2.2.2 米利都城与普里安尼

米利都城（Miletus，图 2–3）与普里安尼（Preiene，图 2–4）是希波丹姆在公元前 4 世纪规划设计的两个城市。二者与古雅典城所不同的是有较明显的规划痕迹，同时，集市

图 2–2　古雅典城

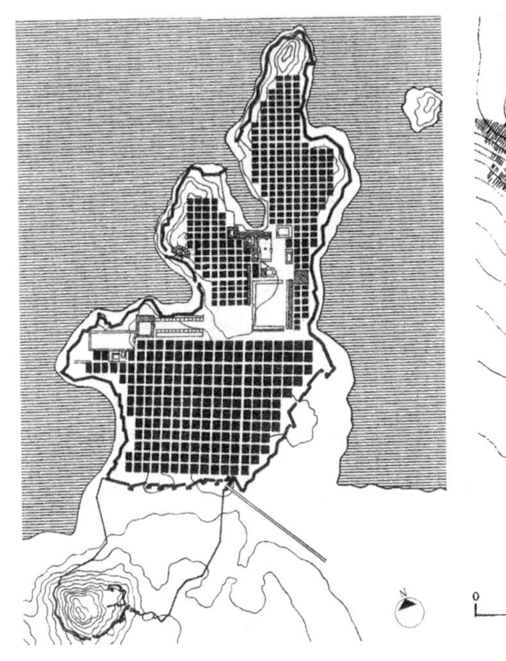

图 2–3　米利都城

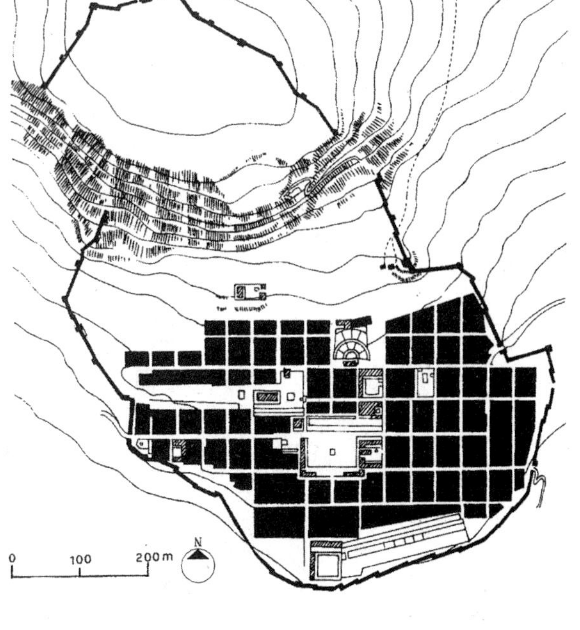

图 2–4　普里安尼

广场的核心地位更加突出。米利都城的规划，带有古代欧洲“国家政治”的色彩，其基本的规划思想是以一万人为一国，并分为手工业者、农民、士兵三部分；城市以 30m×50m 的居住街坊为基本单元，按方格网整齐排列；公共建筑集中布置在城市的中心部位，把居住区分为三个部分；规划具有分区的概念，城市分为文化区域、公共区域与私人领地。显然，这种分区规划是基于政治与文化的需求，城市中心设置神庙、广场、港口、体育场，发挥着城市政治中心、文化中心与经济中心的作用。分析米利都城与普里安尼的城市结构，其以集市广场为核心构建城市的规划理念，表达得特别清晰与典型。

2.3 古罗马的城市广场

古罗马的城市文化，一定程度上继承了古希腊文明，并受到古伊特鲁尼亚文化、两河流域文化以及埃及文化的影响。在共和时期，城市空间还具有较明显的希腊痕迹，城市广场以巴西利卡、神庙、柱廊等围合，体现了较明显的公共特征。古希腊文明与帝国文化，共同塑造了共和时期古罗马集市广场的权威性与公共性，为集市广场城市核心的地位奠定了基础。到了帝国时代，生产力的发展与社会政治、文化体系的演变，使城市公共空间逐渐演变为帝王们为个人树碑立传与展示权威的平台，广场的空间形态随之改变，空间由开放性向封闭性转变，从自由走向规整，广场周边矗立起大体量的建筑，形成连续的宏伟壮观的广场周边界面。帝王的广场群，更是统治者运用城市的空间元素，强调其个人意志，表达帝王权威的最佳载体，同时，也具有皇族“纪念碑”的意义。

2.3.1 古罗马城

罗马被誉为“永恒的城市”，获得这种美誉，与城市广场不无关系。到公元 2 世纪，在罗马帝国的鼎盛时期，罗马城占地 2000km^2，人口达 70 万 ~ 100 万，成为西方最大的人口聚集地。城市规模的增加，社会形态的演变，影响其城市结构的特性，单核心的城市结构已经不能满足城市规模的需求，城市的结构形式从单核心演变为多核心。因而，作为城市的核心型控制性元素，集市广场也朝着群落形式发展，城市的结构形式随之发生了改变。多个集市广场,形成城市的复合型核心体系结构。但是,集市广场的构成元素基本没有变化。

最初，为了保持台伯河两岸的联系，在台伯河东岸的交通节点上，设置了两个市场，即后来被融入城市的勃阿里奥市场（Forum Boario）与荷里托里奥市场（Forum Holitorio）。帝国时代的勃阿里奥市场（图 2–5），周边的建筑元素关联性不强，大小不同，形态各异，空间形式不规则，封闭性不强，是集市广场型的城市中心。随着城市发展，到公元 5 世纪，由于运河的修建，市中心的河水干涸，诞生了罗马集市广场，成为新的城市中心。

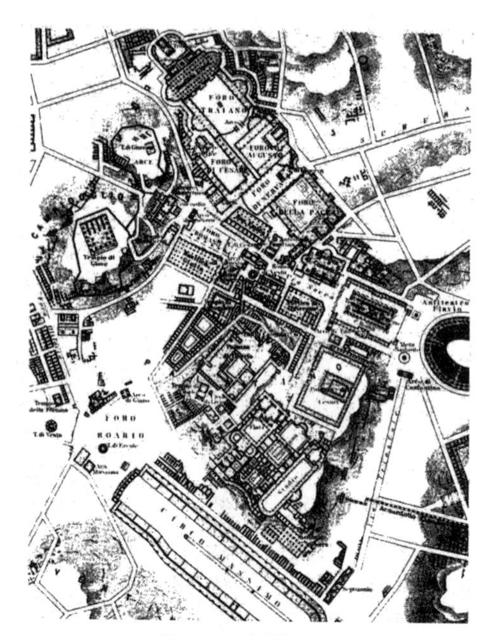

图 2–5 古罗马城

到了帝国时期，罗马的集市广场，逐渐成为历代皇帝为自己树碑立传与显示权威的重要平台。恺撒大帝通过建立巴西利卡尤利亚（Basilica Julia）进一步扩大了市场空间，同时在市场的北面建设了与原市场规模相当的恺撒广场（Forum Cesare），集市广场以统治者自己名字命名，更加提升了广场在城市中的核心地位，加强了广场对城市的控制。恺撒的后继者们也相继效仿：奥古斯都广场（Forum Augusto）建在恺撒广场的东北，与之相邻，规模与之相当；

尼禄皇帝则利用公元前64年的火灾，对罗马城进行了大规模的改造，同时在恺撒广场和奥古斯都广场的东南，罗马市场的东北，紧贴巴西利卡尤利亚建立了尼禄广场（Forum Nerva）；到了图拉真时代，更加重视广场的建设，他劈山平地，建设了规模最大的图拉真广场（Forum Traiano，图2-6），并将其融入宏伟壮观的公共建筑区（马尔斯区）与广场区，使二者有机地结合起来，共同构成新的城市生活中心。众多的城市广场形成的广场群，串构成一条重要且华贵的城市轴线，在这一条广场轴线的最南端是方形的德拉帕切广场（Forum Della Pace）。

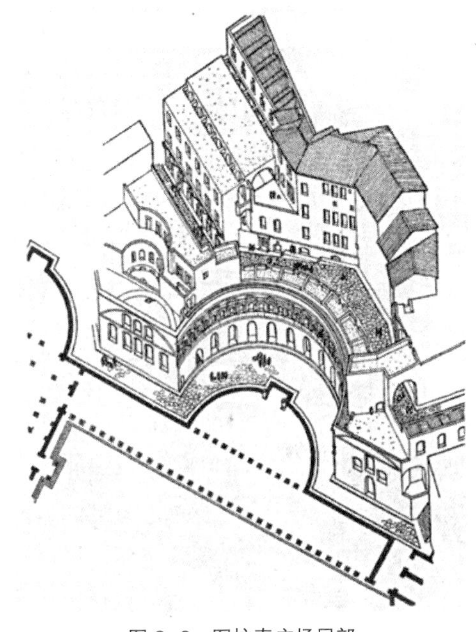

图2-6 图拉真广场局部

上述帝王广场的建设，使集市广场发生了改变，广场与城市的关系也随之发生了一定的变化。首先，广场的形态有了一定的变化，严格的轴线、对称的布局、围合与封闭的空间，是帝王广场与集市广场在空间形态特征上明显的区别。其次，城市广场的功能发生了巨大的变化，广场除了具备公众活动中心的城市功能外，其统治色彩更加突出，统治者以城市广场象征并展示其特有的权势。同时，城市广场的纪念性意义也明显增强，可以说，这些广场也是古罗马帝国帝王文化的产物。

2.3.2 奥斯蒂亚

奥斯蒂亚位于台伯河的下游。在台伯河的入海口建有奥斯蒂亚港，是罗马城重要的物资转运站。城市空间布局轴线呈“Y”字形，几乎所有城市的重要设施都布置在该轴线上，构成明显的线形城市空间结构体系。奥斯蒂亚集市广场位于城市东西向大道上，是城市主轴线上重要的空间节点之一。

奥斯蒂亚集市广场（Forum Ostia）长230m，宽80m，是一矩形广场，坐落在东西大道分叉点的东侧。广场具有明显的轴线，其主轴线与城市的主轴线垂直，由东西向的城市主路分为南北两部分。广场四周严谨的围合界面，体现出典型的罗马时代的特征。东西两侧以巴西利卡为主，南北两侧分别为小型的罗马神庙和卡皮托神庙。广场呈严谨的对称空间形态，表达出神权、政权与民权至高无上的理念，并展示、凸显了帝国之威（图2-7）。

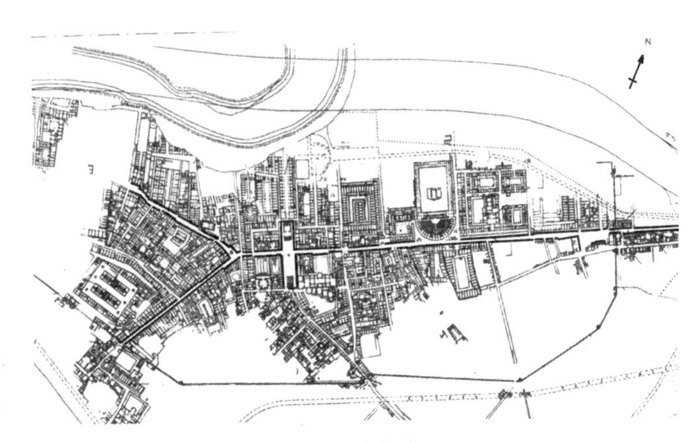

图2-7 奥斯蒂亚

2.4 中世纪后的城市广场

2.4.1 中世纪的城市广场“Market”

中世纪的欧洲社会，呈现出平衡与稳定的结构体系，贵族、教会和市民阶层共同维系着社会的秩序。按照史学家亨利·皮朗的观点，进入中世纪，欧洲的商品贸易活动有了很大的发展，出现了大型的非农业的贸易集聚点，大量的商业移民聚集在城堡的周围，为保护商业利益，需要稳定的社会体制与安全的生存空间。商业移民的聚集与繁荣的经济贸易活动，是中世纪欧洲城市诞生的原因。

与古雅典城不同，中世纪欧洲城市的发展模式不拘一格，适应各自所处的自然环境；城市的不同区域相互渗透，城市的公共中心形式复杂。但是，城市产生的基础与市场的商业特性，决定了集市在城市中占据着控制性的地位，这一点与古希腊、古罗马的城市是一致的。集市作为城市空间体系的控制性元素，影响着城市的结构形式，决定着城市整体的空间形态。

不同的社会背景，不同的城市模式，促使欧洲城市广场的发展进入了一个相对繁荣的阶段，这种初步的繁荣表现为广场形式趋于多元化。首先，“中世纪的城市设计原则显示出对于希腊传统的继承：明确的等级、简单与和谐”①，中世纪的集市广场虽然传承了古希腊、古罗马的民主政体与文化，但其意义与古希腊、古罗马的集市广场有所不同，广场的产生更倾向于贸易活动的需求，广场的本质更加商业化，即所谓“Market”。其次，集市广场的空间形态多变，如英格兰的荷里福德（Hereford，图 2-8），意大利的圣吉米尼亚诺（San Gimignano，图 2-9）集市广场，其空间形态与古希腊、古罗马的集市广场明显不同，没有刻意的围合，也不拘规整的形状，颇具“Market”色彩。如 18 世纪的瑞士小城伯尔尼（Bern），德国的斯特劳宾（Straubing，图 2-10）等城市，其街道型（放宽的街道）的集市广场，空间形态更具当今商业街的特点，没有为了强调而在形态上予以大幅的敞开、放大。

图 2-8 12 世纪荷里福德的集市空间

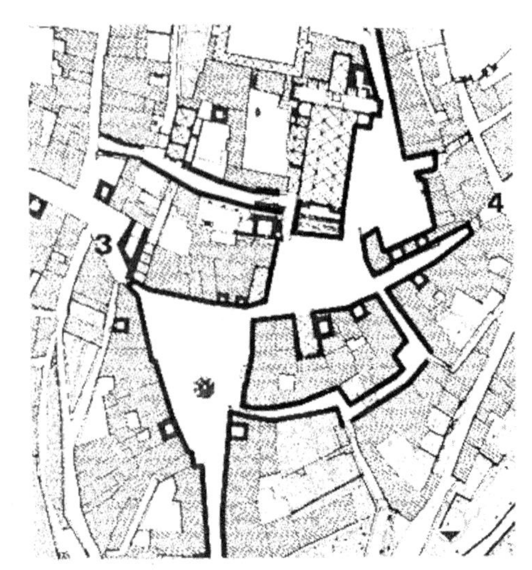

图 2-9 圣吉米尼亚诺集市广场

① 蔡永洁 . 城市广场 [M]. 南京：东南大学出版社，2006：38.

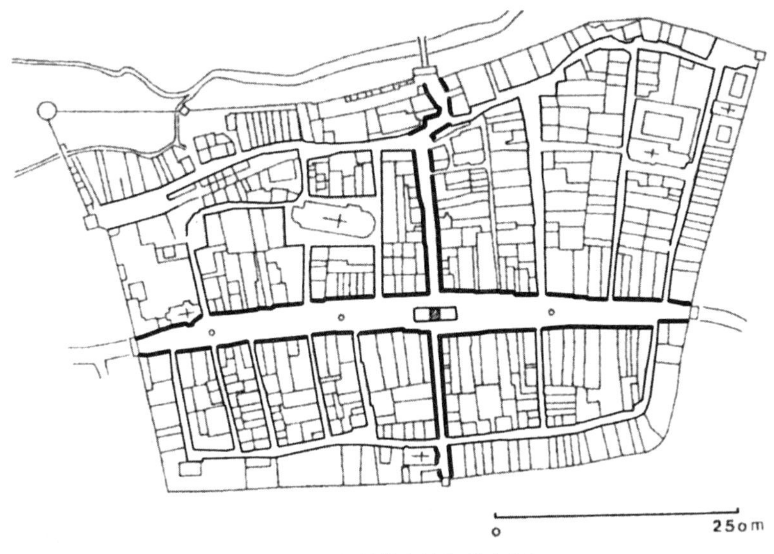

图 2–10　斯特劳宾的街道式广场

虽然中世纪欧洲的集市广场发生了一定的变化，但构成集市广场的物质性元素基本没变，也反映出当时的政治体制与社会形态。集市、市政厅、教堂三大要素沿街道布局，古典式建筑的高贵与威严主宰着城市的结构体系与城市的社会生活，形成对城市的线性控制机制。

2.4.2　文艺复兴与巴洛克的城市广场

文艺复兴运动，是欧洲历史的转折点，翻开了近代文化发展的新篇章。同时，文艺复兴也是社会变革运动，是早期的城市资产阶级为确立自己的地位而进行的反封建贵族的运动。这一时期是欧洲的思想体系与文化体系发展的鼎盛时期，产生于这个时期的城市空间设计理念，成为城市设计的思想源泉。达·芬奇、拉斐尔与米开朗琪罗，三位文艺复兴时期杰出代表的艺术思想体系与艺术造诣，铸就了辉煌的文艺复兴时期，成为时代的楷模。

文艺复兴时期，欧洲的城市进入了绚丽多彩的艺术时代，尤其是城市广场。1420 年，教皇回到罗马，使古罗马再次成为西方宗教的中心，迎来又一辉煌时期。教皇对城市的改建明确提出了一个新的概念，即城市整体空间体系的概念。图 2–11 为 17 世纪封丹纳的罗马城改建图，此时的罗马城，已不是单核心结构，城市的结构从单核心发展为多核心，并以多核心的“核”为节点形成结构体系。城市广场有史以来便是城市的核心元素，即所谓“核”，所以城市广场便从城市中的唯一状态发展为组群、组合状态，多个广场组合构成城市的核心区域，同时，成为城市结构体系的构成基础——城市节点体系。

文艺复兴时期的城市广场，其城市核心的功能开始弱化、分化。此分化为单一性至多元性的变化，并导致城市广场呈现新的发展趋势，产生城市广场体系。分析其变化原因，主要有三个方面：其一，是社会意识形态的变化所致，平民文化与自由思潮的冲击，动摇了集市广场的核心地位；其二，由于城市规模的拓展，城市可以容纳并需要多个广场；其三，由于城市的职能逐渐增加，需要更多的核心型空间载体。这些原因导致城市的核心由单一型向多元型、复合型转变，而城市不可能有多个政治核心，所以城市广场的功能从政治核

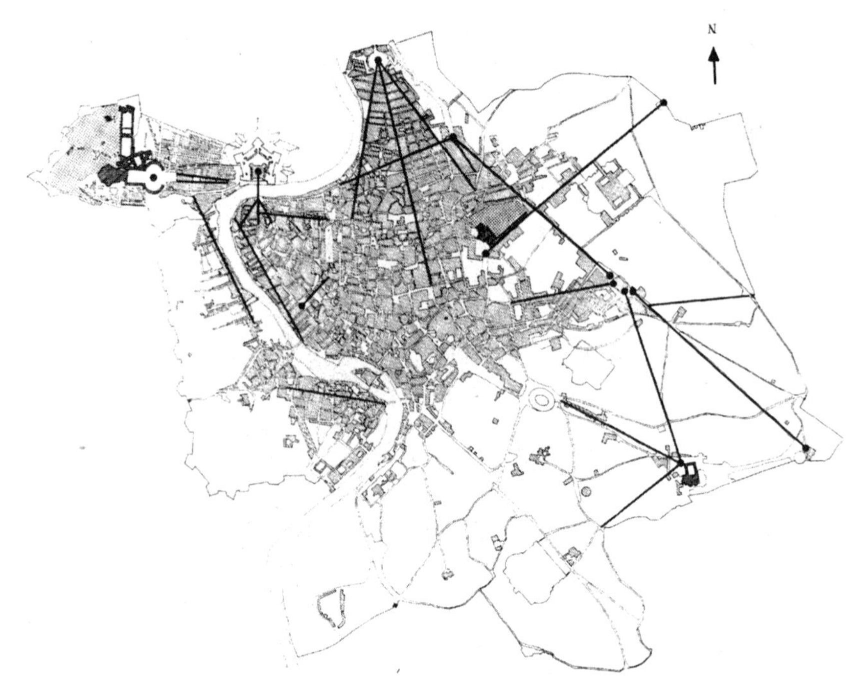

图 2-11　17 世纪封丹纳的罗马城改建图

心向其他功能与复合功能转化。而且，由于功能、规模的不同，广场形成了等级体系。这种广场的等级体系构成城市节点的等级体系。罗马的市政广场与威尼斯的圣马可广场，一个是世界的宗教核心，一个是城市的政治中心，但不是各自城市中唯一的核心。罗马城的波波洛广场以及巴洛克风格的圣彼得大教堂前广场等，它们的功能、作用不同，但也是罗马城中的核心元素。多个不同的城市广场，产生广场的功能体系；重要性的不同，产生城市广场的等级体系。这些体系的依存基础，是城市广场构成的空间体系。核心功能与空间相互依存，互为支撑，城市广场体系构成控制城市的核心节点体系。

佛罗伦萨可谓文艺复兴的中心，具有典型的意义。从中世纪到文艺复兴，在经历了几代人几十位建筑师和艺术家的创作，佛罗伦萨成为城市艺术的典型作品。安努齐亚塔广场是城市布局轴线北端的节点，该广场经历了 90 年的时间，由布鲁乃列斯基在 1427 年设计了广场西侧的育婴院，米开朗琪罗在 1454 年完成了广场北面安努齐亚塔教堂前的拱廊设计，桑加洛 1516 年完成了广场东侧的建筑。经过三位大师跨世纪的“合作”，呈现的是完整、和谐、统一的广场空间形态，长方形的广场简洁、亲切。16 世纪下半叶，西格诺利亚广场南端的乌菲齐宫（Uffizien）建成，乌菲齐广场因此而得名。乌菲齐广场为一街道式的广场，也称之为乌菲齐大街。从城市设计角度分析，其空间设计的目的很明确，就是要以乌菲齐广场为媒介空间，连接西格诺利亚广场与阿诺河。空间连接的巧妙手法，使得西格诺利亚广场与乌菲齐广场亦通亦隔，亦连亦断，这样的空间组合会使人产生不尽相同的美妙感觉；重要的是，笔直而规整的乌菲齐大街，华丽的建筑界面，与西格诺利亚广场共同构成城市南端的重要节点，同时与大教堂、安努齐亚塔广场共同确立了城市的主轴线（图 2-12）。

图 2–12　文艺复兴时期的佛罗伦萨城市中心结构

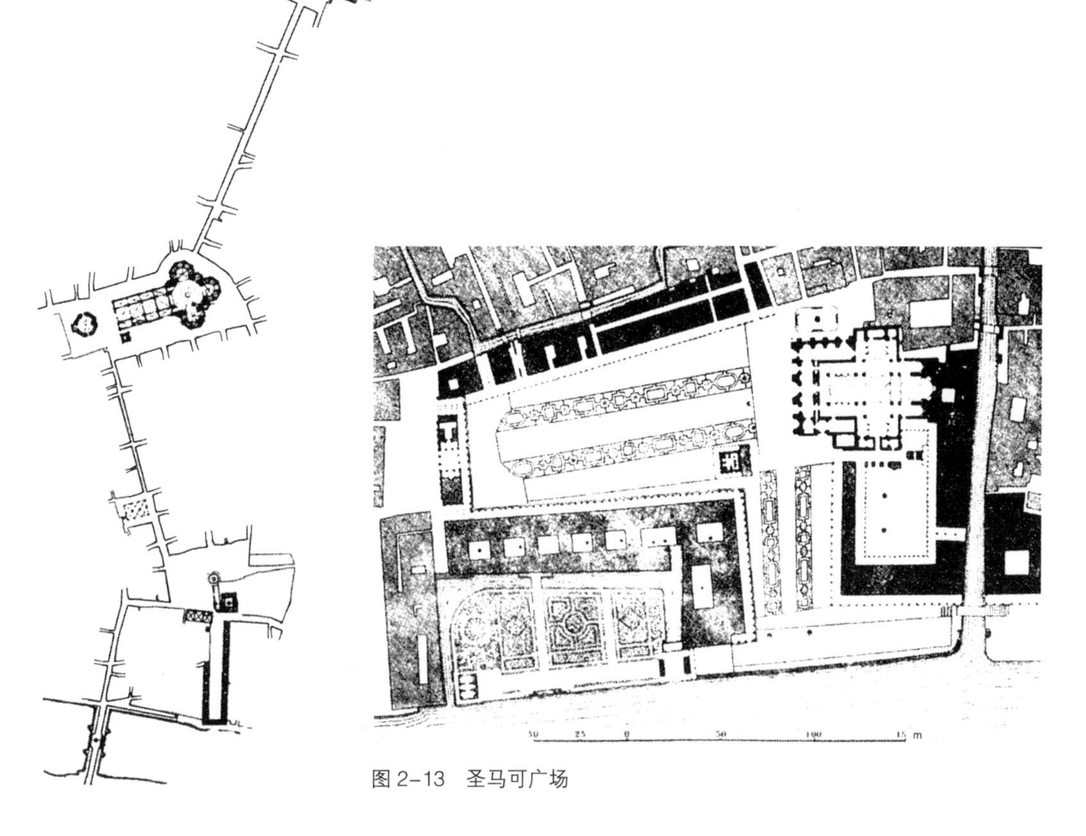

图 2–13　圣马可广场

文艺复兴时期，城市广场的另一重要变化是广场更注重艺术化发展，是创造这个时代的艺术大师们主要的城市艺术作品。罗马市政广场与威尼斯的圣马可广场（图 2–13），场地上的平面纹饰，显示出广场的时代特征与艺术风格，表明广场设计不仅追求建筑艺术，还体现出全面艺术化的发展趋势。尤其到巴洛克风格盛行的时期，由于对艺术的追求，广场又增加了艺术展示功能，成为建筑艺术的展示场所，这也成为城市广场彻底改变的开端。

2.4.3　古典主义与现代城市广场

1. 古典主义的城市广场

历史进入了 16 世纪，30 万人口的巴黎逐渐取代意大利的罗马，成为欧洲新文化思潮的发源地。此时的社会形态已完全脱离了聚落社会的纯真与古朴，帝王代替了崇敬的神，成为社会的主宰，宗教虽盛，也难抵帝王之威。城市的发展开始进入帝王时代，城市广场的构成发生巨变。17 ~ 18 世纪，欧洲进入典型的君主专制时代，城市建设借鉴罗马的经验，形成厚重、严谨、雕塑感强烈的古典主义风格。19 世纪，拿破仑三世对巴黎城进行了彻底的改造。奥斯曼以放射形结构形成城市空间的主要组合单元，并以放射形结构的核心为节点，确立城市的轴线体系，形成逻辑与理性的几何形城市空间体系。城市的总体空间设计，延续并发扬了文艺复兴时期的罗马风格，并将环形加放射形空间体系以及艺术展示的巴洛克风格推向高潮，形成了帝王色彩浓重的“帝王风格”，使当时的巴黎被誉为世界最美与最先进的城市，并成为影响欧洲乃至全球城市发展建设的典型城市。

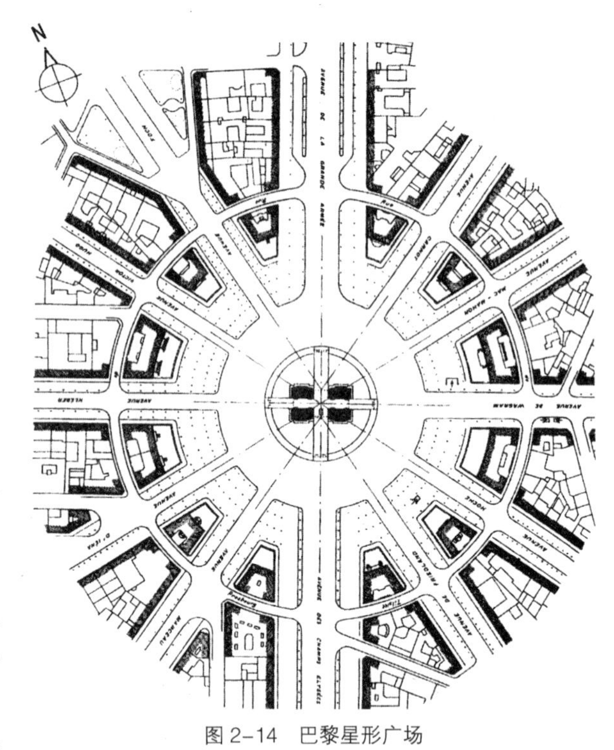

图 2–14　巴黎星形广场

17 世纪，巴黎开始建设一系列大型的城市公共空间，1608 年修建了多菲内广场（Place Dauphine）；1607 ~ 1612 年亨利四世亲自设计并督造了沃日广场（Place des Vosges）；1624 ~ 1645 年路易十三委托勒麦尔歇修建了王宫及皇宫广场（Place du Palais Royal）；1685 年路易十四下令始建胜利者广场（Place des Victoires）；1687 ~ 1720 年于勒・阿图安・芝萨尔设计完成了旺多姆广场（Place Vendome）；1757 ~ 1779 年由雅克・昂日加布列尔设计建成协和广场（Place de la Concorde）；1806 年拿破仑一世下令，由夏尔格兰设计，于 1836 年建成星形广场（Place de I’ Etoile）的凯旋门（图 2–14）；1854 年由奥斯曼设计完成共和国广场（Place Republique）；1880 年民族广场（Place Nationale）正式命名；1874 年随着巴黎歌剧院的建成形成了歌剧院广场（Place de L’ Opera）。到 19 世纪末，巴黎城内相继落成的项目还有巴士底广场（Place de Bastille）、夏德莱广场（Place des Chatelet）、金字塔广场（Place des Pyramides）、万神庙广场（Place du Pantheon），以及圣米歇尔广场（Place saint Michel）等诸多城市广场。巴黎变成了遍布开敞空间的城市，但这些空间大多是按照帝王的意志修建的，与城市的公共生活无关，它们是纪念性和权力性的产物。广场上的主导元素已不再是集市、神庙和议事厅，与古希腊的集市广场相比，这时的城市广场已发生了脱胎换骨的变化。城市广场已不仅是城市社会的政治舞台、经济平台，“展示”成为城市广场的主要功能，无论是要表达权威，还是要表达纪念性，都需要进行“展示”，而城市广场则成为最佳的展示功能的载体。

1780 年，华盛顿被选定为美国首都。12 年以后，总统华盛顿委托当时在美国军队服役的法国人皮埃尔・朗方（Pierre L’ Enfant）为新首都建设作规划。朗方生长在巴黎，深受巴洛克风格和古典主义的影响。朗方的华盛顿规划首先将设计的重点放在中心区重要建筑物以及广场的规划上，城市中心定在波托马克河旁，以此中心出发延伸城市结构体系。两条长短不同的垂直相交的轴线构成城市布局的主轴线：长约 3.5km 的东西轴线东起高地上的国会大厦，向西一直通向辽阔的波托马克河；较短的南北轴线分别连接北面的总统官邸白宫以及南面的杰斐逊纪念堂；两条轴线的相交处竖立着高高耸立的华盛顿纪念碑，一

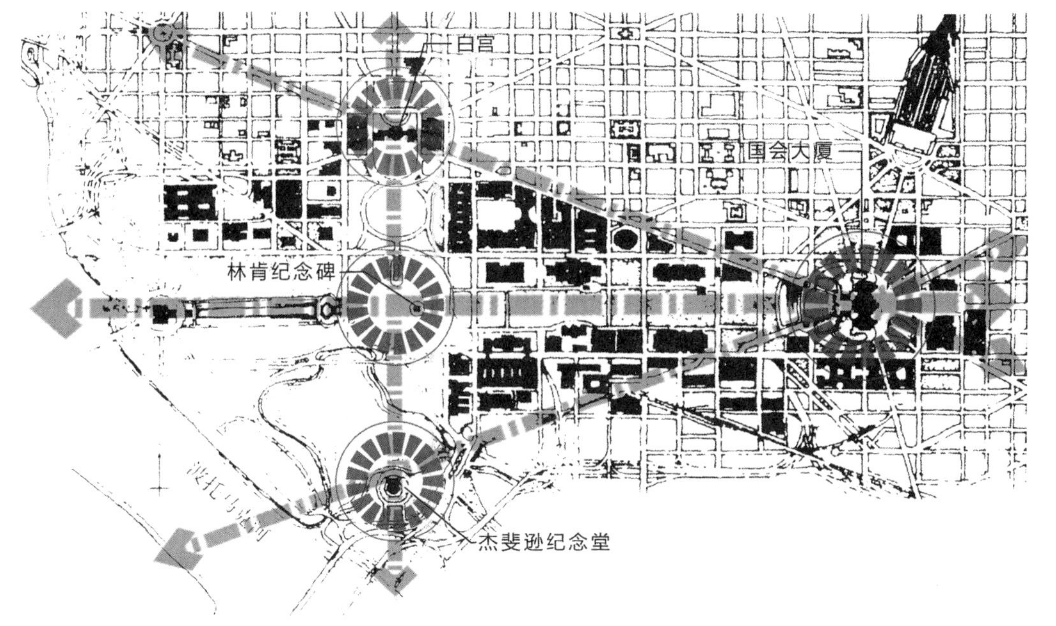

图 2-15a 华盛顿哥伦比亚特区中心城区结构分析图

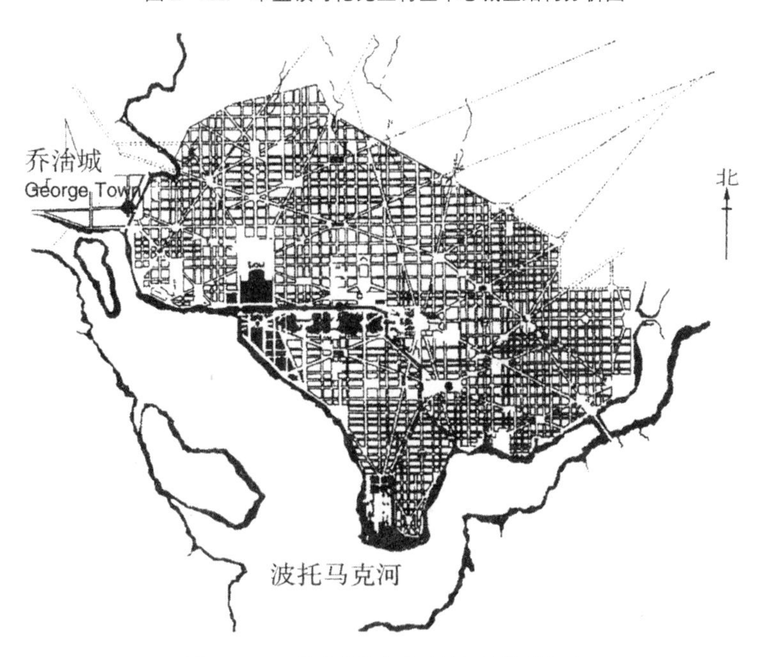

图 2-15b 华盛顿哥伦比亚特区结构形式图

个埃及式的方尖碑。设计师以象征一个国家荣誉与权力的建筑和纪念碑为节点，确立城市的主轴线，控制并形成城市的核心区域；以核心区中两个重要建筑——白宫和国会大厦为核心节点，结合分布于城市中的其他重要节点，确立了与方格网状路网斜交的放射形的斜轴线体系，如图 2-15 所示。

由于设置城市广场的目的发生了变化，城市广场的规划理念也有所不同。古雅典的集市广场是统治与管理社会的政治功能为主的空间，中世纪的广场偏重于“Market”，是贸易功能为主的空间。而18世纪的城市广场，在注重展示功能的同时，更加注重城市广场的结构性功能，广场从偏重于承载城市职能的功能性空间，转化为偏重于构造城市的结构性空间，成为城市的空间节点。规划师乐于用城市广场确立城市的布局轴线，构成城市的结构体系。当然，上述各时代的城市广场都具有控制城市的意义。

2. 现代主义城市广场

伴随生产力的发展与科学的进步，社会进入了现代文明阶段，基本摆脱了皇家的专制与贵族的控制，社会形态更加大众化与全民化。同时，社会已经发展到高度的工业化阶段。而工业化为城市的发展带来难以承受的副产品，城市空间过度聚集，环境污染严重。另一方面，人口的增加，城市规模的膨胀，资源的日益缩减，使得社会难以支撑奢侈的城市广场所带来的巨额财富的负担，城市建设需要节俭的发展方式的探索。

为了适应社会的发展，解决工业城市的诸多问题，新的城市规划思想相继产生。如英国人霍华德（Ebenezer Howard）的“田园城市”（Garden City）理论，美国人赖特（Frank Lloyd Wright）的“广亩城市”（Broadacre City）理论，其宗旨是向农村“疏散”城市，用农村的空间舒缓大城市的拥挤，以此解决大城市的种种问题。而法国人戛涅（Toni Carnier）的“工业城市”（Industrial City）与西班牙人马塔（Autoro Soday Mata）的“带形城市”（Linear City）试图更科学地进行城市的空间组织，解决城市问题。

具有代表性的是勒·柯布西耶的“光明城市”的城市设计理论。二战后始建的印度旁遮普邦的首府昌迪加尔，其规划设计基于勒·柯布西耶的“光明城市”理论。城市结构与古希腊的雅典城、米利都城、普里安尼相似，城市的行政中心为唯一的城市核心，位于喜马拉雅山下，城市的东北端由议会大厦、总督府邸、高等法院等主要的政府机构组成；规则的城市空间内规律性地分布着开敞空间、公共空间——由绿地构成的绿色空间。然而，实际上昌迪加尔与古典主义风格有着本质的不同。勒·柯布西耶规划的昌迪加尔是一个50万人口的城市，边缘型的单核心结构略显单薄，似乎难以控制如此规模的城市；政府中心区现代建筑的超大尺度，与非围合型空间，使其丧失了宜人的空间感，作为城市广场，在当时较难得到广泛的认同；城市布局强调功能分区的理想化，方格网式布局，符合工业化的标准，简洁、规律、本能、直白，但欠缺规矩——千年的城市历史文化的积淀，没有节奏感，显得平淡与死板；城市的开敞空间，抛弃了传统城市广场的形式，不是追求人文，而是追求自然，追求城市文明与自然的融合；城市放弃了公共空间结构性节点的作用，城市没有由广场构成的节点与轴线体系；城市的空间缺乏秩序感，平淡而生硬。

勒·柯布西耶的“光明城市”是反传统的城市规划及城市设计理论，是现代主义的代表性思想，影响了二战后的城市建设。新的规划理论，适应快速工业化发展的需求，符合快节奏的社会发展态势，也是社会发展的必然。但是，现代主义的作品，具有一定的“时装化”的特点，“时髦”的现代建筑很快便会成为过去式，彷徨、茫然而短寿。

至20世纪60年代，现代主义没有城市文化特色，没有宜人、感人的空间的城市，遭到了后现代主义的批判。查尔斯·摩尔（Charles Moore）1974 ~ 1978年在美国新奥尔良设计建造的意大利广场，以及巴黎的德方斯新区规划，作为后现代主义的典型代表，在体现了现代主义的空间设计理念的同时，也对其进行了反思与修正，延续了传统的古典主义城市空间设计方法。意大利广场的同心圆与德方斯新区规则的几何造型空间，是现代主义的具体特征，而意大利广场的古典建筑艺术符号，德方斯新区强化城市轴线对称布局，则是对现代主义的修正。

更值得注意的是，城市广场至此开始了大众化与平民化的转变，为市民提供休闲的城市生活场所，丰富城市景观成为城市广场规划的主要目标。古老的帝王广场开始融入了平民文化，平民化的文化元素代替帝王雕像入主新兴的城市广场。1983 年密特朗总统“钦点”贝聿铭负责卢浮宫广场的扩建工程，这一工程是为古老的皇家广场，增加现代化与平民化元素的较典型的工程。总统与皇帝不同，总统的意志必须建立在大众意愿的基础之上，绝不可以带有家族与个人色彩。光洁、透明的网格金字塔，既有古埃及文化的韵味，又可与古老的宫殿形成对比，体现出典型的现代化、平民化的艺术与功能特点。同样古老的里昂的沃土广场，在 20 世纪 90 年代进行改建，其设计竞赛的获奖方案充分体现了自然、现代与人性化的特点。古老的城市广场以其平民化的改变，同样可以维系，并将继续着它的“王者风范”，这是因为悠久的历史，雄伟的建筑，华丽的艺术，灿烂的文化，共同铸就了城市广场不朽的形象（图 2-16）。

增添了现代与平民元素的高贵而古老的法国

图 2-16　卢浮宫广场

2.5　欧洲城市广场规划理念简析

从公元前 3 世纪古希腊拉托广场，到 20 世纪 80 年代的法国卢浮宫广场的扩建，经过中世纪的商业化发展与 18 世纪的工业化发展，城市广场大致经历了四个发展阶段，产生三种不同形式的规划理念。相应地，城市从“单心单轴”的结构形式，逐渐发展为“多心多轴”的结构形式；城市广场从古希腊的古典规划理念，到中世纪符合城市商业化发展的规划理念，再到文艺复兴时期古典主义规划理念的复兴，最后到工业化推动下现代主义规划理念的诞生。然而，欧洲多数城市以广场为核心的形式没有变化，城市以广场为核心进行规划、建设，形成了以城市广场为核心的城市体系。这样的城市，“城市广场建设规划”的概念似乎不能成立，而以城市广场为基础和核心，规划建设城市，才是实际。所以，解析欧洲城市广场规划理念的意义，也在于解析欧洲城市的规划理念。

2.5.1 古雅典时期城市广场的规划理念

1. 规划理念

古希腊的集市广场（Agora），是古希腊文明在城市空间形式方面的重要特征，是古希腊人追求民主、自由、开放的文化现象与城市建设相结合的产物。集市广场是市民聚会、贸易、戏剧演出等公共活动的场所。集市广场周边大都设置议事厅、神庙等公共建筑。城市布局以满足民主政体的需求为主，强调公共场所的核心与统治地位。同时，城市布局也体现了古希腊人民强调民主、追求自由，以及追求公共性社会生活的特点。无论是规划痕迹较淡，相对自然生长的古雅典城，还是规划理念清晰、布局严谨的米利都城、普里安尼，无论规则还是形状自由的集市广场，都体现了民主、集体、公共和自由的民族理想。体现古希腊的政治、文化、民俗生活特点的城市布局方法，是古希腊城市规划建设的基本特点。城市以公共性最强的集市广场作为核心，构建城市的结构体系，使集市广场成为统治城市或国家的核心空间，即所谓政治中心、行政中心。

古雅典时期的城市规模很小，职能也相对简单，城市的结构体系均为简单的单核心结构。集市广场是城市的核心，理所当然地成为城市建设的重点，城市建设的规划，大都以集市广场为核心。因此，创建一个至高无上的，体现民主与公共性的空间场所，以统治与管理城市，是古雅典城规划的宗旨。为了实现这一规划理念，城市耗用巨额资金，聘请顶尖的艺术家，采用昂贵的天然建筑材料，动用数以万计的劳动力，经历几代人的艰苦劳作，建造了古雅典举世闻名的集市广场与雅典卫城，使之成为城市的核心，乃至世界的圣地。可以说，古希腊的公共空间是财富的堆积，是艺术精品汇聚的艺术殿堂，圣洁的大理石也显示了自然的造化。但集市广场的建设“不是为了从空间上渲染某个重要的建筑物，而是建立一个城市及城市生活的中心”①，这也很实际地反映出集市广场对于城市重要的核心意义。

2. 城市结构形式特点

就空间形态而言，古雅典城是一个相对自然的生长型城市，但其城市结构的特征同样明显，城市的核心为集市广场（Agora）与卫城构成的公共区域，体现了构筑单核心形式的规划理念。米利都城与普里安尼的城市结构，也是典型的单核心形式。其明显的规划痕迹，表明了希波丹姆“均匀划分城市”的规划思想，以公共空间（广场）为城市的核心，形成严格的功能分区，如图 2–3、图 2–4 所示。以集市广场为主体的公共区域成为城市的主导性空间，控制着整个城市。二者的共同特点是以城市广场为核心，结合穿越广场的道路，构成控制城市的主体框架。这种以集市广场为核心的城市结构，反映了当时城市的社会机能状态。这种状态，到了中世纪更加明显，如图 2–17 所示，各种城市机能的交集为城市的核心机能，图中“M”所代表的即是集市的城市职能。这种现象表明，古雅典城的城市结构形态有其社会形态的根源。

3. 广场特点分析

古雅典时期的单核心城市，其集市广场具有以下四个方面的特点：一是构成特点，如图 2–18 所示，广场以集市、神庙、巴西利卡、议事厅、柱廊以及场地构成，成为城市中

① 蔡永洁 . 城市广场 [M]. 南京：东南大学出版社，2006：2.

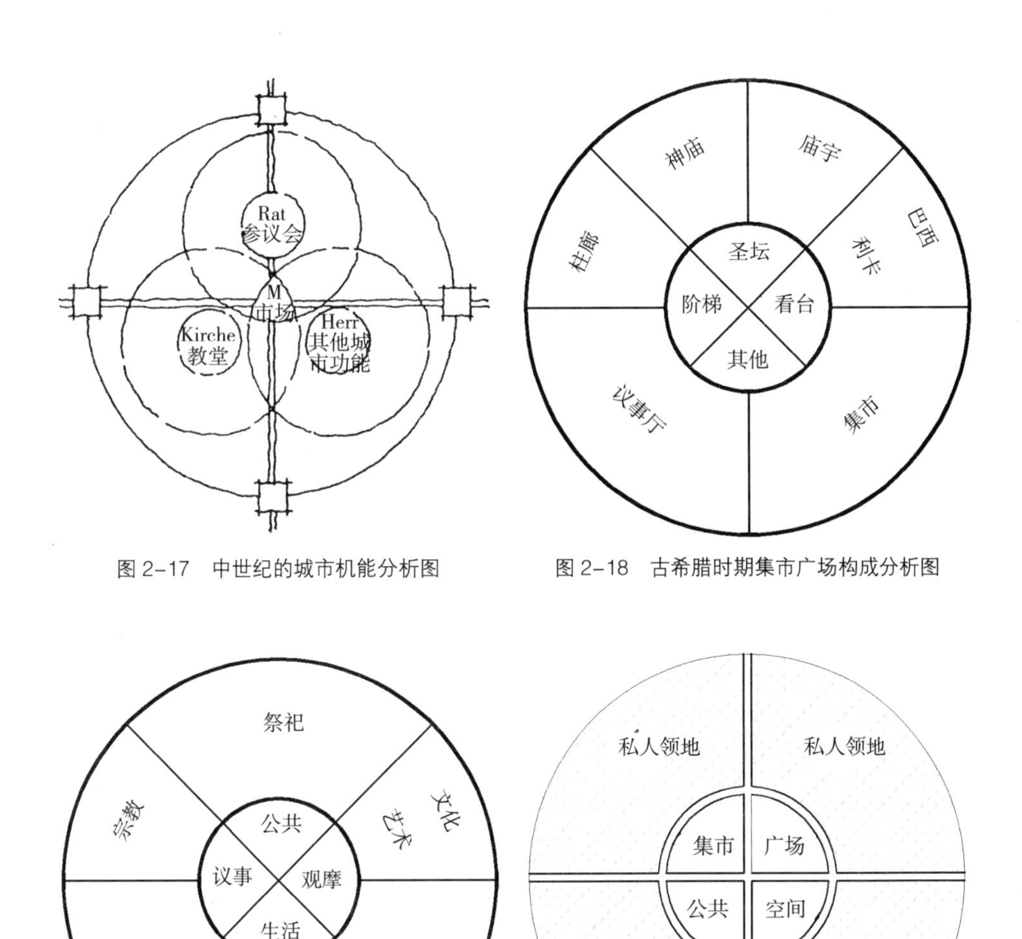

图 2–17　中世纪的城市机能分析图

图 2–18　古希腊时期集市广场构成分析图

图 2–19　古希腊时期集市广场功能分析图

图 2–20　古希腊时期城市空间布局分析图

最为积极的与至高无上的公共空间；二是功能特点，如图 2–19 所示，城市核心的功能是综合性的，集行政管理、宗教、经济、贸易等功能于一体；三是城市结构特点，如图 2–20 所示，城市核心是单一性的，公共区域是城市中唯一的主导性空间，控制着私人领地以及整个城市或国家；四是形象特点，追求城市艺术，集市广场，包括周围的公共建筑，得到艺术家特别的关注与青睐，艺术家们把集市广场视为主要的艺术载体，许多著名的艺术大师为集市广场塑造了不朽的艺术形象。

2.5.2　古典主义城市广场的规划理念

1. 古典主义风格与城市结构形式的演化

古罗马城是古典主义风格的主要发源地，其城市建设受到古希腊文化的影响，城市规划的理念延续了希波丹姆规划的原则，一直到共和时代。进入帝国时代，帝王们把城市广场作为重要的媒介空间，表达帝王的意志与权威，使得城市广场的公共性染上了浓重的皇家色彩。由于城市规模的扩大，城市职能的增加，以及帝王文化的兴盛，集市广场的数量开始增加，集市广场在城市中失去唯一性，其功能也随之开始了多元化的发展。

集市广场数量与功能的多元化发展，对城市的结构形式产生了巨大的影响，使城市的结构形式发生了革命性的变化，城市结构从单核心型发展为多核心体系。多个集市广场形成多个控制点，多节点控制的城市结构体系，产生多样化的城市结构形式。

2. 规划理念

文艺复兴时期是欧洲城市广场繁荣发展的阶段。“与中世纪不同的是，文艺复兴时期的建筑师从工匠的行列中分离出来，他们的工作不再是实施，而是设计与规划。这一转变使艺术家们获得了更多的时间来研究更为本质的问题，也使得造型艺术远离机械工作，变得更富有文化和智慧，更趋近于科学和文学。”①这段话表明，文艺复兴时期，也是古典主义理论走向成熟的初始阶段。15 世纪的人文主义者莱昂·巴蒂斯塔·阿尔贝蒂（Leon Battista Alberti，1404 ~ 1472 年）仔细研究了维特鲁威的《建筑十书》一书后，写成《论建筑十篇》。阿尔贝蒂崇尚古典主义，他认为，一个建筑师能否进行创造性的设计，关键在于他能否应用古典形式，在模仿古典风格的同时，他必须能灵活应用已经证实的原则。他明确指出，“城市不仅仅是为了居住，而要精心设计，除了公民的居住之外，应该为广场、马车道、花园留出地方……”，“应该在城市的不同部分设置数个广场，一些是为了在和平时期摆卖商品，另一些是为了给年轻人锻炼使用，还有一些是为了战争时期搁置存储物资，广场应该成为很多不同的市场，一个是经营金银的，另一个是经营药草的，再一个是经营牲口的，还有经营木材的等等；每一个广场都应该在城市中有专门的地方，并有不同的装饰。……”“在主要道路与广场应该有拱门矗立，这样就使城市显得雄伟和华丽。……”②上述观点强调城市广场的功能与艺术的结合，强调广场对城市生活的组织，强调塑造城市节点的重要性，体现出城市的整体性与综合性的设计。

按照古典主义的城市规划理论，城市规划设计以城市公共空间体系的设计为主导，而城市公共空间体系则是以城市广场为主体。从古希腊到古罗马，城市广场是城市中最重要的、核心的城市元素。可以说，古典主义的城市规划设计理念，是以城市广场为主题，功能与艺术完美结合，塑造高品质的城市广场，构建城市的核心节点体系，确立城市的布局轴线体系，以控制并组织城市。形成整体性较强的城市结构体系，构建城市的整体性与秩序性。

3. 城市结构形式特点

17 世纪封丹纳的罗马城改建图，表达出以广场为核心的放射形结构体系，以及特点显著的斜轴线对城市的控制（见图 2-11）。理想城市的出现，更加体现出城市广场的核心与控制节点的作用，城市以中心广场为核心，外围环绕着大小不等的次级广场，形成对整个城市的控制。而伴随巴黎的兴起，18 ~ 19 世纪，古典主义的城市规划设计思想在欧洲走向兴盛，并对世界各地的城市建设产生了很大的影响。罗马、佛罗伦萨、巴黎、华盛顿等城市，具有成熟的与成形的城市结构体系，是典型的古典主义规划理论的结晶。1806 年拿

① 蔡永洁 . 城市广场 [M]. 南京：东南大学出版社，2006：39.

② 王挺之，刘耀春 . 文艺复兴时期意大利城市的空间布局 [J]. 历史研究，2008（2）：146-163.

破仑一世下令由夏尔格兰设计，1836 年建成的巴黎星形广场，其围合与放射形态，是古典主义与巴洛克风格的典型代表（见图 2-14）。

17 ~ 18 世纪也是欧洲典型的君主专制时代，城市的建设体现出较强的时代特征——皇权至上。花费巨额财富，由艺术巨匠设计建造的城市广场群，是城市中最佳品质、最高权威的公共空间，竭力表现着皇权的统治。城市广场群作为城市的控制节点体系，控制着整个城市，这种控制是对城市的空间形态、功能性质以及社会形态等方面的全面控制。

总之，古典主义风格继承了古希腊与古罗马的城市文化，体现了帝王的意志，强调以多个广场为核心的，放射形与围合型的城市结构形式。

4. 广场特点分析

古典主义风格的城市广场与古雅典的城市广场风格有所不同，广场的构成元素更加丰富，以教堂、神庙、议事厅、艺术雕像为主体，功能多元化、主控化，构成城市中控制性的、最为积极的公共空间。文艺复兴时期，是城市艺术的鼎盛时期，帝王与贵族竭尽奢侈地追求城市艺术。古典主义的城市空间艺术，采用放射、围合的空间形态，聚焦与“拱卫”着城市广场，广场上的罗马、哥特、巴洛克、洛可可等艺术建筑，尽显富丽与辉煌，强调城市空间艺术的焦点、核心与重点——广场（见图 2-21、图 2-22、图 2-23）。广场的地面开始注重装饰，华丽的纹饰与绿化等元素被用来装饰广场的场地，如罗马市政广场。巨额的财富、杰出的艺术，堆积塑造出帝王的威严与气度。城市广场成为举世闻名的艺术殿堂，并与城市各种元素及功能有机组合、融合，表现出较明显的主次、疏密、轻重等关系，结合连接广场的道路空间的起伏、收放等变化，形成或朦胧

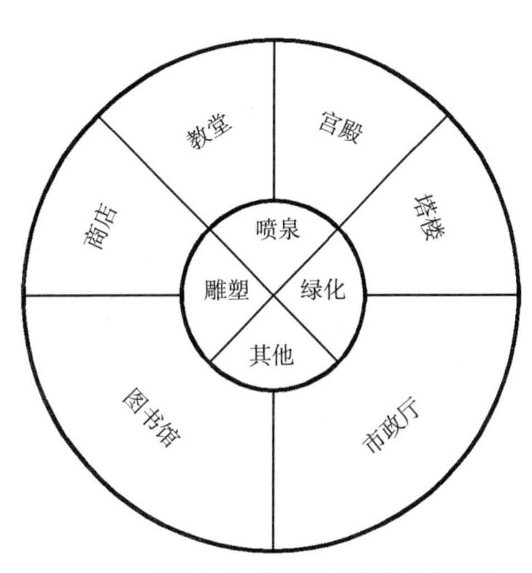

图 2-21　文艺复兴时期城市广场构成分析图

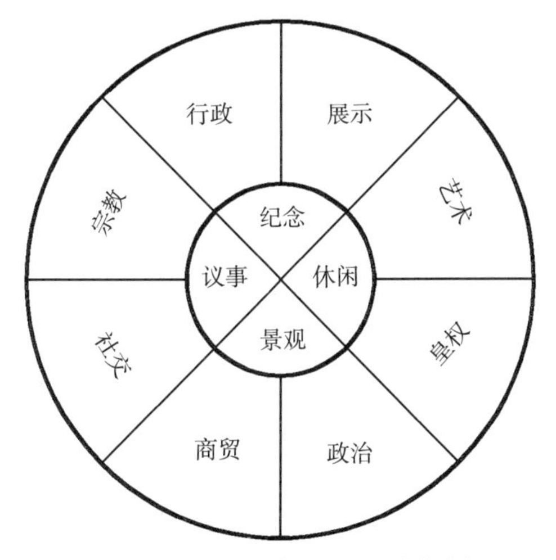

图 2-22　文艺复兴时期城市广场功能分析图

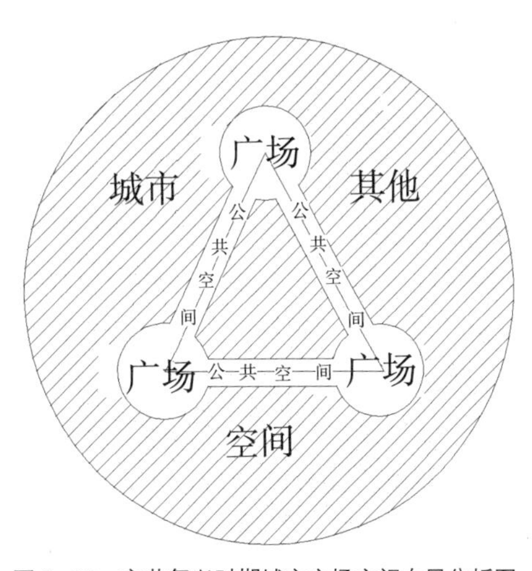

图 2-23　文艺复兴时期城市广场空间布局分析图

或清晰的韵律感，使得城市犹如一首动听的乐曲，一出感人的戏剧，一幅美丽的画卷，有韵律，有高潮，有虚实，有重点，感人肺腑，散发着浓浓的人情味，并散发出温馨的生活气息。

2.5.3 现代主义城市广场的规划理念

1. 现代主义城市规划理论产生的背景

历史进入20世纪20年代，城市的发展步入了现代文明阶段。科学的进步，使人类对宇宙及自然的认识更接近真实与科学；工业的发展，使得社会更加人文化，城市的人性化元素渐失，理性化元素膨胀。现代社会与古代社会文明的巨大差距，使得诞生于中世纪的古典主义艺术风格，难以适应高度现代化的文明。所以，科学性与工业化标准影响着城市规划思想的发展。在欧洲，更加科学与合理的现代民主政体，对社会的统治与管理，已经摆脱了对神明与上帝的依赖，更少需要环境与氛围的渲染。因而，理性化已成为城市规划思想的基本要求，现代文明催生了现代主义艺术思想与现代主义城市规划理论。

从古罗马到19世纪的巴黎、维也纳、马德里等欧洲城市，到华盛顿、伊斯法罕等不同文化与不同历史阶段的城市，城市广场的建设，都体现出较明显的皇家色彩，城市首先是为皇帝而建，其次才是皇帝的子民。明显的是，现代主义规划思想并非出自帝王，或体现帝王的意志，为皇族服务，也非出自艺术家之手。相对于帝制文化，新的规划理论更加文明，更加理性，更加偏重科学。社会脱离了帝王的专制，城市也淡薄了广场的控制。突出的是，新的规划思想更加淡薄艺术，城市规划师从艺术家转变为专家，城市从佛罗伦萨式的艺术殿堂走向平凡。

2. 现代主义艺术风格特点

现代主义艺术风格的特点是简约，现代主义城市规划理念的宗旨是简洁、科学与理性，城市根据功能的不同划分空间区域，同时强调城市与自然的互融。其城市设计的方法相对简单，提倡采用可以大量进行工业化复制的几何造型艺术，塑造城市的空间形象，追求适于科学管理与高效运行的城市布局，城市的总体空间结构，很大程度上取决于功能分区。

现代主义艺术风格不追求对城市空间与城市形象的艺术雕琢，也不追求对城市节点型公共空间的塑造，偏重于工业化的“专家艺术”，并非艺术家的艺术，工业化的特征明显。“机器加工”的艺术，不可能像“手工雕琢”的艺术那样，创造出宜人的、人性化的城市公共空间。所以，“机器加工”的城市，不同于“手工雕琢”的城市。现代主义城市的空间形态趋向于平等、平均，走向了平凡与平淡。如昌迪加尔，城市充分体现了工业化、科学化与现代化的风格；唯一重要的城市元素——城市的行政中心，略显“孤独”地靠在城市的北边；总体上，城市难分主次与轻重，显得平淡，使得城市犹如没有主旋律、没有强弱，没有重音与轻柔……，缺乏变化的平淡的音乐，难以触动人的情感，融化人的心灵，愉悦人的精神。平淡的城市让人沉闷，显得没有味道，缺乏人情。

3. 后现代主义风格的兴起

20世纪60年代末期，罗伯特·文丘里的《建筑的复杂性与矛盾性》以及查尔斯·詹克斯的《后现代主义建筑语言》对现代主义进行了批判，以他们为代表的后现代主义开始兴起，并对城市设计理论产生很大的影响。后现代主义采用象征、隐喻等手段，以期创造一种融感性与理性，糅传统与现代，集大师与大众于一体的空间艺术，修正现代主义的城市设计理念，找回逝去的历史，创造感性的城市。后现代主义的特点是既现代又古典，目的是综合古典与现代主义的优点。

然而，第二次世界大战以后的欧洲乃至世界，封建帝制早已荡然无存，尤其是 20 世纪 70 年代后，人类社会修复了世界大战的创伤，科学的发展使人类社会进入高速的现代化发展轨道。世界不会再有雅典、佛罗伦萨、罗马、威尼斯、巴黎等超级艺术型的古典城市诞生，新兴的城市不可能奢侈地耗费时间与财富，塑造古典的公共建筑空间。同时，为满足快速发展的社会的需求，城市的运行追求的是效率，工业化与科学化的潮流势不可挡。这就使得后现代主义处于尴尬的境地，后现代主义对科技、理性和工业文明的质疑，难以适应社会的发展与进步，显然也不会被社会认同。因此，后现代主义也并非完美的，同样遭到了批评。

第3章

中国城市广场的发展史简析

普遍认为，古代中国的城市，属于没有广场的城市，当今中国的城市广场源于欧洲。但追溯久远的中国城市文化，所谓广场在中国远古聚落遗址中也多有发现，古老的聚落核心空间具备了广场的空间与功能概念，可称之为“聚落广场”。伴随着社会的发展，高度集权的封建体制，聚落广场作为皇家城市设施引入皇宫，发展为宫廷广场；政治功能较薄弱的“市”，与中世纪欧洲的街道式广场并没有质的区别，成为具有集市意义的市民广场。所以，“聚落广场”可谓中国城市广场的萌芽，但没有发展成为集政治、经济等社会公共活动为一体的古希腊、古罗马式的城市广场。

3.1　中国远古聚落的广场

由于文化背景的不同，从古至今，中国没有欧洲古典形式的城市广场，但是作为一种公共性空间元素，广场还是存在的。中国最早的城市雏形诞生于氏族社会，其社会结构为聚落型体系，与之相适应，“城市”是较初级的聚落形式。祭祀场所，是聚落型城市中较多见的公共型空间，具有核心空间的意义，故称其为“聚落广场”。

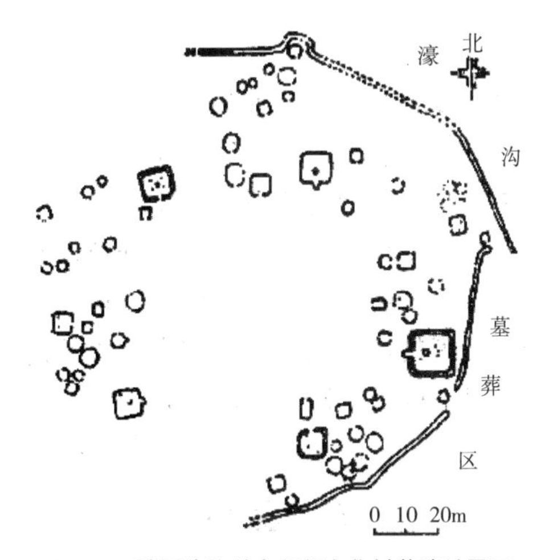

图 3–1　陕西临潼姜寨仰韶文化村落遗址平面

氏族部落社会由首领统治，氏族成员不一定有参政权利，所以这种中式广场空间并非欧洲的集市广场，其存在的意义并非服务于民主政体，而是以公众活动或祭祀活动为主。祭祀活动，是利用神明或祖先的威望，统一并规范人们的思想与行为标准的活动。可以说，祭祀场所是带有一定政治色彩的空间，是控制整个聚落的空间。重要的是，这种广场周围建筑的规模、结构及粉饰（朱砂），显示出极强的“王者风范”，说明这种中式广场与“王者”的统治密切相关。“‘大房子’的出现使原始社会的建筑群形成了一个核心，它反映着团结向心的氏族公社的原则。”[①]诸多仰韶文化村落遗址中间的圆形空间，都具备了公共性与核心型的特点，可以证明，早在原始社会，中国便有了城市广场的萌芽。

图 3–1 为在陕西临潼姜寨发现的仰韶文化村落遗址。其布局显示，村落空间已有了初步的规划痕迹，整个村落共分五组，类似于当今的居住组团，每组都以一栋大房子为中心布置。五个组团环状分布，中间为一开敞的圆形空间。此空间可以是汇聚人群的空间，供族人祭祀、集会之用，也具备核心的性质。分析村落的布局与建筑形态，从中可以体验到清晰的等级概念，建筑大致分为三级，每一组团只有一座较大的建筑，其中一组中的大建筑明显更大，而且在它的前面似乎有其所属的广场空间，很可能这就是氏族首领的居所，另四座较大的建筑为下一等级，其余的小建筑为第三等级。

与欧洲的集市广场不同，“聚落广场”边没有神庙，也没有议事厅，取而代之的是礼

① 杨鸿勋 . 建筑考古学论文集 [M]. 北京 : 文物出版社，1987 : 36.

器和神器。当然，氏族首领也可以在其广场边的大建筑内与其余四座大建筑的主人议事。虽然现在很难考证当时社会体制与聚落空间特征的关系，但从多数氏族聚落的墓葬形制分析，应该是氏族首领独享统治权。另一方面，这种“种族”、“亲缘”关系的社会体系，是相对简单的社会体系，不能与多缘的社会体系相提并论。因此，研究聚落型城市的空间形态，只注重其是否存在公共性与核心型的空间。

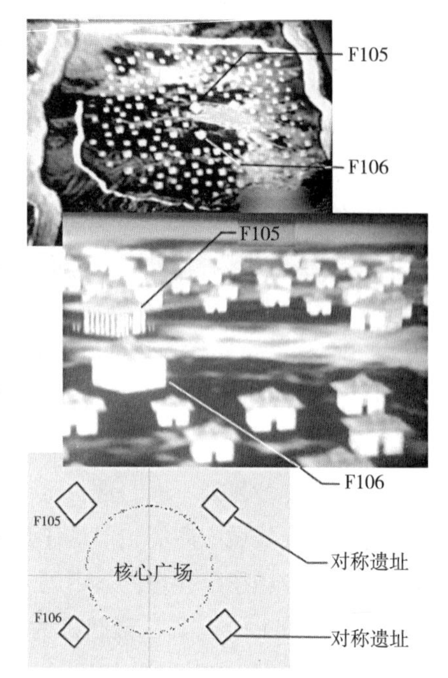

图 3–2　河南灵宝西坡遗址模型示意图

图 3–2 为河南灵宝西坡遗址的模型示意图，该遗址同样属于仰韶文化遗址。其中房址 F105 外有回廊（柱廊），占地面积超过 500m^2，房址 F106 室内面积达 240m^2，是目前发现的同时期最大的两座单体房屋建筑遗迹。两座房屋建筑技术复杂，F106 居住面下有多层铺垫，地面和墙壁以朱砂涂成红色。宏大的规模，复杂的建筑技术和特殊的位置，均显示两座房屋不是一般的居住房址，考古专家认定为大型公共建筑。更能说明问题的是，考古专家根据 F105、F106 的规模及布局，提出了核心空间的推理，据此发掘出与二者对称的另外两处房屋遗址，认定四座房屋围绕的空间为核心广场。由于时代相同，当地民间甚至认为此处遗址为黄帝的宫殿。

3.2　中国封建城市的广场

社会形态决定城市形态，高度集权的政体与封建文化，不可能培育出公众政治型的空间元素。按照匠人营国的理论，聚落广场发展为祭坛与殿前广场，这类皇族宫廷化广场是专为统治者服务的空间，具有统治意义与政治功能；而以经济功能为主的“市”，发展成为没有政治功能的市民型公共空间。皇宫中的广场不具有公共意义，而民间的广场又缺乏政治意义，因而中国的广场不同于欧洲古希腊、古罗马的城市广场。因为没有社会形态的需求，仰韶文化的聚落广场并没有发展成具有公共性的完全城市意义的城市广场。聚落广场作为控制城市与社会的初级的空间形式，只能成为中国城市广场的萌芽。

3.2.1　中国的宫廷广场

中国的封建统治从 2000 多年前一直延续至 20 世纪初，封建政体不需要民众参政，排斥民主，因而城市不需要承载公众政治与公众利益功能的空间。《周礼 · 考工记》阐述了周代的匠人营国理念：“匠人营国，方九里，旁三门，国中九经九纬，经涂九轨，左祖右社，面朝后市，市朝一夫。”[①]这是中国最古老的城市规划设计理论，也是最早的城市规划、建设

① 李德华 . 城市规划原理 [M]. 北京：中国建筑工业出版社，2001：13.

图 3–3　含元殿复原图

规范。随着社会的发展，如同“匠人营国”理论所规定的那样，按照“左祖右社”的规定，聚落广场走出了一条封建礼制式的宫廷化发展与演化之路，转化为皇族祭祀活动的祭坛与会聚众臣的殿前广场。这类宫廷化广场，成为皇城、皇宫、皇族不可缺少的，集治理国家与皇家私用为一体的重要空间，用于祭祖、祭天、祭地、祭神等仪式活动，或国家的朝政、皇帝的婚礼与生日庆典等大型活动。研究历代皇宫的空间组成，便会发现广场不仅存在，而且很考究，比如唐大明宫含元殿前的广场（图 3–3）、明清北京的故宫等。广场作为统治空间、奢侈空间进入皇宫，丧失了公众性，是显示神威、王威与王权的“私用”空间，但仍然是对城市具有控制意义的广场，因为城市必须围绕着宫城布局。如清代的天安门广场，类似一个放大的瓮城，位于长安左门与长安右门之间，是一个封闭的广场，虽然没有公共性，但城市依然围绕着皇宫与天安门广场为核心布局。

3.2.2　中国的“集市”广场

发达的封建经济，造就了繁荣的“市”类空间。与古希腊集市广场的“市”具有相同的意义，中国的封建城市，具有街道式的广场空间。匠人营国的城市规划思想，一直影响着我国古代城市的建设。按照前朝后市的规定，唐长安城执行严格的里坊制，设有东市、西市。宋代打破了里坊制，出现了“草市”、“墟”、“场”，集中着各种杂技、游艺、茶楼、酒馆等，附近还有妓院。元、明、清则沿袭了前朝后市的格局，街道空间通常是城市公共生活的中心。这种“集市”型的开敞空间，在城市中也有相当的规模，具有相应的城市意义。虽然没有古希腊城市广场的政治功能，依然是城市布局的核心，对城市具有一定的控制意义。如《清明上河图》中，汴梁古城城门内、外的商业型广场（图 3–4、图 3–5），是极富中国古文化色彩，充满诗情画意的城市开敞空间。整体上，城门内外的空间形态及公共性功能，展现出较为典型的“市”的概念。“市”与欧洲的一些小城市相似，是贸易化的、生活化的集市空间。这种类型的空间，属于街道式的公共生活的中心，类似欧洲中世纪的一些街道式结构的小城市，如瑞士的小城伯尔尼（Bern）、德国的米尔多夫（Mühldorf）、法国的斯特拉斯堡（Strassbourg）、奥地利的谢尔丁（Scharding）等，非民主色彩的街道式城市广场，可以称之为宋代的街道式城市广场。

图 3-4 《清明上河图》局部

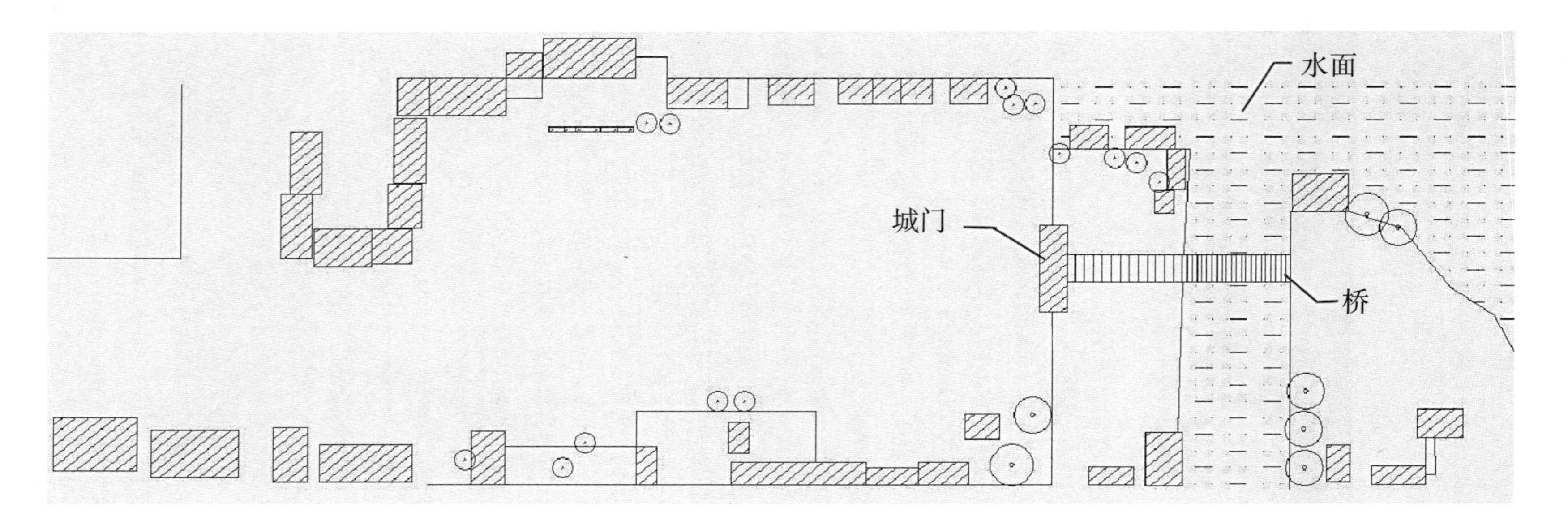

图 3-5 《清明上河图》中汴梁城城门内、外广场分析

广场简析：图中城门为汴梁城的主城门之一。从图中可以看出，城门口的内外均以店铺为主，空间在街道的基础上予以放宽，城内部分，呈较开阔的矩形空间，城门外，一座木桥连接两部分不规则形状的较开阔的空间，可谓宋汴梁城的出入口广场。

第4章

大连的城市广场

本部分的重点是解读旧大连城市广场的规划建设，研究前人的城市规划设计方法，同时，分析 20 世纪 80 年代后大连城市广场的建设，以汲取经验与教训。

19 世纪末沙皇俄国强占大连后，在建设旅顺太平洋舰队海军基地要塞的同时，在大连湾南岸建设西伯利亚最大的码头——大连港，大连由此而诞生。1898 年 5 月 29 日沙俄政府发表特别通告建设大连湾港，1899 年 9 月 28 日沙俄政府通过了大连的第一部总体规划——萨哈洛夫和盖尔贝茨编制的大连港和大连城市规划方案。此规划方案，采用了当时欧洲较流行的古典主义的规划理念，是大连城市广场建设的初始蓝图。规划方案在沙俄占领时期，只实现了现胜利桥以北片区，但道路网已经完成大部分，大部分城市广场已见雏形，城市结构已经定型。

1905 年后，日本占领时期的城市广场规划，基本上延续了上述方案的规划理念。随着城市的扩展，城市的广场也逐步增加，至 1945 年，城市的广场体系已基本形成。

20 世纪 50 ～ 70 年代，大连的城市建设处于低潮期。而 20 世纪 80 年代以来，尤其是 20 世纪 90 年代后期，伴随城市建设高潮的到来，大连掀起了新的“广场热”，各种形式的广场不断涌现。新的城市广场，“延续”了城市的“文脉”，展示了新兴的城市文化，取得了较大的成功，同时也暴露出许多问题。城市规划设计理论的匮乏，方法的朦胧甚至拙劣，导致了大连城市广场的定位模糊和建设中的败笔。这或许是城市文化发展短暂的“真空”、断代现象在城市规划及建设方面的表象。

4.1　沙俄统治时期的城市广场

19 世纪后半叶，世界列强疯狂地在中国掠地，中国进入了被列强瓜分的屈辱历史阶段。1898 年（光绪二十四年）3 月 27 日，清政府与沙俄帝国在北京签订了《中俄旅大租地条约》，1898 年 5 月 7 日在俄国彼得堡签订了《续订旅大租地条约》。大连由此进入了漫长的殖民统治时期。立足于对东北及辽东地区的经济侵略，或者说为了旅大地区经济发展的需求，脱离旅顺，沙俄帝国在长大铁路与大连港的连接点，规划兴建一座新的城市——达里尼。大连优越的地理条件，使俄罗斯人欲将达里尼“作为远东的世界海港城市来建设，企图进入世界名城之列”[①]。

文艺复兴时期的罗马，开创了多核心的城市空间体系，成为古典主义城市的基本结构模式，在城市发展史上产生了重要的影响，成为许多城市的模仿对象，巴黎即是这样一个城市。沙俄侵占大连后，时任市长的萨哈罗夫对欧洲文化名城巴黎“情有独钟”，所以，模仿巴黎“明星广场”的布局风格，把达里尼市设计成一个以直径 213m 的尼古拉耶夫广场为中心，10 条大街向四周辐射，连通一条条环形道路和数个小型广场的花园城市（图 4–1）。《达里尼规划》（PLAN DALNY）的特点很明显，大大小小的广场，按照一定的规律布置于城市的重要部位。这就是“欧式大连”之源，大连由此开始了她的成长历程，形成了中国乃至东方世界较为独特的城市广场文化。

① 刘长德 . 大连城市规划 100 年 [M]. 大连：大连海事大学出版社，1999：54.

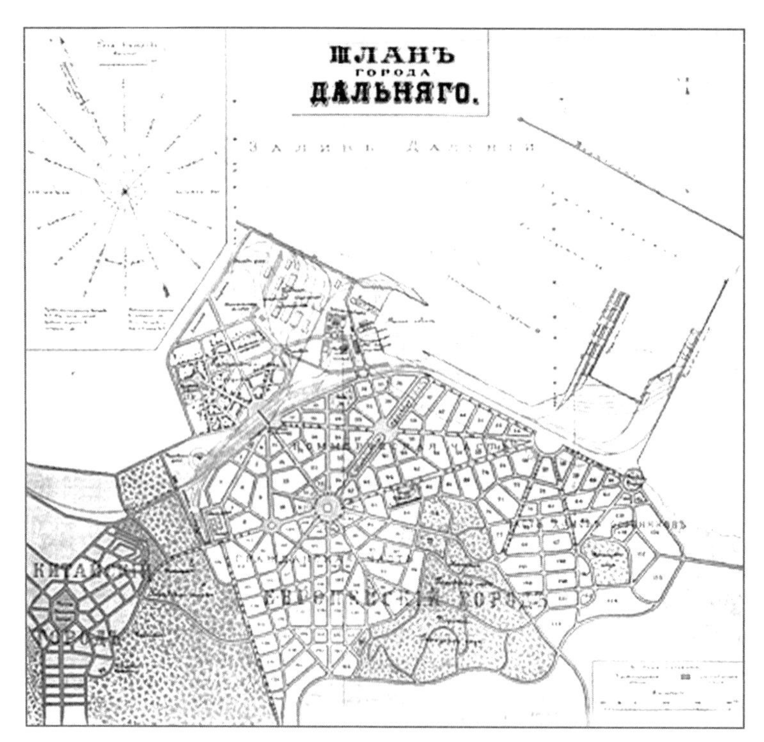

图 4–1　达里尼总体规划图

达里尼的广场周边建设项目，具有古雅典与古罗马集市广场的特点。在尼古拉耶夫广场周边布置了经典的、重要的建筑，有神庙、教堂、银行等。但与古雅典的集市广场不同，广场周边的建筑、功能设置，并不是社会政体的需要，也不再是皇权与帝制文化的需要，而是传承了古老的集市广场的特征性元素与文化特色，目的是强调欧洲古典主义的城市文化。

4.1.1　城市广场的规划理念

1. 历史与文化背景

城市广场的规划理念，与当时的历史背景有密切的关系。19 世纪末是古典主义城市规划理论的衰退期，或者说是现代主义规划理论的萌芽阶段，至 20 世纪 20 年代前后，现代主义规划理论已经兴起。纵览欧洲的城市发展史，城市广场伴随着城市的诞生而诞生，是城市中的“贵族元素”，是欧洲城市文明的显著特点。从 11 世纪古希腊城市文化传入俄罗斯，到 18 世纪彼得大帝的全面西化运动，欧洲古典主义城市文化逐渐在俄罗斯盛行。萨哈洛夫和盖尔贝茨将古典主义的欧洲传统文化与城市文明，移植到达里尼的规划中，表现为沙俄帝国西化运动的延续与延伸，有其帝国主义扩张与侵略的意图，目的是建设一个完全欧洲化的达里尼，进行文化侵略与占领，使大连彻底脱离中国，永久地占领达里尼。

2. 城市广场布局规划理念

城市总体规划的规划理念，是确定城市建设与发展的最基本的、决定性的理论基础。图 4–1 是达里尼的总体规划图，此图说明城市广场的布局，在总体规划层面已经确定。分析图中城市广场的布局，萨哈洛夫与盖尔贝茨的达里尼总体规划方案，主要体现了两种理念：一是沿袭欧洲古典主义的城市规划设计思想，强调城市公共空间在城市中的核心作用，以欧洲城市公共空间的典型形式——城市广场，架构与控制城市，形成欧洲古典主义的城市风格;二是注重城市空间艺术，达里尼的广场布局，注重追求形式美，显示出规划师“建设美丽达里尼”的规划理念。

虽然达里尼规划图没有文字表述，但其广场的规划理念，通过广场布局的某些特征有所表达。所以，通过分析达里尼城市广场规划的特征，可解析达里尼城市广场的规划理念。

（1）核心广场结构性控制理念

达里尼城市广场的布局，主导思想是以城市广场作为城市的控制节点，建立轴线控制体系，构筑城市的结构体系。

塑造城市核心节点，是广场布局首要的结构性目的。尼古拉耶夫广场仿照巴黎明星广场的形式，城市采用以尼古拉耶夫广场为核心的放射形空间体系，众多广场围绕着具有超大规模与完美空间形态的尼古拉耶夫广场。这种布局方式使尼古拉耶夫广场成为城市主要的、重要的核心型公共空间。虽然城市的结构特征与古雅典单核心城市不尽相同，但是一定程度上显示出单核心城市的结构特点。如图 4–2 所示，以圆形的广场为核心，构成多层级环绕与放射形空间体系，形成对尼古拉耶夫广场“层层拱卫”的空间形态，突出了尼古拉耶夫广场城市核心的地位。其他广场也是一样，放射形与围合形态，起到了突出广场，形成控制节点的作用。

确立城市的轴线体系也是广场布局主要的结构性目之一。如图 4–3 所示，由西广场、尼古拉耶夫广场、东广场确立了城市的主轴线——西—莫轴线（西通—莫斯科大街）[①]。另外，达里尼的放射形空间体系，形成了许多由斜轴线组成的“三角形框架”体系，构造了达里尼稳固、严谨的城市结构体系。犹如一棵树，主体为躯干，躯干分出枝杈，枝杈生出叶与花果，形成一个有机的整体。达里尼以广场为节点，构成了城市结构的框架体系，城市在此体系的控制、组织下生长发育，形成具有较强的系统性、秩序性与整体性的城市。

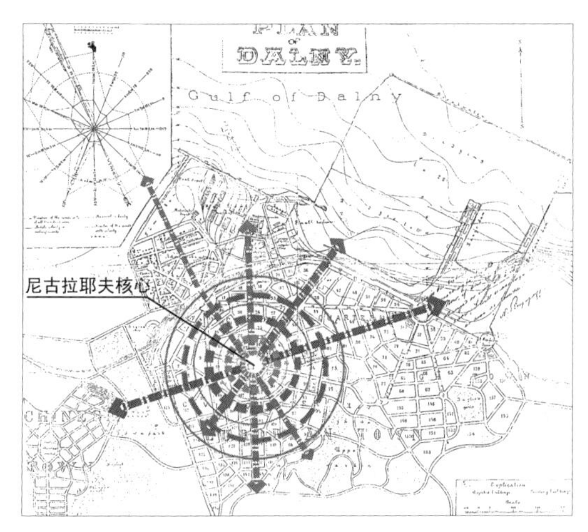

图 4–2　达里尼核心广场的节点特性分析图

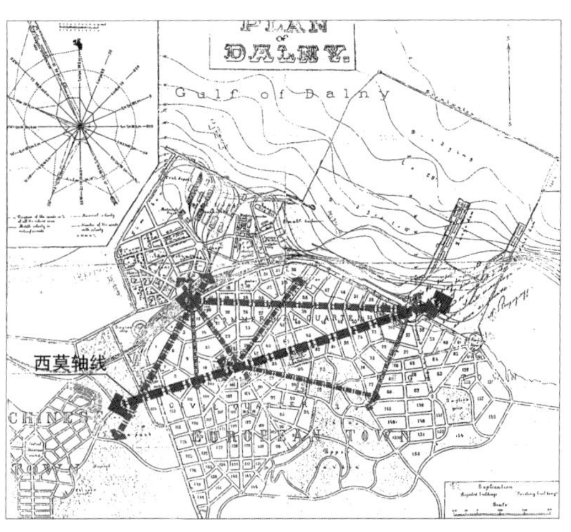

图 4–3　达里尼轴线系统分析图

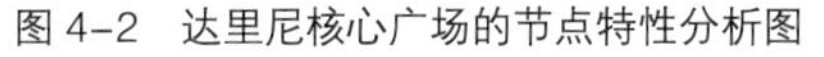

① 此规划图在日占期建成，多数广场未见命名资料，所以在此结合日占期的道路与广场的名称进行表述。广场名称详见图 3–46。

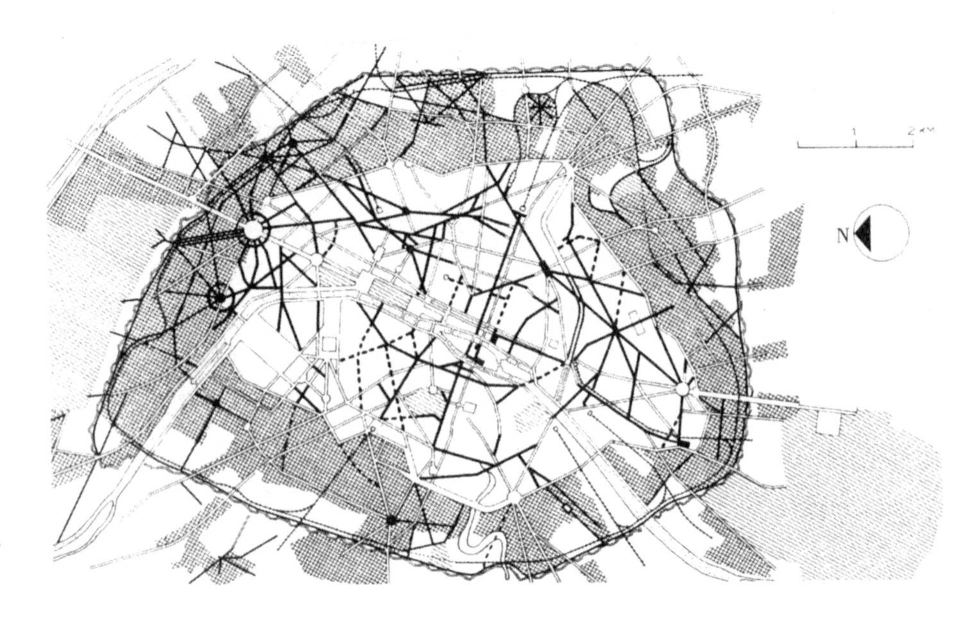

图 4-4　奥斯曼的巴黎城改建规划图

（2）城市风格规划理念

放射形空间与斜轴线体系是欧洲古典主义风格城市的显著特征。如图 2-11，17 世纪封丹纳的罗马城改建图中，放射形路网构成城市的斜轴线；图 4-4 奥斯曼的巴黎城改建图中，整个巴黎城由无数个相互交叉、相互重叠的，以广场为核心的放射形空间体系构成。与古罗马、巴黎相似，达里尼的规划同样有以城市广场为核心的数个相互交叉、重叠的放射形与环状空间体系，同样具有斜轴线体系，这些规划设计的方法，充分体现出欧洲古典主义的城市设计的风格，是较典型的巴洛克风格的城市设计方法。因此，可以说达里尼具有较明显的欧洲古典主义的风格特色。与古老的罗马城、巴黎城不同，当时的达里尼是一个即将诞生的城市，城市的规划设计不受老城的约束与限制，是相对理想、完美与典型的欧洲古典主义风格的城市。

另外，达里尼的规划具有理想城市的结构特征。受柏拉图与阿尔贝蒂的影响，理想城市的模式大都是以主广场为核心，以规则分布的开敞空间为控制点，形成规则形状的空间形态。图 4-5 是瓦萨里的理想城市，图 4-6 是文艺复兴时期唯一建成的理想城市帕尔马诺瓦。由于规则的、理想的空间模式与现实的自然及人文环境较难契合，因而，理想城市大都是纸上城市。达里尼以尼古拉耶夫广场为核心，周边围绕着东广场、西广场等广场，形成一个广场群落，并以道路连接各广场。这种城市设计方法与理念，类似于“理想城市”，完全可以以瓦萨里的理想城市，作为达里尼城市设计理念的模型分析图。可以说，达里尼是一个现实版的“理想”城市。显然，将瓦萨里的理想城市“变形”，可以得到达里尼的城市形态——普通广场环绕中心广场。这种变化是理想向现实的转化，去几何化、军事化，同时又保持了理想城市的特点（见图 4-1）。

（3）空间平面形态的美学特征

早在 1889 年，西方学者卡米诺 · 西特（Camillo Sitte）就出版了《遵循艺术原

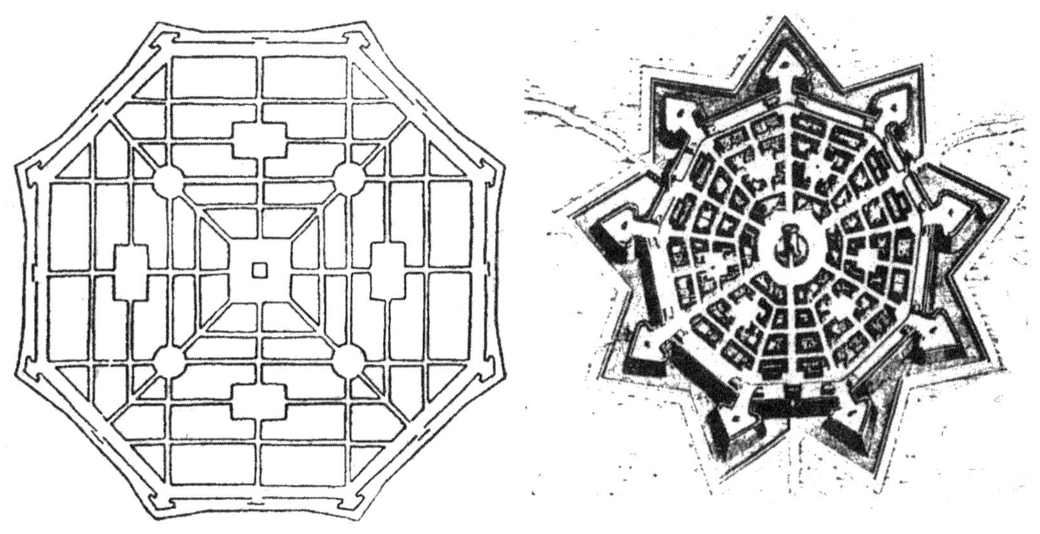

图 4-5　瓦萨里的理想城市　　　　图 4-6　帕尔马诺瓦城市结构

则的城市设计》（*Der Stadtebau nach Seinen Kunstlerischen Grundsatz*）一书。欧洲人有悠久的追求、实践城市艺术的历史。无论古雅典、罗马，从文艺复兴到古典主义，从阿尔贝蒂到文艺复兴三杰，艺术无疑是城市设计的主题，美是城市设计主要的追求。因而，分析欧洲的城市设计，艺术形式是所谓风格的基本表象。达里尼除了具有古典主义的空间艺术风格外，从美学角度分析，达里尼的平面规划体现出规划师比较高的艺术水准。

广场是大连空间形态美的基础与焦点，广场体系构筑了大连整体空间形态之美。从构成艺术角度分析达里尼的规划，城市的平面形态很美妙地表现出构成艺术特点，城市不同形式的空间体系展示了点、线、面的构成艺术。城市的控制节点体系广场群，体现了"点"构成艺术（图 4-7），城市的框架体系道路，展示了"线"构成艺术（图 4-8），城市空间体系的

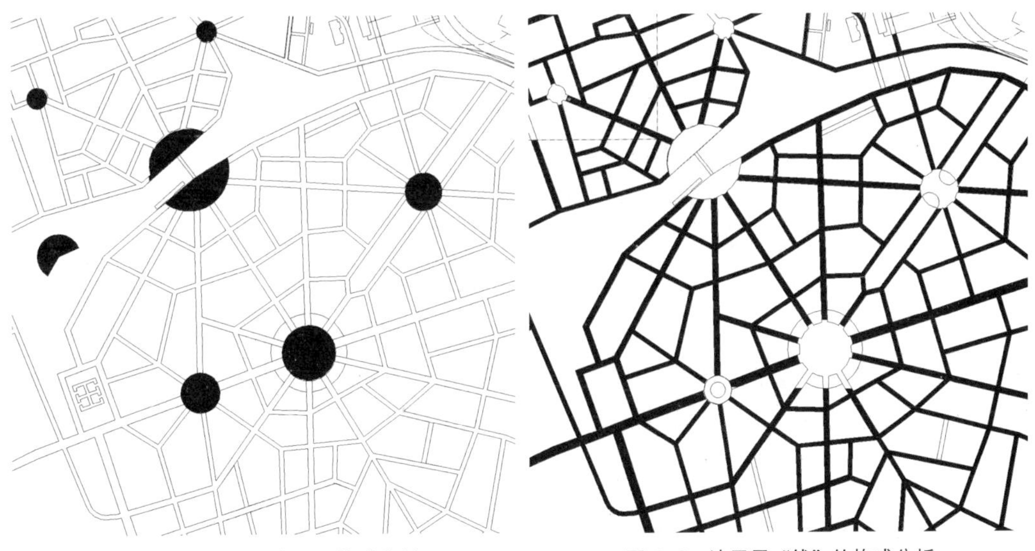

图 4-7　达里尼"点"的构成分析　　　　图 4-8　达里尼"线"的构成分析

基本单元地块，则表现出“面”构成艺术（图4–9）。点、线、面构成并控制城市的空间，强调城市空间的系统性与整体性。构成艺术的应用，强调了城市各类空间布局的统一与规律性，使得多变、复杂的城市空间体系有机协调，展示出整体的、和谐的美。虽然我们无法考证规划方案是否基于这样的美学理念，但是规划方案确实体现了这样的美学特征。

图 4–9 达里尼“面”的构成分析

另外，达里尼空间形态的艺术处理，也取得了很好的效果。比如，众多广场周边的环状空间形态，虽为“环”却并非圆，虽很规矩，却又灵活、自由、奔放，不拘小节；城市的空间形式既富于变化，又协调统一，不失韵律；运用对比的方法，强调尼古拉耶夫广场空间形态的完美，充分体现出形式美的特点。假如广场周围的空间形态采用标准的同心圆（形似射击场的靶图）、同心弧，或各圈层严格平行、规整，假如南北广场的空间肌理严格对称……，所得到的就会是一个呆板木讷的达里尼。

4.1.2 城市广场的布局形式及特点

达里尼城市广场布局规划，是在总体规划与总体城市设计层面进行的规划。因而可以保证广场的布局严谨，有较明显的规律性与系统性，达到以城市广场作为城市布局的主要控制节点的目的，并通过城市广场，完美地实践规划理念。尼古拉耶夫广场、南北广场及东广场为主要的城市广场，其中，尼古拉耶夫广场为城市最主要的核心广场。

1. 核心式群落布局

放射形图形为有核心图形，其形心便为核心。达里尼采用了放射形的空间形态，基于尼古拉耶夫广场的放射形体系，辐射至城市的整体范围，位于放射体系核心的尼古拉耶夫广场，因此成为城市的核心广场。其他广场围绕尼古拉耶夫广场布局，并具有明显的等级体系，构成了“核心式群落布局”的广场布局方式。

2. 关系紧密，系统性强

广场设置的系统性由广场的等级体系确定。南北广场（现胜利桥南、北）以及东广场（现港湾广场）等为次级核心广场，围绕着城市的核心广场尼古拉耶夫广场设置，南北广场、东广场又带有“子广场”，形成明显的等级体系，核心广场—次级核心广场（一级子广场）—子广场。广场采用不同的形式，不同的尺度，以强调与显化广场的等级体系。同时，以道路、视线通廊建立广场之间的联系，保证广场相互关联。同等级广场相互关联，各广场与其上一级广场相关联。这种关联关系，进一步强调了广场布局的系统性。

依据城市广场布局的系统组织，达里尼可划分为三个广场体系。图 4–10 为尼古拉耶

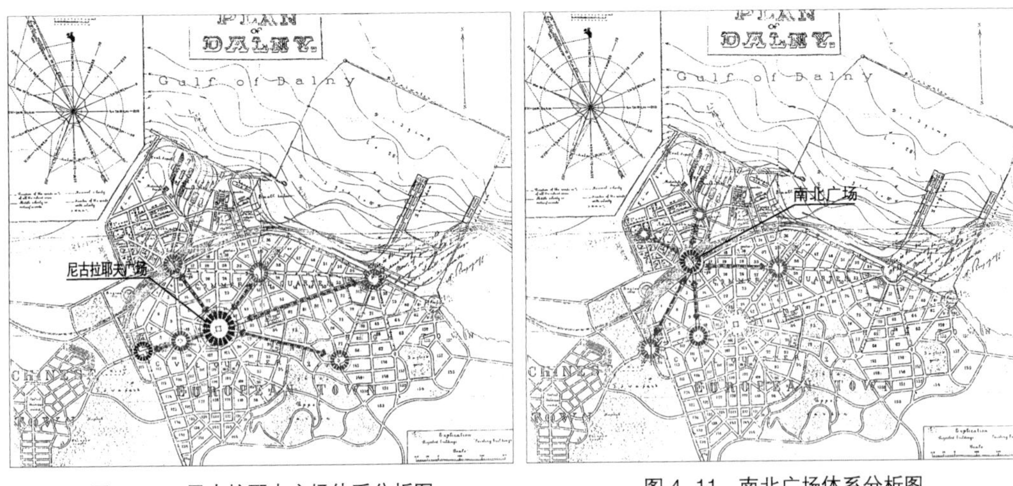

图 4-10　尼古拉耶夫广场体系分析图　　图 4-11　南北广场体系分析图

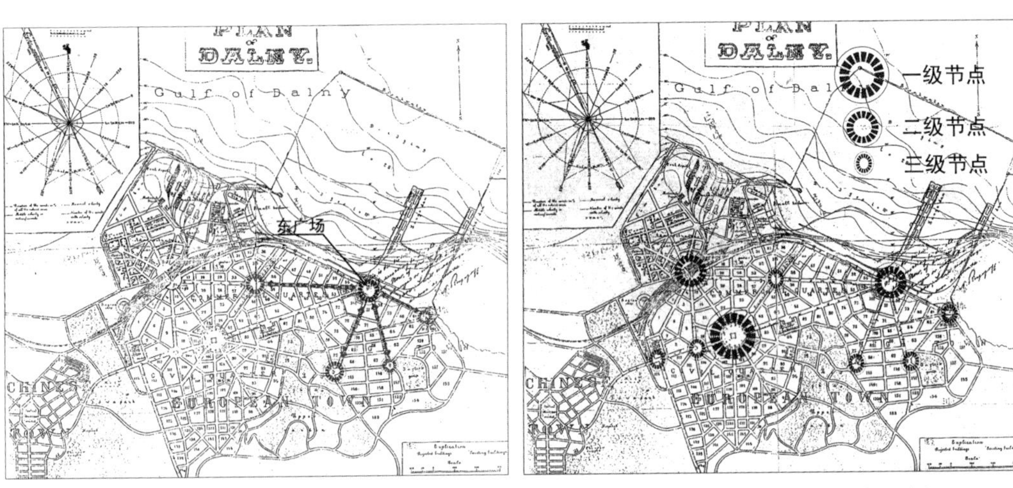

图 4-12　东广场体系分析图　　图 4-13　城市广场及节点布局分析图

夫广场体系，图 4-11 为南北广场体系，图 4-12 为东广场体系。达里尼主要由上述三个广场体系，构成城市的结构、空间体系的基础。其中尼古拉耶夫广场体系为城市级广场体系。三个广场体系构成城市整体的广场体系。图 4-13 为达里尼城市广场及节点布局分析图，表达达里尼城市广场的整体关系，以及广场构成的节点体系的整体关系。以三个主要广场（一、二级节点）为核心的三个局域广场体系，构成城市整体的广场体系。图中反映出城市广场的系统关系，有核心广场、次级核心广场、子广场（三级节点）。广场体系构成城市节点体系，关系紧密，系统性、整体性强。

另外，广场间还有更紧密的“共生”关系。西广场与大广场的距离小于大广场的直径，两个广场的空间关系紧密，形态上形成相互对比、呼应、共生的关系。娇小的西广场依附于宏伟的大广场，大广场也由于西广场而扩大了空间控制范围，两个广场共同构成并控制着城市的核心金融商务、商贸区。也有似乎游离于系统之外的广场，南北广场北侧的两个小广场，与城市的广场体系若即若离，尤其图中中部南侧的小广场，似乎游离于系统之外。

但这些广场的存在，更会突出广场整体布局的系统性。

3. 殖民色彩突出

殖民色彩体现在广场布局的选择性上。城市广场设置，通常选择城市的重点区域、核心部位，与城市广场的功能、作用相符，这一点规划中有所体现。在萨哈洛夫的规划中，殖民色彩突出，规划明显地分为“EUROPEAN TOWN”与“ZHINES TOWN”，即俄国人居住区“欧罗巴城”与中国人居住区，城市的主体为俄国人居住区，广场全部集中在俄国人居住区。但是，为了使中国区与欧罗巴区风格一致，规划在中国区的中心设置了大型不规则的以绿化为主的开敞空间。

4. 广场密度较大

萨哈罗夫的规划依靠广场架构城市，每平方公里的广场数量超过 2 个，相当于隔几百米就有一个广场。可以设想，如今逾百平方公里的城市如此设置广场，城市会有几百个广场。城市广场是城市的重要、核心元素。但如此多的广场，不可能都成为城市的重要元素，多数城市广场的功能与作用会被弱化，从而降低广场的品位。另外，适度地设置广场，按中国人的艺术观可称为点睛之笔，当然，过多的广场便可称为画蛇添足了。物以稀为贵，城市广场也是一样。从上述两个角度分析，广场的密度有些偏大。

由于当时的城市规模较小，广场布局结构严谨，形式多变，而且空间形态规整，形象突出的广场不多，大多数广场与城市融为一体，弱化了广场过多的问题。

4.1.3 城市广场与城市结构

因为城市广场对城市结构体系具有十分重要的意义，所以要重点讨论城市广场与城市结构体系的关系。分析广场对于达里尼的结构性意义，有助于认识城市广场在城市结构体系中的作用，有助于理解城市节点对城市的控制意义。在欧洲古典主义风格城市中，广场是城市的重要的结构元素。同样，达里尼的城市广场是城市结构体系的核心，发挥着核心的结构性作用。从城市规划设计角度分析，城市广场在城市各种结构体系的规划设计中，同样具有核心的、基础性的作用。

1. 城市广场与城市结构模式

从设计思想与方法方面分析达里尼规划方案，确立城市的结构体系，是城市总体规划的重要内容，是总体城市设计的主体内容。达里尼的总体城市设计，是以城市广场为主题的城市设计，塑造了一个以城市广场为基础体系的城市。以广场为基础，确立达里尼的结构体系，广场就应该与城市的结构模式具有密切的关系。

（1）城市广场与城市节点体系

萨哈罗夫的规划，城市广场在达里尼的城市结构体系中承担着重要的角色。城市以广场为基本的结构元素，作为城市结构体系的控制节点，形成城市结构的基础体系，构筑起城市的主体框架。如图 4-13 所示，达里尼以尼古拉耶夫广场为核心，设置了诸多广场，构成三级城市节点体系。尼古拉耶夫广场为一级城市节点，结构功能为城市级的核心节点，其城市功能为城市级的管理及商贸中心。南北广场及东广场为二级城市节点，构成次城市级的节点体系，其城市的结构功能，相当于片区级公共服务中心。其他广场多为三级城市节点，构成城市的第三级节点体系，相当于街道级、居住区级的公共服务中心。

（2）城市广场与城市轴线体系

达里尼的规划，以城市广场为基本节点，确立了达里尼的城市轴线体系。尼古拉耶夫广场、东广场与南北广场，以及民主广场（现）、西广场构成的三角形体系，尼古拉耶夫广场、东广场，以及三八广场、二七广场与东侧的无名广场（后被取消）构成的三角体系，为城市相对基础、主要的轴线体系。两个三角体系的"公用边"，城市的主要道路莫斯科大街，为尼古拉耶夫广场、东广场及西广场所确立的城市轴线。该轴线位于城市的中部，由其南、北两侧基础的三角轴线体系共同支撑与构筑，东西向贯穿城市，含有一级城市节点与二级城市节点，并连接西部的中国区，成为城市的主要轴线，对城市的建设与发展，起着重要的控制与组织作用，如图 4–14 所示。

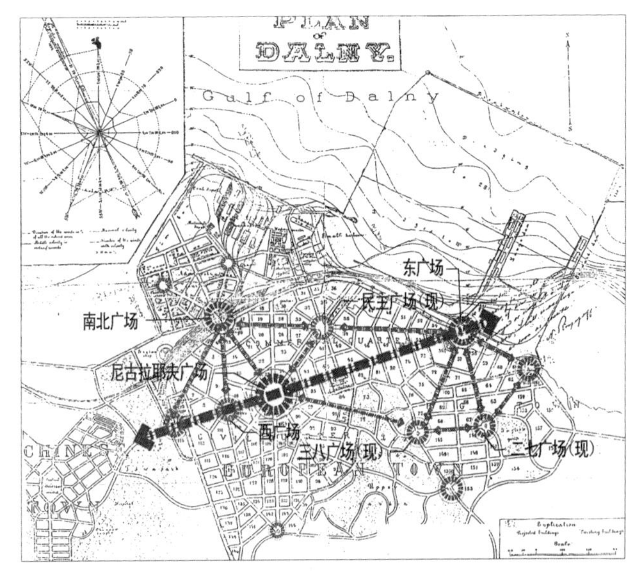

图 4–14　城市广场与城市轴线分析图

（3）达里尼的城市结构模式

分析达里尼城市广场布局的特征，以及城市广场在城市结构体系中所起的作用，以城市广场体系为基础，并以城市级核心节点为主，定义城市的结构模式：达里尼构建了以尼古拉耶夫广场为核心，以莫斯科大街、西通为主轴线（西—莫轴线）的单核心、单轴线的城市结构模式（以下简称单核心结构模式）。

（4）结构模式与城市风格

所谓城市风格，是指城市空间体系的形态艺术特点或特色。之所以基于城市结构模式讨论城市风格，是因为城市风格与城市的结构模式密切相关，结构模式是体现城市风格的重要特征。城市风格，一方面是由建筑空间艺术——微观的艺术形成的；一方面是由城市空间艺术——宏观艺术形成的，体现的是城市规划师所特有的城市设计的方法及其所形成的规律性的表象，是对这种表象的描述与界定。比如，放射形与环状空间形态，点状核心体系，具有巴洛克风格的城市设计方法的特点，据此确立了所谓"巴洛克"风格：所谓的放射形与环状空间形态，为城市的结构模式决定的城市空间形态，所以说，城市的结构模式具有确定城市风格意的作用。

图 4–15 为古希腊的城市结构特征分析图，图 4–16 为米利都城的城市结构分析图，图 4–17 为奥斯蒂亚的城市结构分析图。这些城市结构模式的共同特点，是由一个城市级的核心，与一条相对弱的城市级的轴线，形成城市的结构体系。三个城市均为欧洲古典城市的典型形式，承载着古老欧洲的城市文化，体现了欧洲古典主义的城市设计思想，具有显著的古希腊风格特征。剥离三个城市的具体形式，其结构模式如图 4–18 所示，是一种单核心、

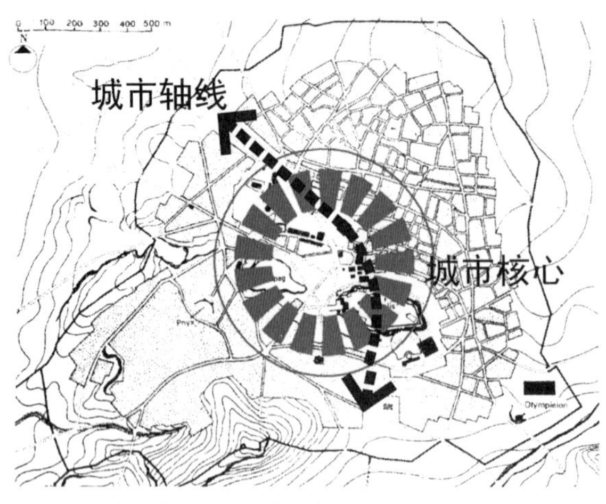

图 4-15　古雅典城的城市结构特征分析图

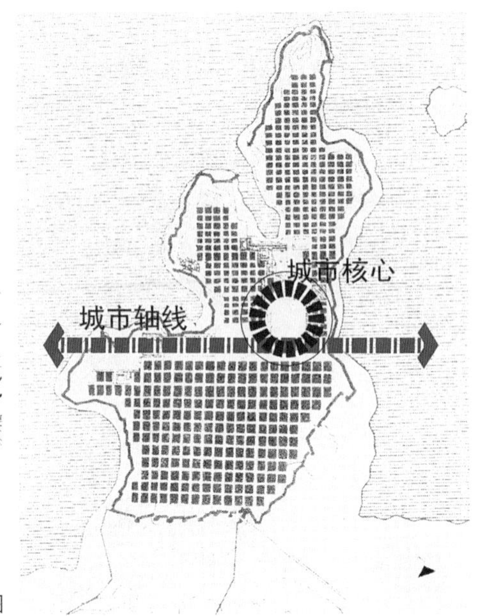

图 4-16　米利都城的城市结构特征分析图

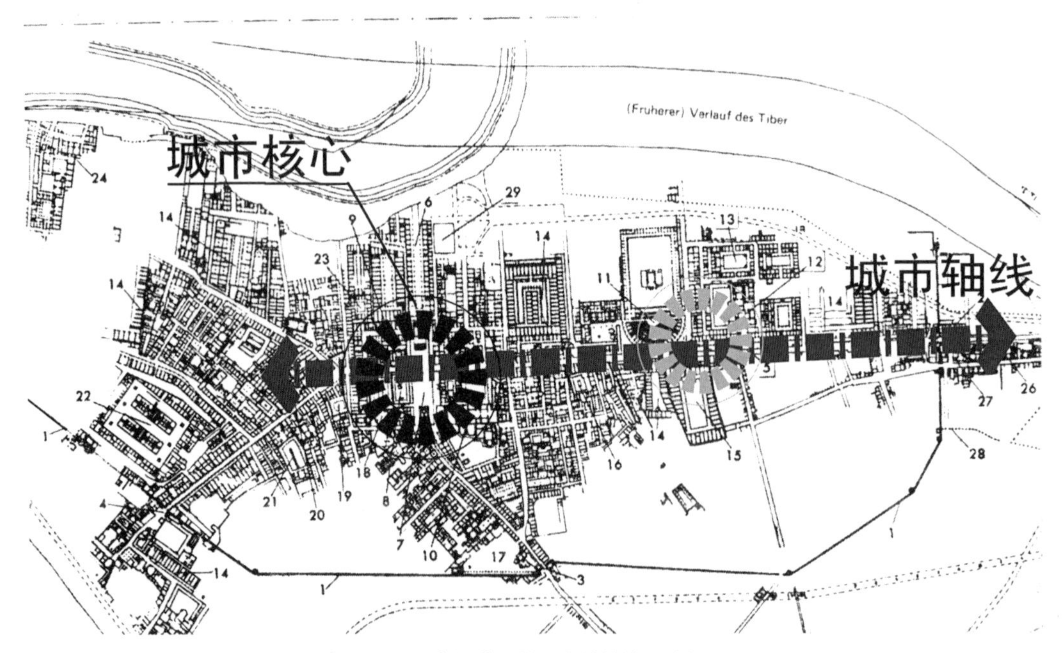

图 4-17　奥斯蒂亚的城市结构特征分析图

图 4-18　单核心、单轴线结构模式图

单轴线的城市结构模式。

图 4–19 为由达里尼城市级核心节点与城市主轴线形成的城市结构体系。可以说，该图与上述三个城市的结构分析图如出一辙，其结构模式同样如图 4–18 所示。分析、比较达里尼、古雅典、米利都城与奥斯蒂亚，包括其他一些欧洲古典城市的结构模式，可以说相似的城市结构模式，确定了达里尼欧洲古典主义的城市风格。

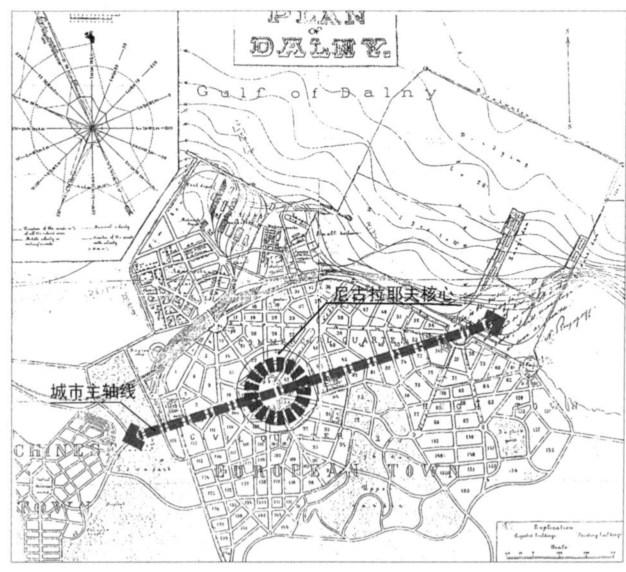

图 4–19　达里尼结构模式图

2. 城市广场与城市文化结构体系

城市文化是城市的灵魂，关乎城市上层建筑领域的建设与发展，对城市的建设、发展具有重要的意义。城市广场是城市文化的重要载体，与城市文化体系有着方方面面的、密切的关系，主要体现在以下几个方面。

（1）在政治、宗教方面，城市广场往往是城市的政治中心、宗教中心、行政中心，必然成为政治、宗教文化体系的核心节点。达里尼虽然没有实施初期建设庙宇、教堂的规划方案，但在尼古拉耶夫广场的外围（紧邻内圈层的建筑）建有教堂。虽然该广场并非城市的宗教中心，但在达里尼的范围内，也仅此一座教堂。

（2）在城市建筑文化方面，城市广场是城市重要建筑的聚集场所，是城市建筑文化的焦点，也是建筑文化体系的重要节点。所谓风格特色是某种文化特色的表象，城市广场是体现空间文化风格的重要节点。如达里尼的尼古拉耶夫广场，周边建筑充分地展示出欧洲古典主义的艺术风格，成为达里尼表达城市风格，展示欧洲古典主义城市文化的重要的特征点。

（3）在城市艺术文化方面，城市广场是城市空间艺术、建筑艺术、雕塑艺术、园林艺术、工业设计艺术等各类艺术的重要载体，是城市艺术景观体系的重要节点。达里尼的广场，在上述几个方面都有突出的表象，尤以尼古拉耶夫广场更为突出。

（4）城市广场是民俗文化的理想载体与展示场所。在城市民俗文化方面，城市广场的构成元素，比如建筑、广场家具、景观设施等，都可以成为民俗文化的载体，并进行展示。同时，广场也可以是民俗文化的展示场所，如某种民俗文化形式的表演场所。

3. 城市广场与城市空间结构体系

达里尼的空间结构体系，是具有单核心特点的多核心体系，广场是城市空间结构体系的基本节点。分析达里尼的规划图，尼古拉耶夫广场为城市级空间体系的核心，东广场及南北广场为片区级空间体系的核心，其他广场为街道级空间体系的核心。达里尼由城市广场构成层次不同的核心型空间，形成若干个层次不同的空间体系，组成城市的整体空间。

如图 4-20 所示，城市可以划分为尼古拉耶夫广场、南北广场、东广场以及“中国区”四个空间体系，这种发散的空间形态突显了核心点——城市节点对城市的控制。城市空间以广场为控制点，以放射形道路体系所形成的斜轴线为布局轴线进行布局，形成与城市的社会体系、功能体系有机结合的空间体系。

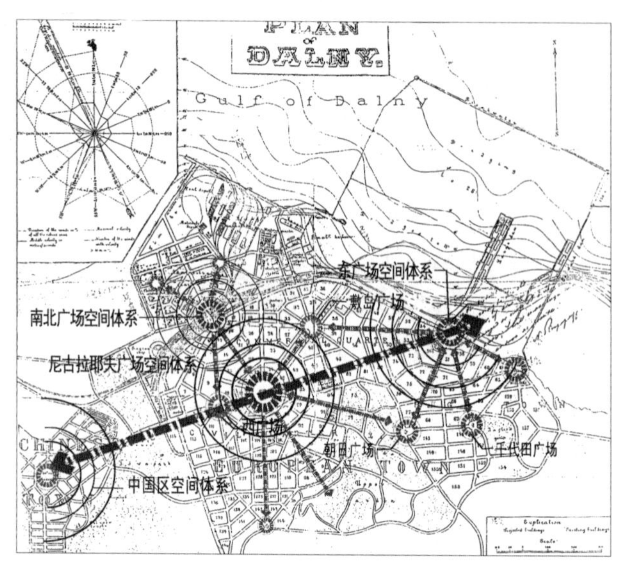

图 4-20　达里尼空间体系分析图

（1）尼古拉耶夫广场空间体系

意大利的帕尔马诺瓦（见图 4-6）是文艺复兴后期兴建的，也是唯一实施的理想城市。达里尼的规划与其相似，在城市的中心部位设置了规模最大的尼古拉耶夫广场，且空间形态相对完美，是城市的主要的核心空间。以该广场为核心构建放射形路网，通过高、低等级的放射形道路体系，其控制范围可达城市的东西两端及南北两端，几乎覆盖整个城市，包括西侧的“中国区”，形成对城市空间的整体性的控制，目的是强调城市空间的统一性，可以说尼古拉耶夫广场空间体系是城市整体层面的空间体系。

同时，尼古拉耶夫广场体系，又是达里尼核心的区域空间体系。如图 4-21 所示，尼古拉耶夫广场空间体系，位于城市的中心部位，其控制范围分为两级圈层（图中的虚线圈层），内圈层为广场外两圈层路网，0.1km 左右的空间范围，包括西广场。外圈层为包括南北广场、敷岛广场在内约 0.3km 的空间范围。

尼古拉耶夫广场空间体系含有多层次、多等级的空间形式，是不同等级的广场所确立的不同等级的空间系统的组合。在尼古拉耶夫广场控制的空间范围，还包括西广场、南北广场等广场，这些广场分别有各自控制的空间范围，构成次级空间系统。

（2）东广场空间体系

东广场空间体系位于城市的东部，与港区及港口客运站相邻。其控制范围如图 4-22 所示，可至敷岛、朝日、千代田等广场。东广场是一个半圆形的广场，空间形态不是很完整。但其放射形路网形成的扇形区域，形成一个既明显又模糊的几何空间形态，界定了一个空间范围，即东广场空间体系。同样，该体系是不同等级的广场所确立的不同等级的空间系统的组合。

（3）南北广场空间体系

南北广场空间体系是达里尼跨越铁路线的空间区域。露西亚桥（现胜利桥）连接的南北广场，是被铁路编组站隔离的城市空间的连接点。以南北广场为核心的放射形空间形态，使城市被铁路分割的两部分统一在一个空间体系中，密切了二者的关系。南北广场空间体系的控制范围为铁路北侧城区与广场南侧的局部区域，受尼古拉耶夫空间体系的影响，南

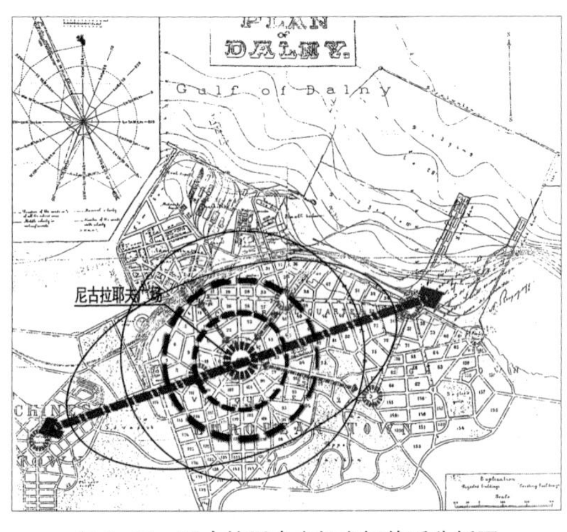

图 4-21　尼古拉耶夫广场空间体系分析图

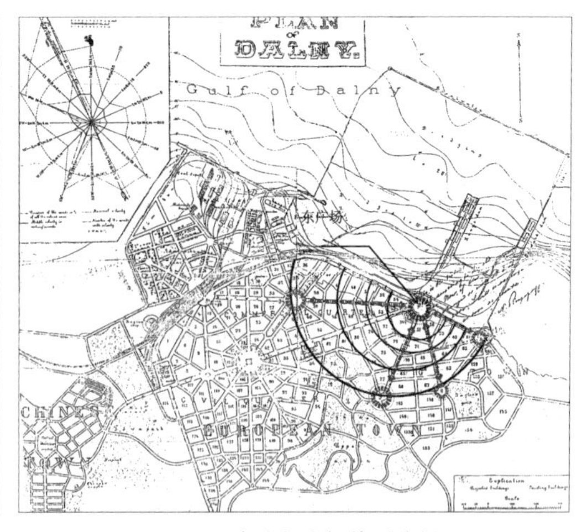

图 4-22　东广场空间体系分析图

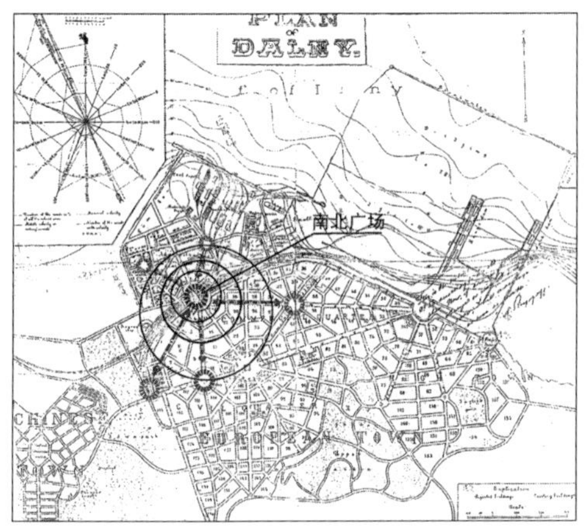

图 4-23　南北广场空间体系分析图

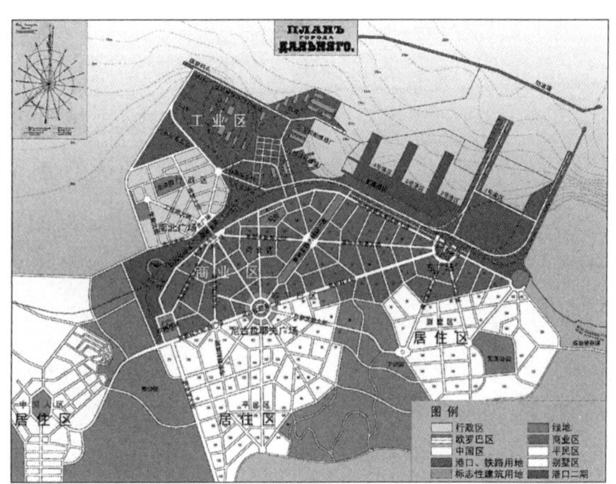

图 4-24　达里尼功能分区图

北广场空间体系向南延伸受阻，如图 4-23 所示。

（4）“中国区”空间体系

达里尼的规划，设置了一个相对独立的中国人居住区，由西公园隔离“中国区”与“欧罗巴区”（见图 4-20）。达里尼的主要道路莫斯科大街连接两个相互独立的区域。“中国区”内没有设置“城市奢侈品”——广场，而是以一个中心公园或绿地所代替，成为区域的核心空间，构成核心型空间体系，以求“中国区”的空间形态、构成以及空间体系与“欧罗巴区”相似。形成相对独立“中国区”空间体系的同时，又与“欧罗巴区”相互呼应、协调统一，使两个区隔而不离，趋于一体化，紧密“中国区”与城市主体空间的关系，加强城市空间的整体性。

4. 广场与功能结构体系

除“中国区”外，达里尼规划将城市分为行政区、港口与铁路用地、商业区与居住区四部分。如图 4-24 所示，以莫斯科大街为界，尼古拉耶夫广场的北半部位于商业区，南半部位于居住区；以火车站及铁路编组站为界，南广场位于商业区，北广场位于行政区；

东广场位于商业区的东部，与港口相邻。三个主要的城市广场的功能区位有明显的特点，均处在不同功能区的分界线上，使城市广场既理想化又有很实际的功能意义。首先，城市广场成为相邻功能区的连接节点，使得两个功能区的功能在该点上紧密而有机地融合，密切不同功能区之间的关系，有利于形成协调统一且高效的城市功能体系。其次，在不同的功能区接壤处设置广场，广场的功能区位比较合理，与其所服务区域有直接的毗邻关系，能取得更好的服务效果。同时，有利于城市多种功能在城市广场节点上聚集，产生聚合效应，增强城市功效，使得广场成为重要的城市功能核。

随着城市的发展，尼古拉耶夫广场成为城市的金融商贸中心，东广场成为城市对外交通枢纽与对外贸易的中心，南北广场在城市发展的初级阶段，为城市的行政中心。这种发展与其各自所处的功能环境有着密切的关系，比如尼古拉耶夫广场面临城市主要的居住区，东广场紧邻城市的港口。城市的发展体现并验证了城市广场在城市功能体系中实际的功效以及其作为功能核的重要结构性意义。

5. 广场与城市景观结构体系

欧洲古典主义的城市，广场的重要城市意义之一，便是其景观功能，景观功能是广场的基础之一。城市广场的周边大都为城市重要的、最美观的公共建筑，达里尼的广场也是一样，周边的建筑大都优于城市其他区域的建筑。因而，达里尼的广场大都是城市的建筑景观节点。其中，尼古拉耶夫广场规划有神庙、教堂、银行等重要建筑，设计意图很明确。塑造尼古拉耶夫广场为达里尼的建筑景观的核心节点。同样，其他广场可成为达里尼区域级的建筑景观节点。

欧洲古典主义风格的城市，其城市广场是艺术与城市主要的结合点，广场是重要的艺术载体，一些广场的建筑、雕像就出自像达·芬奇、米开朗琪罗、拉斐尔这样的艺术大师之手。达里尼的尼古拉耶夫广场，选择了巴洛克风格的代表性作品——巴黎的明星广场的形式，广场的功能之一便是经典建筑的展示场所，尼古拉耶夫广场理所当然地成为达里尼的艺术景观核心节点。

规划图显示，达里尼唯一的绿化景观大道萨姆索诺夫林荫大道，一端指向西南方的绿山的峰顶，一端向大海延伸，面对大黑山。显然，其设计意图为，以尼古拉耶夫广场为城市绿化景观体系的核心节点，构成城市的主要绿化景观体系，寻求城市景观体系与自然景观体系的关联关系。其他广场的绿地景观，可以为城市的次级绿化景观节点，构建以广场绿地、公园绿地、林荫大道等绿化景观元素为主体的城市绿化景观体系。

上述分析说明，达里尼的景观体系规划，重视发挥城市广场的视线焦点的作用，以城市广场为基本节点，构成城市景观体系。犹如居室的花瓶，城市广场美化与装点着城市。

6. 广场与城市交通结构体系

达里尼的城市路网形似蛛网，多条放射形道路交于一点——广场，而广场是城市中最具吸引力的场所，是城市社会生活充满活力的焦点，这也是设置广场的初衷。因而，广场必然成为各种交通的汇聚点，是城市交通体系中交通量较大的节点，同时，广场又是城市区域间联系的交通节点，这些特性决定了广场的交通枢纽的属性，也决定了

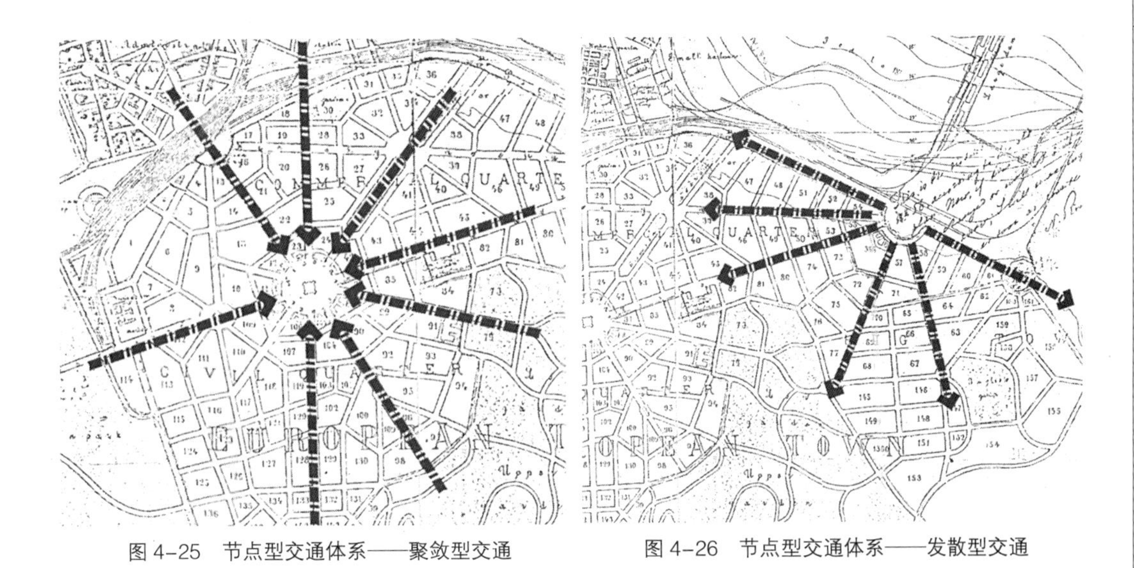

图 4-25　节点型交通体系——聚敛型交通　　图 4-26　节点型交通体系——发散型交通

达里尼节点型的交通结构体系。城市的交通体系，以广场为核心生长、延伸至城市的各个区域，形成节点主导的城市交通体系。这种交通体系，有两个重要的特征，保证了城市交通的高效率，使得马车时代的城市交通规划，能够满足 20 世纪末的城市交通要求。

一是形式特征，即节点型交通体系。所谓“节点式”交通，是对交通流向的描述。如图 4-25、图 4-26 所示，以广场为核心的放射形道路体系，其交通流向为两种方式，一种是流向广场的聚敛型交通，一种是流出广场的发散型交通，其共同特点是以广场为核心。这样的交通流向形式，具有明显的节点特性，所以称之为“节点型”交通。达里尼以主要的广场为核心，形成“节点式”的交通体系。尼古拉耶夫广场是城市级的交通节点，以其为核心的节点型交通体系，覆盖整个城市；以南北广场、东广场为核心，形成局部的节点型交通体系。这些交通体系相互衔接，构成完整便捷的城市交通体系，同时强化广场的核心功能。

二是功能特征，即节点主导，以点带面。节点型的交通体系，“点”功能——解决节点交通的功效必须突出，以点功能为基础，带动整体性的、系统性的交通功效的发挥。如达里尼的城市广场均为城市的重要节点，广场间的交通联系必定成为城市交通的重点。首先应保证广场间交通联系便捷，满足主要的交通需求；其次应保证城市各个区域与广场具有便捷的交通。围绕广场的放射形路网，相互连通，形成了一点可达多点，多点汇聚一点的交通联系模式，使每个广场间的相互交通，都很直接、便捷。同时，结合环状路网，组织城市面状的交通网络体系。这样以点连线，点、线带面的交通体系，其功效的发挥，即是以节点为主导，带动整体的形式。比如，尼古拉耶夫广场与南北广场、东广场、“中国区”核心绿地等多数广场都有直接的交通联系通道，从而保证尼古拉耶夫广场（城市级核心节点）与城市的大部分区域，都有便捷的交通往来。南北广场、东广场等其他广场也是如此。广场间的交通，是达里尼城市交通的基础，广场间具有便捷的交通，便可保证城市具有便捷的交通体系。

4.2 日本占领期的城市广场

1903 年，当时的行政区，现胜利桥以北片区已建成，尼古拉耶夫广场以及城市干道网已基本成形。日本占领达里尼后，将其更名为大连，但继续按照萨哈罗夫的规划进行建设，并以此为基础拓展城市。至 1906 年，大连的城市建设如图 4–27 所示，只建成南北广场的辐射区域。1904 ~ 1945 年，城市从 4.25km^2 发展为 45.7km^2，占地增加为达里尼城市用地的 7 倍，城市沿着海岸及铁路向东、西、南三个方向拓展，但以向西拓展为主，城市的重心也随之向西偏移。

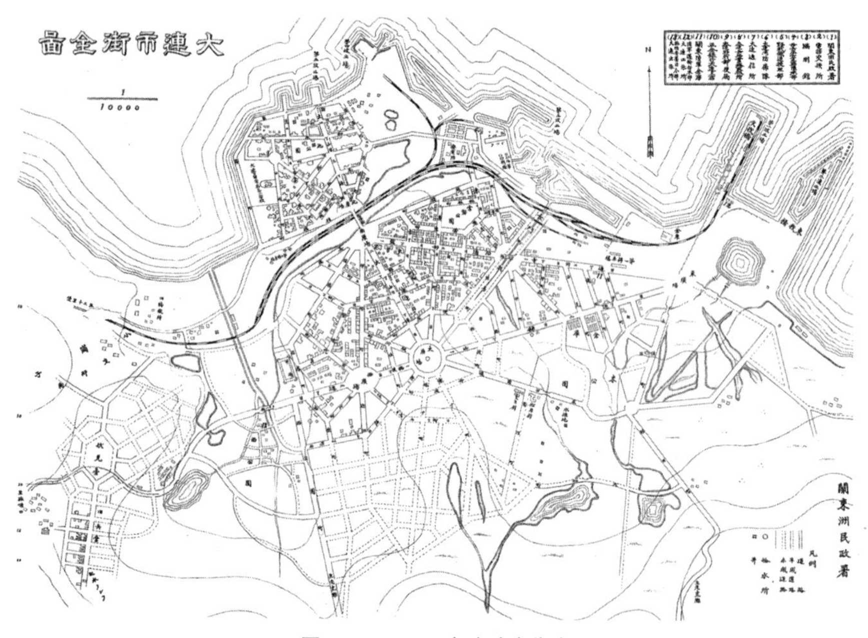

图 4–27　1906 年大连市街全图

日本占领的初期，大连的城市建设，沿用了达里尼规划的理念，城市的发展延续了达里尼的肌理与文脉，使得达里尼的规划得到了完美的实现。然而，随着人口的增加，城市的扩展是必然。日本人依托于达里尼拓展城市，其城市规划方法有所变化，但欧洲古典主义的城市设计思想没有改变。变化主要体现在城市广场的布局方法上，虽然广场还是城市结构体系的重要节点，但布局方法改为线形布局。随着城市自东向西发展，城市广场沿着城市的主轴线线形布局，分布在城市主干道的重要节点上。达里尼核心式群落布局与拓展区的线形布局相结合，广场布局各有特色，相得益彰，布局严谨，又富有变化。布局形式改变，规划理念没变，广场同样为城市的核心节点，为城市总体布局的控制节点。广场布局的改变，使城市的空间形态随之变化，采取了与放射形完全不同的形式，呈较规整的方格网状。

1945 年大连光复后，苏军驻军大连长达 10 年之久。此间，大连的城市建设没有大的变化，只是增加了一些纪念性建筑。这些纪念性建筑，成为大连欧洲古典主义城市文化的点睛之笔，如“斯大林广场”的苏军烈士纪念塔，旅顺的中苏友谊塔等等，有了这些塔，大连的广场更具欧洲城市文化特色。至此，大连经历了沙俄与日本的殖民统治，城市已基本成形，以后的几十年间（至 20 世纪 70 年代末）城市没有大的变化，大连的城市广场已经成为城市显著的特色。城市广场多而不乱，布局有明显的规律性与结构性。广场的大小、形式各不相同，有明显的等级差别，形成了富有特色的城市广场体系。并且以大广场与长者町广场为核心，构筑城市的布局轴线——城市的五一路（现）—中山路、鲁迅路（现）。

4.2.1　城市广场的规划理念

1904 年日本不甘心中国的土地被俄国占领，在中国的旅顺再次发动了突然袭击，迫使俄国于 1905 年 9 月在美国签署了《朴次茅斯和约》。依据此和约，日本拥有长春以南的范围，并占有大连和旅顺。1905 年 12 月，日本强迫清王朝承认该条约。1905 年 9 ~ 11 月间，日本以“下层中国人的一般杂居，在卫生风纪方面有值得忧虑之处”为借口，将南山区域内的 14000 多中国人（由下层劳动者和小商贩组成）强行迁到“中国区”小岗子（西岗街一带），开始了大规模的城市建设。

当时，大连的人口只有 1.8 万，达里尼的规模可以满足人口规模的需求，又由于日本帝国的经济条件限制，1905 ~ 1930 年，日本基本延续了俄国人的达里尼规划及其理念对大连进行规划建设。一大批从欧洲归来的日本青年涌入大连，大连成为他们学术理论的实践场所。这些旅欧的日本设计师，成为欧洲城市设计思想的继承人，使得大连继续了欧洲化的发展历程。经过近 40 年的经营建设，至 1945 年，一座具有浓重欧洲古典主义文化色彩的城市，一座欧洲小城，在亚洲东部，在中国的黄、渤海之滨诞生。

研究日本人建设大连城市的历史，探讨其城市规划理念，可从两个层面进行探讨：一是实施俄国人的达里尼规划层面，二是日本人的大连市拓展规划层面。通过这两个层面研究，可以充分地理解日本占领时期，大连城市广场的规划理念。

1. 实践达里尼

19 世纪末 20 世纪初，世界上出现了现代工业强国与军事强国，世界的发展强弱分明，国与国之间的“弱肉强食”愈演愈烈，抢占他国领土，似乎成为世界的潮流。英、法、西班牙、奥地利、葡萄牙等欧洲列强瓜分了欧洲，并向亚洲发展。明治维新运动，使日本成为亚洲唯一的工业与军事强国。中国，这个紧邻日本的经济发达的肥大弱国，早已成为日本人梦中的拓疆之地。在“瓜分世界”的国际大环境背景下，日本人强占大连后，“毫不见外”地把大连看成了“自己家”，对大连的重视一点也不亚于日本本土，把大连建设成国际大都市是日本人的目标。当然，使大连日本化是日本人的根本目的。

日本人占领大连的初期，“原原本本”地按照达里尼的城市设计思想与规划图，继续着大连的城市建设。比较日本人绘制的 1906 年《大连市街全图》与达里尼的规划图，大连市区的未建成部分与达里尼的规划图几乎完全一致。这反映出，日本人没有改变俄国人的规划意图，可以证明，按照达里尼的规划建设大连，是当时建设大连的基本原则。同时，《大连市街全图》中广场的布局也显示了这样一个信息，日本人当然也没有改变达里尼广场的规划理念，只是对广场的名称作了改动。

“大广场”——原尼古拉耶夫广场的建设，充分体现了达里尼的城市设计思想。达里尼的规划，有明显的塑造“尼古拉耶夫核心”的规划意图。所以，规划选择了巴黎明星广场的模式，以典型的巴洛克城市艺术风格塑造尼古拉耶夫广场，使其成为精品建筑的展示场所。同时，这些精美、宏伟的建筑，塑造了“尼古拉耶夫核心”。大广场的建设历程也充分表达了这样的意图。历经 20 年，广场周边建成众多重要建筑（图 4–28、表 4–1）：

图 4–28　大广场周边建筑

广场周边建筑　　表 4-1

建成时间	建筑名称	设计师	现建筑名称
1908 年建成	大连民政署	日本人前田松韵设计	现花旗银行
1909 年建成	横滨正金银行	日本人太田毅设计	现中国银行大连分行
1909 年建成	不详	中国某技术人员设计	现中信银行
1914 年建成	大和旅社	日本人太田毅、太田宗太郎设计	现大连宾馆
1917 年建成	大连市役所	日本人松室重光设计	现中国工商银行大连分行
1919 年建成	朝鲜银行大连支店	日本中村、资平事务所设计	中国人民银行大连分行
1924 年建成	大连市递信局	日本人松室重光设计	大连邮电局办公楼
1926 年建成	东洋拓殖株式会社大连支店	日本宗像主一建筑事务所	现交通银行文化局等
1913 年建成	英国领事馆	不详	已拆除改建

表 4–1 中项目的建设，从三个方面证实日本人是完全忠实地执行了俄国人的规划。一是时间方面，上述建筑的建设，经历了近 30 年的时间，从时间上反映出日本人坚持不懈地实施达里尼的规划；二是建设项目的选择方面，由于 20 世纪初，欧洲、日本均进入了工业文明历史时期，这些项目没有神庙一类的原规划的建筑，但均为城市中最重要的、大型的公共建筑，在内圈层外侧也建有教堂；三是广场周边的建筑，雕塑与建筑艺术完美结合，赋予建筑以较高艺术品质，浓浓的雕塑感，厚重的质感，显示出典型的欧洲中世纪及文艺复兴时期的风格——欧洲古典主义的风格。这些都显示出，日本人完全按照达里尼的规划建设大广场，并塑造了“尼古拉耶夫核心”。说明日本人的城市规划设计理念，源于达里尼的规划理念，在达里尼的范围内，城市建设执行达里尼规划。

2. 规划大连

“规划大连”的意思是指日本人在达里尼的基础上，为了拓展城市而进行了大连的规划。在 1904 年日本占领大连时，市区人口只有 1.8 万，1936 年时人口达到 37.2 万，至 1945 年，大连的人口达到 70 万，其中日本人接近 21 万。人口增长的预期，尤其是大量日本人的涌入，使日本人在建设达里尼的同时，适时地进行了大连的拓展规划。从大正十年（1921 年）南满洲铁道株式会社编织的《大连市街图》（图 4–29）中可以看出，早在 1921 年以前，日本人已经基本完成了大连的规划；昭和十三年（1938 年）印刷的《大连市全图》（图 4–30）显示，其规划范围已接近 20 世纪 70 年代前大连市建成区的范围，其中有近 1 / 3 的未建设用地，只有路网、重要建筑规划。图 4–29、图 4–30 两幅图显示，在城市的西部城区，即达里尼的西部拓展区域，规划设置了一个大型广场——长者町广场。该广场的规模远大于大广场（原尼古拉耶夫广场），其两侧，沿着城市的东西向主要道路设置了若干小型广场，形成城市广场布局主轴线。在城市的南北向主要道路三春町，基于长者町广场设置了两个广场，形成广场布局的“支线”。城市广场布局如 4–31 所示。

分析日本人 20 世纪 20 ~ 30 年代的城市规划，其规划理念与达里尼相同，城市广场的布局具有一定的系统性，同样以城市广场作为城市布局的主要控制节点，以广场为核心，构建城市的空间体系、功能体系、景观体系及交通体系，建立城市的节点体系，确立城市

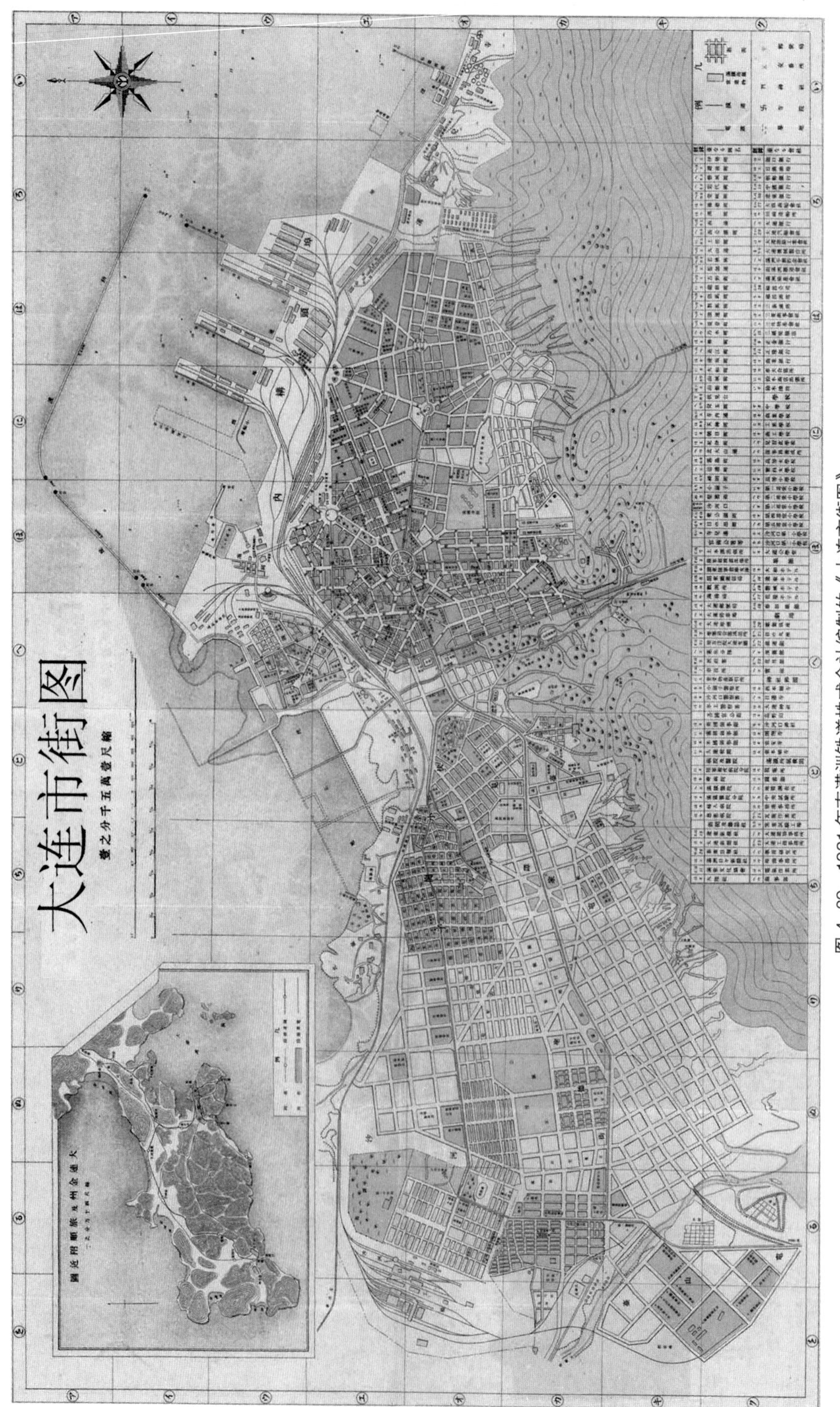

图 4-29 1921 年南满洲铁道株式会社编制的《大连市街图》

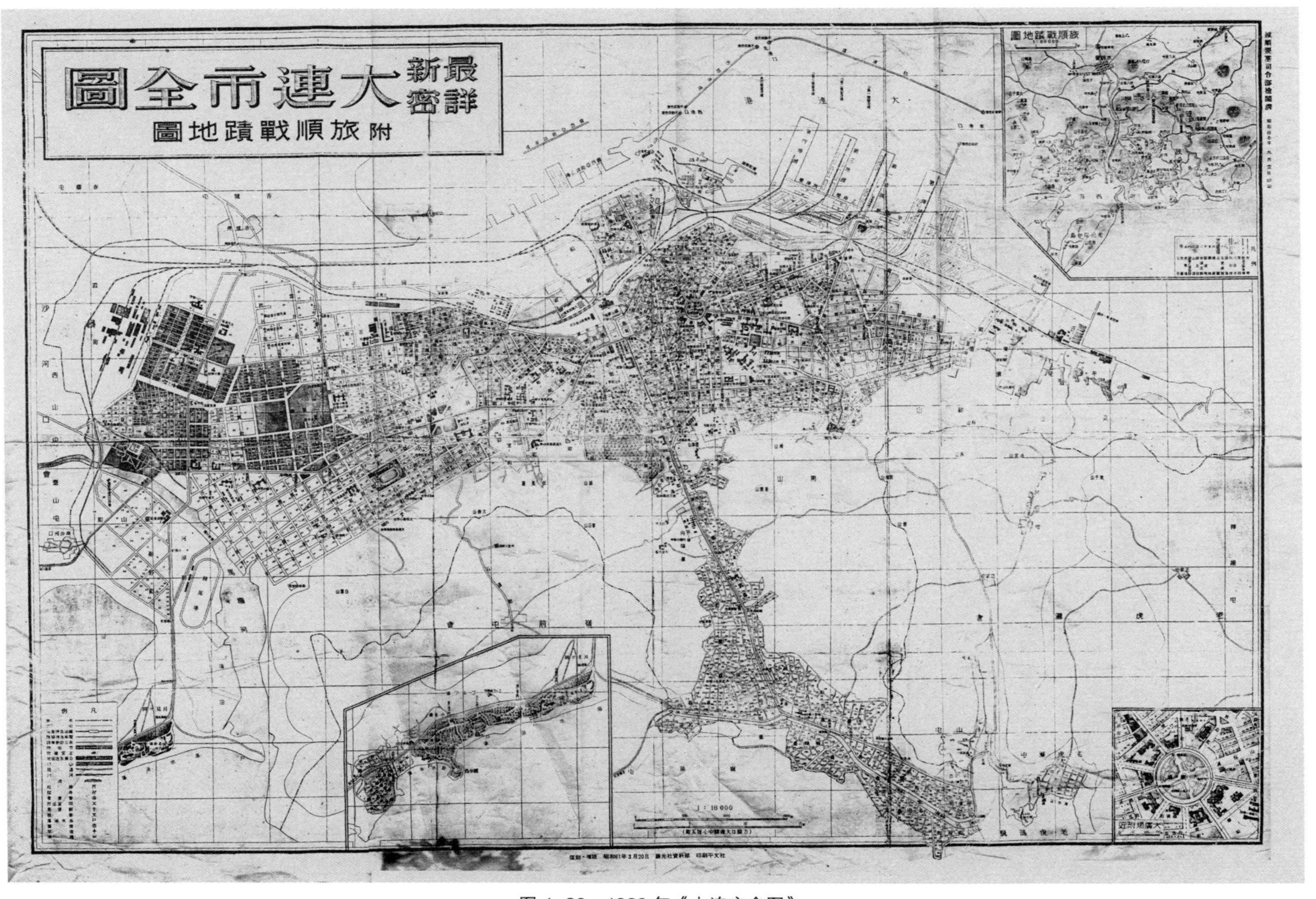

图 4-30　1938 年《大连市全图》

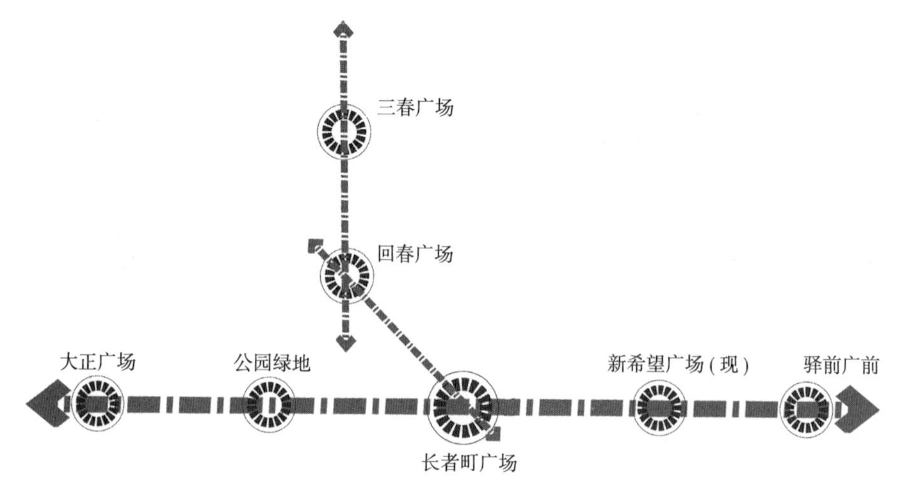

图 4-31　基于达里尼广场体系拓展的广场体系分析图

的结构框架，形成严谨的城市结构体系。在保留并维护“尼古拉耶夫广场核心”的基础上，塑造“长者町广场核心”(现人民广场)，形成双核心的城市结构模式，并以双核为基础构建城市的“脊梁”——主轴线，形成明显“核”状的城市重要公共空间，与带状城市重要公共空间的基础框架体系。上述规划理念，完全延续了达里尼的规划理念。在这种规划理念的指导下，大连继续着达里尼的欧洲古典主义的风格。

此时大连的城市广场，其布局特点及城市意义，与欧洲古典主义的城市广场相同，反映出典型的文艺复兴时期的城市文化特色。旧大连的城市发展历程表明，大连的城市规划设计，体现了欧洲古典城市文化，尤其是体现了巴洛克式的城市规划思想。大连是欧洲古典主义城市文化在中国的黄、渤海之滨，盛开的一朵奇葩。

3. 城市广场规划理念的特征分析

日本占领时期的大连(以下称旧大连),城市广场规划的理念延续了达里尼的规划理念，有变化，有发展，也有彷徨，其特征主要表现在以下几个方面。

(1)核心城市广场的构成特征

广场的构成有古雅典、古罗马的集市广场的影子，也体现了社会的进步，城市的发展。大广场周边布置经典的、重要的建筑，如银行、行政办公、商社、旅馆、教堂等，长者町广场(现人民广场)上市政厅、法庭的设置，与神社、议事厅相对应，是现代城市的管理机构，是古典城市广场构成元素的升级。广场上的绿色植物—公园，体现了现代城市广场平民化的特点。

(2)广场构筑的城市结构特征

古老的米利都城与普里安尼是希波丹姆在公元前 4 世纪规划的两个城市。城市中心设置神庙、集市广场、港口、体育场，发挥着城市政治中心、文化中心与经济中心的作用，在城市中的地位很突出，控制着整个城市。达里尼的广场也是如此。

大广场是俄国人规划、日本人建设的城市核心型公共空间，以控制达里尼。旧大连拓展后的城市规模绝非米利都城、普里安尼，也远大于达里尼，单核心结构体系已不能满足要求，尼古拉耶夫核心已难以控制整个城市。为了城市结构的合理性，日本人对达里尼实施了结构性拓展，规划了旧大连的第二个城市核心型公共空间，即长者町广场（现人民广场），确定了旧大连“双核”城市结构的基础模式。从城市结构体系角度分析，设置“尼古拉耶夫核心”与“长者町核心”并不是将城市分而治之，所以要强调二者的统一，即强调城市结构的整体性。如何解决这个问题？分析不同时期的规划图，城市广场的布局显示出规划者的犹豫与彷徨，但是最终还是很好地解决了这个问题。以城市布局的主轴线，延伸城市“核”的功能，起到控制城市的作用，并连接两个城市核心广场，是旧大连城市结构的拓展特征。城市广场对于此轴线的形成起到决定性的作用，东广场为城市对外海运交通的节点，大广场为城市的金融商贸中心，胜利广场（现）为城市的对外铁路交通节点，长者町广场是城市的行政中心，诸多承载着城市强大、重要功能的广场，共同确立并支撑着城市布局的主轴线。其中尤为突出的是大广场与长者町广场，可以说，这两个广场是城市的灵魂与心脏，共同托起了城市的脊梁——人民路（现）、鲁迅路（现）、西通（现中山路），如图 4-32 所示。此轴线东西向贯穿城市，横担其上的南北向次级轴线，由学校、办公、商服、教堂、银行等非城市级公共设施构成，排状分布，形成了鱼骨形的城市结构体系，与达里尼的放射状结构体系共同构成旧大连的城市结构体系，如图 4-33 所示。

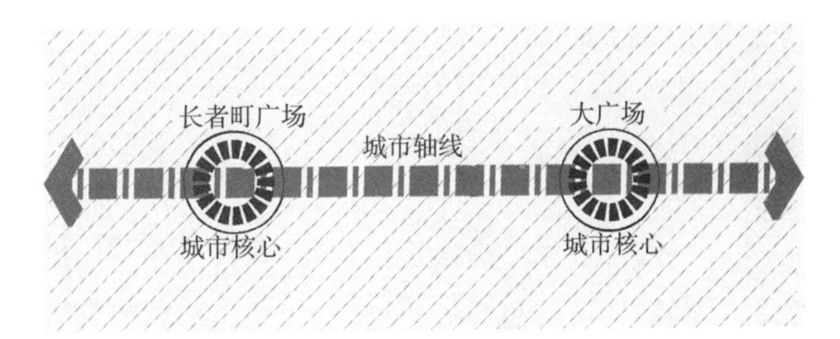

图 4-32　旧大连的城市结构模式图

两种不同结构形式之间的希望广场（现），位于大广场与长者町广场的中间，是两种不同的结构形式的过渡节点，广场的南侧为不规则的放射形的空间形态，表达了城市结构的放射形态渐弱的变化趋势，而广场北侧的空间为方格网状，强调了依次排列的南北向街道所形成的网格状空间形态。设计这样的空间形态具有明显的过渡意图，协调两种城市结构形式（包括空间形态）的转化，从放射形主导转化为方格网主导的形态，并增强城市结构体系的整体性。

旧大连的城市结构形式有古雅典、米利都城及普里安尼等单核心城市的结构模式，有伯尔尼、威林根等街道型广场城市的结构特点。由大广场与长者町广场两个城市核心型公共空间，确立了“双核心”的城市结构模式。有山县通（现人民路）、西通（现中山路）带状核心型公共空间，并与华盛顿、威尼斯、巴黎的结构模式相似（见图 2-15、图 4-34、图 4-35），具有一条显著的城市主轴线，构成典型的点轴结合的城市结构形式。鱼骨状的结构体系，在中国古村落中也有所见。

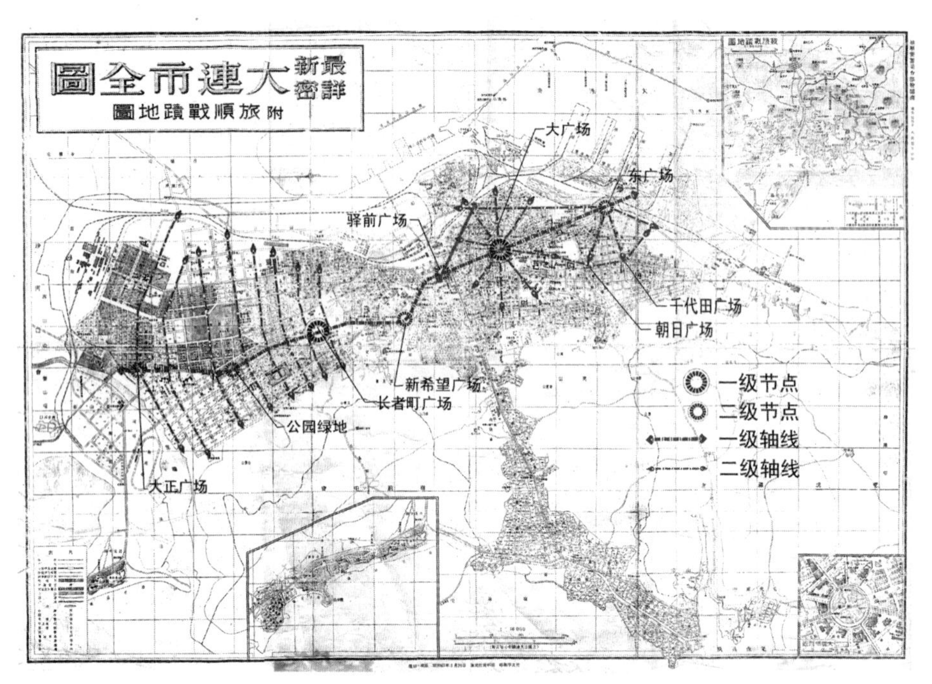

图 4-33　旧大连的城市结构分析图

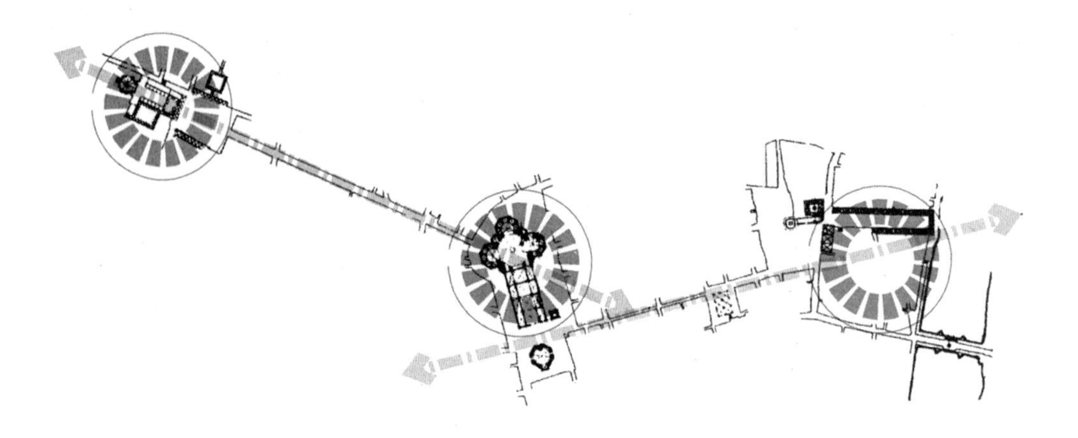

图 4-34　文艺复兴时期佛罗伦萨中心区结构图

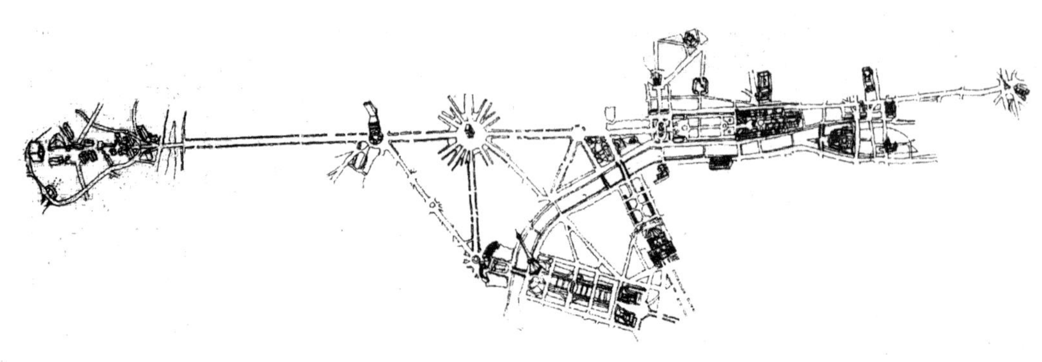

图 4-35　巴黎城的主轴线体系

（3）城市结构形式的风格特征

放射形空间与斜轴线体系是古典主义风格城市的空间特征，而城市广场则是古典主义风格城市的代表性特征。旧大连的老城区达里尼，充分体现出欧洲古典主义的城市设计风格。而作为城市的拓展规划，如何确定达里尼的拓展部分的布局轴线及空间体系，关系到城市的整体风格，城市广场的布局则是其中的重点。大广场周边建筑的风格，均为古典主义风格，展现了歌特、巴洛克等欧洲的古典艺术风格，不仅延续了达里尼的规划理念，也说明日本的规划师很青睐欧洲的古典主义风格，因此大连的拓展规划同样采用了当时较流行的古典主义风格。

1921 年的大连市街图（图 4–29）显示，城市拓建部分的主体位于老城达里尼的西侧，其面积比老城区大得多，要保持与老城风格的协调或一致并不难，较困难是，在确立“长者町核心”的同时，还要维护“尼古拉耶夫核心”在城市中的核心地位，要保证城市具有严谨的结构体系，并且保证新、老城区结构体系的风格协调一致。

要确保“尼古拉耶夫核心”，城市拓展部分的广场的布局与形态必须采取相应的措施。如果采用放射形空间与斜轴线体系，会出现很多问题。首先，城市的发展、广场数量的增加，必然导致“尼古拉耶夫核心”过于单薄，难以控制整个城市；其次，规划的城市广场必须以大广场为核心，且品质不能过高，而过多低品质的城市广场，又会导致城市的平庸。更重要的是，当时的城市规划人，已经认识到放射形道路对城市交通的不利影响，“大连市的首任土木课长久保田政周在 1910 年时曾经这样评价大连的道路网形式，‘把它作为一张绘画来看是十分美观、有趣的形式，但从实际交通的角度来论述时是十分不便的’”[①]。为了避免上述问题的出现，日本人的城市拓展规划没有采用放射形空间与斜轴线体系，城市广场的布局采用了简单的线形布局方式。

城市广场的核心式布局，是形成达里尼城市风格的主要特点之一。因此，旧大连的拓展规划中，城市广场的布局同样强调核心广场的塑造，采用了核心式线形布局的方式，以长者町广场为核心，沿西通（现中山路）线形布局。与中世纪的欧洲小城明登（Munden）相似，城市以长者町广场为核心，形成方格网状的网络型的城市空间体系，城市的整体风格并没有改变，依然保持着浓郁的欧洲古典主义风格。

（4）广场布局与结构形式的美学特征

日本人的规划，与俄国人的规划一样，体现出较完美的美学特征，反映出较成熟的运用形式美学的能力。分析 1938 年的《大连市全图》，旧大连的规划主要应用了变化、对比、统一等形式美的法则，塑造了“美观、有趣的城市空间”——这是日本人对达里尼的评价。

日本人建设的旧大连，变化是城市广场布局形式的明显特点。变化是美的基础，有变化才有统一，有规律，有对比，有虚实，旧大连的城市广场给城市带来了耐人寻味的律动美。核心式群落布局与核心式线形布局相结合，不同的形式，统一的风格，主次分明，协调融洽，为城市谱写了一曲美妙而动听的时空乐章。

---

① 刘长德 . 大连城市规划 100 年 [M]. 大连：大连海事大学出版社，1999：64.

第一，不拘一格求变化。城市广场的布局方法，由核心式群落布局转变为核心式线形布局，这种变化产生了很好的对比效果，简单朴实的线形布局与群落式布局形成鲜明的对比，从而达到衬托老城区广场群的整体美与城市主要广场群的目的。广场的布局在追求变化的同时寻求统一，以强调广场布局的形式、风格等方面的一致性。

如图 4–13 所示，城市的旧城区即达里尼的城市广场，布局特点是以尼古拉耶夫广场为核心，围绕着东广场、西广场、南北广场、敷岛广场（民主广场）等，形成广场组群。城市新区的广场没有采用旧区的布局方式，与达里尼截然不同，广场为简洁的线形布局。如图 4–31 所示，东西向布置有驿前广场（现胜利广场）、希望广场（现）、长者町广场、玉华公园绿化广场（现）、大正广场（现解放广场），其中长者町广场为核心广场，以其为核心，形成城市的广场布局主轴线；南北向布置的广场有三春广场（现鞍山路广场）、回春广场（现五一广场）。这种线形布局形式，明显地表达出求变的设计理念。西部新城区与东部老城区广场的布局形式明显不同，不拘一格、追求变化是广场布局明显的特点。

城市广场的布局，如果过度追求变化，失去规律性，便会显得杂乱无章，甚至造成城市布局的混乱，弱化广场存在的意义。旧大连的规划，新城区城市广场的布局，为了改变布局方法，追求变化，同时也为了在变化基础上求得统一，在采用了不同布局形式的基础上，延续了老城区广场布局的概念与规律。布局的变化，体现在“线形布局”与“群落式布局”的不同，而宏观分析新城区与达里尼城市广场的布局方式，虽然方法迥异，但很多方面体现出统一的特征。

第二，变化之中求统一。达里尼的东广场、西广场与尼古拉耶夫广场呈直线形沿莫斯科大街与西通布局，在群落式布局的同时，形成一个较强的“线形”的概念及规律（西—莫轴线）。旧大连的新城区的城市广场与达里尼的广场群衔接于西通，沿着中山路（现）向西线形展开布置，延续了达里尼广场布局的线形概念与规律，产生了新城区的广场根植于老城区，是老城区广场群外延的效果。这种效果，使得新老城区广场布局具有较强的系统性，成为一个统一的整体，老城区以群落式布局为主，新城区以线形布局为主，二者通过“线形”的概念统一并融为一个整体。如图 4–36 所示，驿前广场东侧为达里尼的西—莫轴线，西侧为新城区的布局轴线。二者的连接，可谓城市的“脊椎”体系的连接，使得城市具有统一的结构体系，构筑统一的新、老城区。

另外，长者町广场与花园广场（现）的布局关系，似乎是尼古拉耶夫广场与西广场的翻版，长者町广场与希望广场（现）、花园广场的放射形态，与达里尼相似，以及前文阐述的空间形态、布局形式的统一，等等，这些特征表达了设计者意在求统一的布局方法，并很有效地取得了变化主题下的形式上的统一。

（5）广场布局与空间形态的美学特征

城市广场的布局决定了城市空间布局的形式，城市的新区改变了以放射形空间体系为主的形式，而以城市空间的基本形态方格网状空间体系为主，构建城市的整体空间。平淡无奇的方格网状的空间布局，追求的是变化，与放射形的空间形态形成了鲜明的对比，突显了“尼古拉耶夫核心”的形象，同时又可保证城市未来的行政中心长者町广场，形成一

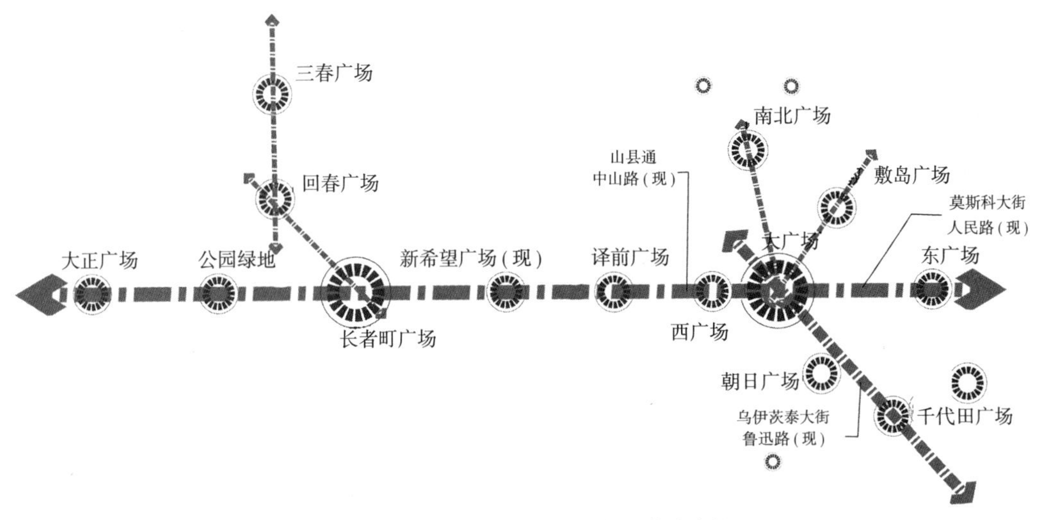

图 4-36　旧大连广场及结构体系拓展方式分析图

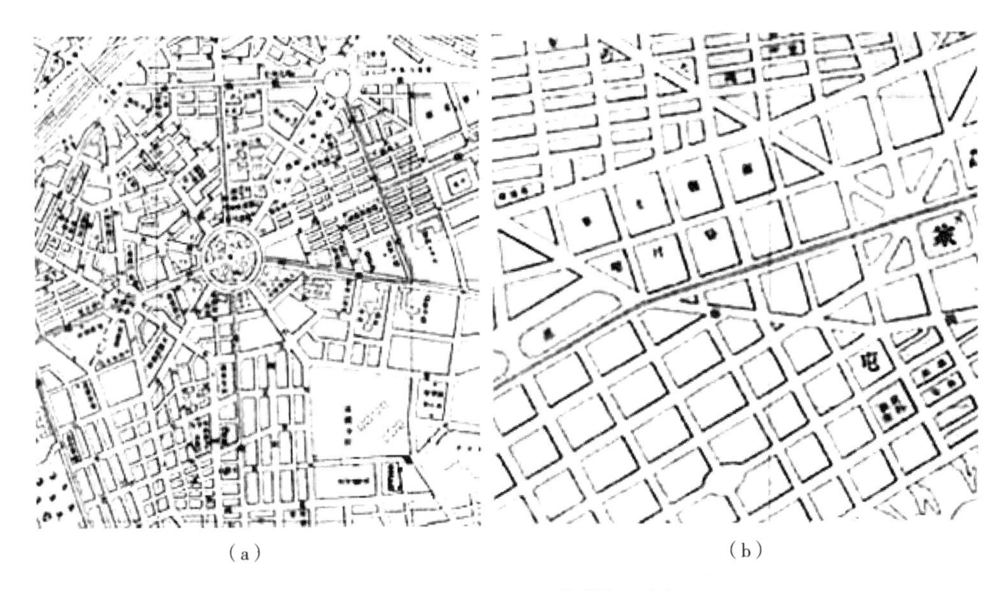

（a）　（b）

图 4-37　旧大连城市空间美学特征分析图

个新的核心型空间。如图 4-37 所示，新城区（图 b）的空间形态以方格网状为主。长者町广场的放射形空间，偶尔的斜线街道，为基于矩形阵列的变化空间形式。这种变化的形式，与老城区的空间形态取得一致，构成新旧城区协调、统一的形式关系，体现了较清晰的形式美法则。新城区的空间形态也并非“空穴来风”，老城区（图 a）的主导形态为放射形、不规则排列的空间形态，图中矩形阵列的街区，恰恰是老城区空间形式的变化元素。这种互为主次的颠倒关系，巧妙且很好地诠释了“变化与统一”的形式美法则。

长者町广场空间形态的选择，采用了反向的对比方法，利用直线形界面，围合成规整

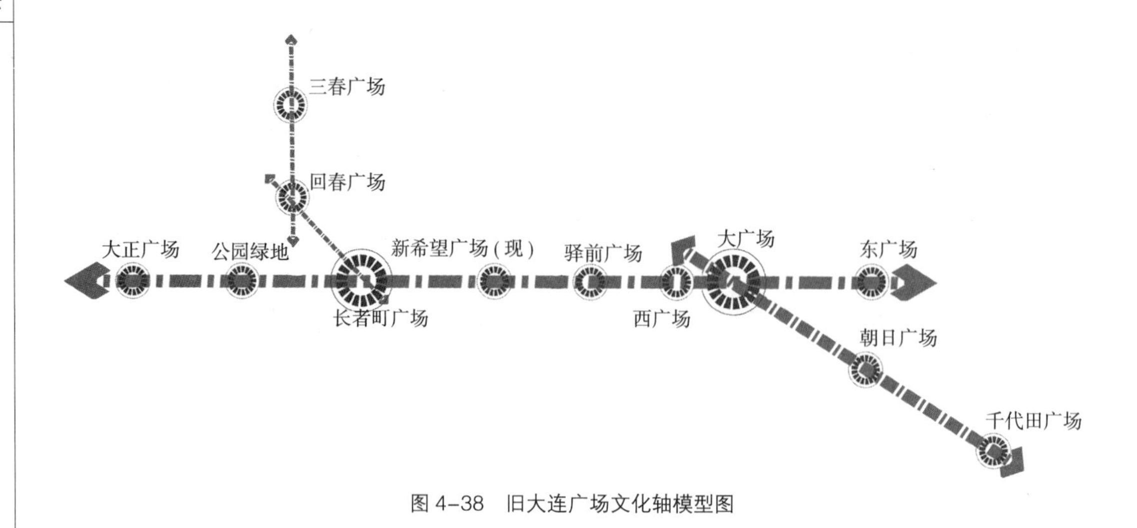

图 4-38 旧大连广场文化轴模型图

的矩形空间，与多数广场的曲线界面围合成的圆形、椭圆形空间形成鲜明的对比，强调广场规矩、庄严的空间形态的美，塑造“长者町”核心。这种形态的选择，突显了设计师的聪明与才智，如果再选择一个大规模的圆形的广场，便很难处理好长者町与尼古拉耶夫之间的关系。

旧大连的拓展规划很好地运用了形式美的法则，使城市的整体空间具备了形式美的基本要素，形成了较完美的城市形态。大正广场（现解放广场）、长者町广场、驿前广场、西广场、大广场、朝日广场（现三八广场）、千代田广场（现二七广场），7 个广场构成城市的广场文化轴，成为日后大连独特的、亮丽的城市风景线（图 4-38）。

对比大正十年（1921 年）与昭和十三年（1938 年）的两张图，城市广场的布局稍有不同。现希望广场在 1921 年的图中没有明确的形态，在现花园广场西侧，并列规划有两个椭圆形广场。1938 年现希望广场有了明确的形态，而上述两个椭圆形广场却少了一个，后来一个也没建。这些现象表明，如何确立并突出城市广场的“线形布局”，新老市区的广场布局如何协调，这些问题也困扰着日本的城市设计者，经过历史的洗礼，最后的结局可以说是较完美的。

4.2.2 城市广场的结构功能

欧洲早期的集市广场是城市（或国家）的政治、经济、文化中心，中世纪后的城市广场以纪念与展示功能为多数，如纪念或展示帝王的功绩与威望。然而，无论哪个时代的城市广场，结构功能都是其重要的功能。纵览城市广场的发展史，广场可成为城市多种职能的载体，是城市机体中不可缺少的核心细胞。在这方面，旧大连的城市广场有明显的体现，广场是架构城市的重要节点，承载着城市的重要功能，多数广场为多功能的综合性广场，成为城市各种功能的复合中心。

1. 区域标志、区域核心——空间核

旧大连延续了达里尼的城市广场规划理念，以广场构筑城市空间的重要节点。犹如现代建筑的网架结构的“球节点”，是力的集合点，城市广场是城市生活的焦点，是区域性凝聚点。因而，广场成为大连较常用的区域性标志。在城市中，广场名称可成为某一空间区域的代称，大连人常说：我家住在某某广场，是指家住在该广场所代表、标识出的区域，以广场为核心的特定半径所涵盖的区域。这种现象说明，广场作为空间区域的标志，具有实际的空间意义。

达里尼时期，城市广场大多未建成，分析广场的布局形式，广场的核心概念很清晰。旧大连时期（1905 ~ 1970 年），城市广场均已建成，广场本身也体现出清晰的核心气质。广场的周边大都布置大型的、重要的城市级或区域性的商服设施，如银行、旅馆、商场、影剧院、邮政局（所）、储蓄所等。这些建筑往往是城市各类建筑中的佼佼者，具有突出的空间形态与形象，优秀的品质和强大的公共功能，使广场具备所需要的基本条件，成为城市的、区域性的核心型空间。

2. 城市职能的重要载体——功能核

广场的设置注重与城市职能的紧密结合，使广场成为城市职能的重要载体。如图 4-39 所示，长者町广场为城市的行政职能的核心，大广场为城市的金融、商务职能的核心，西广场为文化职能的核心……。城市功能区划，目的是城市不同职能的分区布局，广场作为重要城市职能的核心载体，可以构成城市功能分区的核心——功能核，城市职能在广场凝聚，产生聚合效应，提高其服务社会的效率与效益。

3. 城市的交通枢纽——交通核

达里尼的城市路网形似蛛网，多条放射形道路交于一点——广场，而广场是城市中最具吸引力的场所，是城市社会生活充满活力的聚集点，这也是设置广场的初衷。因而，广场必然成为各种交通的汇聚点，是城市交通体系中交通量较大的节点，同时，广场又是城市区域间联系的交通节点，这些特性决定了广场的交通枢纽的功能。驿前广场（现胜利广场）与东广场为城市主要的对外交通节点，是城市区域交通的核心，如图 4-40 所示。

4. 城市的景观节点——景观核

广场的景观功能，是广场的基本功能属性，也是广场较为重要的功能之一。广场具有

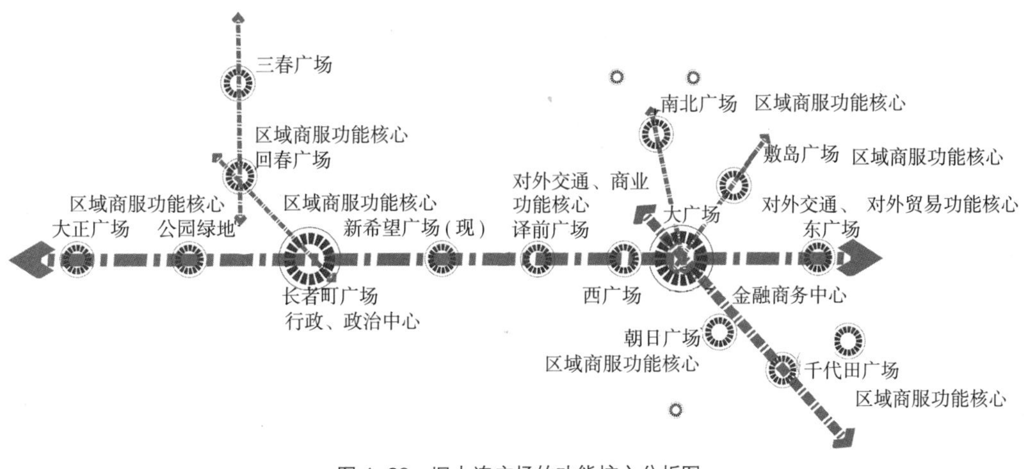

图 4-39　旧大连广场的功能核心分析图

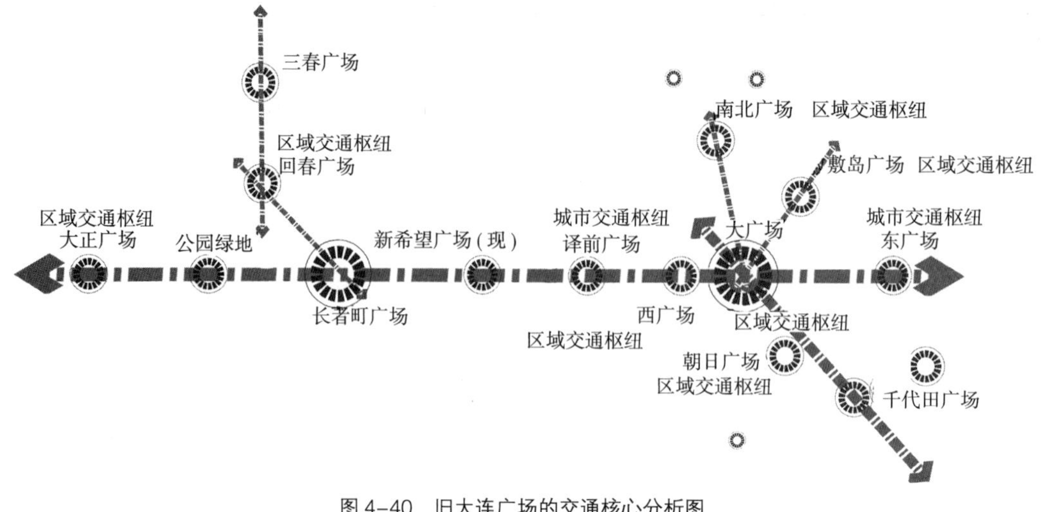

图 4-40　旧大连广场的交通核心分析图

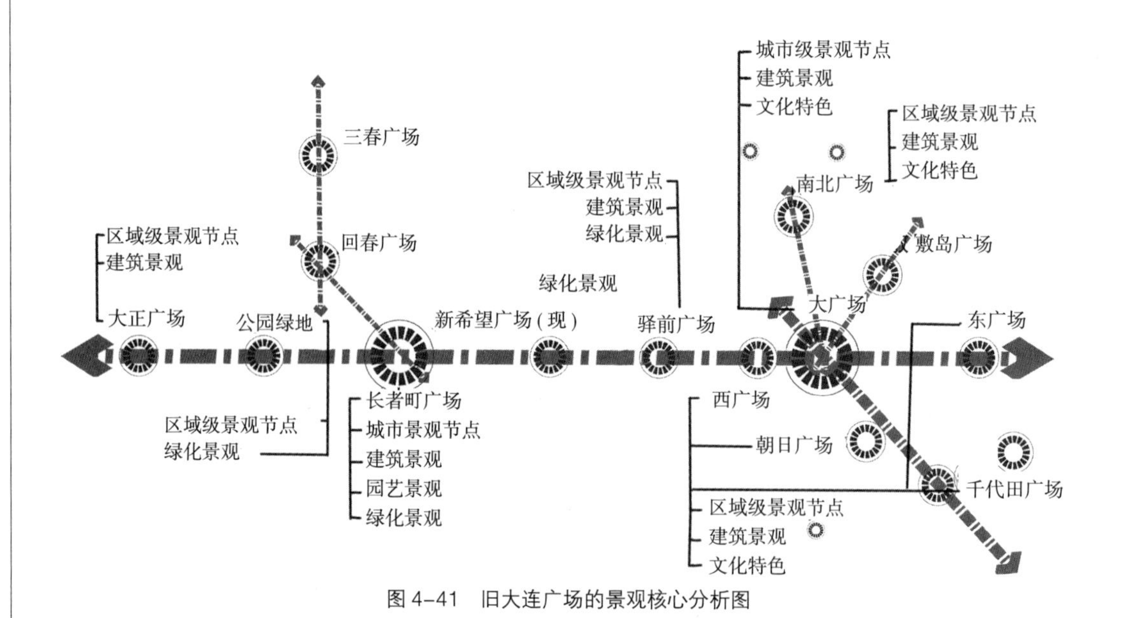

图 4-41　旧大连广场的景观核心分析图

展示的特性，可谓城市的展厅。人的脸面是人体形象的特征要素，广场可谓城市的脸面，是城市形象的主要特征元素。因而，旧大连城市规划十分注重广场的景观功能，以广场作为城市景观体系中的重要节点，并以广场作为塑造城市形象的重点。如大广场，是受欧洲文艺复兴时期巴洛克艺术流派的影响，使广场成为建筑艺术展厅理念在旧大连的演绎，成为旧大连展示建筑景观、建筑艺术、地域文化与城市风貌的核心节点。旧大连的景观节点体系及景观属性分析图如图 4-41 所示。

4.2.3　城市广场的形态

广场的个体具有点的形式与特征，这也是城市广场正常的总体形态。广场的群体形态构成点阵，点阵控制着城市的整体形态。城市广场的个体形态由其个体的形所确定，广场的形由三部分组成，其一是较开阔的“场”，此场是广场的水平界面——地面，其二是界定“场”的垂直界面，另一部分是界定广场高度的界面——天面[①]，这三个面由广场的地面与其周边建筑以及建筑物的顶面所构成，广场的“形”为此三个面所确定的形。所谓“态”即广场的形所表之态，广场的形态并非单纯由“场地”——水平界面确定，而是由上述的三维界面构成，研究广场的形态，就是研究这三部分的关系。

1. 城市广场的形态分析

旧大连城市广场的形态最大的特点就是规整，广场周边建筑的尺度、形态与广场的场地保持适度的关系，注重广场三维界面的整体协调性，注重建立广场的围合感，注重周边建筑的空间形态的统一与和谐。广场的三个界面的尺度，以及三者之间的比例关系都比较适宜，使人对广场形的感知，在相对舒适的接受、感受方式的范围之内。所以，多数广场的空间形态给人以庄重、和谐、宜人的良好感觉。

1938 年印刷的《大连市全图》以及其他图显示，至 1938 年，旧大连的广场只有大广场周边的建筑基本建成，长者町广场规划设置关东州厅、地方法院两个城市重要建筑，没有规划其他建筑，广场周边均为空地。所以，研究旧大连城市广场的形态，仅选取具有代表性的大广场、西广场完全建成后的状态为例。

大广场的直径为 213m，场地为圆形，面积为 3.56km^2。周边的建筑沿场地环状布置，沿广场场地的立面，形成与场地同心的规整的圆形界面。广场周边的建筑，主体部分的高度均低于 20m，个别带有塔楼的建筑高度也不超过 30m。广场的空间是开放性的，广场上的视点可分布于广场直径上的任意点，为广场上的人提供了宽阔、适宜的视野，欣赏周边的建筑，感受广场的情调、氛围。在众多的广场中，大广场的规模大，形态规整，雕塑感强，突显了其华丽与多姿，又不失厚重与大方的“王者”风范。

分析其有意义的视点，如图 4–42 所示，在 *a*、*b* 两点的区间内，*a* 点选在人行道范围内，*b* 点选在广场直径的 2/3 处，可以保证多数区域的视线效果，与设计相符。*a* 点的垂直视角为 5°，*b* 点的垂直视角为 23°。这样的视角，既让人感受到广场空间的“广”，又不显得遥不可及；既不感觉封闭，又有很好的围合感。其空间尺度与形态，很好地显示出广场宏伟的气魄，居于城市诸多广场之首。

西广场位于大广场的西侧，场地为椭圆形，长轴 135m，短轴 100m，面积约 1km^2。广场周边的建筑高度均在 15m 以下，多数为 2 层，建筑的立面组成较规则的椭圆形界面，与场地的形状协调一致。广场的规模较小，其中间的场地不适合作为人群的活动场地，故设置为景观用地，如花坛、雕塑等。人的活动范围，基本在广场周边的人行道上，严格意义上说，此广场并非是一处完全开放性的空间，只是一处开敞空间。从室外空间形态角度分析，人处其中，无论是尺度与视觉效果，都会给人以亲切、宜人的感觉。

2. 广场形态与城市形态的关系

大连这样的广场众多的城市，广场的形态与城市形态的关系密切，影响重大。主要体

---

① 与地面对应的空间界面，详见 5.2.2 节中“城市空间的天面”。

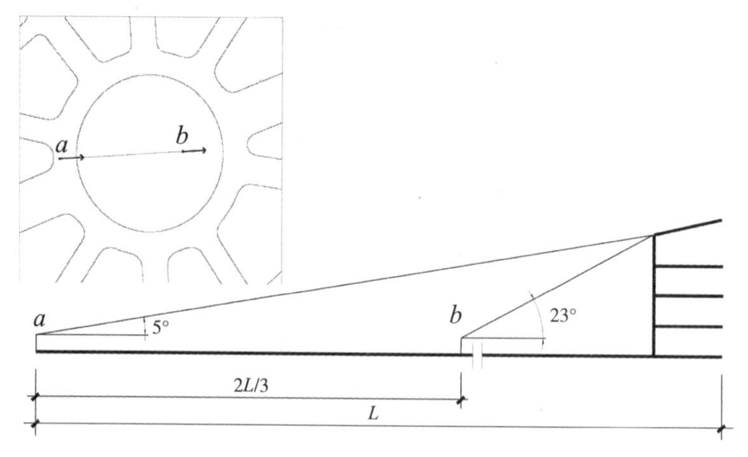

图 4–42　广场形态感受与尺度关系分析图

现在以下三个方面。

（1）广场的形态，是城市节点的物质性表象，是建立城市整体形象的控制性元素。图 4–43 为 20 世纪 80 年代中山广场的照片。正如图中所示，直至 20 世纪 80 年代前，大连多数广场内圈建筑的高度，都高于其周边的其他建筑。相对于城市的整体空间，这些广场是城市天面的凸起点，使城市的天面起伏变化，同时这些广场又是城市天面的支撑点，是控制城市总体形态的重要节点。

图 4–43　20 世纪 80 年代的中山广场

（2）广场形态丰富城市的空间形态，形成城市空间的序列与韵律感，并使城市空间建立起密切的关联关系，统一在一个和谐的系统之中。沿着城市广场的布局轴线，即鲁迅路、中山路、五一路，城市广场分布于富于变化的城市主要路街——带状公共空间的长廊之中，带来了空间之形的错落、收放与空间质量的变化，犹如在演绎着一曲动人的美妙乐章，悠扬中伴随琴键的跳动，丝弦的颤抖，音符的变换。如图 4–44 所示，空间的变化对于人的视觉、情感作用的轨迹，可以描述为一条律动感很强的曲线，似一首旋律美妙的乐曲。

（3）广场的形态，携带着城市形态的特征信息，汇聚着城市的政治、经济、文化等体系的精髓，象征着城市的整体面貌，是城市的风格、特色、民俗与地域文化等方面重要的特征点。普遍意义上，大广场是大连的象征，是城市的灵魂。大广场的形态，周边建筑浓重的欧洲古典艺术与文化色彩，可谓旧大连古典主义与巴洛克风格的城市核心与象征，是旧大连古典主义的结构形式、空间形态的核心与亮点。

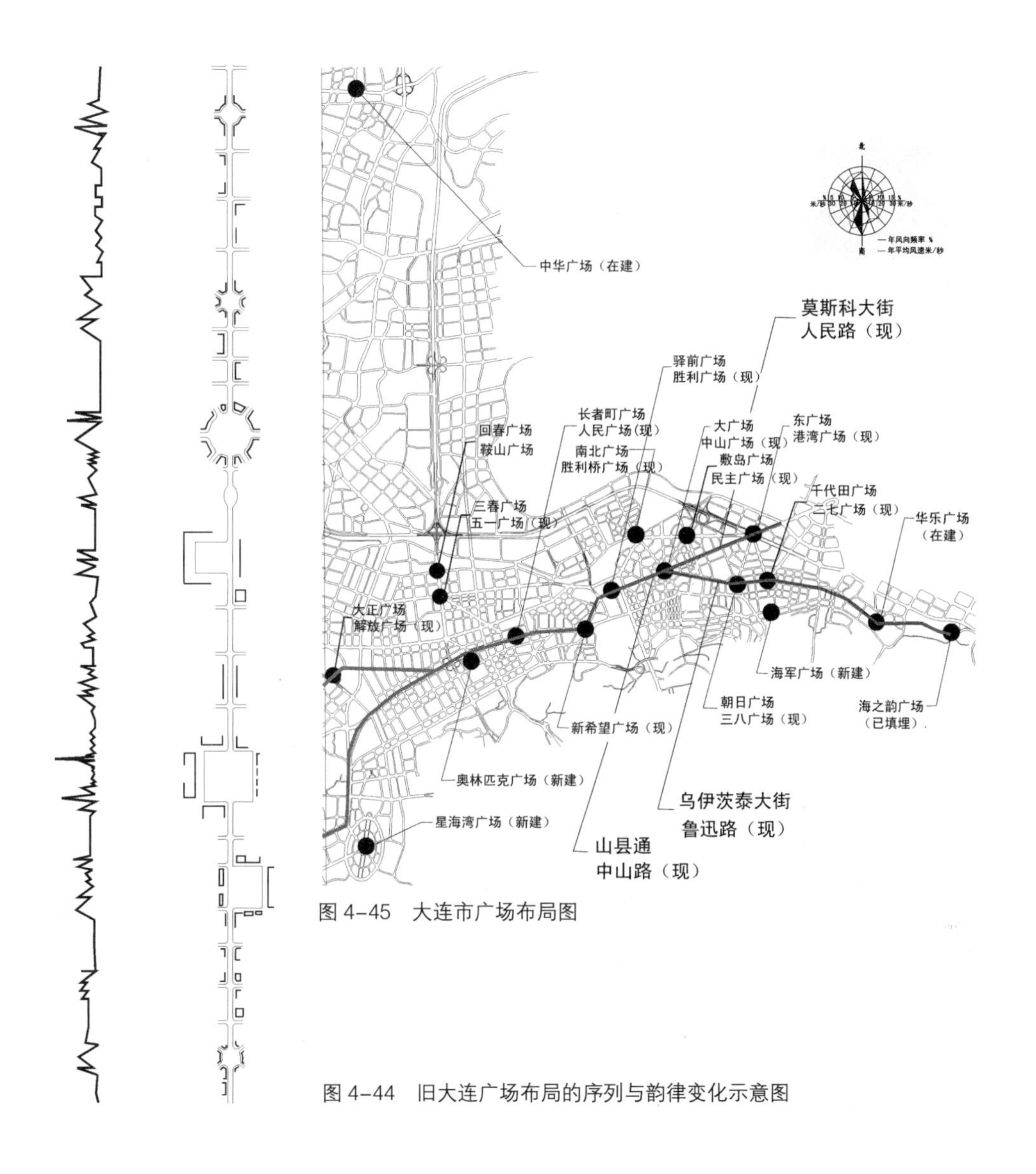

图 4-45　大连市广场布局图

图 4-44　旧大连广场布局的序列与韵律变化示意图

4.2.4　旧大连城市广场的规划理念及方法

日本人统治大连后，经过 40 年的建设，旧大连已基本定型。综合研究俄、日建设的旧大连，分析、解读旧大连的规划，下述三个方面，应该是旧大连城市广场规划主要的理念、方法。

（1）以城市广场为城市重要的结构性元素。分析达里尼与旧大连的城市规划，以欧洲古典主义城市文化塑造达里尼，是主导的规划理念。以城市广场作为城市总体布局的主要控制节点，构建城市的结构体系，是其规划理论的核心。在上述理念、理论的指导下，城市广场的布局有明显的规律性，西公园町（现解放路）以东的广场以大广场为核心，群落式布局，日本人继承了达里尼的规划思想，西公园町以西的广场以长者町广场为核心，线形布局，两种布局形式相结合，构筑了城市的广场文化轴，五一路（现）、中山路（现）、鲁迅路（现），使其成为城市的脊梁，即城市的主轴线。

（2）城市广场是城市重要职能的载体。古老的米利都城，城市的中心设置神庙、广场、港口、体育场，发挥着城市政治中心、文化中心与经济中心的作用。与其相似，旧大连的广场为城市的政治、文化、金融、商贸等重要功能的中心，并连接着城市的码头、火车站。由广场连接形成的带状公共空间，中山路（现）与人民路（现），以其强大的城市职能，成为城市的核心带状公共空间，控制着城市的社会生活。

（3）城市广场规划是城市总体规划的一项重要内容，分析达里尼的规划图与旧大连的城市市街图，可以证明这一点。大连市解放路以东市区所有的广场，在萨哈洛夫和盖尔贝茨的达里尼规划图中均有体现，这些广场的定位与建设，均按此规划图实施；1938 年旧大连的《大连市全图》，也反映出这样的信息，图中的长者町广场、希望广场（现）等诸多广场并非已建成的广场，图中所反映的应该为规划信息，足以证明这些广场是规划的广场。而且，达里尼规划图与《大连市全图》，城市界线均为当时城市的整体范围，这表明图中的城市广场均是由总体规划所确定的，否则，未建的广场不会出现在上述的"全图"之中。城市广场规划的重要性、基础性在于，旧大连的规划以广场为核心进行。城市的结构体系、空间体系、交通体系、景观体系等，均以广场的布局为基础进行规划。分析旧大连的规划图，广场的布局有主次，有规律，平面构图有明显的设计痕迹，这些现象只能说明广场的布局不受其他因素的影响，在综合规划设计体系中的排序，是位列第一的。如果不是如此，广场布局达到旧大连规划图所显示的效果，是很难做到的。

4.3　大连 20 世纪 80 年代后的城市广场

研究大连 80 年代后的城市广场规划，明确其中的得与失，目的是更好地理解城市广场文化，延续城市的历史文脉，让城市的特色得到传承与发展。

4.3.1　历史、文化及社会背景

20 世纪 50 年代后，大连的城市建设开始了中国人自主规划设计的历程，而对于城市广场来说，新的建设起始于 20 世纪 80 年代。20 世纪 50 年代前的一切，都成为历史，大连规划人必须了解的并深受其影响的历史。

历史上的大连，直至近代，基本上处于北方游牧部落文化与中原文化的边缘，受其他文化类型的影响，属于文化欠发达地区。这一点，长海县小珠山遗址的初步考古成果也有明显的体现，出土的陶器分别有龙山文化与红山文化两种特点。后来的文化迁徙，形成了大连的民俗文化之源，大连的现代民俗文化，受齐鲁民俗文化的影响，具有较明显的齐鲁色彩。俄、日文化的影响，并不能改变大连地区的文化面貌，文化根基的欠缺，却影响了大连地区现代文化的发展。

就城市空间文化而言，20 世纪 40 年代末，中国进入了社会主义社会。帝国主义的封锁，极"左"思潮的影响，使源自资本主义国家的一切，都被拒之门外，似开非开的国门又一次紧闭，国家呈现了几乎"与世隔绝"的封闭状态。就城市空间文化而言，盛行于世的现代主义城市设计思潮与中国毫无关系。直至 20 世纪 70 年代初期，由国际大环境所致，在"备

战备荒”的思想指引下，“工业学大庆”，“先生产后生活”，“发扬干打垒精神”，在农业学大寨的号召下，“先治坡后治窝”，“经济建设”为先的方针，使我国多数城市的建设一直处于被遗忘的状态，而此时国际上盛行的后现代主义城市设计思潮，对“大三线”的建设不会有任何意义。

20 世纪 80 年代初，中国处于改革开放的初期，城市建设进入了快速发展的前期，但城市规划理论的研究与应用水平远不如今，掌握一定城市规划理论的技术人员，在一个城市中往往是凤毛麟角。城市规划理论水平较低，加之技术力量的薄弱，城市规划工作难以适应城市建设发展的需求。20 世纪 80 年代中期，恢复高等教育的成果，使城市规划工作得到新的技术力量的充实，新的城市规划思想、规划理念，使城市规划开始了新的历程。中国的城市设计理论研究起步较晚，20 世纪 90 年代，大连的城市规划才逐步有了城市设计的概念，但总体城市设计在大连始终处于不明朗的状态，难以指导下位城市规划，尤其是起不到对城市总体形态的控制与引导作用，也难以指导诸如城市风格等较实际的问题的确定。

日本人投降后，大连城市广场的规划建设，经过近半个世纪几乎停滞的阶段，从 20 世纪 80 年代中期开始了新的缓慢而朦胧的启动。虽然现代主义的城市设计风格已成为“很久以前”，国门的重新开启，现代主义风格深深地影响了中国的城市规划与设计，大连也是如此。可悲的是，城市中大量的居住建筑和一些相对低等的建筑，在“经济、节约的前提下追求美”的设计方针指导下，根本无风格可言，而这似乎就是城市新兴的“风格”。20 世纪 90 年代后期以来，“传承城市历史文脉”的规划理念，掀起了大连新一轮的广场热，尽管文脉还没理得很清晰。城市广场似乎成了大多数规划方案中的主题与“亮点”。但是，20 世纪 80 年代以来，经济的发展带来了城市交通量的猛增，汽车作为城市交通运输的主要工具，其数量呈现几何增长之势。由于百年前的达里尼规划，难以适应百年后的交通状态，致使大连众多的广场成为城市交通的减速器。因而，在总体规划层面，城市广场并不受欢迎，几近于被限之列。

20 世纪 90 年代中期，城市的高层管理者提出了“欧式化、高层化”的城市发展方向，虽然自信中夹杂着迷茫（因为专业人士没有明确的态度），但却是唯一提出大连城市建设风格特色的指导性原则，当然，也是接近于行政命令的原则。虽然“高层化”摧毁了城市固有的“欧式化”，新的欧式化也未必纯正，但开放式绿化广场与城市广场的建设，或许填补了少许的欧陆元素。无意所为，城市从欧洲的古典主义风格，走向了后现代主义“既现代又古典”的城市风格。然而，城市广场的建设并不是追求欧式风格，而是在“延续（没理清楚的）历史文脉”，然而，历史文脉不仅仅是城市广场。由于总体城市设计层面的欠缺，对城市的结构、功能以及城市形态等方面缺乏研究，虽然认识到大连的广场是城市的特色，城市广场让城市风光无限。但至今，并没有成形的城市规划与城市设计的理论及原则，指导大连城市广场的规划与建设。所有的，只是无奈的限制与迷茫的“传承”。

4.3.2　城市广场规划建设情况

感性地认识新大连城市广场的建设，理性地分析、总结其规划理论、方法，与旧大连城市广场建设相比较，有助于从正反两个方面认识城市广场，理解城市广场及其城市意义，为更好地理解节点控制的城市设计方法，奠定基础。

20 世纪 80 年代后，大连的城市广场的建设开始复苏。受经济发展条件的限制，80 年代城市广场建设较少，城市广场的大量建设则是 20 世纪 90 年代后，尤其是 90 年代后期，城市建设了大量的大规模的广场。图 4–45 中标有“新建”、“在建”字样的，为大连新建的城市广场。当然大连所建的城市广场还有很多，图中所标注的广场，较具典型意义。图中有一条较明显的城市广场布局轴线，即中山路—人民路、鲁迅路，此轴线是旧大连的精华所在，城市的多数广场或在此轴线上，或在其两侧。

1. 中华广场

中华广场（图 4–46）是 20 世纪 80 年代规划设置的，位于大连市北部中华路与山东路的交叉点，中间场地为圆形，直径 170m，面积 3.0km^2，至今没有建成。广场的规划确定了位置、形状及场地界线，确定周边场地为公共建筑用地，没有明显的广场用地范围，没有对周边的建筑提出明确的要求或意向。

图 4–46　中华广场

2. 华乐广场

华乐广场（图 4–47）是 20 世纪 90 年代后期，进行华乐小区规划时设置的广场。广场位于鲁迅路东段，广场的场地分为两部分，场地空间的整体形状大体上为一圆形，具体形状较难描述，似乎是异形，也似乎很规整，场地面积 5.6km^2，至今未建成。同样，广场的规划确定了位置、形状及场地界线，确定周边场地为公共建筑用地，没有对周边的建筑提出明确的规划要求或意向。

3. 星海广场

星海广场（图 4–48）是 20 世纪 90 年代末期，为纪念香港回归而规划建设的，位于星海湾畔，中山路东侧。其用地形状较难描述，空间界线比较模糊，核心部分由道路网构成三层级图案，外圈层为标准的椭圆形，内圈层为圆形场地。外圈层椭圆的长轴为 1033m，短轴为 646m，占地 51.3km^2。工程竣工于 1997 年 6 月 30 日，是亚洲最大的城市广场（场地面积）。广场的中央是全国最大的汉白玉华表，高 19.97m，直径 1.997m，象征着香港的

图 4-47　华乐广场

图 4-48　星海广场

回归年（隐含的，意义不明显），华表底座附有 8 条龙，柱身雕着 1 条龙，9 条龙寓意中国九州。广场中央大道为广场的主轴线，主轴线的北端是会展中心一期展馆，南端是大连建市百年纪念雕塑。广场的规划确定了位置、形状及规模，确定周边场地为会展建筑与公共建筑用地。根据广场的布局分析，“会展中心”的一期展馆为广场的主体建筑，似乎没有对周边的建筑提出其他的规划要求或意向。

4. 奥林匹克广场

兴建奥林匹克广场（图 4-49），是为了纪念大连建市 100 周年，以此来弘扬奥林匹克精神，表达市民对体育事业的热爱。为奥林匹克广场的基石填上第一锹土的，是原国际奥委会主席萨马兰奇先生。奥林匹克广场位于人民体育场北侧，在大连市繁华地带的中山路与五四路之间，为一矩形广场，占地面积 5.3km^2（包括东、西体育场外场 3.0km^2）。1999 年 6 月日开工，于 1999 年 9 月 3 日竣工。广场的中央矗立着大型奥运五环雕塑，地面广场为五个奥运五环形状的活动场地。如今，广场已成为大连市大型的健身、市民体育活动、旅游观光和餐饮娱乐的体育、商业中心。

5. 海军广场

海军广场位于市委大楼南面，2000 年建成，是继英国、美国之后，世界上第三个以海军命名的广场（图 4-50）。在音乐喷泉的背景下，浮雕墙和海军战士塑像展现了中国海军发展的历程，广场中央花岗石铺砌而成的世界地图，则象征大连正在走向世界，大连的发展与世界同步。广场位于春德街西段，场地为拱形，场地面积 1.8km^2。

6. 海之韵广场

为了纪念大连建市 100 周年建设此广场（图 4-51）。广场位于鲁迅路东端，占地 3.8km^2，场地的形状不规则，由山海围合，体现的是自然空间的形态，相对自然。该广场是大连唯一的临山观海反映大连自然风貌特色的广场。广场主雕塑《海之韵》，以 5 根曲率不同的白钢管为主体，主管长 19.99m，高 9.9m，象征着 1999 年 9 月 9 日大连建市百年，50 个球体象征中华人民共和国建国 50 周年，21 只飞翔的海鸥象征百年大连如一条腾飞的

图 4-49　奥林匹克广场

图 4-50　海军广场

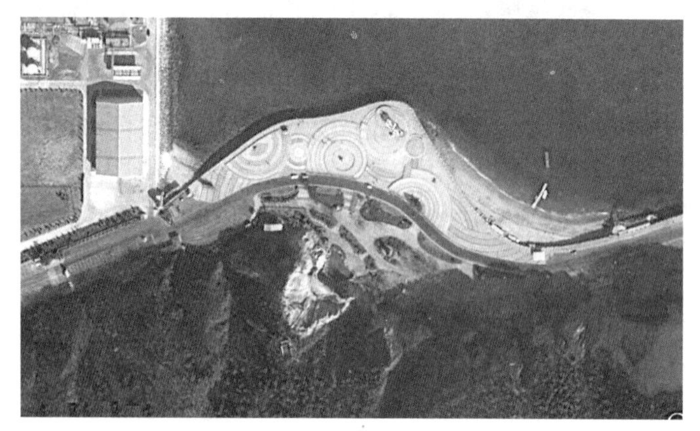
图 4-51　海之韵广场

巨龙飞向 21 世纪。这些内涵都是知情者之外的人所感受不到的，再过 100 年若无文字档案或许会成为历史之谜。

4.3.3　城市广场规划建设综述

大连的城市广场建设，基于旧大连。20 世纪 80 年代以后，在是与否并不甚分明的状态下，大连建设了大量的城市广场。结果是有成功，也有问题。要讨论成功与问题所在，首先应明确几个问题。如何解读旧大连城市广场的规划理论、理念及方法，决定城市广场规划成功与否，是延续与繁荣广场文化的关键。正确认识城市广场的构成、功能、意义与美，是做好城市广场规划的基本条件。新大连的城市广场规划，反映出对上述问题的认识模糊，这正是导致城市广场建设，不是很成功的原因所在，可以从反向角度说明，正确认识城市广场的重要性。

1. 城市广场规划理论、理念及方法

20 世纪 80 年代后，大连的总体规划中，没有城市广场的相关规划，也没有确定相关的原则、策略，可以说在城市广场的规划方面几近空白。在这种背景下，无法讨论，或者说无所谓城市广场规划的理论或者理念。大连一些广场的设置，大多出于详细规划层面，延续历史文脉，强调景观意义，可理解为简单的规划理念。实际却不然，新建的广场并没有延续大连城市广场的历史文脉，甚至破坏了历史文脉。要延续历史文脉，基础是理解“文”与“脉”的实质以及“文”与“脉”的关系。正确理解文脉，并有正确的延续方法，才能取得理想的结果，达到延续历史文脉的目的。所以，有必要探讨大连城市广场的历史文脉，认识 20 世纪 80 年代后大连城市广场建设的得与失。

（1）何为历史文脉

何谓文脉？其字面意义为文化的脉络。形象地理解，“文脉”可指文化发展的历史渊源关系及其发展轨迹的形式与状态。何谓大连城市广场的历史文脉？广场是城市的一种空间形式，就城市空间而言，其文化脉络可理解为，城市空间文化的渊源关系与发展状态。地中海文化是大连城市广场的文化渊源，巴洛克风格是其空间形式艺术风格的渊源，古希腊的集市广场是其构成、职能的渊源，等等。显然，广场只是一种文化现象、符号，不能代表大连或其城市的历史文脉。

具体分析，广场是旧大连的一种城市空间文化现象，与“文脉”中的“文”对应。从空间形式方面分析，广场只是开敞空间的一种形式，即“文”。广场为大连的城市特色，但城市的历史文脉不仅仅是城市有广场。所谓“延续历史文脉”，不只是一种文化特征符号的简单复制，重要的是理解城市广场的发展历史与文化渊源，可延伸至历史的规划理念、理论与方法及其所形成的布局规律、形式特点等方面。前文（3.2.4 节）解读旧大连广场规划的三个方面，可谓大连城市广场文化之脉络。

（2）如何延续历史文脉

从俄国人的核心式群落布局，到日本人的核心式线形布局，是旧大连广场布局形式的发展脉络；广场在俄、日的规划中有一致的结构性意义，是广场在城市结构体系中的发展脉络；广场在俄、日的规划中都承载重要的城市职能，是广场在城市功能体系中的发展脉络，……而广场的起源、空间艺术体现的地中海文化、巴洛克艺术风格等，是大连城市广场历史文化形态的脉络。要延续旧大连城市广场欧洲古典主义的文化脉络，不是仅仅通过广场就可以做到的，而是要在城市总体规划层面进行意义更广的，涉及城市的文化体系、空间体系等方面的综合研究，着重从布局形式、结构特性、文化形态几个方面延续旧大连的做法，才能达到延续大连历史文脉的目的。

2. 城市广场规划成功的方面

（1）合理设置广场

尽管理论研究不够，没有完整的理论体系指导大连城市广场的规划，但大连的广场建设并没有失控，一些广场的规划，充分地表达出旧大连城市广场的规划理念，强化了大连的广场文化轴，延续了城市的历史文脉。城市的拓展，没有打乱城市的结构体系，更加突显了城市的结构特征，很好地发挥了广场塑造城市整体美的作用，如奥林匹克广场、海之韵广场等。

奥林匹克广场在人民广场（原长者町广场）的西部，中山路的南侧，大连市人民体育场的北侧。大连市人民体育场建成于 1925 年，当时叫“大连运动场”。周边有大连市体育运动的管理部门，以及数量可观的体育运动商品专卖店。体育是大连市民的“最爱”，大连体育在全国有较高的声望，尤其是足球。体育场支撑着大连体育事业的发展，是城市的体育中心。奥林匹克广场的建设，把大连的又一个城市级职能的核心——体育中心，以广场的形式设置到城市的广场文化轴上，延伸并强化了城市的主轴线，充分体现了广场对于城市结构性的意义。

海之韵广场位于大连的东部，鲁迅路的尽端，大连广场文化轴的东端（图 4–51）。该广场是大连自然风貌特色的微缩版，是城市自然景观的重要节点，是城市广场文化轴的延伸，是城市广场文化与自然的交融。

上述两个广场的建设，很好地延续了旧大连城市广场的规划理念，并起到了延续城市历史文脉的作用。另外，华乐广场的规划（见图 4–47），虽然存在一定的问题，但其位置的选择，恰好在城市的广场文化轴上，同样也起到一定的强化并拓展城市的广场文化轴与延续历史文脉的作用。

（2）合理控制广场

城市广场是大连城市的特色，因而，各种类型的规划项目，以广场为"亮点"的规划方案很多见。出于交通方面的考虑，大连总规对城市广场的建设，实施了一定的控制。由于有效地控制，阻止"唯广场而优"的规划思想的泛滥，取得了很好的实际效果，而且不仅仅体现在城市交通方面。

1）这种控制达到了保护城市特色的效果。有观点认为，规划方案中的广场，体现了城市的特色。物以稀为贵，因少才有所谓特色。推崇建设广场，尤其是当广场泛滥之时，必定会毁灭城市特色。就此意义而言，控制城市广场的建设，才是保护广场特色的上策，大连新的城市广场应以"少而精"为原则。

2）这种控制达到了延续城市历史文脉的目的。也有观点认为，建设广场是延续城市的历史文脉，事实并非如此。建设广场并不一定会延续城市的历史文脉，也可能破坏城市的历史文脉。广场的布局规律是所谓脉络的重点，所以在详细规划层面研究所谓文脉，是没有意义的。20 世纪 80 年代后建的大多数广场，均是在详细规划层面设置的。在此前提下，少建广场才会少扰动城市广场文化的脉络，特别是在没有理清所谓脉络的情况下。

大连的广场规划处于文化迷茫的状态，难以表达出清晰的文化取向，何谈文脉？在一个几何图形之中作平面的图案设计，体现不出广场文化，因为源于欧洲的广场文化并非图案文化。类似大椭圆或"葫芦形"的广场，绝不是大连城市广场的文脉，这样的广场只会搞乱文脉。所以，要保持大连的城市特色，延续城市的历史文脉，就必须尽可能少地建设广场，至少在当前，这是维护城市特色与历史文脉的必要。

3. 城市广场建设规划失误的方面

文化侵略与殖民文化并没有动摇大连人民族文化的根，对城市文化的舶来品——广场，大连人似乎并不感兴趣，并没有深入的研究。另一面，大连的规划人，包括为大连作规划的人，又特别热衷于广场，有广场的规划似乎更有品位。这种背景下，20 世纪 80 年代以后，大连城市广场的建设规划，便难以与旧大连的广场规划协调，导致一些问题的出现，或者说出现了一定的错误，主要体现以下在几个方面。

（1）没有整体性、系统性的总体布局规划，是大连 20 世纪 80 年代后城市广场建设规划的主要问题。没有正确的规划理念与理论，导致大连的广场规划“战略上藐视广场，战术上重视广场”。这种矛盾现象的存在，一方面导致在总体规划层面并不提倡设置广场：一方面在详细规划层面却热衷于设置广场，甚至出现了“广场热”。没有总体规划层面的广场建设规划，就不可能有整体性、系统性的布局规划，也造成了大连城市广场与规划脱节，详规层面的城市广场规划，没有上位规划的支撑。

（2）对旧大连城市广场规划建设历史认识不足，不能正确地解读城市广场规划的理论与方法，导致不清楚城市广场承载、架构城市结构体系的意义，从而确定城市广场的总体布局，以城市广场的形式，塑造城市结构新的节点体系，或加强旧大连基础的结构体系，达到控制城市运动与发展的目的。

（3）对广场的认识不足，导致了多方面问题的出现。比如对广场的构成、功能、选址、美学意义、空间特性等等，都有错误的认识。

1）广场的空间关系不协调。这种现象对于20世纪80年代后的广场，是比较普遍的。无论哪个广场的规划，也无论是哪个等级的规划，广场似乎仅仅是一片场地，规划人所关注的只是在“广场”上设计出“漂亮”的图案，视图案为广场生命，如星海广场，用路网形成“漂亮”的大椭圆。至于建筑，广场的规划却很少涉及，可以说无规律、无约束，即无设计。

2）广场的城市功能与空间不匹配。旧大连的广场是城市的核心空间，也是各种核心职能的载体，二者相匹配。大广场的城市功能规划很明确，金融功能是其主导功能。其他广场也是如此，长者町广场、驿前广场、东广场，分别是城市的行政中心、交通枢纽，都具有城市的重要功能。20世纪80年代后多数广场的城市作用仅仅以景观为主，不具有重要职能，就没必要也没条件重点塑造其形态，取得好的景观效果。比如华乐广场，就难以体现出对城市有何重要意义。从设计角度分析，广场的设计似乎与功能无关。可以说在城市的公共功能方面，广场可以有，也可以没有，广场建筑的现实功能即是如此。

3）对广场的构成不了解。设置广场目的是求美，但如何塑造广场之美？不考虑建筑（因为建筑本就被划在广场的界外），在一个圆形的界线内，努力地通过场地的图案塑造广场的美，难随所愿。抛开美的理论，事实上，没有人会像欣赏卢浮宫、紫禁城那样，为大椭圆路网叹服；没有10栋经典的建筑，中山广场会如何？显而易见。经典的广场并非场地构图漂亮，而是建筑漂亮，无数实例可为证。忽视广场美的主导性元素——建筑，表明了对城市广场的构成没有正确认识。

（4）狭隘的美，不十分理解美，是大连城市广场规划建设，所存在的又一突出问题，主要体现在有三个方面。

1）不知道何为美，对美的认识与实践就无所适从。设置一个广场城市就美了吗？设计椭圆路网，设计同心圆、同心弧、葫芦状的路网漂亮吗？这些问题应该不会得到多数的肯定的答案。事实上，规划师对美的认识误差，导致广场的建设结果表达的并不是美。与其他城市相比，20世纪80年代后大连的广场多而大，便可为证。华乐广场比中山广场大，星海广场亚洲最大。“大”则是缘于追求“最”的理念，因为做不到最美，没有美的震撼，难以取得预期的效果，也达不到当时政府提出的“不求最大，但求最佳”的城市建设方针的要求，不得以选择了反其道而行之，追求最大，使广场的点空间特性荡然无存。用“最大”目的是诠释美还是诠释其他，显而易见。

2）没有较完备的城市美学的理论体系支撑，大连的城市规划，没有制定具体的塑造城市美的原则、方法。结果导致，无论是整体或局部，都难以取得很好的“漂亮”的效果。从历史上看，虽然广场对于城市的意义不仅仅在于美，但广场必须为城市中的最美之一，求美是设置广场的主要目的之一。求美目标虽一致，方法却不同，旧大连广场的设置，从总体规划入手，立足于城市的整体美，用广场塑造城市空间形态的整体美，让城市首先具备一个漂亮的“形体”，再通过对广场、重要建筑等城市景观的节点、细部精雕细刻，从整体到个体、从宏观到微观，从系统到局部，塑造城市的美。而20世纪80年代后大连城市广场的规划，均出于详细规划层面，不可能有通过设置广场塑造城市整体美的意识，只能是立足于个体美、局部美。

3）大连的规划较为重视构图，大连许多新建的广场就是如此，盲目地认为在一个圈儿里为“构图”而绞尽脑汁，就是广场规划，就能塑造广场之美。实际不然，旧大连的广场并不是出自规划师之手的“漂亮图案”，至少目前还没有资料证实俄罗斯人或日本人做过绘有“漂亮图案”的尼古拉耶夫广场、长者町广场的规划设计方案，但是今天的人民广场、中山广场却是大连的城市之魂。二维的地面图案可以从构图的角度审视、理解与应用，而三维的空间，从平面构图角度难以进行全面的描述，也就不适合从构图角度出发，进行规划设计。仅仅从平面构图角度塑造三维的空间，是缺一维的设计。道路网的功能不是装饰，不能把平面构图视为其重要的设计内容。规划师不是美术师，一群不怎么懂得美的人，努力地用道路网构图的方法创造美，结果可想而知。

（5）广场形象俗化城市形象。城市广场的规划应以旧大连的广场为蓝本精心设计，不能随意性太强，更不能过于平庸。大连与其他城市有所不同，旧大连的城市广场，是古老的地中海城市文化与古典主义艺术的结晶，凝聚着地中海古老的城市之魂，既反映城市的形态、景观等信息，也汇聚着城市的社会、政治、经济、文化体系的精华，是城市机体中最优秀的细胞，是城市生长、运动的控制点。在这样的广场面前，绿地、硬铺地、广场家具、景观小品的集合，难能称其为广场。

比如星海广场，试图用“最大”来提升其品质。位于中山路旁，却对城市的广场文化轴视而不见，不追求城市文化，而追求“前卫”、“时髦”。这些略显庸俗的做法，并不能使其像中山广场一样广受称道，作为广场主体建筑的一期展馆，在二期展馆面前相形见绌的结果，便是很好的例子。虽然该广场已逐步成为大连新的名片，受到百姓的赞誉。但这种成功掩盖不了它的缺点，一位著名艺术家曾经说过，好的作品不仅要赢得百姓的掌声，也要赢得专家的认可。从专业角度看，星海广场难以赢得专家的认可。

再比如，华乐广场位于鲁迅路的东段，广场的空间形态及其周围建筑的形态可以证明，广场的设计仅仅注重于一个圆形场地的“漂亮”，全然不理会广场对于城市结性与文脉的意义，也不考虑其功能。广场没有重要的公共建筑，这个比中山广场还要大的广场还有何用途？能成为城市的亮点吗？后来不久，距其不远的鲁迅路边无广场之地，建起了大连民主党派办公楼、大连市海事法院等大型公共建筑。二者相比，华乐广场相形见绌。假如，当初华乐广场的周边规划为城市的大型公共建筑用地，便会成就此广场。然而，假如也难以成立，该广场选址在一处陡坡上，广场基地的南北高差竟达 30m，根本不适合大型建筑使用，也给广场的空间形态带来了先天的不足。这表明设计者钟情于广场，却不懂得如何选址。旧大连的广场除了选址于平地之外，大都选择在自然地形的变坡点上（图 4–52），原因是大连这样的低丘陵地区，变坡点处的地形是相对平缓的，易于工程操作，也易于塑造较美的形态。选址于此说明规划师充分考虑了广场对基地要求，从选址方面体现出广场规划的精心、细致与专业水准。

总之，旧大连广场周边的建筑都是城市中相对主要、重要的建筑，对建筑的品质及形态都有较高的要求。但中华广场、星海广场、华乐广场等诸多广场，难以显示出设计师对周边建筑有什么考虑，多大尺度的建筑才能与偌大的广场相互协调？华乐广场周边的建筑，只能证明设计师对其要求过低，或者是没有考虑到此问题。而海昌新城（小区）与华乐广场空间形态关系显示，当代大连的城市广场，已受控于其周边的居住小区，失去核心意义（参见第 8 章华乐广场设计），星海广场甚至已经改变了广场点空间的特性，成了面空间。多方面的问题显示出城市广场规划的随意性，而华乐广场的选址则更是不恰当。城市广场已经被低俗化，不仅毫无特色，而且品质较低，已不再是城市的精华所在，更不能成为城市的荣耀。

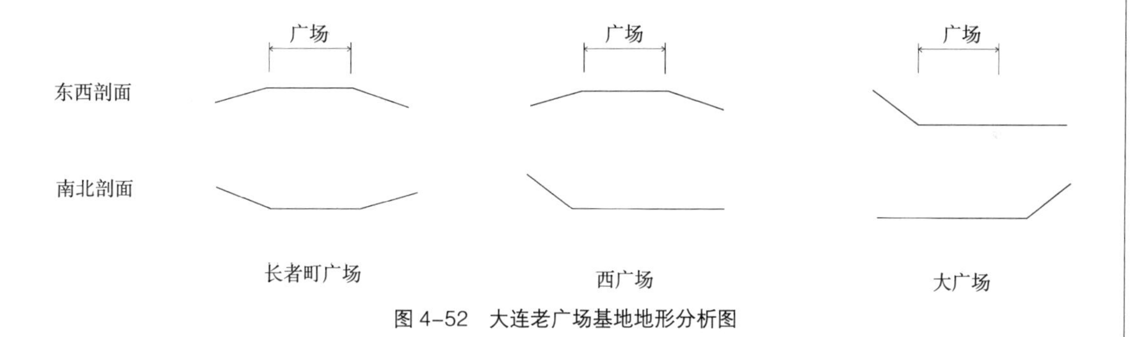

图 4–52　大连老广场基地地形分析图

第 2 篇

节点控制主导的城市设计理论研究

本篇从基础性、全面性、公共性、系统性、逻辑性、实用性与大众化、易于理解的角度出发，采用“基本概念—基本理论—基本方法”的研究体系，解析城市设计的基本理论，定义城市设计；研究与建立节点控制主导的城市设计方法的基本概念体系；介绍节点控制主导的城市设计方法的设计内容、设计方法、设计步骤、设计对象与设计目的；并以城市广场为控制节点，以 A 市为模型，建立节点控制法的应用模型，力争清晰、明确地解析节点控制主导的城市设计方法，形成节点控制主导的规划设计体系模式。

第5章

节点控制法应用的基本概念

本章主要是研究与建立节点控制主导的城市设计方法的基本概念体系，包括通常意义的城市交通、功能、景观等概念，并强调这些概念的系统性，进行体系化研究；建立并进一步明确城市结构体系、空间体系、自然体系、文化体系与环保体系；形成节点控制法的基本概念体系。目的是为研究、建立节点控制法的设计理论体系奠定基础。

概念不清晰，或许是当前城市规划设计理论可能存在的问题。理解基本概念才能更好地理解理论，不知何谓“城市结构体系”，当然不会理解“城市结构体系”设计的理论。所以，本章争取较全面地阐述相关概念，凸显节点控制理论的全面性，并有益于实践。

5.1 节点控制与城市设计

城市设计的理论，作为一种重要的理论（并非专项设计理论），其意义是为城市规划提供一个参照系统，一个可执行的标准，可以使城市规划理论发挥更清晰、明了的指导性作用，指导城市空间体系建设。而城市空间体系的建设规划，是城市规划的主要任务。没有城市设计理论支撑，城市规划理论会很空洞，脱离实际。正因为总体城市设计的缺憾，一些城市的总体规划实施的结果，总是与实际那么的不符。可以说，城市设计理论是城市规划理论的主体，是城市规划理论的重要内容。

节点控制理论，强调节点控制下的整体性设计，建立城市空间的秩序与等级体系，确定城市空间布局、形态与色彩设计的理论依据，即为什么城市空间采用某种布局形式，设计为某种形态及色彩为城市空间体系的规划设计，奠定较系统、全面、明确的理论基础。

5.1.1 城市设计的基本定义

1. 理解与认识城市设计

何为城市设计,《城市设计运作的制度与制度环境》一书中作了较为全面的介绍与论述。此书从定义方面认识与理解城市设计。书中分析了 4 种定义方法下的 8 种关于城市设计的定义，并从 5 个方面对城市设计的实质进行了论述。最后总结:“城市设计是从美学、形式、功能、认知等角度出发，研究城市三维空间形体（实体 + 虚体）的环境品质……” [①]

分析研究书中多种关于城市设计的定义，虽然方法、角度与侧重面有所不同，但城市空间的形态设计、环境设计及艺术设计是各种定义共同关注的内容。不仅如此，大多关于城市设计的定义，大多的城市设计项目，都不能脱离上述三个方面。从中可以领悟到，城市设计与城市的空间形态、空间环境与空间美学密切相关。是否可以这样认识：城市设计主要是通过对城市物质形态的塑造，满足人们的物质性需求，即衣、食、住、行等方面对城市空间的需求。同时，创造宜人的城市空间环境，塑造美好的城市空间形象，满足人们对城市空间的精神性需求。

2. 通过内容、形式与依据等方面认识城市设计

城市设计必然有其设计的内容与形式，通过内容、形式与依据，会更清晰地认识与理

① 唐燕 . 城市设计运作的制度与制度环境 [M]. 北京：中国建筑工业出版社，2012：9.

解城市设计。“内容”是指设计的是什么，“形式”是指采用了何种设计形式，“依据”是指根据什么进行设计。希波丹姆模式与匠人营国模式两种设计模式，是如何进行设计的？设计了什么？依据是什么？有什么特点？

公元前5世纪希波战争之后，法学家希波丹姆在战后的城市建设中，提出一种深刻影响后来西方城市规划两千余年的重要思想——希波丹姆模式（Hippodamus pattern）。他也因此被誉为“西方古典城市规划之父”。米利都城和普里安尼就是很好的例子。首先，从平面图中可以领会到近乎完美的空间艺术，规矩的方格网空间形态展现出强烈的韵律美，城市空间的规则与自然岸线的蜿蜒，形成强烈的形式对比，同时又有较契合、和谐的相互关系。居住空间与公共空间的虚实对比，相互衬托，展现出各自的形态美与相互融合的、协调的美。其次，明确的功能分区，严谨的空间组织，符合当时社会的政治、经济、文化与科技的发展水平。希波丹姆遵循古希腊哲理，探求几何与数的和谐，强调以棋盘式的路网为城市骨架并构筑明确、规整的城市公共中心，以求得城市整体的秩序和美。这种规划方法，具有显著的空间组织的概念，符合当时的社会与文化形态的需求，是按照希波丹姆的思想、规则、规定，对城市的空间进行划分与组织，进行规划设计。

两千多年前的周代，《周礼·考工记》中匠人营国的理论，对我国近3000年的封建城市建设影响很大，体现了封建统治者至高无上、唯我独尊的主导思想。这种理论体系与封建宗法、礼制相结合，对城市空间布局与形态作了非常具体的安排，元、明、清的北京城就是一个最好的实例。一方面，从平面布局来看，北京城是一座呈“凸”字形结构的城，且外城包着内城的南面，内城包着皇城，皇城又包着紫禁城，皇帝居住的紫禁城成为全城的中心，处在层层拱卫之中。在城的四周再布以天坛、地坛、日坛、月坛，紫禁城俨然成为“宇宙的中心”。北京城的建筑，以一条纵贯南北的中轴线进行布局（外城南边正中的永定门与皇城后门——地安门以北的钟鼓楼的连线），以达到控制、规范北京城的目的。另一方面，按照礼制的要求，皇宫的建筑规模最大，高度最高，形态最美，材质最好，色彩最艳。上述两个方面可以说明，城市的建设符合匠人营国理论的要求，是按照皇帝的意志，封建礼制、宗教与民俗文化的约束，对城市空间的规模、高度、色彩等方面进行规划设计。

说某某著名的城市建设的理论基础，是“城市规划理论”，而非“城市设计理论”，不科学，也不合逻辑。比如，只认同中国有世界著名的按照匠人营国理论建设的北京，而不认同中国有世界著名的城市设计理论，这是不合逻辑的。可以说，北京的城市建设理论为匠人营国的城市设计理论。

综合东西方的城市建设理论，从城市设计的内容、形式与依据方面可以这样说，城市设计是基于城市功能方面的要求，按照一定的规则、规律，对城市空间的布局、形态与色彩进行规划设计。所谓规则、规律可以是社会认可的规矩，如封建礼制，也可以是各种政策、法规、规范，当然还包括艺术标准、艺术风格等。

5.1.2 从节点控制角度定义城市设计

节点控制理论的意义，就是建立相应的规则、规矩，形成城市设计的控制理论。在城市节点体系的控制下，使得城市空间体系的整体形态、局部形态、个体形态，以及布局、色彩等方面的规划设计，具有可靠的理论依据、确定的对象、明确的目标。希波丹姆的城市设计方法，以城市广场为核心控制节点；匠人营国的城市设计方法，以皇宫为核心控制节点。从节点控制的角度可以这样定义，城市设计是在满足功能要求的基础上，按照一定的规则、规矩，以城市节点为核心，建立城市规划设计的控制体系，控制城市的秩序性设计。对城市空间体系的布局、形态、色彩等方面进行规划设计。

5.1.3　城市设计的内容及其意义

明确并理解城市设计的内容与意义，是理解节点控制主导的城市设计方法的基础。在希波丹姆与阿尔贝蒂的时代，城市的规模比较小，城市的人口不过万人或几万人，无论城市规划或城市设计，对于城市的建设、发展都会起到相对同等的、类似的作用。当社会进入大城市时代，城市设计的主要内容与作用随之相对明确，尤其是总体城市设计。总体城市设计偏重于城市的形态设计，为城市的土地利用规划及城市建设规划，确定相应的依据。其中，确定城市的结构模式与空间形态，塑造城市的整体美，是总体城市设计的主导内容。研究东、西方的古代城市文化，城市设计都有一个共同目标，对美的追求相对执着，甚至不惜重金，比如卢浮宫、布达拉宫、故宫……，这样的例子举不胜举。城市中最重要的、最美的空间，都经过严格的、精心的设计，表达出追求、塑造城市空间之美的意图，足以说明城市设计偏重于城市艺术。

概括地讲，城市设计是以城市空间艺术及景观艺术为核心的城市规划设计方法，对城市的空间关系体系、景观关系体系，从文化、艺术及科学角度出发进行组织，塑造城市的空间及景观形态，以满足城市功能要求为基础，达到美化城市的目的。节点控制主导的城市设计方法，强调综合性的设计逻辑，任何体系的规划设计不可能独立进行。但从城市设计的目的角度出发，重点介绍下述内容，以更好地理解城市设计的意义。

1. 确定城市的文化与景观体系

（1）确定文化体系

文化体系确定为城市设计首要的内容，有两个方面的原因。一方面，文化体系是城市设计的依据体系，比如，按照礼制文化的要求设计紫禁城。另一方面，文化与城市建设有着不可分离的关系。著名建筑师埃利尔·沙里宁曾经说过："让我看看你的城市，我就能说出这个城市的居民在文化上追求的是什么。"①

城市是人类创造的，人是有思想的。人所创造的城市，除了赋予其物质意义外，也要赋予其精神意义，尤其对于城市的重要元素。犹如人既有躯体又有灵魂，人在创造空间的同时，赋予其灵魂，使其具有了对于人的精神意义。道理很简单，没有了人类赋予的灵魂，乐山大佛只是山崖，而巴米扬大佛也会变为一堆碎石。或者，没有了精神的索求与满足，就无所谓经典的建筑，就不会有紫禁城，也不会有卢浮宫，更不会有佛罗伦萨、威尼斯，不会有它们传世的光辉。城市的文化体系与空间体系的关系，就是灵魂与躯体的关系，即所谓有文化内涵的空间（建筑）才会有生命，才会永生。对于城市而言，确定文化体系的

① 城市的本质与城市的衰退 [EB/OL]. 百度文库 .http://wenku.baidu.com/view/401921c60c22590102029d1a.html

重要性，就是赋予城市永久的生命活力。城市规划设计，尤其是总体城市设计，必须保证城市具有生存的活力，发展的动力，这对一个城市的建设与发展是至关重要的。

（2）确定景观体系

确定城市的景观体系，对于城市设计具有基础性的意义。分析欧洲古典主义风格城市的特点，可以说，城市广场是欧洲古典主义城市设计的“基本点”，重要的原因之一，广场是城市重要的景观节点，景观体系是以广场为基础建立的。研究中国的城市建设史，虽然无法考证中国古代城市的景观体系具体的状况，但“步移景异”这句话，体现出中国人对景观体系的理解、要求与重视。宏伟的宫殿，给人以庄严、神圣、华贵的景观效果；园林艺术与城市完美结合，为中国古代城市景观的常用方法。翻阅任何一本关于城市设计的书籍，“景观”是其中理所当然的关键词。东西方的城市建设，与城市设计理论的发展历史可以说明，确定景观体系，应是城市设计的主要内容之一。

（3）文化与景观体系的关系

需要说明的是，城市的景观体系与文化体系具有密切的关系，即上文所说的躯体与灵魂的关系。城市重要的景观节点，必须要有丰富的文化内涵，否则会很乏味、枯燥，毫无生命力，无意义。景观体系又往往是城市文化体系的载体，发挥着展示与传承城市文化的重要作用。二者相辅相成，在城市中发挥着重要的作用。在总体城市设计中，必须要综合分析文化体系与景观体系的历史、现状与发展目标，确定有机关联的城市文化体系与景观体系。

2. 确定城市的结构体系

（1）确定城市结构体系的重要性

美国著名的城市规划师吉拉尔德·克兰（Gerald Crane）在《城市设计的实践》一书中指出：“什么是城市设计？……城市设计就是研究城市组织结构中各主要要素相互关系的那一级的设计。”[①]说明城市结构体系是城市设计研究的主要内容。具体分析，城市的形态取决于城市结构，城市的运动、发展受控于城市结构，所以城市规划设计，首先应确定城市的结构体系。这一点，在中外城市发展与规划史中，也可以得到证明。

中国最早的城市规划理论——匠人营国理论，明确地确定了城市的框架是以天子之居为核心的结构体系。在此体系的控制下，城市的规划、设计、建设都会章法分明、条理清晰。按此理论构建城市的基本体系，体现了对城市空间、功能的划分与组织，起到控制城市的作用。如明清时期北京城严谨的城市轴线，对城市具有较强的控制性。

城市广场是古希腊与古罗马乃至欧洲许多城市的重要元素，是城市设计过程中的主要关注对象，或者说是城市设计的重点。前文介绍过阿尔贝蒂关于城市广场的规划设计理论，其中详细描述了城市广场的设置方法，城市广场的功能要求，说明大师对城市广场的重视，也说明广场对于城市具有重要的意义。在欧洲的古典主义城市中，城市广场是构筑城市结构体系的基本节点，设置广场便是以确定城市的结构体系为目的。

分析匠人营国、希波丹姆以及阿尔贝蒂的城市规划设计理论，首要的是建立城市的结构体系，目的是对城市建设实施整体控制。可见，确定城市的结构体系，应该是城市设计

① 城市设计考试整理 [EB/OL]. 百度文库 .http://wenku.baidu.com/view/433968300b4c2e3f57276328.html.

的核心内容。其意义在于，确定了城市的结构体系，就建立了城市的核心。城市的各类元素就可以在结构体系的控制下，按照一定的规律生长、运动，进行有目的性的、合理的、有机的组合，生成有机的城市机体。

（2）确定城市结构体系的重点

在匠人营国与希波丹姆的理论中，均强调城市的空间与功能的规划设计，注重空间的划分、组织，注重空间形态的塑造，注重城市功能的设置、组织与布局。说明城市功能与城市空间对于城市的重要性，说明空间结构与功能结构应该是城市结构体系的主体，城市结构体系设计的重点是空间结构与功能结构设计。

3. 确定城市的空间形态

（1）确定城市空间形态的意义

古今中外的城市发展史，都可以证明，城市的空间形态，是城市规划设计的重要内容，无论北京、罗马、华盛顿，城市形态必定是社会关注的城市建设的焦点。确定城市空间形态实际的意义，是对城市的空间形态进行整体塑造，实施整体控制。古代中国城市空间形态的塑造，有严格的礼制或法制约束，体现了对城市空间形态的重视。倾举国之力建造的紫禁城，塑造了极其考究的空间形态，让人景仰不已，但若有再造者，必灭其九族。这样的礼制约束，实际起到了强调城市整体美，控制城市整体形态的作用。

就城市规划设计而言，确定城市的空间形态，对城市规划的各个方面都有重要的基础性意义。确定了城市的空间形态，城市的空间布局、空间体系以及空间尺度等方面的规划设计，就可以有相应的参照标准，如街区的平面与高度，建筑物的高度，用地的开发强度等，都可以以满足城市空间形态要求为标准进行设计。

（2）影响城市空间形态的主要因素

城市的空间形态与城市的社会形态相关，受城市的政治、经济、文化、科技等方面的影响，是一个广受关注的问题。社会的上层阶级往往是城市空间形态的决定者，这是上层社会对社会的控制权所确定的。中国的礼制对城市建设的约束，所体现的即是帝王与贵族阶级的意志。西方也是如此，城市广场一度成为皇室影响、控制城市空间的首要元素。相对而言，社会的上层阶级关注、影响城市控制型空间元素的形态，城市平民阶层主宰的民间风俗，也是城市空间形态重要的影响因素。但民间风俗只能在被控的状态下，影响城市普通的，但是大量性的主体型的城市空间的形态。

5.2 节点控制法与城市设计的基本概念

基本概念清晰，是做好城市设计的必要基础。为了更好地理解与应用节点控制主导的城市设计理论，面对城市设计理论实际应用中存在的问题，有必要进一步明确某些城市设计的基本概念，充实与建立新的基本概念。如：何为空间？何为城市结构？文化体系与自然体系如何理解？如何规划设计？等等。

5.2.1 城市节点与轴线

城市节点是城市重要的点状基础元素，城市轴线是城市重要的线性基础元素，二者具有重要的基本特性，轴线比节点相对次之。节点是城市核心的点状空间与会聚人流的场所，轴线是城市重要的带状空间与吸引人流的场所；节点是城市文化基本的也是重点的载体，轴线是城市文化的基本载体；节点是城市重要功能的载体与城市公共功能的会聚点，轴线是城市主要功能会聚的空间带；节点是城市形象与景观的重点与特征点，轴线是塑造城市形象与景观的廊道，是展示城市的主要载体；上述重要特性决定，节点是城市最具控制与组织作用的结构性元素，轴线是城市最具控制与组织意义的关联性元素，二者构成城市结构体系的基本要素。节点确立轴线，控制轴线，轴线关联节点。

北京的天安门广场，承载着国家级的重要功能与文化内涵，会聚国家四面八方的人流，是国家级的政治、文化、景观的核心，成为控制全国的核心节点。由天安门广场确立的轴线——北京的中轴线与长安街，是城市布局的主要轴线。大连的人民广场是城市的行政中心，中山广场是城市的金融商贸中心，二者是城市的政治、经济、文化与景观的核心节点，确立了城市的中轴线——五一路—中山路—鲁迅路。上述实例是节点与轴线的城市意义的典型与模型。

5.2.2 城市空间体系

在基本概念中首先研究城市空间体系，是因为规划设计城市空间体系，是城市规划设计的本质意义。无论研究、规划、设计城市的任何体系，其目的都在于空间体系。研究城市的文化、功能、景观等体系，最终都要落实到空间体系上，为塑造空间体系服务，否则所有的规划设计都是没有意义的。基于空间体系的重要性，本节对空间的基本概念与城市空间的方方面面进行较全面的解析，为城市规划设计奠定关于空间方面的理论基础。

何为空间？在网上搜一下：宇宙中物质实体之外的部分称为空间；空间是运动的存在和表现形式；具体空间是有具体数量规定的认识对象，是有长、宽、高三维规定的空间体；是存在于具体事物之中的相对抽象的事物或元实体；空间指物质存在的广延性，时间指物质运动过程的持续性和顺序性。空间和时间不依赖于人的意识，具有客观性。空间、时间同运动着的物质是不可分割的，没有脱离物质运动的空间和时间，也没有不在空间和时间中运动的物质。空间和时间又是互相联系的。现代物理学的发展，特别是相对论的提出和得到证实，更表明空间和时间同运动着的物质的不可分割的关系。解释很多。

上述对空间的解释，有的好理解，有的难以理解，有的似乎不合逻辑。既然“空间是物质实体之外的部分”，那么何为空间形态？物质实体内部有无空间，物质的分子之间有无空间，原子之间有无空间？用“空间体”这一模糊的概念注释“空间”，好比用“人体”注释“人”，没有任何意义；对于城市而言，“物体运动”似乎比“物质运动”更有实际意义。基于上述空间的意义，难以对空间进行具体的描述，进行有应用价值的研究。比如，可以定义空间为一切物质存在的场所，但这样定义空间没有应用意义。从城市规划设计角度研究空间，必须定义一个可以定性、定形、定量的“空间”作为研究对象，以便于对空间进行定形与定量的规划设计。

1. 定义与解析空间

本节对空间的解析，意义是引导与启发性的。目的是提供认识与理解空间的途径及方法，丰富空间的理论研究，更好地了解人类所感知与利用的空间，更好地认识城市空间，进而更好地规划设计城市空间。从汉字文化以及老子的哲学思想入手，分析、理解与认识空间，有益于形成与中国历史文化统一的空间观，理解、认识空间的意义，理解古老的文化对中国城市空间发展的影响，认识中国城市空间文化的渊源关系。对城市设计理论研究，具有基础性的意义。

（1）定义空间

从汉字文化角度分析，会意组词是其特点。就字面意义分析“空间”两个字，便可以基本了解空间的意义。汉语中的空间二字，“空”即是“无物”的意思，但此“空”还必须可“容物”，无物并可容物的“空”是空间的基本要素；“间”可以理解为“间隔”与“界线”，是对“空”的限制与限定，两个字组合，即是“空”与“间”两种事物的组合，成为具有实际意义的，具有人能感知“间”的空，即：空间是不包括任何物体的，有特定界线的范围。例如，花瓶的瓶壁与其内部的空，组合为花瓶空间；以墙体为“间”，可限定建筑空间；以无穷大为“间”有自然的宇宙空间。老子是这样注释空间的：“埏埴以为器，当其无有器之用。凿户牖以为室，当其无有室之用。是故有则以为利，无则以为用。”[①]简短的语言，阐释了两类空间[②]，器物空间与建筑空间，形象地说明了其构成与意义。有即是物，无即是无物，塑造泥土之形的意义在于无，是用特定形状的有限定无。具备无，特定形状的有就有了器物的用途。无是器物空间的基本要素，“有”可理解为“当其无”中的“其”之余，如碗状土坯去除中间部分的有，形成无。余下部分为碗壁——有，与其所限之无构成陶碗空间。碗壁（有、间）为人提供了便利（喝水），其限定的空（无）为人所使用（容水）。凿户牖的目的为室，在墙壁（有，间）上凿出门窗洞，空间就有了居室之空的意义与功用。墙壁即有，形成安全、挡风遮雨的屏障，内部的空即无，供人生活、活动。另外说明，门窗空间有定义居室空间的意义，有门窗则成居室，没有则不能成为居室。

（2）空间的物理意义

从物理意义方面分析，空间是“有特定界线的范围”。一个矩形空间，是由其六个面限定的一个矩形范围；一个球体界面，限定一个球体空间。一棵草限定并占有了其本身范围的空间，草本身既为“空”也为“间”，两棵草限定了两棵草之间的空间，而此草只为“间”；广阔的草地限定了一片草原的空间，在此，“间”为所有的草，也可以是草地的边缘；一粒砂占据了一粒砂的空间，一堆砂占据了一堆砂的空间，连绵的沙丘限定了一片沙漠的空间；山脉占有山脉的空间，并限定了海洋的空间；地球占有地球本身的空间，并为世间万物提供了生存的空间。空间的物理意义决定，空间不单指“空”，还包括“间”，即空与间组合为空间。所以，一切物体都有空间的属性，陶器、青铜器是空间，玉器是器物，也可以是空间；建筑、道路是城市设施，也是空间；列车是工具，也是空间；地球既是物体，

① 芦原义信．外部空间设计[M]．尹培桐译．北京：中国建筑工业出版社，1985：1.

② 老子阐述的空间有三大类，器物空间、筑物空间（建筑空间）以及机物空间（机械类空间）。这三类空间几乎包括了人类所能创造的所有空间。

也是空间；森林既是林木，也是空间。于是乎，一切既是一切，也是空间。

（3）空间的形式与性质

由于空间的性质不同，空间可分为“实体空间”与“虚空间”两种形式。空间具有物质与非物质属性，空间是可数的、可量化的。所谓实体空间是人体能感受到的范围，即以实际物体为间的空间。一个空纸箱的内部为一箱形空间，其中“纸箱”即为“间”，限定了箱体内部的“空”，形成一箱形范围——箱形空间，这种空间有实体的箱形的“间”，是能被人感知的，所以可称之为实空间。一个实体箱形物体内部没有（人能感知的）“空”，就不存在空间，但是它占有一个箱形的空间，同样是实体的“间”所限定的空间，也属于实体空间，如建筑空间（包括墙体所占空间）、山体空间等。几何学中的模型，无论立方体、圆柱体或球体，都定义了一个由虚的“间”限定的空间，是人的意识所能及的范围。人的意识可以任意地建立“无纸”的箱形或任意形的空间，这种空间基于意识，无需实体的“间”，而是人的意识所构建的虚的“间”，可称之为虚空间。客观上，虚空间是一切物质存在的基础，没有虚空间，物质便无处可存。世间万物存在于一个无形的、无限的、没有实体的“间”的范围之中，所以宇宙空间为虚空间，任何实空间都包容在这个虚空间之中，是以“间”——物体，从“空”——虚空间中分隔出的，人体所能感知的具有特定界线范围。

人类所接触的空间，都是分隔虚空间——宇宙空间而得到的，有一定界线的范围。物质性的间限定的空间，具有物质属性；非物质性的间限定的空间，具有非物质属性。而组成空间的空即无，也具有非物质属性，“范围”有大小之别，也可以是任意不同的个体，所以空间是可以量化的与可数的。两座山体空间有大小之别，三座城市空间规模也有大小之别。实空间可量化，虚空间也可量化，在一个三维的坐标系内，可以建立任意个任意大小的任意形状的虚空间。

（4）空间的形态

空间具有物质属性与非物质属性两方面的意义。就空间形态而言，空间的形可以是物质的，而空间的“态”或形态必然是非物质的，是空间的非物质性的表象。

任何物体都有它的形状、形体，所谓形状或形体即是指空间的“形”。一个圆形的玻璃杯，即是玻璃的“间”，限定了一个杯状的空间，同时玻璃杯也占有一个杯状的空间，“杯状”就是对此空间的形的描述。所谓“板式建筑”、“塔式建筑”、“高层建筑”、“低层建筑”是对建筑空间的形的描述。而“南十里四十二步五尺，北八里二百二十六步三尺，……”是对古城空间的形的描述。实空间的“形”由“间”确定，“间”为特定的物体，因而，空间的形即是物体的形，物体占有与限定空间，空间依物表形。虚空间在人的意识中可以是有形的，也可以是无形的，脱离人的意识，虚空间便是无形的。建立虚空间的形，是人类认识空间与创造实空间的基础。我国在古代便有“内心之动，形状于外”，“形者神之质，神者形之用”等论述，指出了形与神之间相辅相成的关系，即形与态之间的关系。所谓“态”，是人对于“形”的感受，是形作用于人的意识的反映，形是态的基础，态是形的表白。“山崖迎面压来，高得像就要坍塌下来似的咄咄逼人”是形对人的展示，以及人对山崖形体感受到的“态”的描述；“重重叠叠的高山，就像一群喝醉了酒的老翁，一个靠着一个的沉睡着，不知几千万年了”是对群山的“形”所表达的“态”的描述，源于自然空间的“形”

所表达出的“态”，是人对自然空间的感受。“北京的高楼气势恢宏”是人对北京高楼大厦的“形”所感受到的“态”的描述；古人曾用“天桥接汉若长虹，雪洞迷离如银海”的诗句，描绘邯郸古丛台的壮观，这是古人对古建筑群的“态”的描述。“凤凰是一座温柔、祥和、宁静的小城”，“丽江是一座幽静的小城，和谐的小城”是人们对城市的“态”的描述。这些描述，都源于人对于空间的“形”的认识、理解与感受，也可以说是形对人的表白。上述对空间的形态的描述，是由空间的非物质性所确定的。不同空间的形，对人的感官产生不同的刺激，使人产生不同的意识反映，这种反映有其自然的、客观的、规律的一面，也往往因人而异，因时而异，存在着一定的不确定性，即有人的主观的一面。高层建筑往往让人感到挺拔、宏伟，低层建筑让人感到亲切、祥和，体量宽大厚重的建筑威严而庄重。同样，高层建筑会让人感到压抑，大体量的建筑也令人恐惧，低层建筑让人感到平淡无味。这种不同的现象，反映了事物的规律性与客观性，是人对事物认识的多重性所导致的必然。研究空间形态，就是研究空间的非物质表象的规律性与客观的逻辑关系，目的是满足人精神上的需求。

（5）空间的相互关系

空间的相互关系有多种形式，如江河两岸的山体空间存在呼应关系，相邻的建筑空间存在并列关系，还可以有组群关系、连通关系等多种形式。空间的所属关系是一种重要的现象。实空间之间，实空间与虚空间之间的所属关系，较明显的形式是包含关系，如图 5-1 所示，B 空间包含 A 空间，则 A 空间属于 B 空间。这种关系如同建筑物的房间，房间的空间包含在建筑物的整体空间之内，所以说，房间限定的空间属于建筑物限定的空间。另一种所属关系不仅表现在实空间与实空间之间，也表现在实空间与虚空间之间。这种关系是隐性的、非实际的，但确实存在的关系。这种关系，是由人对空间的形所产生的意识反射所确定的，即人对空间的“态势”的理解、感觉。在自然界，高山下的树林、小溪给人的感觉是包含在山的空间范围内，虽然从实空间的角度看，树林与小溪限定的空间并不在山体所限定的空间内；在城市，停在高楼下的汽车，似乎停在属于高楼的空间范围内，当然这并非实际。上述情况并非是人的错误感觉，而是一种实际的空间关系的反映。事实上，相对高大的、质感厚重的物体，除了占有本身的空间外，还占有其周围一定范围内的虚空间，此范围由物体的形态所取得，是人心理上认同的范围。这种空间可理解为“心理空间”，

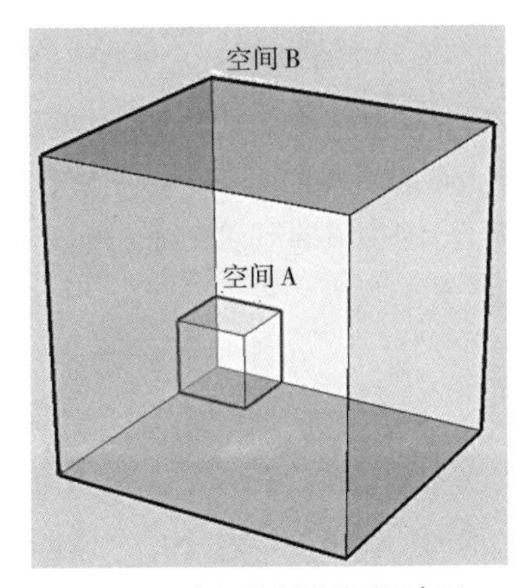

图 5-1　空间的所属关系示意图

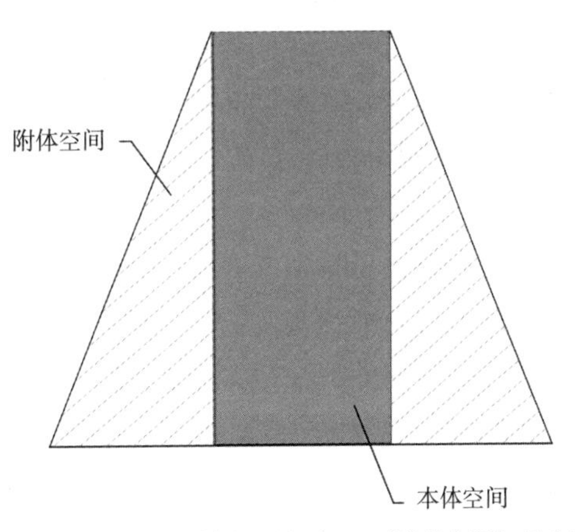

图 5-2　空间的所属关系——“附体空间”示意图

是物体的“形”之“态势”的外延，也可以理解为物体的非物质性外延。这种空间与物体本身构成所属关系，如图5–2所示，实体空间两侧的阴影部分，为其所占有的虚空间，虚空间的范围是不确定的，是因时、因物、因人而异的。从二者的所属关系角度理解，可定义物体本身为“本体空间”，阴影部分为“附体空间”。空间的所属关系有其重要的实际意义，空间的所属关系衍生出空间的控制与被控制关系，衍生出场所空间，而这样的空间都是具有实用意义的空间。控制性的空间,可以塑造城市的重要空间,如城市的行政中心空间、金融中心空间，等等，成为城市节点的载体；场所空间会给人以安全感，归属感，如空旷广场上的自行车所控制的空间，给予坐在其下看书的人以安全的感觉，等等。

（6）时、空、物的相互关系

时、空、物三者的关系方面，《辞海》中注释：“空间指物质存在的广延性，时间指物质运动过程的持续性和顺序性。……现代物理学的发展，特别是相对论的提出和得到证实，更表明空间和时间同运动着的物质的不可分割的关系。”如何理解这种不可分割的关系，如何清晰地解析这种关系，对于理解与设计空间，是具有实际意义的。

1）物与空组合为空间，空间包容物体，物体显化空间。实体空间都是有特定界线的，由物体限定或占有的空间。空间依物限定，就必然依物界定与定义，所谓建筑空间、道路空间、城市空间等，表明了物体的空间意义与属性。物体可谓空间的形之母，没有物体，只有空，也就无所谓空间形态，所以当人看到物体时，等于看到了物体限定的空间。就此意义可以说，地球既是物体，也是空间；森林既是林木，也是空间；建筑既是建筑，也是空间；城市既是城市，也是空间；一切既是一切，也是空间。这样认识与理解空间，使物体与空间内在的、本质的物理关系得以显化、明了。

2）从物理意义方面分析,“时”与“空”具有相似的本质、意义与性质,都可以进行间隔、划分，成为有特定界线的范围，而物质就是间隔与划分者。如物体由A状态运动至B状态，间隔出A–B之间的空，划分出A–B之间的时间段。这种关系，反映出物与时、空的相互关系。我们的祖先应该认识到此关系，所以汉字的“时”与“空”都与“间”——物组合为词。这种组合，体现出空与时都是可间隔、分隔的事物，被分隔的时与空，成为对人类具有实用意义的事物。

3）物质存在于空间中（广延性），其存在的过程为时间（持续性），三者的基本关系可以说是如此。从物理学角度理解三者内在的联系，空与时是物质存在的形式与过程。无论相对的、绝对的静止与运动，空间可体现物质运动节点的状态，即物质在空间中的位置、形状以及存在的形式；时间可体现物质的运动过程，即物质运动过程的某个阶段；空间与时间相结合,可体现物质运动的节点与过程的集合状态,即物质的运动轨迹。可以这样理解，时间与空间都是由物质界定的事物，并用以描述物质本身。

2. 定义与解析城市空间

（1）城市空间的定义

城市空间是城市的物质性基础，是一个复杂的多功能多用途的体系。从城市规划设计角度理解城市空间，需要多角度、多方面的认识，才能满足规划设计城市空间的要求。具有实用意义的主要的定义解析，见表5–1所列的几个方面。

城市空间的定义解析　　表 5-1

定义角度	定义内容	适用设计范围
从城市功能与意义角度分析	城市空间是人类分割自然空间形成并创造的，主要供人类居住、生产等活动的场所	此定义从城市的功能方面阐释城市空间，有助于从本质上认识、理解城市空间的意义
从空间组成角度分析	城市空间是城市各类空间元素的集合，是城市内各类物体所限定与占有的空间组合成的整体	此定义阐释的是城市空间的空间组成，有助于从微观角度认识、理解、研究、设计城市空间
从空间范围角度分析	城市空间是城市用地界线所限定的范围，主要包括所有的地块空间与道路空间	此定义阐释的是城市整体空间平面的限定，有助于从整体、宏观角度认识、理解、研究、设计城市空间
从城市空间的功能类型方面分析	城市空间由关联空间与功能性空间组成，即由交通空间与其他功能空间组成	此定义有助于区别居住、公共等普通功能空间，与交通功能空间，理解二者的关系与作用

（2）城市空间的组成

从空间类型角度分析，城市空间主要由建筑空间、院落空间、道路空间、开敞空间和自然空间五大部分组成。宏观理解城市的建筑空间，是城市中建筑物所占有与限定的空间的统称。一栋住宅楼限定与占有它本身的空间，并占有或控制了其周围一定范围的空间，此空间便称为建筑空间（与建筑用地相对应）。相邻的两栋楼限定了两栋楼的空间，也包括二者之间的空间，建筑群体限定了街坊空间（见图 5-3 ~ 图 5-9），城市的所有建筑限定了城市的建筑空间。从城市用地角度定义，城市的建筑用地，限定城市的建筑空间。建筑是城市最基本的、主要的元素，所以，建筑空间是组成城市空间的主要空间元素。微观理解，建筑空间为建筑墙体限定的空间，建筑空间的城市意义是为城市提供三维的应用空间。院落空间是城市以场地为主，由围合物圈（限）定的空间，如城市的仓储场地、学校的院落等。道路空间是分割城市的网状空间，是由道路红线所限定的空间。开敞空间是城市中公共性的空间，如广场、公园、街头绿地等。上述空间是两维应用功能的平面型空间，这些空间的城市意义主要是为城市提供两维应用功能的空间。自然空间是城市中的林地、山体、河流、湖泊等非城市建设用地的空间，这类空间不是人工创造的，是自然形成的空间。虽然称其为自然空间，在城市内，它必然缺少自然的意义。事实上，这类空间既非自然又没有城市功能，是一种消极空间，除非赋予这类空间实际的城市意义。从空间的城市意义角度分析，

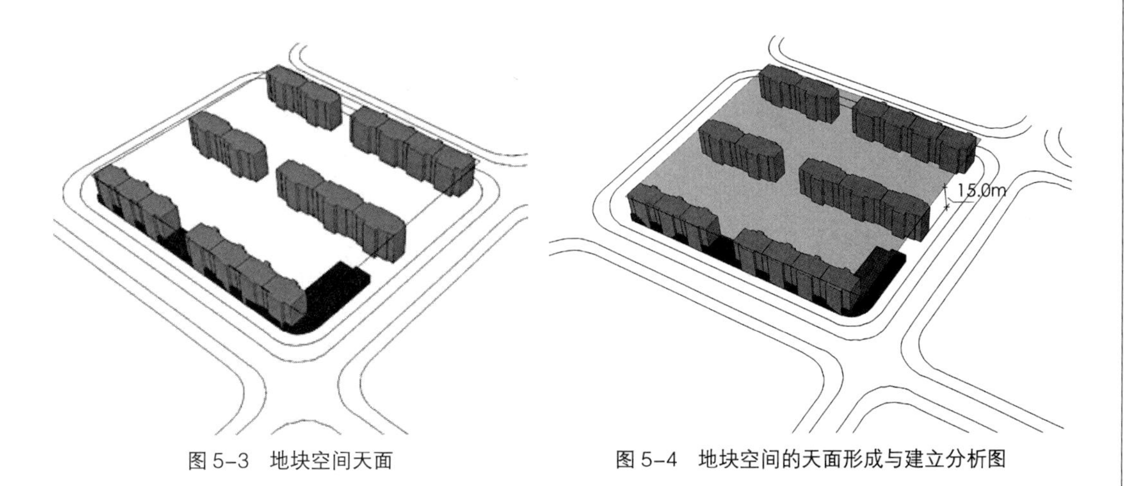

图 5-3　地块空间天面　　图 5-4　地块空间的天面形成与建立分析图

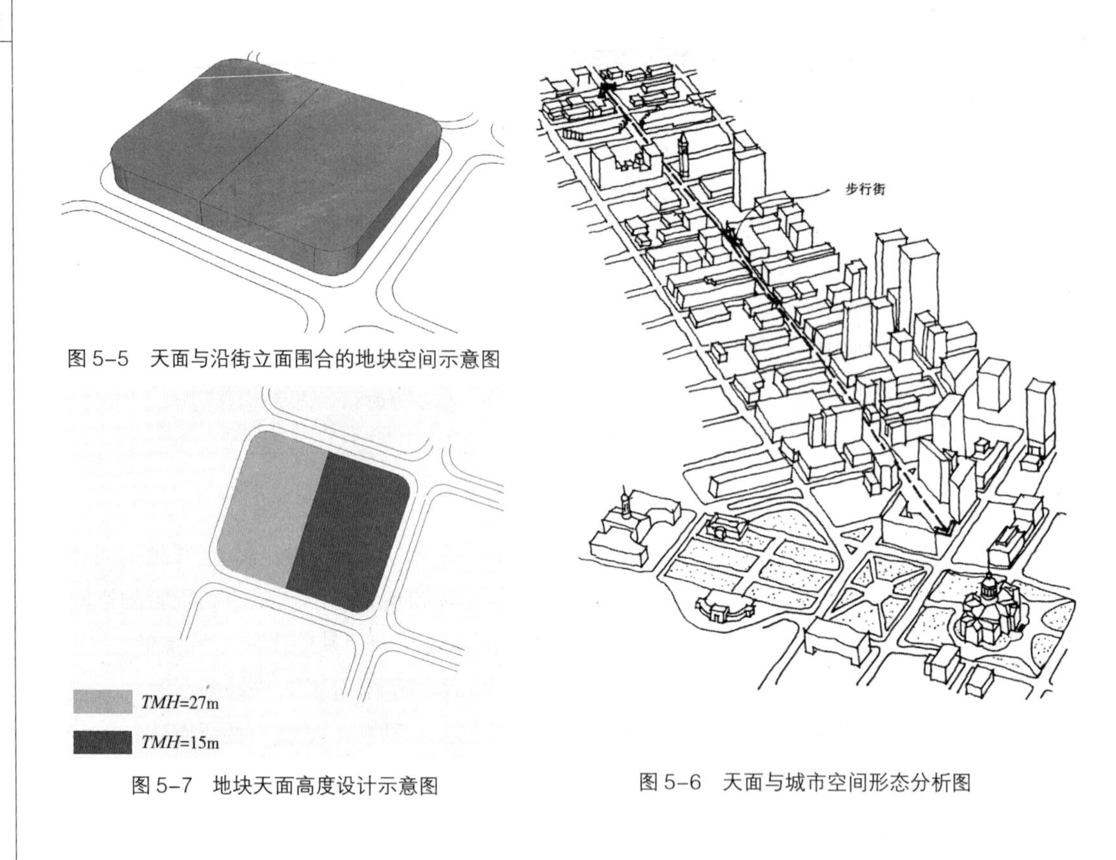

图 5-5　天面与沿街立面围合的地块空间示意图

图 5-7　地块天面高度设计示意图

图 5-6　天面与城市空间形态分析图

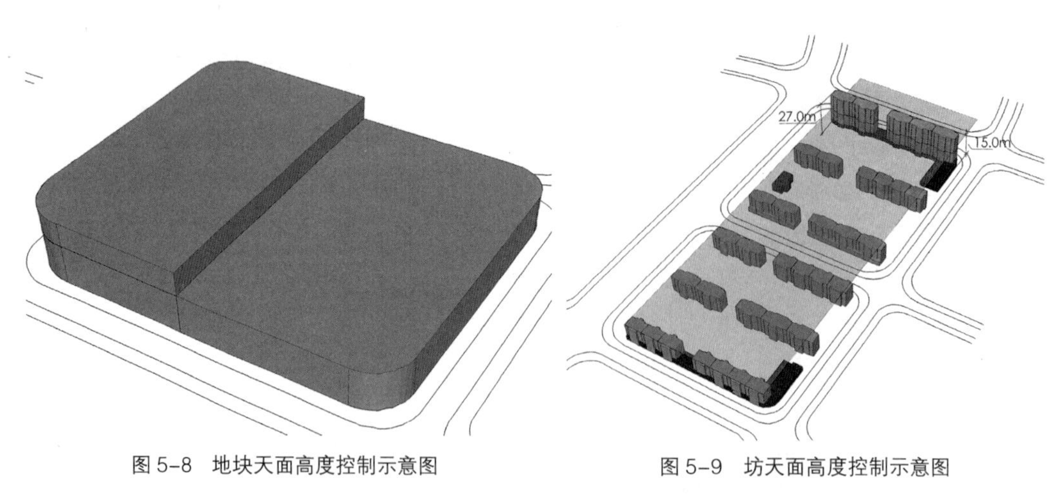

图 5-8　地块天面高度控制示意图

图 5-9　坊天面高度控制示意图

城市空间由功能性空间与关联性空间两大类组成。功能性空间包括居住空间、公共空间等，关联空间为交通性空间，即道路空间。功能性空间供使用，关联性空间联系各类、各部分功能性空间。按《城市用地分类与规划用地标准》GB 50137—2011 中的用地分类界定，城市空间由居住、公共管理与公共服务、商业服务业、工业、物流仓储、道路交通、公用设施、绿化与广场八类功能空间组成。从空间单元划分与组织角度分析，道路空间起划分与组织地块空间的作用。地块空间是由城市道路网格（不包括组团级道路）所限定的空间，道路网将城市整体空间分割成无数个地块，地块成为城市空间的最小单元。据此可以说，地块空间组合成街坊空间，街坊空间组合成小区空间，……城市空间由城市所有的地块空间与道路空间组成。

依据上述几方面分析、理解城市空间的组成，对城市空间规划设计具有较全面的意义，可以从多方面对城市空间进行分析，从而进行全面性的设计，提高城市空间设计的科学性与实际应用价值。当然，除了上述空间以外，城市还有其他形式的空间，如构筑物等占有的空间，也有不可利用的、弃置的空间，等等，这类空间都不是城市的主要空间，不具有重要的城市意义，研究的价值不是很大。

（3）城市空间的性质

城市空间的物质属性是空间基本的、本质的特性。城市的意义是为城市居民提供生活空间。因而，城市空间首先要满足人类城市生活的物质需求，城市空间物质属性的意义便是如此。城市的居住建筑提供居住空间，商场、剧院、广场等提供公共活动空间，道路提供交通空间等等，城市的各类建筑物、设施是城市基本的物质要素，为城市提供物质性的空间，是城市的物质基础与城市功能意义的保障。城市空间的非物质属性有两方面的意义，一方面空间的“空”即“无”是非物质的，对人没有物质性的意义，供人身体活动；另一方面是城市空间对人的精神，即意识形态的意义，指城市空间的非物质意义，供人精神享用。

研究城市空间的非物质属性，重点是研究城市空间意识形态的意义。居室空间，除了满足居者挡风遮雨的物质性需求外，还要让居者能在其间活动，并感到温馨、安全，这种对空间的感觉、感受，源于空间的非物质属性。城市空间意识形态的意义，与城市的社会形态、政治、经济、文化等领域相关，反映的是城市意识形态范畴的内涵，满足人的精神性需求。不同的社会形态，不同的政治、经济与文化体系，对人的意识形态的塑造存在一定的差异，导致人对城市空间的非物质属性的感应不同，使得城市空间的非物质属性的意义存在着地域、民族、文化类型等方面所导致的差异。不同的民族，不同的地域，甚至不同的个人，都会有存在差异的现象。但总体上，城市空间的非物质属性，有其客观的、自然的与科学的规律性。

（4）城市空间的形式

城市具有实空间与虚空间两种形式。实空间为城市内各类物体所限定或占有的空间，如建筑、街道、庭院等，是一切人能看得见、摸得着的，据有三维界线的物体所限定或占有的空间。这类空间的城市意义，是人类的城市生活所使用的，具有三维应用功能的空间。城市虚空间主要有三种意义的空间：

1）两维空间，第三维需要人用意识建立的类型的空间，即“面”空间，如道路空间（道路红线内的空间，不包括两侧的建筑空间，否则应称为“街”）和无垂直边界的场地空间等。这类虚空间除了“自然”的地面外，没有其他明显的“间”，所以，定义其为虚空间。与实空间一样，这类空间也是城市的实用性空间。不同的是，此种空间是两维的，重在平面应用功能的空间。

2）二是存在于人的意识之中的空间，如一栋建筑，一座塔，其周围一定范围的空间，在人的意识中是“属于”该建筑和塔的。这类空间是由实空间所限定的，非物质性的，没有边界但具有模糊心理界线的空间。反映的是城市空间的相互关系，其城市意义体现在空间的所属关系或场所感。

3）三是建立在人的意识中的，以图形表达的空间，如城市某区域的建设规划所建立的空间。这类空间的城市意义，是控制城市空间的运动，创造新的城市空间或改变城市空间，城市按照此类城市虚空间的形态发展。

（5）城市空间的功能

城市空间容纳城市的所有元素，同时也承载着城市的各种职能。城市空间的功能多样而复杂，根据不同的功能及性质，进行分类、归纳，并按其功能可划分为居住空间、公用设施空间、交通空间、景观空间、工业生产空间、仓储空间、市政设施空间七大类，当然还有其他空间。其他功能的空间，对城市无关紧要，无需进行特别的设计，研究的意义不大。居住空间，是城市的基础性空间。从功能角度定位，居住空间是城市的本底空间，是城市公共服务等功能空间布局的参照、依据体系。居住空间，功能较为单一，承载着城市的居住职能，一般情况下，是城市最大量的空间，为城市居民提供居住生活的私密性空间。公共服务职能是城市的重要的、繁杂的职能之一，公用设施是城市公共职能的载体，必然的，公用设施空间是城市中分布较广，数量较大的空间类型。凡是由公共建筑、公用设施限定并占有的空间，大到大型的商业广场、几百米高的酒店大厦，小到公共厕所、电话亭；大到体育场，小到地摊，都属于公用设施空间的范畴。交通空间为城市的位移运动元素的运行空间，也是城市各类、各部分空间相互分割、组织、关联的空间。景观空间，是指以景观功能为主的空间，如公园、绿化广场等空间。其意义是为城市提供休憩、娱乐空间，并装点城市，主要是满足人的精神需求。工业生产空间、仓储空间是城市物资的生产与贮存空间，主要意义是保障经济发展，保障城市生活的物资供应。市政设施空间是城市的能量与物质的循环空间，基本为管路、线路空间，其意义是保证城市各类系统的运行。

3. 有必要明确与建立的空间概念

目前，我国的城市规划设计理论，对相关空间的基本概念缺乏较细致、全面的解析，或一些概念没有从实际应用角度进行明确的解析，导致了一些模糊概念的产生，如城市的空间组成与空间结构混淆。某城市规划标准中规定“用地结构”的单位使用％[①]，就是城市用地的“结构”与“构成”混淆的结果。基本概念不清，对城市规划设计质量有根本的影响。所以，有必要进一步地明确相关空间的基本概念。对于节点控制理论而言，也需要建立与节点控制法相关的基本概念，以奠定其理论基础。

（1）城市的空间结构

要了解什么是城市的空间结构，首先要理解“结构”的意义。“结构”的哲学意义为“有机排列”，基本释义为“搭配、安排”，古语中有“配合、组织”的意义；建筑的结构是指建筑物的承重组件，是传递建筑荷载，支撑建筑的系统，是控制与组织建筑空间的系统；人体的骨骼，组成体内的承重系统——骨架，并控制着人的整体形态。综合上述，“结构”

① 两处错误：“结构”不是计算得出的概念，不可以以％计；百分号“％”不是单位。但如果讨论用的地构成比例则可以以％计，此规定是有意义的。显然，结构与构成混淆，产生尴尬的结果。

的意义就是支撑、组织与控制。同理，城市的空间结构，必须起到支撑、组织与控制城市空间的作用。所以，空间结构是由支撑空间形态，组织空间秩序与控制空间运动的结构性空间元素，按照一定的规律组合而成的空间系统。城市空间的结构性元素有城市广场、重要建筑等公共性空间、城市道路等，如同建筑物的承重组件、人体的骨骼，结构性空间元素组合形成的体系，即空间结构体系。

按节点控制理论的意义解析，城市的空间结构由空间节点、空间轴线两种基本的构成元素。空间节点是城市中具有重要城市意义的，并对其周围空间起控制作用的点状空间。空间轴线是城市中具有重要城市意义，并对其两侧空间起控制作用的线状（带状）空间。城市空间节点确定空间轴线，二者组合，形成城市空间结构的基本框架。犹如建筑物的网架结构体系，空间节点似球节点，是力的凝聚点，而轴线又似杆件，把力传给球节点。就像球节点与杆件构成建筑的网架结构一样，空间节点与轴线构成城市空间的网架结构，成为城市空间的骨架，支撑、组织与控制着城市的空间体系。空间节点一般由城市中的重要建筑、城市广场等形式的空间元素构成，如天安门城楼及广场、白宫及广场、埃菲尔铁塔、东方明珠塔等。空间轴线为空间节点间的连线，一般为城市的主要道路，如北京的长安街，大连的中山路、人民路等。

空间结构的控制意义主要有两个方面。一方面，空间结构控制城市的空间运动。城市空间，在城市空间结构体系的支撑、组织与控制下分割、组合与生长、发育。另一方面，城市的空间结构体系是城市各种结构体系的依存基础。比如，可以根据空间结构的主次关系体系，构建市级行政中心—区级行政中心—街道级行政中心等城市的行政管理体系，市级商业中心—片区级商业中心—居住区商业中心，同样，也可以根据空间结构体系的特性，构建城市其他的功能结构体系。

（2）城市的空间体系

城市的空间体系，是各类空间元素组合形成的空间系统。按不同的概念分为多种形式，概念较清晰，且有实际应用意义的有表 5–2 中列出的几种形式。其中，城市空间的功能体系、形态体系以及主次关系体系，是城市规划设计中较常用的空间概念。

城市空间体系形式分析表　　表 5-2

城市空间体系类型	城市空间体系的构成	注　释
几何形状与性状体系	从城市空间的几何形状与使用性质角度分析，点、线、面的基本几何形式，构成城市空间的几何形式体系	广场为点状的，具有点功能的特性，道路为线状的，具有线性功能的特性，地块为面状的，具有面功能的特性
网格形态体系	城市空间由方格网状、环状、放射状等多种形式的形态系统组成，称之为城市的网格形态体系	城市道路不同的组合形式，形成方格网、放射状或其他形式的形态单元，此单元构成统一性的路、街系统
质量与密度分布体系	城市空间布局的质量及密度角度分析，城市空间的分布形成疏密关系及核心空间、边缘空间的主次关系，构成城市空间的主次关系体系	城市核心区与城市郊区之间，具有质量分布与密度分布的差别。从核心到郊区，质量与密度的分布往往形成递减的趋势
空间功能体系	从城市空间的城市功能角度分析，各种不同功能的空间，组合形成城市空间的功能体系	城市的居住建筑空间、公共建筑空间、道路空间等组合的空间体系

所谓点、线、面几何形状，是指城市空间的平面形态。城市空间的几何特点是其基本的特点，没有几何形状就无所谓城市空间。点、线、面几何空间体系涵盖了所有的城市空间，形成城市空间的基本体系。城市中的广场、重点区域等空间可视为点状空间，如北京的天安门广场、上海的东方明珠塔等空间。这类空间往往是城市中的重要空间，是城市空间体系中的核心部分，属于核心型空间。线状空间为城市的道路空间，具有分割、组织城市空间的作用。面状空间为城市的街区、街坊、地块空间。点状空间可以拓展为面状空间，线状空间可以拓展为带状空间。点、线、面空间的有机、系统的排列组合，构建了城市的整体空间（见图 4–7 ~图 4–9）。

城市空间有序的排列，组合成特定形式的空间形态，构成特定形态的空间体系。方格网状的空间体系，由矩形的单元空间矩阵式排列而形成；环状空间体系往往以核心空间为原点，拓展多级圈层而形成；放射形空间往往是以核心空间为原点的放射形道路网所形成。城市往往有多种形态的空间体系并存，各类形态的空间自成体系，有机结合，组成了完整的城市空间。

城市建筑的布局并非均匀的，而是疏密兼而有之，也有一定的规律，城市中心部位或核心部位的密度较大，边缘部位或非核心部位较疏；同样城市空间也并非是匀质的，因而可引出“空间质量”分布的概念。城市中心部位或核心部位的空间质量较大，边缘部位或非核心部位的空间质量较小，这些空间关系，构成城市空间的主次关系的等级体系。城市空间是城市职能的载体，就其功能意义而言，有居住空间、商业空间、办公空间、交通空间、景观空间等各种功能的空间，这些空间与城市的功能系统结合，形成城市空间的功能体系。主、次功能关系空间体系，是体现空间体系等级关系的主要表象。

城市的空间体系的城市意义与作用，是承载城市的社会与各类功能体系。上述几何形状与组合形态关系体系，决定城市空间体系的形态，空间体系的规模与其承载的社会体系的规模相关，可以体现空间体系的等级。空间体系的形态与城市的政治、经济、文化体系相关，是塑造城市美的基础。承载小区的空间体系，必须满足小区级规模的社会、商服、文化等各类功能体系的要求，自成体系。一个小区由居住、教育、商服、文化等不同功能的空间组成，形成小区级规模的空间组合系统单元。同理，有满足居住区需求的，承载居住区的空间体系，也有承载商业经营体系的商业城，有工业园区、大学城，有承载各类“中心”的节点空间体系，有承载带状公共空间的轴线空间体系，也有线形的交通空间体系，等等。空间体系是城市内部各类体系依存的基础，如社会体系、政治体系、文化体系、经济体系等。城市空间体系也必然受城市的政治、经济、文化的影响，决定城市空间体系的多样化与动态化的演变。

（3）城市的节点空间、轴线空间与主体空间

城市的节点空间是城市中点状的，具有点功能的，承载重要的城市功能，对城市具有控制意义的重要空间元素，如承载城市主导、核心功能的城市广场，城市重要、大型公共建筑聚集的场所等。城市的轴线空间是城市线状的具有线性功能并承载城市公共职能，对城市具有组织意义的重要空间元素，如承载城市重要公共服务功能的城市道路、街巷等。

城市中最大量的高度相近的建筑，成为确定城市基本天面的建筑，以基本天面为统一因素，这类建筑组合成城市中最庞大的建筑群体，形成整体感较强的城市组合空间，并且

构成城市空间形的主体，因而称此空间为城市的主体空间。也可理解为，城市基本天面限定（覆盖）的空间，为城市的主体空间。如老北京时期的四合院，旧大连时期的两层民房，均为城市中量最大的建筑，占城市空间的比例最大，而且高度相近，片片相连，整体感较强。站在景山顶，俯瞰老北京，连片的四合院尽收眼底。起伏、连绵的屋顶，像瓦片的海洋，形成整体感较强的面的感觉，此面即是老北京的基本天面，其下的建筑为老北京量最大的建筑，它们组合形成的空间，占城市空间的比例最大，当然也就成为影响城市空间形态的主要因素。所以，老北京的主体空间为四合院组合形成的空间。这样的空间必然是决定城市空间形态的主要因素，所以定义其为城市的主体空间。

（4）城市空间的天面

为什么要建立天面的概念？因为此面虽然虚无，但确有实用的理论意义。通常，在描述空间形态时往往需要做一张“天际线轮廓分析图”。所谓轮廓线，实为建筑屋顶的连线。据此引申，建筑屋面的“连面”，是否可称为“天际面”呢？面比线可更具体、更形象地描述城市空间的形态。分析实际的关系，天际线是其所在的“天际面”的剖切线。或者说，天际线的集合为天际面，简称天面，是与地面对应的面。

地块是城市空间的最小单元，研究城市空间形态，应从地块空间入手。因此，以地块空间为例，建立天面的概念。如图5-3所示的地块，其空间形态如何？首先应该确定地块空间的形，明确其形，才能感受其态。矩形的地块，其空间的形状应是一个矩形的六面体。根据围合地块的道路网，可建立其四个沿街立面，地块的地面可依据自然地形建立。另一个面，与地面对应的面，即是地块空间的第六个面。通常，研究空间形态，立面、地面五个面是较常用的概念，而忽视第六面。要完整地表达地块空间的形，就必须确定此面。按照中国古代“六合”（天、地与四方）的空间观念，没有第六面何来形与态，古代对城市空间的第六面（天）就有特定的要求。所以，取六合之“天”及第六面与“地面”对应的意义，建立“天面”的概念。如图5-4所示，街坊内有6栋建筑，这些建筑确立了三维的地块空间，没有这些建筑，地块空间只是两维的平面空间。研究地块空间，不能脱离地块内的建筑，地块内的建筑空间组合成地块空间。而微观到某栋建筑，无法建立地块空间的形。宏观的感受，图中的阴影面，可以代表地块内建筑物顶面相连接建立的面，此面就是与地面相对的地块空间的第六面，即6栋建筑的顶面确立地块的天面。同理，城市建筑的顶面相连形成城市的天面。

经过上述分析可定义，城市空间的天面，是由城市建筑物顶面连接而形成的空间界面。图5-4中6栋建筑坐落于同一地面，并确立了4个沿街界面，即天面的水平定位，已由地块的建筑红线确定。在垂直方向，天面的位置可高可低，垂直定位是确定天面位置的实际意义。天面垂直定位的依据，是地块内建筑物的顶面，即建筑物的高度。确定天面，实际是根据六栋建筑顶面的高度，确定地块空间的第三维，即地块空间的高度。地块天面的高度一经确定，其空间的形就得到确定。图5-4所示的地块，依据建筑物的高度，确定天面高度为15m，则地块空间的沿街立面、地面、天面之间的位置关系得以确立，如图5-5所示，这种关系表达地块空间形的概念。

与地面相同，城市天面实际上不是绝对平的面。建筑物的高度与其所坐落的地面的高度，每栋可能不尽相同。一座城市，建筑物往往不会如图 5–4 所示的那样，统统一样高，但是往往有大量高度相近的建筑。从宏观角度研究城市空间的天面，大量高度相近的建筑群体所确立的天面，可定义为城市的基本天面。即，大量性的，高度相近的建筑的屋顶所确立的面，为城市的基本天面。同理，街坊、地块区内个别建筑的顶面，可形成局部天面。宏观的研究、设计城市空间的形，基本天面、局部天面具有实际的应用意义。图 5–3 中，6 栋住宅为地块中“大量性”的建筑，高度相近，并占有绝对多数。以 6 栋住宅顶面的高度，设定地块空间基本天面的高度，以地块的边线为地块空间的水平界线，可以建立如 5–5 所示的地块整体的空间形态。城市空间的地面，即地形变化无穷，但在人的有效视距内，多数的地面是一个起伏变化，却整体感很强的面。天面也是同样，城市空间的基本天面，起起伏伏、断断续续，却又完整地存在于人的视觉记忆中。有了天面的概念，就可以像建立地块空间、街坊空间一样，设定城市的天面高度，形成城市整体空间的基本形态。显然，城市整体空间的基本形态，不会像地块、街坊空间一样简单，但也是有规律可循的。城市天面是城市空间的基本界面之一，没有此面就无所谓城市空间的形与态，城市天面与城市空间形态密切关联。

城市天面的高度决定城市的空间形态。在平面形态确定的前提下，如图 6–17 所示的地块空间，其天面的高度高，形态高耸、挺拔，高度低，形态扁平。天面高度，对地块空间形态的影响，是很实际的，城市空间也是一样。另外，城市天面的形态决定城市的空间形态。城市天面由基本天面与局部天面构成。“大量性”决定，基本天面覆盖的城市空间为城市空间的主体部分，决定了城市空间的整体形态。局部天面高低错落的变化，形成多变的、复杂的天面形态。天面形态的变化，形象、完全地体现出空间形态的变化。从整体到局部，基本天面与局部天面的形态，决定了城市空间的形态。如图 5–6 所示，图中多层、低层的建筑占多数，层数并非一致，但视觉效果则完全可以忽略差异，建立起一个并非完全平整的街坊空间的顶面，其高度在低层建筑与多层建筑之间，此面即是街坊空间的基本天面。由此面确定的街坊空间为扁平的形态，图 5–6 的视觉效果就是如此，空间“扁平”。图中的高层建筑再少一些，对街坊整体空间形态的影响会更小。反之，图中的高层建筑再增加一倍、两倍，情形就完全不一样，街坊的基本天面，就会由占多数的高层建筑的顶面确定。随之，街坊的空间形态也会发生改变，由扁平变为高、厚，效果完全不同。图中的高层建筑高度比较突出，还有一些建筑不高不低，形成了局部天面的高低变化。它们的存在并没有影响街坊扁平的整体形态效果，只是形成了整体形态的起伏变化。

建立城市天面的意义，是便于描述城市空间的形，研究城市空间形态。对城市规划设计与管理，都有必要的意义。城市空间天面的概念，应用于城市规划设计，可控制城市空间的高度，设定空间形态。其原理为上述过程的逆向应用。对于上述地块，只要确定其天面高度，并不需建立图 5–5 所示的三维空间图，就可以如图 5–4 所示，在一定高度的天面控制下，进行建筑平面布局及竖向规划设计，而得出图 5–3 的规划设计结果。当然此结果并非唯一，不排除地块内有一栋、两栋建筑的高度不同，但多数建筑的高度必须相近。有了天面的概念，就可以像描述地形一样描述天面的形，就可以完整地描述城市空间的 6 个面，建立城市空间完整的形态概念，更方便、更有效地研究城市的空间形态。如图 5–7 所示，通过对地块内两部分空间的天面高度的设定，*TMH*（天面高度）=15m 与 *TMH*=27m，以地块的水平边界为基础，就很容易建立起图 5-8 所示的地块的空间形态。

对于城市空间高度的控制管理，利用基本天面控制城市空间的高度，要优于数字型“建筑高度控制”，更符合实际。数字型控制往往过于死板，体现出人为的、不顾及客观的一致性，限高 20m，所有的建筑都是 20m。而天面的高度是一个相对的概念，是相近、多数、主体与主要、基本的概念。用天面高度控制地块内建筑物的高度，并不是绝对的高度限制，强调的是视觉效果的限制，即空间形态的控制，允许突破，但不允许改变效果。这样的控制，富有弹性与灵活性，符合客观规律，体现城市规划的公共适用性与普遍适用性。这种限制近似于定性不定量的限制，是相对科学、合理的规划控制理念，符合城市规划原理，不会造成千篇一律的极端现象，优于无奈的“一刀切”式的“控制”，几乎等于限定的控制。

如图 5-9 所示，街坊天面的控制高度为 15m。在 15m 高度的基本天面控制下，街坊内布置了 10 栋 12 ~ 15m 高的建筑，2 栋 27m 高的建筑，1 栋 7m 高的建筑，还有 4m 高的裙房。其中，15m 的高度为街坊内主导性的高度，确定了街坊的基本天面，其他高度的天面为非主导性的局部天面，不影响也不破坏街坊天面的整体形态。所以，此街坊设计满足控制要求。在基本天面高度设定为 15m 的街坊内，27m、12m、7m、4m 高度的建筑，是可以存在的，并不能改变街坊的总体形态。

4. 中国传统城市空间文化的渊源与特色

城市本身就是人类文化的一部分，文化与城市密不可分。为了生存的需求，人类创造了多种形式的空间，形成多种多样的空间文化。空间的形与色可承载、表达精神层面的意义，是空间文化的基本表象。研究空间文化，所注重的应是空间的形态与色彩。对于城市，整体空间布局、整体空间形态及色彩，是形成、体现城市空间文化的主要因素。空间文化可以影响城市空间的建设，所以，研究城市空间文化，对城市规划设计具有基础性的意义。

庄严、华贵、神圣、红色的故宫，是中国城市空间表意、写意文化的代表作。吉祥的红色，奢华的品质，表露尊贵与高尚的气质；以天子之居为核心，南北主轴，东西对称，布局形式体现庄严、宏伟的气势；强大的功能，凸显重要的社会与城市意义。遵循礼制与“匠人营国”的城市规划理论，宫殿、官署等建筑作为城市的核心，统治并控制着城市，成为独具特色的中华红空间。中华红空间对历史、当代，对社会及城市的发展，都具有特殊的控制与组织作用，意义不凡。探索红空间文化，目的在于促进空间文化发展。延续中华红空间文化，重要的是塑造具有传统意义的城市结构体系，取其控制与文化意义。

研究历史的城市，探讨城市发展的历程、模式，目的是汲取历史的精华，借鉴于当代城市建设，规划城市未来的发展。中国的封建礼制文化，具有时间的长盛不衰，古希腊的民主政体文化具有广泛的空间蔓延。研究、了解世界各地的城市文化，尤其是了解中国、古希腊、罗马等主流城市空间文化形式，对延续城市文化的历史文脉，具有主导性的意义。

（1）中国传统城市空间文化的渊源

中国的传统城市空间文化，在历史进程中延续长久而未曾间断，并且影响范围较广。对于城市设计，传统空间文化是设计思想的源泉，也是设计理论的依据。正如礼制文化是北京城城市设计思想之源，与设计理论的基础、依据一样。所以，了解中国传统的城市空间文化特色，延续与弘扬传统文化，对于当今与未来的城市建设，具有历史与现实性意义。

城市空间文化与汉文化，与传统的空间文化具有必然的渊源关系。汉文化具有会意、寓意、表意、写意的特点，表意与写意是中国空间文化的主要特征。以形造意，以形达意，是中国空间艺术创作的重要理念，城市空间文化也必然如此。芦原义信在《外部空间设计》中写道："牌坊由最简朴的线条构成，由于它的存在，可以赋予空间某种意义。"[①]我国著名建筑历史学家林徽因在《平郊建筑杂录》一文中赞美道："北平四郊近二三百年间建筑遗物极多，……这些美的存在，在建筑审美者的眼里，都能引起特异的感觉，在'诗意'和'画意'之外，还使他感到一种'建筑意'的愉快。……即不叫他作'建筑意'，我们也得要临时给他制造个同样狂妄的名词，是不？"[②] 这些论述，说明了中国空间文化重"意"的特点。大到皇宫，小到民居，中国古代城市建设的"讲究"很多。这种注重"意"的文化缘何而起呢？

中国传统空间文化渊源，可追溯至旧石器时期。新石器时期的器物造型、装饰图案已反映出较清晰的表意与写意文化。《中国古代空间文化渊源》一书认为："敬天文化对包括空间在内的器物文化据有广泛而深刻的影响。"[③]总体分析，上古时期的敬天、地、人、神，阴阳、八卦、五行等所包含的意义，都是通过空间的形与色来表达的。这种文化习俗，即是器物空间文化的渊源。新石器时期，以玉器、陶器为载体，寓意、表意是空间文化的基本特征，奠定了中国空间文化的发展基调与趋势，即赋予空间精神意义，控制人的思想意识，或表达某种敬意、祝愿、期望，等等。以形表意，是中国早期空间文化的基本特征。

玉文化方面，玉猪龙象征神权，玉钺（斧）象征军权，玉币象征经济权，等等。先民把社会的政治、经济、军事、权力等特殊的意义，加载于当时能制作出的最美的器物，形成了以空间（物体）形态承载、表达特定寓意的文化形式。陶文化方面，仰韶文化的人面鱼纹盆，或许是先民的文化图腾；马家窑文化的蛙纹陶器，或许是先民与战胜水害，多多繁衍相关的思想寄托；图画、纹饰是先民在塑造陶器时，使其承载与表达某种意义的文化形式。

（2）中国传统空间文化的特色

商周时期，中国进入封建社会的初始阶段，从半地穴建筑到辉煌的宫殿，城市空间文化的发展，继承发扬了器物空间表意的文化，更加注重并突出写意的色彩。两千年前的道、儒、佛的学说，推动了汉文化的大发展。

伴随着文明的进步，笔墨纸砚孕育的写意艺术，从水墨画、书法艺术延伸至方方面面，写意逐渐成为中华民族的文化性格。城市空间文化也是如此，"……政治、宗法、风俗、礼仪……中国思想精神等之寄托于建筑平面，……中国诗画之意境与建筑艺术显有密切之关系"[④]。伴随着青铜器、瓷器等空间文化的发展，牌坊、屏风具有宣示地位与褒奖成就等特别意义；文学艺术及琴棋书画中的意境，成为亭台楼阁等空间表意、写意的刻意追求；封建礼制，促使帝王宫殿在追求高雅、富贵的同时，更注重神圣与至尊之意。从城市广场角度分析，中国古代城市没有城市广场，广场作为特殊、奢侈的空间形式进入了皇宫。宫

① 芦原义信．外部空间设计 [M]. 尹培桐译．北京：中国建筑工业出版社，1985：16.
② 林徽因．平郊建筑杂录 [EB/OL]. 百度文库 .http://wenku.baidu.com/view/eb6b97c3d5bbfd0a795673a8.html.
③ 张杰．中国古代空间文化渊源 [M]. 北京：清华大学出版社，2012：377.
④ 梁思成．中国建筑史 [M]. 天津：百花文艺出版社，2005：13.

廷广场形成了中国广场空间文化的特色，展示出中国式的宫廷广场文化。宫廷广场是带有家族、民族、朝政文化特色的空间，展示、表达权威也是宫廷广场的特点之一。中国城市空间文化逐渐形成了自己的特色。

至明清时期，建筑、城市空间的表意与写意文化，发展到了顶峰。明清的紫禁城，既是表达礼制、宗教等文化意义的代表作，又是写意文化的经典空间。故宫的建筑布局、高度、体量、色彩等方面，主要不是取决于功能，而是强调传统文化，表达特定的意义。布局及形态表达礼制，建筑颜色对应于五行，飞檐走兽各有寓意，紫禁城内的形形色色，都非常注重“意”的塑造。对称、严谨的布局，高大的体量，奢华的品质，红色的氛围，胜于语言与文字的表达，让人感受到强烈的至尊与神圣之意。故宫的轴线，整体上并不是连续的像西方城市道路一样直白的线形空间。其核心部分，由宫殿、城门等点状的“间”定义了意念性的“空”——城市的中轴线。点与线空间反映出写意文化的特色，运用“意到笔不到”的写意手法，塑造了相对虚的，强调意念的线形空间。这样的轴线，能够达到写意文化强调的意境，成为控制城市、统治大清朝的精神轴线。

5. 地中海传统城市空间文化的特色与渊源

前文剖析了欧洲从古希腊的古风时期到古罗马时期的城市，从文艺复兴时期到20世纪初的城市，如拉托城、古希腊、古罗马、佛罗伦萨、威尼斯、巴黎、华盛顿、达里尼等。这些城市的空间文化，与地中海文化有着密切的关系。古希腊的民主文化催生了民主政体，与紫禁城不同，神庙与教堂宣示的是神与主的权威。民主政体需要集市广场，集市广场控制着社会，控制着城市。作为控制型空间的城市广场，即城市节点，确立城市的布局轴线。广场与道路空间，承载着古希腊的文化，在城市结构体系中发挥着重要的作用，控制着城市的运动、发展。

（1）古希腊的城市空间文化

始建于公元前7世纪的雅典，公元前3世纪时的城市核心是集市广场，祭奠大道斜穿广场，联系着城门、集市广场与雅典卫城。东北部分，由不规则形状的地块构成居住区，犹如中国古老的开片瓷的纹路，自由的韵律控制其形态（见图2-1）。西南部分，放射形的路网为其空间形态的特点。民主、艺术与哲学为古希腊文明的精髓，其中最主要的是民主文化。古希腊的城市空间形态，体现了古希腊人文主义和自然主义的思想，强调人与宇宙的和谐，强调民主生活形态。“民主是一个自由人的集体……，多数人的意见是决定性的……，人们按照自己的意愿生活。”“这种自由常常意味着男人更多地生活在公共场所，而不是在家中，也意味着公共荣誉大于私人的富足，甚至高贵的贫穷比奢华的富贵更加光彩。”[①]。所以，城市以公共空间为民主文化的核心，用广场承载与展示艺术，整体形态体现了人文主义和自然主义的哲学思想。

公元前5世纪，希波丹姆设计了米利都城。城市整体为方格网形的空间形态，集市广场为城市的核心，并延伸出一条主路，联系城市的重要公共设施，广场、港口、教堂、商业建筑等，基于主路构造方格网道路体系，形成以公共空间为核心布局私人领地——居住

① 蔡永洁．城市广场[M]．南京：东南大学出版社，2006：8.

区，具有功能分区特点的空间布局方式。方格网形式的空间形态，即希波丹姆模式，比古雅典城规则。这种规则体现出理性思维与自然科学的结合，遵循古希腊哲理，追求几何与数的和谐，取得秩序与美，也展现出“平均划分城市”的民主城市空间文化，充分体现了民主和平的城邦精神。希波丹姆模式影响了希波战争后以及希腊化时期地中海沿岸的古希腊殖民城市的建设，最具代表性的是建于公元前4 ~前3世纪的普里安尼。

（2）古罗马与华盛顿的城市空间文化

古罗马城的空间形态与古雅典城相似，以广场为核心的放射形，不规则的地块，是其空间形态的典型特征。古罗马城主体上传承了古希腊的城市文化，同时受到古伊特鲁尼亚文化、两河流域及埃及文化的影响。在共和时期，城市空间还具有较明显的希腊文化痕迹，体现了较明显的公共特征。“古希腊人强调人与宇宙的和谐，并表现出他们在城市设计中的人文意识，……与古希腊人相比，罗马人不是理想主义者，他们是更重视实践的民族，善于逻辑思维，……在城市设计艺术上，罗马城市更强调以直接实用为目的，……只要适合表现罗马帝国的沉重、威严与权力，一切艺术手法均可拿来用之。”① 随着社会与城市规模的发展，到了帝国时代，伴随着恺撒广场、奥古斯都广场、尼禄广场、图拉真广场的相继建成，广场的帝制文化渐盛。古罗马城传承着古希腊文化，承载着帝国的希望，古希腊文明与帝制文化共同塑造了古罗马。

古希腊的民主政体文化，并没有如同中国的封建礼制文化一直延续至清末。伴随着社会形态的变迁，古希腊城市空间文化的内涵，在地中海沿岸并没得到延续，但是其空间形式，却由于中世纪后的文艺复兴运动而影响全球。华盛顿是古雅典模式与希波丹姆模式的结合，城市空间既有以广场为核心的放射形态，又有方格网形态。方格网形空间，作为城市空间形态的基底，设置广场与穿越方格网空间体系的放射形、斜线形空间体系，构成城市的公共空间体系。

6. 中国与西方古典城市空间文化的比较

（1）中西古典城市文化的相似之处

中国与西方古典城市空间文化的形式不尽相同，但也有相近之处。虽然服务于两种不同的社会政体，集市广场是古希腊城市的核心，王（皇）宫是中国古都的核心，但其城市核心的意义是相同的。相近而又不同的核心空间，体现了社会政体及上层建筑领域本质的区别，也发挥着相近的作用，具有相近的城市意义。

希波丹姆模式是以矩形的单元空间组合为与自然环境契合的整体空间，匠人营国模式也是矩形的单元空间组合为矩形的整体空间。希波丹姆与匠人营国风格的不同点在于，城市的空间形态不尽相同，城市控制形式有所不同。但两种城市模式的控制方法是基本相同的，与各自的社会形态相符。集市广场是市民化的空间，是统治阶层与普通市民共同的政治舞台，王宫是统治阶层的私人领地，也是统治阶层决定市民命运的“独舞”场所。皇宫的“中轴线”与古罗马的“主轴线”的性质基本一致，中轴线强调礼制、规矩，强调意念、精神，主轴线强调的是组织，强调的是视觉效果。

① 蔡永洁．城市广场[M]. 南京：东南大学出版社，2006：18.

（2）中西古典城市文化的不同之处

中国与西方古典城市空间文化的最大差别，在于色彩文化。早在新石器时期，就有较明显的迹象显示，色彩的应用具有等级意义。晚至周朝开始，红色的使用就受到限制。到唐以后，红色为宫殿、官署、寺庙等重要建筑才可使用的色彩。至清朝，黄色成为皇帝、皇族的专用色彩。中国古典建筑对于色彩的运用讲究颇多，赋予色彩多种多样的寓意，如色彩与五行的一一对应关系。宏观分析，中国古典城市色彩文化的主流是红灰主导，红与灰是城市的主体色彩。宫殿、官署红红火火，普通民居黑灰一片，老北京即是如此。

微观分析，城市的建筑空间文化方面，中西差异主要表现在大型公共建筑的屋顶。自然环境与建筑材料的不同，造就了两种不同类型的空间文化形态。中国的木构件与秦砖汉瓦，孕育出以搭接形式为主的建筑文化；地中海的大理石，催生出以砌筑形式为主的建筑文化。出檐、曲坡、搭瓦，构筑了中国式坡屋顶，梁柱与拱圈构筑了欧洲的尖顶与穹顶。不同的大型建筑屋顶形式，是两种不同建筑空间文化的代表性特征。

7. 中华红空间文化

黑川纪章提出的灰空间理论，基于传统的灰色与过渡空间，应用于建筑色彩设计与建筑、城市空间设计，继承与发扬传统文化。学习专家的理论方法，探讨中国古建筑色彩的使用特点，提出中华红空间的概念，以期传承与繁荣城市空间文化。

（1）红空间文化的渊源及发展史

用色彩表达特定的意义，也是中国空间文化的一大特色。红色在中国乃至世界范围内，都受到较广泛的崇拜，其封建的礼制文化意义，是中国传统城市空间文化的主要特征之一。所谓中华红空间，即是在城市中占有主导地位，具有组织、控制意义的红色建筑空间。红色文化起始于旧石器时期，是汉文化的代表色彩。历史悠久的红色崇拜、礼仪制度与写意文化，孕育出红色建筑。红色的宫殿、官衙、寺庙等建筑，红色的宫廷广场，蕴含着丰富的道、儒、佛、民俗等文化内涵，意在表达神圣与高贵的社会地位，对社会及城市的发展具有重要的统治、控制意义，形成了特有的红色空间节点。

1）汉文化的红色崇拜。在历史的长河中，红色是汉民族的文化图腾和精神皈依。自远古以来，汉民族对红色就有特殊的感情。中国红意味着福禄、康寿、尊贵以及喜庆、和谐、团圆，意味着百事顺遂、逢凶化吉。“在汉朝和明朝，因为国家都兴起于南方，南方表火，为朱雀，所以在当时，国家政治和文化中都提倡使用象征火的红色（这也是故宫红墙红柱的来历之一）。”[①]伴随历史的进程，中国红深深地嵌入了中国人的灵魂，成为安身立命的护身符。红色也是儒、释、道以及民俗文化推崇的色彩。红色崇拜，对建筑色彩也产生了重要的影响。通过墓葬考古、建筑考古以及建筑史资料研究，依据现存的红色古建筑，基本可以反映与证实红色空间文化的发展史。几方面相互印证，从墓葬、饰物到建筑，红色空间从旧石器时期，开始了漫长的发展历程。

2）墓葬考古研究。墓葬考古显示，旧石器时期即有墓葬、饰物等较初级的红色空间文明。一万八千年以前的山顶洞人还无法创造空间，但也有较原始的红色空间文明的存在。

① 中国红 [EB/OL]. 百度百科 . http://baike.baidu.com/view/124142.htm.

“迄今为止发现的最早的红色象征是山顶洞人在死者周围洒赤铁矿粉。”①陪葬饰物证明，山顶洞人曾使用红色涂制饰品，“除用做头饰的石珠明显呈露红色以外，所有装饰品的穿孔，几乎都是红色，好像是它们的穿戴都用赤铁矿染过”②。新石器时期的墓葬，“青海乐都柳湾原始社会墓地……在一具男尸下撒有朱砂”③。伴随礼制文化的发展，红色从封建社会的早期开始，逐步显现高贵的迹象。商周时期，“在山东长清仙人台遗址，发现了6座属于两周时期邿国的贵族墓地……，均在棺底铺撒朱砂”④。至秦汉时期，红色发现于帝王墓葬中，如先秦的秦公1号墓使用朱砂垫层的石鞋底，西汉中山靖王刘胜的满城汉墓使用红色的墓室，等等。

3）建筑考古研究。按照事死如事生的丧葬文化，墓葬的红色表明红色建筑的存在。建筑考古证明，红色建筑空间的历史，可追溯至新石器时期。红色用于城市的重要建筑，为统治者、贵族阶级独享、专用。

新石器时期仰韶文化的西坡遗址内，房址F105外有回廊，占地面积500余平方米，房址F106室内面积达240m^2。“两座房屋建筑技术复杂，F106居住面下有多层铺垫，地面和墙壁以朱砂涂成红色。……宏大的规模、复杂的建筑技术和特殊的位置均显示两座房屋不是一般的居住址，而应该是整个聚落举行大规模公共活动的场所。”⑤迄今为止，F106是中华红空间最早的范例，可谓中华红空间的起源。杨鸿勋先生对秦咸阳宫的考证：“地面质感颇似蔆苦土，表面朱红色具有光泽。这就是古文献中所说的‘丹地’”⑥；对唐朝麟德殿的考证：“外壁用红灰（大约也是掺土朱、赤土之类）抹面；内壁用白灰抹面，在墙根处画出紫红色的踢脚线。”⑦建筑考古的结果应可印证宫殿、官署等建筑应用红色的史实，所以他复原的宫殿、官署、寺庙等历代建筑，大多以红色为主色调。如杨鸿勋先生复原的唐朝宫殿含元殿（见图3-3）。

4）建筑史料研究。中国建筑史料表明，从朱楹、丹地开始，红色空间经历了从内到外，从局部到整体的发展历程。红色成为表达礼制文化主要的、传统的色彩。《汉书·货殖传》中记载：“及周室衰，礼法堕，诸侯刻桷丹楹，……”⑧说明周代已有丹楹（红柱），但并非诸侯可以使用。“自汉代起，重要建筑木构部分的色彩都以红色为基调。另外，宫殿、官署、庙宇大都使用红墙，这种制度一直沿用到清代。”⑨丹楹、丹地、踢脚，秦以前没有室外使用红色的历史记载。晚至唐朝红灰出现，宫殿外墙使用红灰装饰。宋朝《营造法式》中规定

---

① 杨东．继承与发扬传统色彩符号——解读中国建筑设计的红色[EB/OL]. 百度文库 .http://wenku.baidu.com/view/47bbcb7f168884868762d6ac.html.

② 贾兰坡．“北京人”的故居[M]. 北京：北京出版社，1958：41.

③ 王进玉．中国古代朱砂应用之调查[EB/OL]. 百度百科 .http://wenku.baidu.com/view/250b65c66137ee06eff91801.html.

④ 王进玉．中国古代朱砂应用之调查[EB/OL]. 百度百科 .http://wenku.baidu.com/view/250b65c66137ee06eff91801.html.

⑤ 李新伟．灵宝西坡遗址的发现与思考[N]. 中国社会科学报，2010-2-2.

⑥ 杨鸿勋．建筑考古学论文集[M]. 北京：文物出版社，1987：162.

⑦ 杨鸿勋．建筑考古学论文集[M]. 北京：文物出版社，1987：251.

⑧ 周光庆．孔子创立的儒学解释学之核心精神（之一）[EB/OL]. 国际儒学网 . http://www.ica.org.cn/news.php?ac=view&id=7476.

⑨ 赵源．色彩崇尚现象与中国古建筑用色[EB/OL]. 百度文库 .http://wenku.baidu.com/view/96a90b5077232f60ddcca1c7.html###.

了红灰的做法，说明其已为常用材料，代替朱砂，可以满足红色空间文化的发展需求。梁思成先生在《中国建筑史》中，总结中国建筑特征一文中指出：“彩色之施用于内外构材之表面为中国建筑传统之法。……唐宋以来样式等级已有规定。……分划结构，保留素面，青绿与纯丹作反衬之用。……木材表面之纯丹纯黑犹石料之本色……”①说明历史上，建筑内外的素面多用红色；唐朝始，色彩使用划分等级。

5）现存古建筑研究。现实中，我国现存的古代宫殿、官署、寺庙等建筑反映出红色空间文化传统。复健、重建的红色建筑，说明红色传统受到广泛的认可。中国的木质建筑历史，造成了较少古建筑遗存的史实。但是现存的宫殿、寺庙等古建筑大多为红色，如沈阳故宫、应县木塔，还有各地的寺庙等，实例很多。其中历朝历代重建、复建的不占少数，可以说明，红色为这类建筑的正统色彩。北京故宫是现存红色空间文化的代表作，凝聚了历史的精华，展示着中华红空间的历史与当代意义。

（2）中华红空间在历史上的作用与意义

中华红空间在历史上具有统治社会与控制城市的作用。城市空间形态受城市的政治、经济、文化体系的影响，反映社会形态的特点。中华红空间的历史意义表现在两个方面，即组织城市社会体系与空间体系，满足城市生存与发展的需求，类似于欧洲城市中广场的城市意义。

在原始社会中，红色空间具有核心的公共意义。原始社会没有阶级，部落首领统领部落的社会体系。生产资料社会共有，共同劳动，共同消费，社会的公共性较强。西坡遗址F105、F106是新石器时期的红空间文化。根据二者的布局形式，专家提出了对称布局的推理，发掘出与二者对称的另外两处房屋遗址（见图3-2），认定4座房屋围绕的空间为核心广场。聚落建筑以广场为核心布局，满足公共性社会形态的需求。F106与其他三栋建筑，围合建立公共空间，组织部落的公共性社会活动，反映出红色建筑的核心意义。至商周时期，红色在墓葬、建筑的使用上，已显现出等级高低的迹象。在礼制型的城市中，高贵的红色建筑空间在城市中具有重要意义。进入封建社会，红色空间发挥结构性的核心作用，构建城市的组织、控制体系，建立城市社会与空间体系的秩序。在封建社会中，红色空间发挥着统治城市社会体系，划分社会等级体系的作用。高度的中央集权制，形成以皇族为核心的封建政体。按照周礼的思想体系，封建社会建立了严格的等级制度，形成严谨的社会统治体系。在空间色彩方面，色彩的等级体系与封建社会体系相吻合，发挥划定与告知社会等级的作用，凸显社会的秩序性。民居不可以使用红色，宫殿、官署以及祠庙等红色空间，承载着管理国家、教化人的思想，规范人的行为的功能，实施着对城市社会体系的统治、控制，维护着封建社会体系的运行。在封建城市中，红色空间为礼制型空间体系的核心，组织、控制城市空间体系的建设与发展。中央集权的政体，要求皇宫的权威性。礼制的社会形态，要求礼制的城市形态。匠人营国的规制如图5-10所示，“以多座建筑组合而成之宫殿、官署、庙宇乃至于住宅，其所最注重者，乃主要中线之成立。一切组织均根据中线以发展”②，布局特点是，以皇宫为核心，确定主、次轴线体系，构建宫廷广场，组织、

① 梁思成. 中国建筑史 [M]. 天津：百花文艺出版社，2005：10.

② 梁思成. 中国建筑史 [M]. 天津：百花文艺出版社，2005：10.

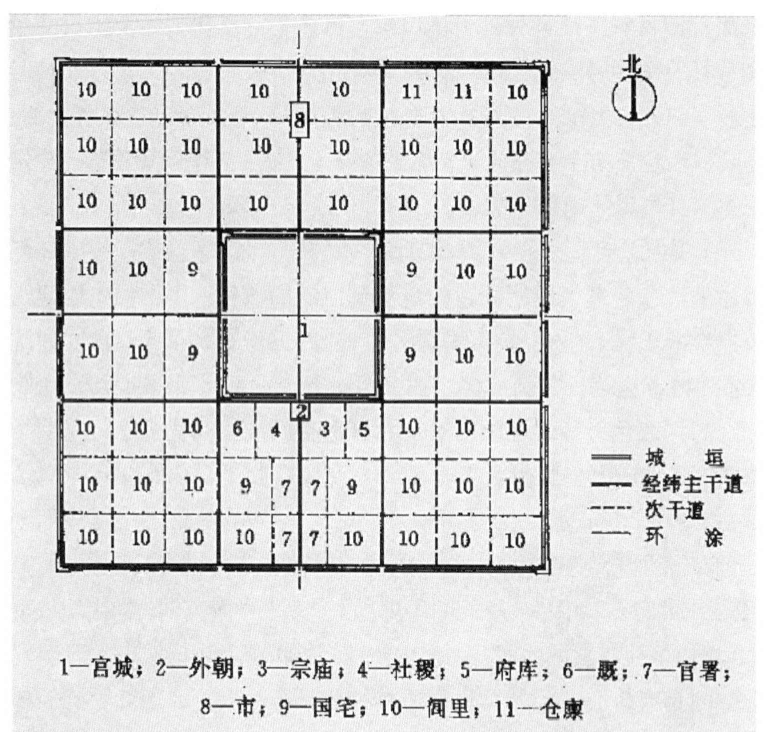

图 5-10 中国古代城市红空间核心意义分析图

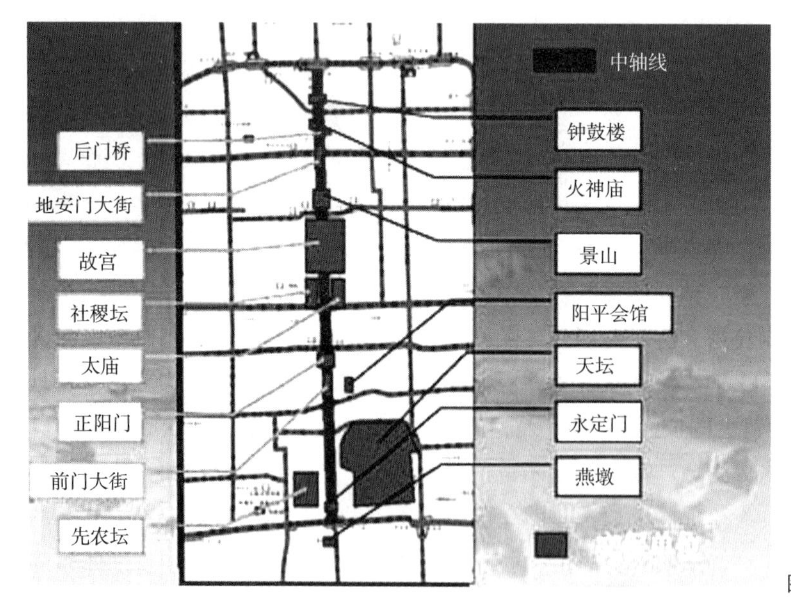

图 5-11 故宫轴线示意图

控制城市的整体布局；划分等级、建立秩序，形成等级制度明显的秩序性的城市形态。这种规制一直沿用至清朝，形成历史悠久的中国流布局方式与红空间文化传统，孕育了辉煌而秩序严谨的北京城。

红色的故宫，红色的宫廷广场，为中华红空间的典范，显示出中华红空间的重要意义。紫禁城构筑的城市轴线，是北京空间布局的基础与依据，见图 5-11。城市的空间肌理以及空间体系，均由此轴线组织发展。核心与轴线结合，规范着城市的整体布局与空间的规制，建立了一座秩序性的城市。

（3）中华红空间的现实意义

微观层面，在建筑色彩的应用上，红色空间具有标志性的意义。京味儿建筑、中国特色都离不开红色，如世博会中国馆；在核心型空间的塑造上，红色传统的意义是从色彩上重点突出核心空间。

对于城市，中华红空间的意义是其结构性元素的特性与其建立城市秩序的意义。中华红空间源于礼制文化，塑造了古典、封建、严谨的点轴型结构体系的核心，控制与组织城市的发展，建立城市的秩序性。秩序性对于城市是十分重要的，埃利尔·沙里宁提出，城市建设要遵循有机秩序的原则，“城市的生长与衰退取决于城市的运行状态，这种状态处于‘走向有机秩序’时，表现及相互协调的原则将会起到很好的促进作用，城市将呈现出积极和充满活力，一旦误入‘无序’的歧途，表现、相互协调的原则必然丧失，城市将会出现衰败和杂乱无序”[①]。

以故宫为核心的天安门广场及其中轴线与长安街，是北京城市结构体系的核心。城市以天安门广场为核心展开布局，沿着十字轴线延伸、发展，形成秩序井然的空间体系，如图5–12所示。大连的中山广场与人民广场，以庄严的空间形态，重要的城市功能，优雅、古典的文化形式，形成与中华红空间功能及意义相同的核心型节点空间，虽然不是红色。两个广场与中山路、鲁迅路构成城市的核心结构系统，组织与控制着城市的建设与发展，如图5–13所示。其他城市也一样，无论历史、现在或未来，每个城市都存在、需要组织与控制体系。没有或较弱的控制，就会失去章法，弱化城市的秩序性。

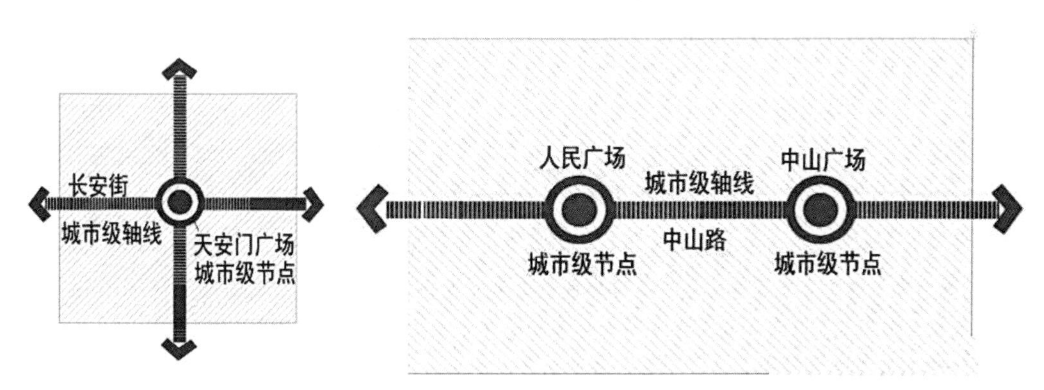

图5–12　北京城市结构模式图　　图5–13　核心节点构筑的旧大连结构模式图

对于城市规划设计，延续与发扬传统的中华红空间文化，重要意义在于，以点轴体系控制理念，建立规划设计的核心与基础，形成秩序性的规划设计理论体系。

虽然礼制已废除，人不可分等级，但社会及城市的秩序是废除不掉的。城市需要秩序，城市各种等级体系是实存与必要的。区级行政中心、商业中心的等级，必然要低于市级的行政与商业中心。国家大剧院的规模不能超越人民大会堂的设计理念，就是秩序的体现。对于城市元素关系的主、次与等级的高、低这样的问题，需要按照一定的规矩与计划，

① 城市的本质与城市的衰退 [EB/OL]. 百度文库 .http://wenku.baidu.com/view/401921c60c22590102029d1a.html.

进行设计——规划设计，秩序性的设计。如图 5-15 所示，设计、塑造如大连的中山广场、人民广场这样的节点空间，其实际意义在于，以二者作为城市级节点，确立城市主轴线，构建城市规划设计的主体框架。在此基础上，布局次级节点，建立次级轴线，层层深入，展开设计。

这种设计方法，体现出以节点控制为主导的总体规划设计理念，与以皇宫为核心，规划都城的理念相同。从设计城市的节点体系入手，建立城市的节点控制体系；在节点控制下，建立城市的轴线控制体系；以点、轴体系为基础，展开总体规划设计。节点控制轴线，轴线控制网格（路网），即点控制线，线控制面，形成层层递进的、逻辑性的、秩序性的设计路径及理论方法体系，如图 5-14 所示。

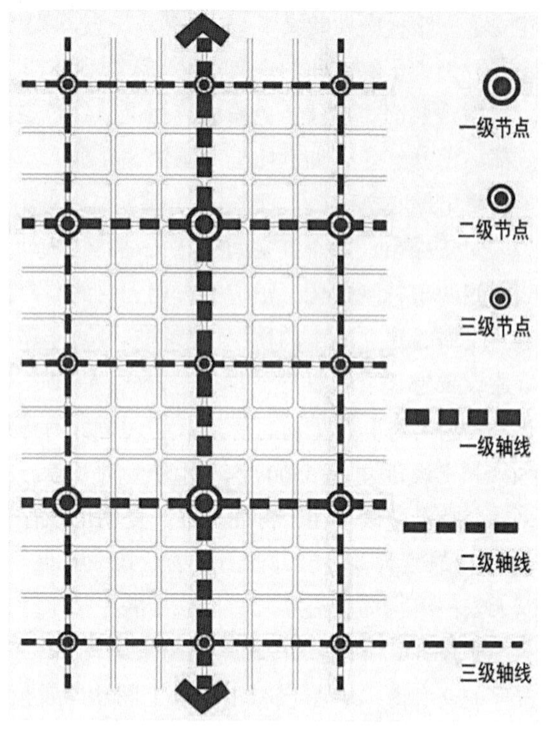

图 5-14　节点控制理论模式图

5.2.3　城市的自然体系

城市自然体系，是指城市内、外的自然元素系统。每个城市都有树木、花草，虽然为人工栽培，但都有其自然属性与意义；有的城市内、外部有河流、湖泊、海洋，山川、森林等自然元素。城市自然体系，具有重要的城市意义，城市外部的自然元素，构成城市外部的自然环境系统；城市内部自然的山、水、植被等自然元素，构成城市内部的自然环境系统；树木、花草、水体等人工控制的自然元素，构成城市环境的自然元素系统。

上述环境系统，对城市的发展具有重要的、决定性的意义，建立城市自然体系的概念，是要明确城市自然体系的存在，凸显该体系对城市的重要性。在城市规划中，加入城市自然体系规划这一重要的内容，基础的环节，不仅是由于城市的整体布局与自然体系有明确的关系，还可使生态、绿色的概念，成为城市规划设计的实实在在的内容，而不是苍白、幼稚的理念，甚至沦为口号或虚假的“水平”标签；可进行具有实际意义的“自然体系发展与保护规划”，为城市的可持续发展奠定基础。

5.2.4　城市的文化体系

在城市文化体系规划设计中，明确文化、文明、城市文化等概念，是规划设计的主动性与创造性的需要，是科学、合理、灵活运用文化概念的基础。城市文化体系是较复杂的体系，政治、宗教、法律、教育、文学、艺术、服饰、饮食、民居……，数不胜数，包罗万象。城市规划所涉及的也是比较复杂的，所以有针对性地、选择性地研究城市规划设计能控制的，主要应用的几个方面，是比较现实的。从实用角度出发，从城市设计角度出发，城市的主导文化，传统的民族、民俗文化，影响较大的宗教文化，等等，是需要关注的重点。城市文化体系规划，决定城市文化的发展，要具有历史的、发展的观念，需要总结过去，面对现实，规划未来。城市文化体系的概念，在城市规划中实际的设计应用，能够比较清晰地解析城市文化体系。参见本书第三篇“节点控制法的适用性研究”，能够更好地理解、认识城市文化体系的概念与意义。

1. 文化与文明

何谓文化？何谓文明？有文章说：人类的文化起源于人类意识的觉醒。文化是人的精神世界的全部及其在物质世界的延伸，是人赖以思想和行动的指南，是人理性和感性的全部，是人与自然互动的桥梁，是人之所以为人的一切。国际公认中华文明出现在公元前1500 年，文明史是 3500 年，因为我们可考证的文明起点是在河南安阳的商朝殷墟遗址。推理盘庚也应该存在，再往上推，夏朝也该存在，那文明的起点应该推前。但我们现在却无法拿出考古学上的依据来证明。

分析上文的意义可以理解为，文化的主体意义，是自然事物作用于人类思想意识的痕迹，不强调事物的物质性表象；文明的主体意义，是人类的行为作用于自然事物的痕迹，重在事物的物质性表象。1 加 1 等于 2，是人类算数的“文化”，是人类认识自然事物的结果，是自然事物的叠加、累计形式，在人的思想意识中留下了数学运算的痕迹。这种痕迹是一种逻辑思维，是非物质性的痕迹，没有物质性的表象。用于记述上述逻辑的文字，是描述人类思维痕迹的载体，是人类书写行为作用于自然的痕迹，就像人类的生活痕迹，如居住、生产、丧葬等痕迹一样，具有物质性的表象，即上文提到的，可证实文明存在的考古依据。文字是人类文明的象征，而文字所表达的内容是人类文化的结晶；文化是人的逻辑思维与行为的形式，文明是存在于客观世界的事物，是文化发展状态的表象；文化源于人对自然的认识，其产生的意义是为了满足人类生存的需求，指导人类更好地利用自然；对自然的利用，便产生了人类文化的痕迹——文明，人类文化的发展，促进人类文明的进步。分析文化与文明的关系，虽然文化与文明具有相同的意义，几乎可以通用，但本质上，文化是人类创造文明之本源，文明是文化发达程度的表象。

2. 文化与城市

随着人类社会的发展，人类的文化在发展，生存方式在进步，城市诞生，城市文化也随之诞生。城市是人类文明聚集的场所，可以说是人类的文化塑造了城市。至少现实是如此，建筑文化塑造建筑，也塑造城市，不管先有建筑文化还是先有建筑。城市文化是一个综合性极强的概念，概括地分析，城市文化包括空间文化、宗教文化、民俗文化，可以说城市文化是城市的物质、精神与社会文化的集合。三者的关系是，作为物质，城市是文化的载体；作为精神，文化是城市的灵魂；社会文化，既是城市物质与精神文化之源，也是其承受、享用与约束的对象。城市承载着人类社会，人类享受着城市的文化，同时也受城市文化的约束。礼制文化约束着城市与市民，也让贵族享受着城市的华丽与富贵，让庶民忍受着城市的灰暗与贫寒。

（1）城市的历史文化

要了解城市文化，就要了解历史，追根溯源。每个城市都有其历史的渊源，规划拟建的城市也是如此。追根溯源的意义，在于寻求城市的成长之根，生命之源；在于解读城市生命的本质，延续城市的历史文脉，构建适合于城市生长的文化环境。追根溯源的方法，是通过研究城市产生与发展的历史，了解城市的产生与其文化环境的关系，了解城市的发展与文化进步的渊源，了解文化对于城市发展的推动作用。

（2）城市的当代文化

历史的发展，社会的进步，新文化层出不穷。文化事业的建设、发展，与国家的、区域的大文化环境相关，在延续历史文脉的基础上，重要的是面向未来。当代新文化建设应以促进社会进步、有益于城市的成长与繁荣为宗旨；以政府的政治、经济、法制、哲学、科学等体系为本，符合国家、城市的意识形态，以及上层建筑体系的建设与发展的需求；更需要符合人民的意愿，尊重历史，维护民俗，倡导大众文化。

（3）城市的未来文化

城市的未来文化，主要依据上位规划确定，适合于城市建设的远景与愿景。在城市发展的远景确定后，城市的文化体系可依据城市的政治、经济等体系的发展定位，进行相应的规划。城市的主导文化、民俗文化的发展，在传承历史的同时，要发扬光大，顺应时代的发展，与时俱进，其中重要的应着眼于保护历史传统。

3. 城市文化特色

透过城市文化体系的表象，可以感知城市文化的风格，形成城市文化的特色，即城市风格与特色。城市文化体系包括历史、政治、宗教、建筑、民俗、艺术等类型的文化体系。城市文化体系的核心节点，是体现文化特色的重点，分别以上述不同类型的文化题材为主题，或者单一，或者综合，承载与表达城市文化的特色。一般情况下，城市级节点的文化内涵都是综合性的，但主题必须突出，主体文化元素必须表达城市的文化主题，展示城市的文化特色。例如天安门广场，毛主席纪念堂、人民英雄纪念碑、军事博物馆，历史博物馆等建筑，充分体现了天安门广场作为城市，乃至国家意义的核心广场的文化特色。

4. 城市文化体系

通过上述讨论便可较清晰的理解城市文化体系。城市文化体系，是由城市文化元素构成的系统，是城市发展的非物质性基础，关系到城市意识形态与上层建筑领域的建设、发展，是城市各种庞杂体系高效运动的中枢、动力与润滑系统。从城市设计应用角度分析，城市文化体系主要可划分为三大系统构成，城市主导文化系统、城市民俗文化系统和城市功能性文化系统。三大文化系统之间，相互影响，相互依托，相互渗透，相互制约，形成赋予城市生命力，推动城市发展的活力系统。

（1）城市主导文化系统

城市的主导文化系统是控制城市建设、发展的思想与理论体系。城市的主导文化体系的意义，是主导城市上层建筑领域的建设与发展；体现国家、地方的发展观念，控制城市的文化体系建设，形成城市级文化体系的核心；源于国家的文化政策，取决于政府、执政党所确定的政治、哲学、宪法等规范人民思想体系的理论及其衍生出的文化。宗教国家具有明显的主导文化表象，佛教、伊斯兰教国家（城市）的主导文化十分明确，对城市建筑形式、色彩的控制意义十分直观。在中国，城市应按照国家、省级的上位文化体系规划要求，结合本市的具体情况，确定城市发展的主导文化。以“马列主义、毛泽东思想、邓小平理论以及三个代表”为主导，大连市确定了“创建学习型城市”的城市发展理念；以“科学发展观”为主导，大连市确定了“建设创新型城市”的发展理念，形成了主导城市发展方向的城市文化。

（2）城市的民俗文化系统

城市民俗文化系统是城市生产、生活的形式，是民间的、大众化的民俗观念、信仰等行为与理论的形式体系。民俗文化是城市文化形成的基础，影响城市的建设与发展。城市民俗文化系统，包括宗教、民族、地域等文化，如佛教、先祖、神话、生产（陶瓷）、特产（茶）、生活技能、服饰花样、饮食方法、婚嫁习俗等，包括城市生产、生活的方方面面。城市的民俗文化，源于地域性、民族性的生产与生活方式，以及精神生活的历史积淀，具有历史、地域、民族性的渊源。尤其中国这样地域辽阔、民族众多的国家，培育了丰盛而多样性的民俗文化。例如，游牧民族的生产方式，造就了以草原为家的无城市，或者说以草原为城市的“大城市、自然城市”文化；洞庭湖畔的捕鱼生产，成就了水乡泽国，形成水乡文化；种植业、饲养业、制陶业、冶炼业、纺织业、建筑业等多类型产业，是殷商城市文化诞生的必然，也为现代城市文化的形成奠定了基础。

（3）城市的功能性文化系统

具有城市功能属性的文化系统，称为城市功能性文化系统。城市文化的生存与发展，是城市功能性文化系统产生的动因。这类文化系统的意义是各类文化的培育、交流、互动与发展、再生系统。如城市的发展，离不开科研，科研系统与多种文化的交流、互动促使某些文化系统的发展，也可创造出新的文化。城市功能性文化系统包括城市的教育、科研、体育、艺术、娱乐等文化系统，是对城市有用地、设施的需求，在城市规划中要予以保证的文化系统。《城市用地分类与规划建设用地标准》JB 50137—2011 中的文化设施、教育科研、体育用地所包含的文化系统，均为城市功能性文化系统，也有如宗教用地等所包含的文化系统未列入其内。

5.2.5 城市结构体系

城市结构的构成可从两个方面理解，一是从城市基本构成元素角度理解，城市节点是城市结构的基本元素，城市节点体系确立城市轴线体系。所以，城市节点体系与城市轴线体系构成城市结构体系。二是从城市体系方面理解，分析各类功能系统之间的关系，城市空间系统是城市的基础系统，是城市所有功能系统的载体。所以，城市结构必然以城市的空间结构为基础，结合其他的功能结构而形成，城市结构是城市的空间结构与功能结构有机结合的复合系统。形象地说，城市的空间结构可视为“箱形”结构系统，能够容纳城市所有的功能结构系统，空间结构的“箱”装入城市的功能结构后，构成城市的结构系统。

从城市设计角度研究城市结构，空间结构体系是城市结构的基础，功能结构体系是城市结构的本质（反映城市的本质），景观结构体系是城市结构的表象。城市空间结构体系的平面形态，往往被视为城市结构的形态。犹如人体的骨架，支撑着人的身体，犹如桃子的核，是桃子果肉附着与生长的基础，城市结构是城市生长的基础，对于城市有重要的组织与控制作用，是主宰城市整体运行的系统，控制着城市的运动与发展。使城市这个复杂的系统，能够合理、顺畅、高效地运作，健康成长、发展。大连的中山路与人民路、鲁迅路，人民广场、胜利广场、中山广场，构成城市结构的主体框架，承载着城市的重要、主导的功能。大连以此系统为基础生长发育，以此为中枢系统，发挥着城市强大的效能。

5.2.6 城市交通体系与城市运行机制

1. 城市交通体系

（1）城市交通的定义

交通是城市的基本功能之一，所谓交通就其字面的意义为“交错相通”、“交相通达”，实际意义为运输业与邮政业的总称。对于城市而言，交通是城市的人与物，在城市的内部及内部与外部之间，进行位移的交互运动与空间的交互连通。城市基本的生存形式是城市的人、货、能源、信息等的运动，要保证这样的运动，就要有交相通达的空间。从城市设计角度研究城市交通，重点是满足客流及货流运动的交通空间的需求，设置交通性空间与交通设施，协调交通与城市，保证城市的高效运作。根据交通设施的不同，城市交通分为铁路交通、城市道路交通、空运交通、水运交通等形式；根据交通设施使用者的不同，城市交通分为公共交通与私人交通；另外还有地面交通与地下交通之分，轨道交通与道路交通之分，等等。

（2）交通结构

交通节点是交通体系的组织与控制点，包括城市内部交通体系与对外交通体系的连接点，不同形式交通的连接点，多向交通的交叉点，城市中心客运枢纽，组团级客运枢纽，人流的聚集点，等等。交通轴线为城市主要交通量的流经线及交通节点的连线。大连的胜利广场，既是内外交通的连接点，又是多向交通的交叉点、交会点，并连接着两条城市大流量的交通线路——长江路与中山路，而中山广场既是人流会聚点，又与中山路相连。所以，大连的胜利广场与中山广场是城市重要的交通节点。中山路的交通量是城市之最，并且连接多处城市的交通节点，所以，中山路是城市交通的主轴线。从形式上定义，交通节点与交通轴线构成的体系，为城市的交通结构。交通结构是城市交通体系的主干，在城市的交通运输方面发挥主要的、主导性的作用，承担城市主要的交通运输量，是构建城市交通体系的基础。交通结构也是城市交通的会聚、转换点，衔接城市的各类交通体系，分配、疏导城市交通量的分布与流通。组织、控制城市交通体系科学合理的运行，保证其通畅与高效。当代的城市，城市生活节奏加快，要求城市交通快速、便捷、足量。交通结构具有合理性，才能保证交通体系与城市的合理关系，保证城市交通荷载布局与交通体系相协调。

（3）交通体系

城市交通体系是指城市中机械运动的承载体系。城市中承载交通功能的空间、设施，构成城市的交通体系。城市地面交通体系中，重要的是城市的交通空间体系，主要为固定交通设施，如铁路、轻轨、道路、港、站、场、台等，为活动交通设施提供运行、停靠空间的各类交通型空间体系。活动类交通设施指车、船、飞机等运载型交通设施体系。交通空间体系，主要为城市的道路系统，道路将港、站、场、台等连接，形成城市交相通达的空间保障体系。运载交通体系，是不同种类的交通工具的组合，为城市提供各种不同形式的机械运动方式，使城市的人与物能够进行安全、快速、方便的位移运动。

2. 城市运行机制

（1）定义与描述城市运行机制

城市是一个庞大而复杂的事物（机器），运动是城市生存与发展的基础，贯穿于城市的发展历程。城市的运动应有其秩序性与规律性，这种秩序、规律形成城市的运动机制。在城市中，对于有形的物体，如人、车等，用运动描述较为合理，而无形的事物如经济、文化等体系，用运行描述则更为恰当。作为城市，用运转、运行描述其运动的状态，更为贴切，内涵更广泛，更容易全面涵盖城市的运动形式，所以定义城市规律性的运动、运行形成城市的运行机制。

对运行机制进行有形的描述，有助于更好地理解与应用城市的运行机制，对城市规划设计具有重要的实际意义。如何描述城市运行机制？似乎这是一个较复杂的问题，但描述城市的运动机制，则相对容易，好理解。对于一个高层建筑，其内部各类事务的运动，虽然各种形式、形态都有，但无疑是以垂直方向为主，而福建土楼内部的事物运动以环状为主也是必然。上述例子说明，运动机制与建筑的空间形态相关。城市也是如此，高层建筑以带状城市代替，土楼以环状城市代替，上述分析完全适用于城市，即城市的运动机制与其空间形态相关。假如上述大厦内包含有社会体系、政治体系、经济体系、文化体系等，这些体系的运行状态，也应该与承载它们的空间形态相关，形成特定的机制，而这种机制应该与运动机制关系紧密，因为它们存在于同一个运动着的系统内。城市中的各种体系具有内在的、有机的、相辅相成的关系，运行机制与运动机制也必然如此。所以，形象化地（上述的垂直、环状）描述运动机制，等同于对运行机制的描述，运动机制的形式即是运行机制的形式。

（2）运行机制研究与城市规划设计

从本质上说，城市的运行机制，与城市的空间形态相关，是决定城市结构形式的基本条件。还以高层建筑为例，其空间形态，垂直方向的尺度较大，其每层的平面运行机制，必须根植于垂直的运行机制，所以，垂直方向的运行机制是其主导的运行机制。从结构体系角度分析，高层建筑中起结构性作用的，是垂直的交通体系。具体分析，任何一层必须有交通空间；任何一层的任何功能空间的布局，都必须围绕交通空间进行。这种关系说明，交通空间在每一层的空间布局中，起控制与组织的作用。而由每层交通空间组合形成的垂直交通系统，对高层建筑的整体布局，必然起控制与组织的作用，即结构性的作用。同理，土楼的环状交通体系，在其空间布局中，也起到结构性的作用。所以说，运行机制与结构体系密切相关，是建立结构形式的基本依据之一。城市也是一样，其建设基地必定有特定的平面形状，形成特定形态的主导运行机制。依据主导运行机制，便可确定城市的交通结构框架，进而确定道路体系的结构框架，形成城市的结构体系。按照运行机制确定城市的结构体系，是城市正常运转、高效运行的基本保证，这就是城市运行机制对于城市的重要意义。

对于城市规划设计而言，分析、确定城市的运行机制，即是建立基础性、核心性的设计体系，为城市结构体系的设计，提供基本的理论依据。而结构体系设计有依据，其他体系的设计才会有据可依。并且，以结构体系规划设计，控制整体的设计过程，才能达到城市规划设计的科学与合理性的要求，增强总体城市规划的可操作与实施性，改变城市总体规划与实际难以对接的局面。否则，没有运行机制的基础理论作为支撑，城市规划重要的设计依据，如结构体系规划设计、交通体系规划设计会出现空洞、缥缈、苍白、说服力不强的情况，导致总体规划的一些目标严重地脱离实际。

5.2.7 城市功能体系

1. 城市功能

城市功能是城市的本质意义，丧失城市功能，城市便无意义。有文章定义城市功能为“城市在一定区域所承担的任务和所起的中心作用，以及由这种作用的发挥而产生的效能”。此定义强调的是“一定区域”，即城市的某一部分所担当的城市职能，内涵不够全面。例如，城市有为居民提供居住场所的用途，发挥居住效能，因而说城市具有居住功能，而城市的市场可使城市发挥商贸用途，产生商贸效能，因而说城市具有商贸功能。虽然这些功能属于城市功能范畴，但这些功能不是城市功能的全部，并不能涵盖城市功能。城市功能是综合性的，并不是“一定的区域”所能承载的。从整体角度出发，广义地定义所谓城市功能，城市功能是城市的用途及其效能。

为了满足人类生活、生产及其他方面的需求，城市必须具备多种多样的功能，最基本的是居住功能，其他主要有政治功能、经济功能、文化功能、商贸功能、教育功能、社会服务功能、交通功能、工业生产功能、仓储物流功能、信息功能、科技创新功能等。城市的居住功能是城市的基本功能，没有居住功能不为城市。通常情况下，研究城市的功能布局，是以居住功能为基础与本底，研究其他功能的布局。

2. 城市功能结构

城市的功能结构，是控制与组织城市功能体系的运动与布局的系统。城市的主导功能，对城市功能体系的发展，就具有结构性的意义。城市的重要节点，对城市功能体系的运动与布局也有结构性的意义。城市功能，能够在这样结构性系统的控制、组织下，生成、运动与分布，形成城市的功能体系。

城市的功能结构，主要是控制、组织城市的功能体系的运动与布局。城市主导型功能对城市功能体系的生成与发展，具有一定的影响与控制作用。如矿山型城市、港口型城市、贸易型城市，它们的功能体系发展，会呈现出不同特点。城市的功能节点在城市复杂的功能体系中，起着主导性的作用，控制、组织城市的功能体系，是城市功能结构的控制点。城市的功能节点，也是城市中最积极、最活跃的，城市功能的会聚、交融与互动的场所。按照城市功能服务、覆盖、影响与辐射的范围不同，以及功效的强度与大小不同，而形成不同等级的功能组合关系体系。按行政关系组合，城市的行政功能由市级、区级、街道级三级构成；按城市功能的功效规模及辐射范围的大小组合，城市的商业、服务业的功能具有市级、片区级、街道级三级构成；国际化的大城市，具备辐射范围更广的更高等级的功能，比如，“东北亚航运中心”具备东北亚航运枢纽的功能。城市功能节点的意义，主要在于城市不同功能结构之间的对位关系，保证城市的各种功能结构合理、有机地结合，使城市的各种功能体系更好地发育、成长。

城市的功能结构可分为构成结构体系与等级结构体系两种形式。所谓构成结构体系，是指城市主导类型功能的组合关系体系。城市的主要功能，在城市的功能体系中占有主导性的地位，构成城市功能组合的主体框架，并控制、影响城市功能体系的发育与生长。不同性质的城市，具有不同的主导性功能，形成城市的功能特点。主导性的城市功能，即所谓结构性功能，是城市性质形成的基础，不同的主导功能，构成不同性质的城市。如大连市航运枢纽功能、旅游功能以及其区域性的核心功能，确定大连“东北亚航运中心”、“旅游中心”、“区域中心”的城市性质。城市功能的等级结构体系，由不同等级的功能节点与功能轴线构成。城市功能总体上按照其类型与等级体系，以不同的形式存在、分布于城市之中。通常，城市的某种功能相对集中分布，表现出区域分化现象，同时也形成服务及控制范围不同的“功能核”，这些功能核即所谓功能节点。城市的功能节点，是城市的某种或多种功能，分布相对集中的点。功能节点的连线为城市的功能轴线，是城市公共功能分布相对集中的线。

3. 城市功能体系及其形式

城市的功能体系是指城市的功能所构成的体系。城市的功能是城市的本质与灵魂，城市的功能体系是保证城市发挥整体效能的根本。城市功能体系的全面、完整与合理性，是保证城市整体功能全面发挥作用的基础，是城市发展的功能性保障。

城市功能体系主要有两种形式。一是等级体系，例如市级、区级、街道级的行政功能体系，市级、区级、网点级的金融功能体系等。二是类别体系，城市的居住功能、经济功能、文化功能、商贸功能等不同性质、种类的功能，构成城市功能的类别体系。

城市的功能体系与城市的地域、规模、类型等因素相关，每个城市的功能体系大致相同，但也有不同。北京的政治功能体系与大连的政治功能体系显然不会相同，大连和青岛的功能体系可以基本相同，也必然存在差异。

5.2.8　城市景观体系

1. 城市景观

通俗地理解景观，可视其为符合人们审美意向的可观赏的事物，在人的视觉中所呈现的景象。自然的山水，人工的城市，大到浩瀚的宇宙，小到显微镜下的原子都可成为景观。城市景观可以包括城市中的多数事物，自然的、人工的物体都可以成为景观。确切地说，城市景观是城市中一切具有景观意义的事物。城市景观可以分为两大类，一种是单纯景观意义的或以景观意义为主的城市元素，如雕塑、艺术小品、景观绿化、人工水景等，一种是具有景观意义的城市元素，如建筑、街道、广场，山水、林木、花草，牌匾、橱窗、广告，电话亭、路灯、废物箱，车、马、人，等等，几乎可以囊括具有可视性的一切城市元素。

2. 城市的景观结构

城市的景观结构，是支撑、控制与组织城市景观元素的系统。城市景观元素，除了包括建筑、绿化、山水等通常意义的景观以外，还包括城市的动态景观元素，其布局、构成及其运动形式，均受景观结构的控制，依托于景观结构而生长、发育。从构成角度理解，城市的景观节点与景观轴线，规律性的分布、关联，形成特定的网架系统，这种系统在城市景观体系中，发挥着结构性的作用。所以，可定义城市的景观节点体系与景观轴线体系构成的景观系统，为城市的景观结构。

城市景观可以泛指城市中多数事物，其中必有主、次之分，也有分布状态的不同。由城市重要的景观元素组成的，景观元素集中布置的“点”，为城市的景观节点。景观节点对其周围景观元素的分布起控制、组织作用，城市中的景观元素以景观节点为核心进行布局，衬托与突出景观节点的景观效果。例如，紫禁城是明、清两个朝代的皇宫，是城市（全国）最高级别的建筑景观节点。城市中（包括全国）的任何建筑的景观效果都受其控制，不得超越紫禁城，以保证紫禁城的权威性。景观节点按其性质、等级的不同，在城市中规律性地分布，形成景观节点体系。景观节点的连线为城市的景观轴线。景观轴线对城市景观元素的分布起控制、组织作用，城市的景观元素以景观轴线为基础，规律性地分布，并衬托与突出景观轴线的景观效果。城市中主要景观节点的连线为城市的主要景观轴线，次级景观节点构成次级景观轴线。同样，景观轴线按其性质、等级的不同，在城市中规律性地分布，形成景观轴线体系。景观轴线延续景观节点的景观属性，如节点的景观主题、类型、风格等特性，与节点的景观形成呼应关系，烘托与衬托景观节点的效果。景观轴线寻求线性变化的特点，如节奏、韵律等，整体景观效果略逊于节点，不排除个别点的效果突破。

3. 城市景观体系

城市景观体系，是由城市景观元素的种类或性质等因素所决定的同质或不同质元素的系列关系体系，如由花、草、灌木、树等元素构成的植物类型体系，由公园绿地、广场绿地、街头绿地、行道树绿地等元素构成的绿地形式类型体系，由居住建筑、公共建筑等不同建筑构成的建筑类型体系，由电话亭、座椅等元素构成的城市家具类型体系，由山、水、植物等自然元素构成的自然类型体系，由艺术雕塑、小品等构成的艺术类型体系，等等。上述景观体系均为同质系列的景观体系，不同质的景观元素，如静态景观、动态景观，建筑景观、自然景观、艺术景观等（包含城市中所有不同的种类）构成城市类别景观体系。

不同的景观体系在城市中的景观意义不同，自然景观可以体现城市与自然的关系，城市是否亲近自然尊重自然，是否生态，是否融洽等；建筑景观反映城市的政治、经济、文化等方面的状态，艺术景观反映城市的人文艺术状态，等等。城市的景观体系受城市政治、经济、文化等体系的影响，反映城市的政治、经济、文化等诸多体系的状态。

5.2.9　城市色彩体系

1. 城市色彩

从色彩学原理分析，物体通过反射光显现出相应的色彩，人通过感知这种色彩，才能认识物体。所以，色彩是人认识与分辨物体的第一要素，没有色彩人便无法分辨物体。对于城市而言，色彩是人认识与感受城市的第一要素，城市色彩是城市展现给人的第一表象，是人对城市印象的首位来源。例如，当人远望城市的时候，首先能分辨的是城市建筑的色彩，只有接近城市的时候，才能分辨城市建筑的形。而当游览了整个城市后，很难建立起城市整体的形态概念，但却会对城市的色彩有一个相对明确的认识，形成一个总体的印象。

一个城市，如果有多数建筑的色彩大致相同，将会使人对城市形成一个基本色彩的印象，这样的色彩，即是城市的基本色彩，从色彩构图角度界定，可谓城市的底色、主色调。多数城市中，居住建筑是最大量的建筑，而居住建筑的色彩往往是一致的，构成城市的基本色彩。与城市空间三大组成相对应，居住建筑构成城市主体空间，其色彩为城市主体色彩。本质上，城市中大多数建筑统一（或相近）的色彩为城市色彩。

2. 城市色彩的形成

浏览世界各地的城市发展历史，总结城市色彩形成的基本规律，城市色彩不外乎三种成因：一是建筑材料的自然色与本色形成城市色彩，二是社会规则限定城市色彩，三是文化取向产生城市色彩。

古代、近代的城市，往往很自然地形成城市色彩，这种现象基于人类社会生产力的发达水平。史前的人类建筑，构筑材料均源于自然，如中国仰韶文化时代的泥木建筑，古希腊的大理石建筑。由于自然材料的种类所限，城市建筑的色彩较为单调，均为建筑材料的自然色。可以说，人类对自然的依赖，产生了自然的城市色彩——建材的自然色，而这种现象直至 20 世纪初还是较为普遍的。其中，也包括生产力较发达时期的人工建材的本色，如黑、灰色及红色的砖、瓦，白色的石灰、灰色的混凝土，等等。这样形成的城市色彩的例子很多，旧大连就是如此。水泥在 20 世纪上半叶的中国，是较高档的建材。旧大连在当时是工业较发达的城市，城市建筑大量采用水泥砂浆等作为表面装饰材料。同时，大连的一些高档建筑大量采用灰色石材以及仿石材（斩假石），城市色彩由此而形成，即水泥与石材的本色——灰色调。

社会规则对色彩的限制，古代的中国较为突出。“中国古代在色彩的使用上是非常受禁锢的，色彩皇宫可以使用，皇族可以使用，贵族可以用，其他的普通老百姓很少使用。中国古代把色彩作为一个等级区别，普通的民居就是黑灰色的墙、屋顶。”[①]民居为大量性建筑，所以古代城市色彩为黑、白、灰。如北京灰色的四合院，形成灰色的城市色彩。

基于权势、宗教、民俗等原因，也可形成特有的城市色彩。如印度斋浦尔的色彩为粉红色，“现在流传下来的记载有两种说法，一种是说爱德华七世比较偏好粉红色，另外就是说这种粉红色在当地人的语言、当地的传统文化中，代表一种好客的颜色、喜悦的颜色，可能两种因素都有，就选择了粉红色”。[②]

3. 城市色彩的意义

随着社会的发展，自然材料远远不能满足城市建设的需求，人类大量地采用人工建材，并能够控制其颜色，建材的颜色已可随心所欲，使得城市的颜色失去了必然的统一因素，导致当今的城市，如果没有限制，很难形成城市色彩。当然，城市色彩成为规划师与建筑师，乃至社会各界关注的热点城建问题。如此背景，城市色彩意义何在？当站在小山丘上，远望青山绿水环抱着黑瓦白墙的小村庄，黄墙红瓦的小城镇，好养眼，好惬意，好一幅美丽的画卷。此时城市色彩给城市带来美，因为有绿色的环境相衬。如果进入城市，局部的

① 郭红雨 . 广州是什么颜色的——广州城市色彩规划研究 [EB/OL].http://www.chinacity.org.cn/cspp/csal/69444.html.

② 郭红雨 . 广州是什么颜色的——广州城市色彩规划研究 [EB/OL].http://www.chinacity.org.cn/cspp/csal/69444.html.

色彩环境不能代表城市整体的色彩环境，或者可以体味城市色彩的局部效应。感性的认识，城市色彩的意义应该是宏观层面的。

那么，是否可以通过某些手段、方法，设计出无可争辩的、美的、好的城市色彩呢？似乎这些问题都已经有了肯定的答案，比如某城市经过多方面的论证，确定城市色彩为某某色。但城市皆为此色，便非常单调，无所谓美或好与不好。显然，美、好、漂亮不应该是城市色彩的基本意义。

从城市规划设计角度出发，城市色彩的意义，在于协调城市的宏观与微观，整体与局部的关系，重在强调城市的整体性与统一感。城市色彩，作为城市元素的统一媒介，统一色彩斑斓的城市，同时又为城市提供一个基本色彩、背景色彩——“色彩缤纷”的基础。犹如夏季的大自然，绿色统一五彩的花朵一样，没有绿叶的统一，就没有花朵的灿烂。没有统一就没有变化，没有统一的变化实为杂乱无章，五彩的城市必须有统一的色彩，方显灿烂。这就是城市色彩的基本意义。

5.2.10 城市艺术风格体系

1. 城市风格体系的形成

城市风格反映一定历史时期的政治、经济、文化形态，具有地域性、民族性特点，是特定的文化在城市空间方面的表现形式。从城市规划设计角度出发，城市风格是指城市各种空间元素形式综合表象的特征。主要包括，城市空间布局形式，建筑空间的形式，以及城市家具、雕塑、装饰等空间形式的综合表象。就普遍意义而言，城市空间布局形式与建筑形式，是城市风格的主要表象。城市风格是一个整体性的概念，从整体性角度出发，城市空间布局形式，或者说城市空间的整体形态，是确立城市风格的基础。而城市空间的布局形式、整体形态，取决于城市空间的结构形式。可以说，城市空间结构的平面形式体现出的特征，即城市结构体系构成方式与形式，决定城市风格，代表城市风格。城市的空间形态、建筑形式，与城市结构体系风格相协调，是城市风格的具体表象。

城市风格的形成，基于规划师的设计风格，是设计风格的艺术结晶。在满足环境、城市功能、城市生活、城市发展等各方面要求的同时，规划师按照自己的艺术思想、理论，采用相应的方法，设计城市的空间形态，确定建筑的主导形式。由于文化渊源、文化素质与文化取向等方面的原因，规划师的设计具有相对固定或者相近的特点，有成形的艺术特色、方法特色，并且具有科学性、合理性，得到社会广泛的、普遍的认可，这种成形的艺术特色、方法特色，形成规划师特定的设计风格。比如，希波丹姆风格、中国古都“匠人营国风格”（匠人营国理论形成的“中轴线风格”）、巴洛克风格、古典主义风格等，这些风格曾经或至今被社会认可与推崇。

城市中，有相同、相近艺术风格的空间体系，也有不同或不相近的。由艺术风格不尽相同的空间体系，组合形成城市的艺术风格体系。

2. 城市风格示例解析

（1）希波丹姆风格与匠人营国风格

希波丹姆风格与匠人营国风格比较相近，同为两千多年前城市规划设计思想。米利都城、普里安尼是希波丹姆的代表作。城市空间的主体均为矩形空间单元有规律的排列、组合，形成矩阵式的空间形态。规则、重复的排列，给人以规模庞大、气势恢宏的感觉，秩序感、韵律感强烈，与环境的委婉、自然形成鲜明的对比。虽然中国的古城遗址，难有米利都城与普里安尼的清晰，但匠人营国的理论却清晰地描绘出古代都城的空间形态：南北主轴，东西对称，形成方格网形空间布局。这种正交的空间关系，体现了自然的经纬概念，最接近人的本能，相对自然与人性化（曲线的设计、施工古人难以为之），体现了天人合一之道，即人类社会的秩序与理性，礼制与统治。其典型代表作是北京故宫——精神、意识与空间秩序统一的秩序性的城市。

希波丹姆模式以城市广场为核心，以穿过广场的道路为主轴，居住空间呈棋盘格式均匀地分布。匠人营国模式以皇宫为核心，御道为主轴，民居建筑按棋盘格路网布置。二者源于不同的文化背景，形态相近，意义相同。代表民主色彩的城市广场，与代表天子的皇宫为城市的核心，统治着城市。

（2）欧洲古典主义风格

在文艺复兴思潮的影响下，从阿尔贝蒂尼开始，追求城市空间布局的美，成为城市设计的主流思想。欧洲的城市建设在追求艺术与建筑空间完美结合的同时，尝试城市空间与艺术的结合，进而把城市空间作为艺术的载体。结果诞生了城市广场，并确立斜轴线，更加注重广场空间的艺术塑造，采用放射形空间、围合形状的空间形态，形成对城市广场的拱卫。诸如文艺复兴时期的佛罗伦萨，文艺复兴后期的理想城市帕尔玛诺瓦，17 世纪封丹纳的罗马城改建规划，19 世纪奥斯曼的巴黎改建规划等，包括巴洛克风格，都属于以广场为核心构造城市的设计风格，这些风格都被称为欧洲古典主义风格。

第6章

关于节点控制法

本章主要有三部分内容。第一部分是解读旧大连的城市设计方法，以旧大连为节点控制理论研究的现实与物质基础，基于旧大连城市节点对城市结构性的控制意义，提出节点控制主导的城市设计方法。第二部分是阐述节点控制理论自然、社会、文化方面的渊源关系，以及传统的理论根基，说明节点控制法具有自然与社会的科学性，是对传统理论的传承与发扬。第三部分是阐述节点控制法的核心、设计步骤与设计内容，解析设计方法，建立设计体系。

6.1　旧大连的城市设计方法——节点控制法

大连是一座百年之城，百年的发展历程检验、印证了百年前的城市规划设计思想与方法。探究旧大连的城市规划设计方法，是对城市规划设计理论的解析，是现实的、物质的城市回归于理论的城市，让大连百年的历史奉献出城市规划设计方法的理论结晶。

前文对达里尼及旧大连的城市规划设计的理念与特点，进行了较全面的分析、解读，对旧大连的城市规划设计方法，进行了较全面的感性探索。以广场为城市重要的控制节点，是旧大连城市结构体系的特色。具有这种特点的城市还有很多，如雅典、罗马，佛罗伦萨、威尼斯、巴黎等等。这些城市规划设计的共同特点，是以城市广场为重要元素，展开以城市广场为主导的城市设计。如图 4–33 所示，旧大连的城市核心节点为长者町广场及大广场，城市布局的主轴线为中山路、人民路（现）、鲁迅路（现），城市东部为放射形的次级轴线体系，中部为过渡与连接空间，西部为南北向鱼骨状次级轴线体系。城市级节点确立城市的主轴线，犹如人的神经中枢、脊梁，关联、连接城市的次轴线体系，使得城市的各类结构元素之间的关系紧密，系统性加强，形成鱼骨状与放射状紧密结合的城市结构体系。此体系组织、控制着旧大连，大连依此系统生长发育。

一座城市，无论其有无城市广场，有无服务于公共事物的开敞空间（an open place used for public business），核心节点是必然有的。图 5–16 可作为古典主义城市结构体系的模型图，此图可以表达城市结构元素之间的关系，以及城市结构体系的构成关系。图中的一级节点是城市中最高级别的节点，相当于城市级节点，二级节点次之，相当于片区级节点，三级节点再次之，相当于街道级节点。城市级节点确立城市主轴线，二级、三级节点确立城市的次级轴线。城市级节点、次级节点，城市主轴线、次级轴线，构成城市的结构体系。其中，城市节点是城市结构体系的基础性元素与控制性元素，城市节点之间主次关系，是城市结构元素系统化的主要关系体系。

总结旧大连的城市设计方法，基于城市节点的重要意义，可以说：如果城市没有布局的核心节点，或者核心节点不突出，节点间无显著的、直接的关联关系，就难以形成节点体系，就无所谓城市的轴线、轴线体系、城市结构体系，也就无所谓城市控制体系。失去控制，无论几轴、几带、几廊、几心、几片区、几组团、几斑块……，城市必定没有严谨的结构体系，只能是布局松散，毫无章法的发展。

根据旧大连城市的特点，从理论上认识、界定旧大连以城市广场为主导的城市设计方法，其普遍意义在于“节点控制”，所以引申、定义该方法为节点控制主导的城市设计方法，简称“节点控制法”。

6.2 节点控制形式的历史渊源

所谓“节点控制法”并非旧大连个体的城市设计方法，也不是无源之说。一方面，历史地、客观地分析，这种方法源于人类文明的本质。人类的社会形态决定城市形态，决定城市文明的形式，也决定创造城市文明的理论与方法。另一方面，社会是有控制的，有秩序的，承载社会的城市也应该如此。城市的建设、发展与运动，不能无章可循，无法可依。没有控制，城市的发展会是无序的，也会失去客观的规律性，也就无所谓规划设计。

从欧洲到中国的城市发展史，都可以找到“节点控制”形式的存在，具有实实在在的历史遗存依据。在远古时代，欧洲与中国很少有城市文化方面的交流，城市文化有各自相对独立发展的体系。城市文化出现雷同现象，说明城市文化与人类社会及自然规律的关系，说明节点控制理论符合人类社会发展的客观规律，有其产生的客观和历史的必然。因此可以说，节点控制是城市规划设计基本的、必要的手段，而且较为客观、更接近自然。

6.2.1 中国节点控制型城市的历史渊源

中国城市的控制型空间，源于远古人类的社会形态。河南西部灵宝的西坡遗址，揭示了中国史前的社会形态与聚落形态的关系。西坡遗址位于庙底沟文化的核心区域，具有较清晰的中国早期文明阶段的社会及聚落结构。西坡遗址的发掘证实，公元前3500年左右开始，一些文化和社会发展较快的地区，开始相继进入初级文明阶段。“区域聚落形态出现明显的等级分化，一些地区出现由面积超过百万平方米的大型中心性聚落、若干次级中心聚落和大量一般聚落构成的等级分明的聚落群；中心性聚落出现需要耗费大量劳力的大型公共建筑和随葬特殊用品的大型墓葬。种种证据表明，已经出现可以控制一定地区和大量人口的政治组织以及掌握了世俗和宗教权力的社会上层。”[①]这样的描述，很具象地描绘出当时社会的等级体系与控制体系。中国古代这种聚落形态，是人类早期文明的社会结构形式所催生的，这种形式确切地说，是一种节点控制体系的表象，是最原始的节点控制型的聚落型城市的雏形。在没有“城市”概念的远古时代，这种聚落结构形式的形成，源于自然形成的人类社会结构体系的需求，相对于工业文明后的城市，是一种自然生长型的聚落结构形式。根据这种意义可以说，节点控制法是符合客观规律的社会及城市的控制方法，是人类固有意识的创作。追溯其文化形式之源，迄今为止，可以说西坡遗址是世界范围内最早的节点控制的聚落型城市，遗址内有明显的具有控制意义的核心型的控制元素——广场及建筑空间。到了周代，产生了中国最早的具有节点控制意义的城市规划理论，在《周礼·考工记》“匠人营国”理论中，皇宫即是“面朝后市，左祖右社”的核心与控制点。两千多年以来，皇宫控制着封建社会与城市，形成了独具特色的封建型城市：以红色的皇宫为核心，南北主轴、东西对称布局方式的城市。

① 李新伟．灵宝西坡遗址的发现与思考[N]．中国社会科学报，2010-2-2.

6.2.2　欧洲节点控制型城市的历史渊源

欧洲的节点控制型城市同样源于社会形态。古希腊人热衷于公共生活，热爱自由民主的生活，这种公共性、自由的社会与民俗文化，催生出民主政体。社会的公共与民主形态，要求其生存空间的公共与民主功能，集市广场就是这样，集神权、民权与公共性为一体的公共空间。“作为一种特定生活的产物，集市广场的这种空间特征是那个时代民主、自由的生活风格的表达。”①城市空间与社会具有内在的联系。“城市广场被融纳进了城市道路网络，作为网络的节点它同时也是静稳的。”②广场在城市中是道路网络的节点，以集市广场、大型的教堂与神庙为主体，形成城市的公共性功能核心，控制着城市大片的私人领地。古风时期的拉托城，希波丹姆设计的米利都城，都是这样以集市广场为核心的城市。希波丹姆模式，是产生于欧洲最早的具有节点控制意义的城市规划理论。古罗马时期的罗马城，中世纪及文艺复兴时期的佛罗伦萨，17 ~ 19 世纪的巴黎……，这些城市书写了欧洲节点控制型城市的历史，铸就了辉煌的广场与城市。

6.3　节点控制法的理论渊源

有节点控制型的城市，就应该有相应的方法与理论。在欧洲，古希腊的城市规划理论在历史的进程中得以发展，对欧洲的城市建设产生了巨大的影响。在中国，匠人营国理论统治了历史，直至新中国成立。

6.3.1　古希腊的城市设计理论

公元前 5 世纪，在民主政体与人本主义的社会与文化背景下，古希腊诞生了“希波丹姆模式”的城市规划设计理论。透过米利都城和普里安尼古城的规划，清晰地折射出希波丹姆的城市规划设计思想。整齐的方格网分割不规则的城市用地，体现出人与自然和谐的美。虽然多数人认为过于呆板，人工规划痕迹突出，但是它严格的内部秩序与蜿蜒的外部边界相呼应，形成和谐的韵律，城市空间的形与环境空间的态构成强烈的对比关系，同时又体现出非对称的均衡感（见图 2–3）。

前文介绍过希波丹姆的规划理论，贴切地体现了汉语“规划”两个字的含义。事实上，希波丹姆的规划理论可以理解为，“按照一定的规矩，划分、组织城市（规划）”，如“以一万人为一国，并分为手工业者、农民、士兵三部分；城市以 30m 乘 50m 的居住街坊为基本单元，按方格网整齐排列，城市分为文化区域、公共区域与私人领地”③，这些都是所谓“规矩”，这些规矩符合当时社会政治与文化的需求，也适合于当时的社会分工形成的城市“功能分区”，按照此规矩，希波丹姆创建了特定的设计模式。

古希腊和古罗马时期（古典时期），城市的中心由神庙、教堂、剧场、竞技场等一系列大型公共建筑组成，占据着城市的核心位置，普通的民居围绕、簇拥着城市中心，凸显

① 蔡永洁 . 城市广场 [M]. 南京：东南大学出版社，2006：18.
② 蔡永洁 . 城市广场 [M]. 南京：东南大学出版社，2006：5.
③ 蔡永洁 . 城市广场 [M]. 南京：东南大学出版社，2006：13.

了城市中统治与被统治、控制与被控制的关系，形成了古典时期典型的城市结构模式。古雅典城和罗马，米利都城和普里安尼都清晰地展现了这种城市结构。这种结构形式反映了当时神、统治者和普通百姓之间的一种关系，不难看出这一时期“人神合一”的思想，以及公共性对当时社会的重要性。城市的公共建筑集中布置，形成城市的公共区域，以此为核心布置城市的私人领地（居住用地）。城市的公共区域，设有神庙、广场、港口、体育场，发挥着城市政治中心、文化中心与经济中心的作用，是统治、管理城市的核心，同时也是市民公共活动的中心。城市的公共空间为城市空间的主体与标志，控制着城市的空间形态，城市的建设风格等诸多方面。

希波丹姆所处时代，城市的规模较小，生产力的发达水平决定了相对简单的城市功能结构，城市适合于以集市广场为核心的单核心结构模式。其城市规划与设计理论，作为一种思想、文化，成为古地中海城市文化具有代表性的理论体系，希波丹姆模式影响了希波战争以后古希腊与古罗马的城市建设。

6.3.2 文艺复兴时期的城市设计理论

文艺复兴时期，是欧洲古典主义城市文化获得新的发展的兴盛时期，也是欧洲的城市设计理论获得新的发展与成形的阶段。1414 年维特鲁威（Vitruvius）的《建筑十论》在圣高尔修道院被发现，并受到广泛的重视与推崇。15 世纪的人文主义者莱昂·巴蒂斯塔·阿尔贝蒂仔细研究这部著作之后写成《论建筑十篇》，这是自西罗马帝国灭亡以后欧洲的第一部论建筑的著作。所以说，维特鲁威的《建筑十论》一书对文艺复兴时期的建筑理论和城市规划产生了重要影响，成为这一时期建筑理论的基础。

在文艺复兴时期之后，欧洲关于城市建设和规划的理论日益增多，这对后来欧洲大城市的社会、政治和艺术都产生了深远的影响。直到 17 世纪和 18 世纪，文艺复兴时期的城市规划理论仍然是欧洲和美国城市规划建设的重要参考。甚至，20 世纪初影响了远在东方的达里尼——大连。

1. 阿尔贝蒂的城市设计理论

阿尔贝蒂崇尚古典主义风格，他认为建筑师的创造性，在于其对古典风格灵活的运用与模仿，认为“建筑设计应依据美学原理，在建筑的外观上运用数学概念，把古典建筑风格，例如廊柱、浮雕等运用到建筑物上面”，视建筑为古典艺术的重要载体，成为文艺复兴美学观念与建筑完美结合的典范。

此外，阿尔贝蒂认为：“建筑是一门社会艺术，关系到人们的健康和福利，所以建筑师在进行设计时，不应把一座建筑看作一个孤零零的单元，而应当考虑到它的社会功能和整个城市大环境的协调。”[①]他的这种理念便是城市设计的基本内涵，即协调城市的个体元素与城市整体的关系，协调城市微观与宏观的关系。他规划的广场，既可以用来举行盛大的公共活动，也可以加强城市的完整性。这意味着阿尔贝蒂开始探索城市的整体规划理论，并且强调城市广场各自的功能特点，是西方城市建设理论的重大突破，对后来西方城市的

① 王挺之，刘耀春．文艺复兴时期意大利城市的空间布局 [J]. 历史研究，2008（2）：146-163.

规划设计具有非常积极的意义。阿尔贝蒂的理论是建立在一种综合平衡的基础之上，他首先提出了城市规划的理论，并力图在理论和实践之间找到平衡点。他的理论也具有文艺复兴时期的典型特点，强调任何建筑不仅仅为了实用，更要重视美学。他的建筑思想和规划理论成为西方建筑理论复兴的起点，在西方建筑史和城市规划理论史上具有重要的地位。

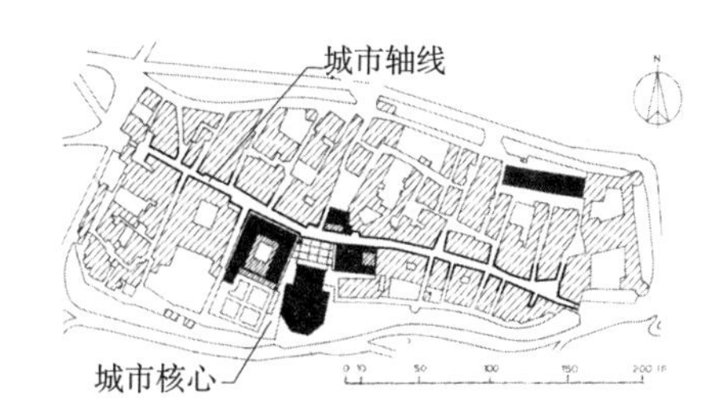

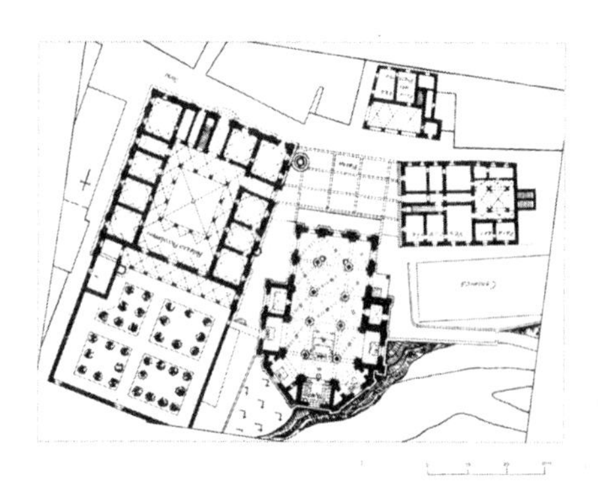

图 6–1　皮恩扎城的城市结构与皮科罗米尼广场

15 世纪早期，罗马教皇是城市“整理”的先行者，在教皇尼科拉五世的支持下，阿尔贝蒂率先在罗马进行有意识的城市整修计划，正式揭开了罗马城复兴的序幕。教皇庇护二世对尼科拉五世的城市改造计划仰慕不已，他打算通过兴建宏大的建筑物提高自己的社会声望，同时也希望能给后世留下自己的功勋碑。为此，教皇庇护二世令人修建了皮恩扎城（图 6–1）。皮恩扎最初只是一个名不见经传的小村镇，由于教皇庇护二世（原名阿涅斯·塞尔维乌斯·皮科罗米尼）出生在这里它才有了些名气。皮科罗米尼当选为教皇后，任命建筑师贝尔纳尔多·罗塞利诺（Bernardo Rossellino，1409 ~ 1464 年）在他的家乡修建了一座新城，定名为“皮恩扎”（Pienza）。在罗塞利诺大兴土木之前，皮恩扎是一个典型的中世纪小镇：一条主街横贯中央，主街两旁是居民住宅，主街南端是一座教堂，北端是集市广场。罗塞利诺最重要的建设是修建了一个不规则四边形广场，其四周集中了该城最重要的建筑物，包括主教宫、主教堂、皮科罗米尼宫等。1546 年，米开朗琪罗在设计罗马市政广场时就借鉴了这个广场的设计。

文艺复兴时期，城市的规模进一步加大，单核心的结构形式，已难以满足控制城市的要求，城市功能的多元化与复杂化发展，势必要求更多的载体。阿尔贝蒂的城市设计理论，适合城市发展的需求，在他的思想影响下，文艺复兴时期的城市广场已不是城市的唯一，公共建筑也改变了集中布局的方法。多个城市广场控制多个城市区域，相互呼应的城市广场建立起城市不同区域相互关联的关系，同时确立城市的主轴线，形成点状与带状空间相结合的公共空间体系，作为控制城市与构造城市整体性的城市结构体系。

2.“理想城市”理论

受阿尔贝蒂的影响，15 世纪中叶，意大利的建筑师们开创了理想主义的城市设计理论。1460 ~ 1465 年，佛罗伦萨建筑师菲拉雷特（Filarete，1400 ~ 1465 年）为米兰公爵弗朗切斯科·斯福尔扎（Francesco Sforza）设计了一个城市，并以公爵的名字命名为“斯福钦达”（Sforzinda），如图 6–2 所示。城墙为 16 条边构成的八角形。菲拉雷特这样描绘该城的布局，广场位于内城的中央，呈东西走向，长 300 布拉恰[①]，宽 150 布拉恰。主教堂坐落在广场

① 布拉恰（Braccia），古意大利的长度单位，相当于 66~68cm。

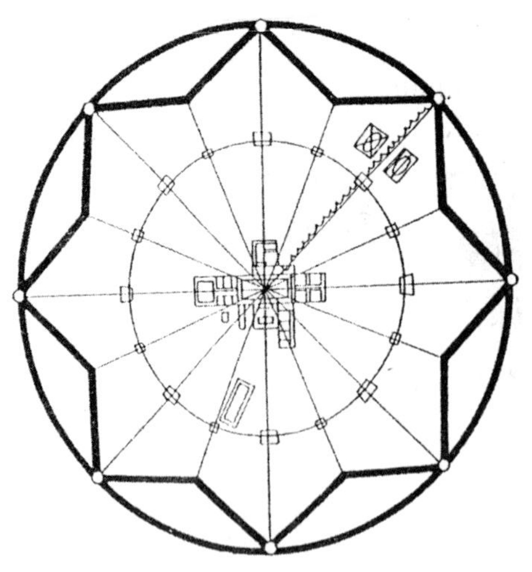

图 6–2　菲拉雷特的理想城市斯福钦达

的东端，而王宫位于广场的西端。广场的北端与商人广场相接，广场的南端与一个大型食物市场相连，宽度和长度分别为 125 布拉恰和 250 布拉恰。治安队长的官邸建在大型食物市场的西面，这个官邸将被一条街道分开。大型食物市场的南面将建造澡堂和妓院，在大型食物市场的东面是客栈和小酒店。在这里还要建造屠夫的店铺，以及出售鲜鱼和猎鹰的木桩。在商人广场的西面将建造带有监狱的市政厅，在商人广场的北面建造市长官邸。在商人广场的西端建造铸币局和海关大楼，有宽敞的街道通往广场。大约在这 16 条街道的中间位置，会有一个宽 80 布拉恰和长 160 布拉恰的小广场，所有的街道都从广场通向城市边缘，这样雨水就能迅速地从城市中排出去，在广场中央，将会有一个大喷泉，喷泉中的水可以通过阀门的开口向各条街道和小广场倾泻，水道上有大量的桥梁，把全城连接在一起。

“理想城市”可谓理想化的城市，从斯福钦达可以基本了解理想城市理论。城市布局严格按照人的主观意愿进行，城市的功能分区、空间布局非常理想化，城市内的各种元素之间的关系也非常理想化，同时城市的设计完全遵循几何学的准则，形状规则，结构对称。城市完全体现设计师的意愿，按照设计师的理想进行设计。这种规划设计理论，似乎与中国的土楼文化有相同之处。但是这种设计师心目中的城市过于理想化，图纸可以规整地、规范地表达他们的理论，而城市的规模不同于土楼，土地并非图纸，客观往往拒绝主观。所以，理想城市具有两层含义：一是存在于人的主观意识中的，难以实现的城市；二是理想化的城市，理想化的城市是具有实际意义的。

由于过分追求完美，主观与客观难以对接，所以理想城市理论在实践中只是得到有限的响应。15 世纪，意大利建筑师提出的理想城市处于理论探讨的阶段。然而，他们并没有放弃追求理想城市的努力，在 16 世纪理想城市得以实现。建筑师温琴佐·斯卡莫奇（Vincenzo Scamozzi，1548 ~ 1616 年）在 16 世纪 80 年代设计出一个理想城市的方案，他在这个方案中提出，一个城市与各个部分的关系就好比人体与其四肢的关系那样，而街道则是城市的动脉。1593 年威尼斯人根据斯卡莫奇的设计，在乌迪内（Udine）附近建造了一座防御型的卫城——帕尔马诺瓦（Palmanova）。这座城市呈典型的星形，城墙有 18 条边和 9 个角，城市的街道布局以城市中心广场为圆心，布置为规则的放射状，从城市中心通向城墙。城市有 3 道城门，每道城门间隔 6 条边，平均分布在城墙的 3 个内角。从城市的鸟瞰图来看，是典型的放射状星形，与菲拉雷特提出的理想城市极其相似（见图 4–6）。这种布局方式充分表达出中心广场的核心概念，确定中心广场对城市的控制。从实际功能来看，这是一座军事要塞（由当时的社会及战争形态决定，理想城市大多为军事防御型的），它担负着护卫威尼斯共和国的重要作用，尤其是保护威尼斯免受来自陆地的威胁。直到今天，这个小城基本上保持了最初的面貌。

虽然文艺复兴时期提出的理想城市很难实现，但理想城市理论在城市规划的历史上具有重要意义。首先，这些理论是学习前人的成果，是人类理性的产物，反映了文艺复兴时期的主流思潮，即人文主义以人为中心的思想。文艺复兴人文主义的基本内涵是以古希腊、古罗马的文化传统作为精神向导，实现人的完善。与基督教文化传统的不同，在于其鼓励人的自由探索精神。如果说中世纪基督教理想体现在奥古斯丁所著的《上帝之城》，那么，文艺复兴时期的理想就是在古人的启发和指导下，建造人世间的完美城市——理想之城。其次，尽管理想城市的理论很难付诸实施，但它使城市的管理者进一步意识到规划与建设的先后关系，促进了城市建设有序发展。

6.3.3　现代主义的城市设计理论

现代主义的城市设计理论源于勒·柯布西耶和国际现代建筑协会（CIAM）的城市设计理论，是社会工业化发展背景下诞生的理论，也是当今较为流行的城市设计理论。现代主义城市设计理论与古典主义城市设计理论最大的不同点，在于其节点控制意义的弱化。解析该理论的意义与目的，是与节点控制理论进行对比，更好地认识、理解节点控制理论。

现代建筑大师勒·柯布西耶对建筑艺术、城市规划与设计都作出了很大的贡献。他 1922 年撰写的《明日城市》一书，明确地反映了他的城市规划设计的观点。面对高度工业化的大城市，他主张依靠现代技术力量，从规划着眼，技术着手，来充分利用和改善城市有限的空间。他主张降低市中心的建筑密度，增加绿地，增加人口密度，具体办法是高层化。

勒·柯布西耶对城市规划和建筑界的重大贡献还在于倡导成立国际现代建筑协会。这个协会成立于 1928 年。在这个组织活动的 28 年中共召开了 10 次会议，这些会议对国际城市规划与设计，对现代建筑均起了很大作用。其中最有影响的是 1933 年在希腊雅典召开的第四次年会。在这次会议以后发表的“城市计划大纲”（又称“雅典宪章”）为现代城市规划奠定了理论基础。雅典宪章强调城市功能分区，强调自然环境（阳光、空气、绿化）对人的重要性。它对以后城市规划中的用地分区管理（Zoning）、绿环（Green Belt）、邻里单位（Neighborhood Unit）、人车分离、建筑高层化、房屋间距等概念的形成都起了不可低估的作用。

现代主义思潮与社会的高度工业化相关，勒·柯布西耶的设计思想，符合工业化的发展潮流，体现了现代化的科学技术特点。在城市艺术方面，强调适于工业化制造的美，注重几何构图，寻求几何图形的美。勒·柯布西耶曾经说：“我在几何中寻找，我疯狂般地寻找着各种色彩以及立方体、球体、圆柱体和金字塔形。”“住宅是供人居住的机器，书是供人们阅读的机器。”① 他用格子、立方体进行设计，还经常用简单的几何图形，形成简洁的构图模式，形成现代感强烈的，不同于古典手工艺术的工业化艺术形式。现代建筑几何造型美与机械性的韵律美，即是这种风格的特色。这方面的成就，使勒·柯布西耶成为机械美学理论的奠基人。在城市规划方面，面对工业化大城市的诸多问题，强调“在机器社会里，应该根据自然资源和土地情况重新进行规划和建设，其中要考虑到阳光、空间和绿色植被等问题”②，提倡高容量的建筑空间与大片的绿化空间并存，推动了工业化城市建筑

① 柯布西耶 [EB/OL] http://baike.baidu.com/view/24082.htm.
② 柯布西耶 [EB/OL] http://baike.baidu.com/view/24082.htm.

高层化的发展。

1925年他提出了改建巴黎的方案。这个方案就是以摩天大楼、快速道路、立体交通和大片绿地来彻底改造旧的巴黎市区。他的建筑艺术观，一反中世纪古典艺术传统，以几何造型与几何构图诠释形式美，并作为新时代建筑的艺术特征。显然，他的理论对于巴黎这样的历史名城来讲，是不可能被接受的，也是无法实现的。但他的理论对西方大城市战后的复兴，起了很大的作用。因为它适应了特大城市技术、经济、社会的发展和时代的要求。有利也有弊，他的理论的不足之处在于太忽视现实，忽视传统，因此20世纪70年代以后，他的主张受到了后现代主义的抨击。

实践其理论的新城设计，巴西新首都巴西利亚（Brasilia）和印度旁遮普邦首府昌迪加尔，都力图表现出新的主题思想，即功能和艺术上都要体现出新的时代精神。在这方面，这两个城市的规划和建设实践，也确实取得了突破和成绩。但它们也存在着共同的缺点，这就是缺乏传统，很少考虑现状，一切都是人为，超大的空间尺度难以创造宜人的公共空间，因而使人们感到陌生、呆板，缺少魅力，缺少人情味，比如昌迪加尔。如图6-3所示，昌迪加尔的城市规划设计，体现出较强烈的主观的现代主义意识。象征着自然的大片带状绿地，无论其空间形态与分布状态都显示出较强的人为痕迹；城市的行政中心孤独地坐落于喜马拉雅山下，其大尺度的空间占地超过30km^2，法院与议会大厦相隔460m；布局无轴线，空间无围合，空间元素之间关系较疏远。整体上给人的感觉是，城市似乎完全与历史断缘，这就是勒·柯布西耶城市设计理论的争议所在。

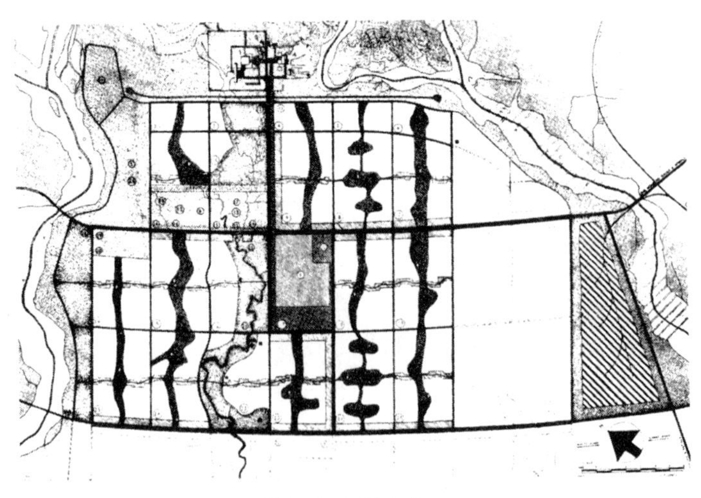

图6-3 昌迪加尔

6.3.4 匠人营国的城市设计理论

从北京故宫的建设可以看出，几千年来，匠人营国理论深受封建统治者的推崇。这样就抑制了城市规划设计理论的发展，漫长的封建历史，创造了匠人营国理论长久的统治历史，也成就了它的辉煌。新中国成立后，“文革”期间，封建文化受到了新文化的批判，匠人营国理论也不例外，使得城市规划设计理论的研究受到影响，进而彷徨、迷茫，对历史的认识不够自信，中国的城市设计理论在历史上似乎为空白。然而，有举世闻名的故宫，就一定有支撑、规范其建设的理论。

据《中国古代空间文化渊源》一书介绍，中国城市设计理论的渊源，可追溯至新石器时期的初期。中国远古的先民，在长期的生产与生活实践中，积累了许多生存、发展经验。为了谋求族群、聚落的发展，早在新石器时期先民们就利用对大自然的认识，建立某种信仰、崇拜，寻求超然的护佑，以规避自然灾害，免于野兽残害，战胜来犯之敌，发展壮大自己。诸多远古文化衍生出山川崇拜文化。山川之所以备受重视，是因为“名山大川能兴云致雨，以利天下”。孔子说，“山川之灵，足以纪纲天下者，其守为神”，……“望祭山川的目的是加强国家的统一管理……，齐律法、律法制、均同度量衡，修五礼”①。

敬天文化对中国新石器时期的空间文化，尤其是器物空间文化具有影响；天圆地方的时空概念，对器物、建筑、聚落、城市空间文化具有影响；依据一年十二个月晷影的变化规律所确定的，可容纳等边三角形的矩形对空间布局具有影响；十二律的损益率研究，形成了符合九五天数之比与 30° ~ 60° 视域角控制的空间形态；四时四方的基本时空概念，衍生出二十四山对应二十四节气的时空体系，也衍生出天、地、人之间复杂的时空关系体系，形成了山川崇拜文化，影响聚落、城市的布局、空间形态与自然空间的关系；阴阳、八卦、五行影响空间文化与色彩文化；等等。上述文化是中国礼制文化的基础，而礼制文化奠定了中国封建城市空间文化的基础，是中国封建城市规划设计的基础性依据。

城市设计理论，是综合性的理论。在书写工具不够发达的古代，不可能有洋洋洒洒的专业理论巨著。《周礼·考工记》中，有中国封建城市建设的主导理论“匠人营国理论”，《管子》中也阐述了我国城市建设的相关原则，《营造法式》也有城市设计规范的意义。虽然都不是城市设计的专业理论著作，却是包含城市设计理论的巨著。匠人营国理论，是西周奴隶制王国国都的城市建设模式，其城市设计的主导思想是周礼。礼制、宗教、传统民俗等，是构成城市设计的基本原则与依据。依据此理论，以都城为核心布局城市体系，形成“‘都’、‘王城’、‘诸侯城’在用地面积、道路宽度、城门数目等方面的级别差异”②，并建立了城市、建筑的等级体系。《周礼》的哲学思想，形成中国最早的城市规划设计的理论基础，体现了封建统治者至高无上、唯我独尊的主导思想，是人文主导的理论，也是历史上具有主导性的城市设计理论，对我国几千年的封建城市建设影响很大。《管子》中的城市建设思想，与匠人营国理论的人文主导不同，主张自然主导，按照自然山川、河流，地形地貌布局城市。但有一点是相同的，同样以天子之居为核心布局城市，乃至国家。

“中的概念始于立竿测影确立的天心十字，它象征宇宙中不动的天极，天地之心相同。天心十字的南北一线代表了二至太阳从生到衰的过程，象征阴阳此消彼长的两个极端的状态。东西一线则表示二分日夜等分的天象，这是中的基本内涵。在空间上，中代表一个文化意义上的、相对完整的聚落环境的几何中心。在气象上，中则象征着寒暑、干湿适宜的气候环境。在社会、政治意义上，中则象征着终极的权力。”③“‘天地之轴’与‘中’是中

① 张杰 . 中国古代空间文化渊源 [M]. 北京：清华大学出版社，2013：81.
② 李德华 . 城市规划原理 [M]. 北京：中国建筑工业出版社，2001：13.
③ 张杰 . 中国古代空间文化渊源 [M]. 北京：清华大学出版社，2013：111.

国古代聚落的两个基本文化特征。”①在城市布局特点方面，按照匠人营国的理论，左祖右社，面朝后市的中心，皇宫是城市布局的核心，居于大地之“中”。基于山川崇拜文化，与山峦呼应，突出御道，形成城市南北向的中轴线——天地之轴，即城市的主轴线；与山峦呼应，通过东西城墙的中城门与核心殿宇的中心点，建立东西向的轴线，为城市的次级轴线。在核心与轴线的控制下，形成如图 6–4 所示的布局形式。这种整体对称的布局形式，始见于 3000 多年前的二里头遗址，沿用至清代，可谓特色鲜明的中国风，在中国大地兴盛了几千年。在城市建设方面，按照礼制的要求，天子、诸侯、大夫、士的居所以及民居，从多至少，从高到低，从黄到灰，形成严格的等级秩序。等级最高为皇宫，最低为民居。源于礼制的这种秩序，确定了以皇宫为核心的结构体系，建立了城市局部与整体的关系，城市各部分之间的关系，为城市设计制定了较严格与详尽的理论依据。

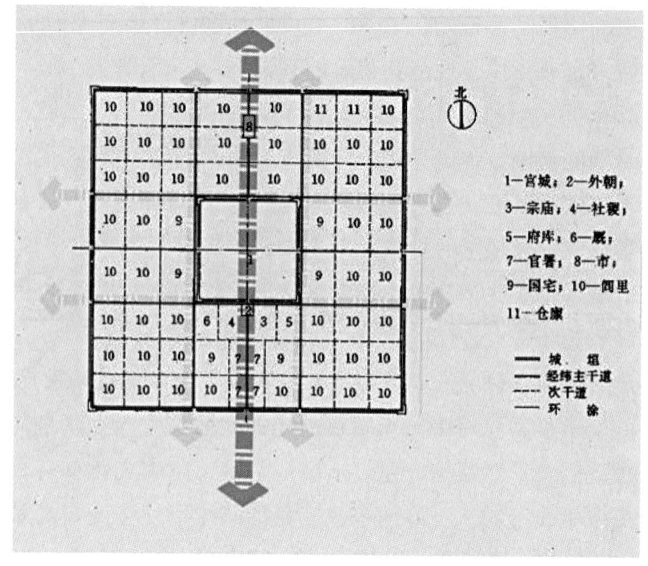

图 6–4　匠人营国理论城市布局模式图

北京故宫，即是按照这种规制建设的都城。微观分析，在明清故宫的建设中，暗喻九五之尊的九五比例，30° ~ 60° 方位控制的原则，被广泛应用于城市设计中。“明朝北京内城轴线的确定既考虑了中轴线在内城中东西两部分的分隔比例符合‘天地’之数，同时又按照 30° 或九五比例法则确定了轴线与东、北两侧城墙的关系。可见北京内城从长、短边比为 5 ∶ 4 的平面形态到中轴线按 5 ∶ 4 定位的设计，都是中国古代城市空间布局在九五天数和 30° ~ 60° 方位控制原则下的城市设计典型。”②按照礼制的要求进行设计，其建筑的数量（架、进、面积）、高度都是城市之最，并采用传统的、专用的皇族色彩，体现至高无上的城市设计理念。宏观分析，故宫以三大殿为核心，南北主轴，东西对称的严谨布局，无与伦比的规模与高度，独享的华丽色彩与品质，庄严而神圣，体现出封建帝制的特色，是中轴对称的中国布局方式的杰作，也是传统城市空间文化的代表。

6.4　节点控制法当代应用形式的探索

前文分析了节点控制法形成的历史的、社会的、自然的原因，也分析了中、欧古代城市空间文化及城市设计方法所体现的节点控制法的基本特点，以及近代城市旧大连具有节

① 张杰 . 中国古代空间文化渊源 [M]. 北京：清华大学出版社，2013：382.
② 张杰 . 中国古代空间文化渊源 [M]. 北京：清华大学出版社，2013：62.

点控制意义的城市设计方法的基本要点。那么当代是否有节点控制意义的城市设计方法的应用呢？历史的存在与现实的应用，可以说明节点控制法的客观意义。

我国当代的城市设计方法源于欧美，并没有延续匠人营国理论。当今的城市规划领域，无所谓节点控制法的理论，明显具有节点控制意义的规划设计方法也不会有。但节点、轴线的概念还是城市规划设计实际应用的概念，只是并没有突出节点控制的概念，形成节点控制的体系，而这种控制却是客观存在的。

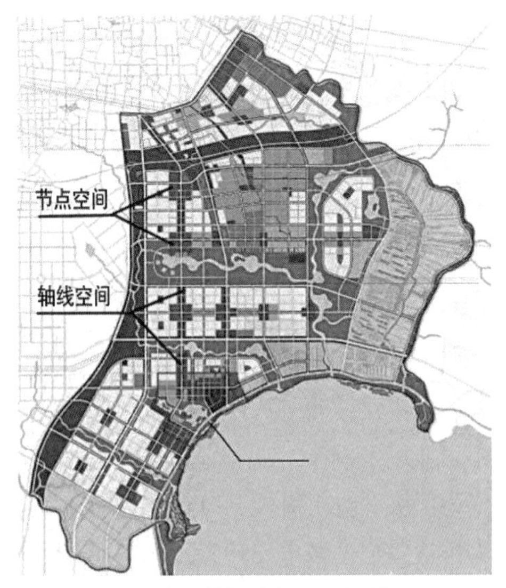

图 6–5　节点控制法应用形式分析图一

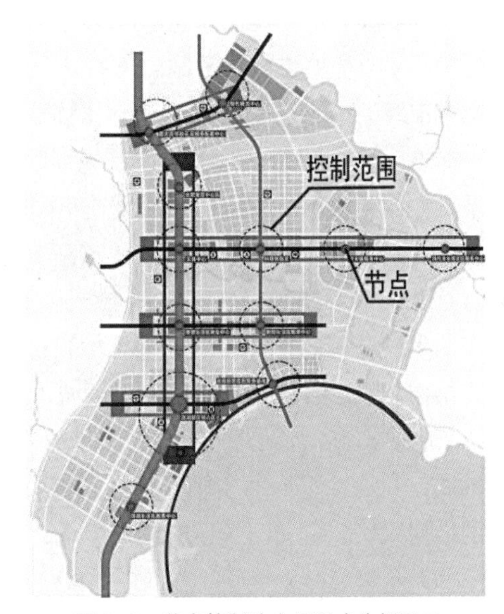

图 6–6　节点控制法应用形式分析图二

虽然没有节点控制的概念，一些城市规划方案也体现出节点控制的特点，比较完整地表达出节点控制的理论方法。图 6–5 是合肥市滨湖新区规划与城市设计方案图（上海同济城市规划设计研究院设计，获国际竞赛一等奖），其城市设计的思想已经体现出节点控制的意义，具有明显的节点空间与轴线空间的形态。该设计对节点与轴线空间的注释是：公共设施沿着城市主要道路分布，形成城市的公共服务轴（即轴线空间），两条公共服务轴相交，形成各个级别的公共服务核心（即节点空间）。这种设计思想出于公共设施布局的规划设计理念，虽然没有“由点定线”的理念，但也完全说明了节点控制法的基本内涵，体现了公共服务核心与公共服务轴的控制意义，体现了二者对于城市的结构意义，体现了城市节点与轴线的本质。所以，图 6–5 中才会有明显的轴线空间（沿路）连接节点空间（交叉点放大）的城市结构形式。既然称之为“核心”，必有其城市核心的控制意义，即节点控制占有主导性意义，图 6–6 中标注节点，并圈定其具有控制意义的范围，也表达出节点控制的基本特征与重要性。

6.5　节点控制法的主要设计对象与要点

探索节点控制主导的城市设计方法的主要设计对象与要点，目的是进一步认识、理解此设计方法的核心内容及其意义，从理论上明确节点控制法，形成清晰的概念体系、逻辑体系，建立初步的、纲领性的理论框架。空间体系是城市规划设计的主要对象，这在《城市规划原理》中已有定论；而城市设计主要是设计城市的空间，这也是基本常识。

旧大连的城市设计，以结构体系、空间体系、空间高度三个方面为主要的设计对象；可以说空间是节点控制法的主要设计对象，关乎城市空间的结构体系、空间体系、空间高度三个方面，是节点控制法的主要设计内容。结构体系确定城市的骨架，空间体系塑造城市的机体，城市天面确定城市的体形（形态），如此，城市基本的物质要素——空间已经定形。

6.5.1 结构体系设计

达里尼的城市结构形式，基本符合前文对西坡遗址聚落型城市结构形式的描述，与古雅典、古罗马、巴黎、华盛顿类似，其城市广场的布局形成了核心广场、次级广场与普通广场构成的等级分明的广场群。尼古拉耶夫广场以其厚重、宏伟、完美的空间形态、主导性的城市功能以及凝重、高雅、古老的艺术风格，当然地成为城市的核心控制节点，若干次级广场成为次级、再次级控制节点（见图 4–14），确立不同等级的轴线体系，构成城市的结构体系。分析达里尼的城市设计特点，广场是重点塑造的对象，以广场为基础建立城市结构体系，是城市设计的显著特点。尤其从尼古拉耶夫广场的设计中，可体现出规划师建立城市控制节点体系的明显意图。设计师通过广场的布局，利用广场的等级关系建立广场体系，构成城市的结构体系，为城市确立了城市级的尼古拉耶夫核心，以及城市的主轴线——莫斯科大街。依据城市级的结构元素，定义达里尼的结构体系，可称其为单核心单轴线多级控制的结构体系。

在城市向西拓展的规划中，规划师沿用了前人设计用以拓展城市的主轴线，也沿用了节点控制的城市设计方法，旧大连不同时期的图纸，很清晰地反映出这种设计意图。其中，对长者町核心广场的塑造过程很清晰，证明设计师同样利用广场为城市确立了第二个与尼古拉耶夫核心同级的核心控制点。这样的拓展，属于科学的结构性溢出（拓展），优于城市的无序蔓延。在城市的发展、生长过程中，首先确定城市结构体系的拓展方式，保证城市结构体系的合理延伸，从而保证城市有序拓展，协调运动。城市广场即控制节点的布局，以长者町广场为核心，采用线形布局方式确立了城市的主轴线——五一路（现）、中山路（现）轴线，并与达里尼的主轴线连接，铸就了旧大连的脊梁（见图 4–33）。同样，依据城市级的结构元素，定义旧大连的结构体系，可称其为双核、单轴、多级控制的结构体系。

6.5.2 空间体系设计

达里尼的空间形态富于变化，透射出设计师非同一般的设计理念。通过放射形的道路网络分割、组织城市空间的平面关系，并以控制节点为核心构成形态各异的放射形空间体系。具有明显的核心的空间体系之间，既相对独立，又界线模糊、相互融合，构成整体感很强的城市空间。达里尼的空间体系，符合城市社会结构体系的模式，具有明显的片区、组团的等级结构体系，可以与社会体系建立起协调的对应关系。

旧大连的西部城区为方格网状的空间体系，这种空间体系是相对自然的空间组合关系，空间体系的核心不是很明显，节点的控制相对薄弱，反而突出了空间形式不同和空间排列方式不同而形成的空间体系以及城市道路分割而成的空间体系。这种不同于达里尼的空间体系，具有多方面的城市意义:①这样的空间体系没有明显的“核”，空间形态渲染出的控制力较弱，可以灵活地划分空间体系，更易于与社会结构体系结合。②相对自由的城市空间，与东部城区严谨的围合形式和较强的控制，形成变化与对比的关系，强调城市空间的整体美。③方格网状的空间形态，具有平和、雅致的优点，与放射形、曲线形空间形态相比，规划设计的痕迹相对不明显。处理得当，比如今的同心圆、同心弧、大椭圆更加自然、舒展、流畅。因而，长者町广场逐步建成，成就了如今的辉煌，平和、优雅的城市，也必然无比风光。

6.5.3　空间高度设计

20 世纪 50 年代以前，旧大连的社会背景与当今不同，城市的规划设计主要受社会形态、社会需求以及生产力发达水平等因素的影响。所以，城市空间高度的设计，以当时的社会需求及生产力的限制因素为基础。分析旧大连的城市空间实际高度，其规划设计的原则比较明确，城市的控制节点（广场）为城市天面的凸起点，二层建筑为主体空间，确定城市的基本天面。

旧大连是日本统治时期建成的，受城市建设能力、财力所限，城市建筑空间的高度一般在 10m 以下，20m 左右的建筑寥寥无几，城市空间的高度变化不是很大。如图 4–4 所示，20 世纪 70 年代以前的中山广场，作为城市的控制节点，其空间高度成为城市天面的凸起点，体现了规划师对城市节点宏大形象的刻意塑造，人民广场也是如此。所谓“控制”的主要意义，并不是城市空间高度的控制，也有少数高度接近甚至比其还高的建筑，也有的广场，其空间高度并不突出，如现二七广场、五一广场等，但城市的核心控制点的高度明显高于其周围的空间高度，以保证其形象的突出。

居住建筑是旧大连的主体建筑空间，无论是日本人居住区还是中国人居住区，住宅的层数一般为 1 ~ 2 层，3 层的较少。同样，一般性的公共建筑的层数也是以 1 ~ 2 层为主，所以，1 ~ 2 层的建筑空间成为城市空间的主体，确立了城市的基本天面。但 1 层建筑多为棚户区，位于城市的边缘，主城区的基本天面以 2 层建筑为主构成。

6.6　节点控制法的基本设计内容与方法

总体上，节点控制法确定核心设计方法与核心理论，整体控制设计体系与过程；建立健全体系化的设计主体，如城市的自然、文化、结构等体系，设置清晰的设计步骤，确定节点设计路线。在核心理论与方法的控制下进行规律性、系统性的设计，可保证节点控制法的系统性、全面性与公共性。

本节没有阐述自然体系的设计方法，原因是自然体系难以融入，也不是一定要融入城市的节点控制体系。当然，自然体系也是城市的重要体系，后续将结合特定的城市阐述其规划设计方法。

6.6.1　节点控制法的核心设计方法

作为一种设计理论，应具有其核心理论、核心设计逻辑与方法。节点控制法的核心理论是以节点体系控制城市的建设与发展；核心设计逻辑是点控制线，线控制面；核心方法是节点控制，网格组织，天面定形。掌握了主要设计对象与主要设计内容，加之核心设计方法，即可初步掌握节点控制法的核心理论体系。

1. 节点控制

通过对广场的城市意义分析说明，城市节点对城市空间具有全方位、辐射性的控制意义，重点是轴线控制意义；城市节点作为城市基础性元素，与繁杂的城市体系高度关联。城市节点的布局，要达到的基本目的主要有两个方面：一是确定城市结构体系，为城市定形；二是建立城市的秩序，保证城市活力。要达到上述目的，离不开节点的控制意义，控制形成规律，规律产生秩序，秩序决定肌理，肌理孕育形态，形态制约运动。城市即是如此，一切都与节点的控制相关，形成关系紧密的相互制约的综合体系。所以，设计城市的节点体系并不是简单、单纯的。城市节点的设计与布局规划，具有很强的综合性，需要综合考虑城市的方方面面，协调、理顺城市各种体系之间的关系，协调好城市的宏观与微观、局部与整体、个体与系统之间的关系。所谓节点控制，即是指以节点控制、组织总体城市设计的体系与过程，以城市节点为核心，建立综合性、相互制约的设计体系，控制与组织繁杂的城市空间与功能体系的规划设计。

前文阐释了城市的结构模式与运行机制的相互关系及其对城市的重要性，运行机制是保证城市运行秩序的基础，是城市发展机制的基础。城市运行机制的合理性十分重要。城市运行机制，主要有两个方面的含义，指运动机制与运行机制。运动是指空间元素、物质元素、非物质元素（如信息流）以及意识形态的位移运动，运行是指政治、经济、文化等体系的运行。上述任何方面的运动机制不合理，各方面之间的运动不协调，都会导致城市整体运动的失衡、失调。城市协调、高效的运动机制，取决于城市合理的结构体系，而构建结构体系的基础是城市节点。城市节点布局合理，便会对城市的运动实施有效控制，形成良好的协调、引导机制，激发城市系统整体的活力，有益于城市的运转与发展。

在城市空间平面形式确定的前提下，面状城市，如北京（图 6–7）、达里尼，形成单核心控制模式，其城市级核心节点只有一个，属于单核心结构模式的城市。带状城市，如旧大连（图 6–8），形成双核心结构模式，两个核心节点控制城市，沿核心节点的连线带状布局。图 6–9 所示的深圳，城市空间并非是一个整体，而是由多部分组成，这样的城市比较适合多核心模式，自由型城市也适宜于多核心控制模式。单核心城市围绕核心节点布局，城市外围区域与核心节点形成放射状关联关系，即核心节点通过放射体系控制城市。城市布局形成环绕与放射的规律，这种规律产生放射状的运行机制及围绕核心的环状运行机制。如图 6–10 所示北京城的运行机制的分析图，向心（离心）的放射状与环状的运行机制是其突出的特点。显然，双核心的城市以两点之间的往复运行机制为主导，也有单核心城市的运动特点。如旧大连沿长者町广场与大广场连线的往复运动，形成城市的主导运行机制，如图 6–11 所示，大连诸多东西向的干道（中山路、黄河路、长江路）

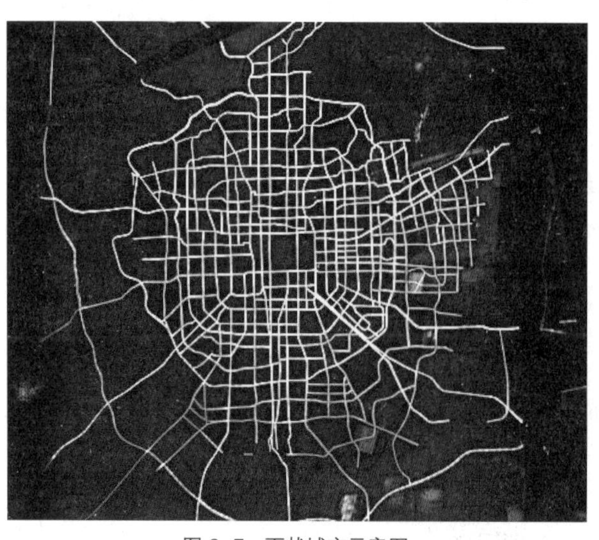

图 6–7　面状城市示意图

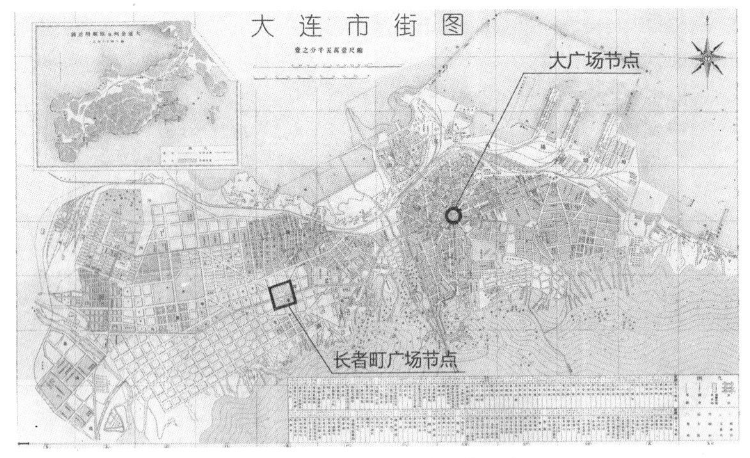

图 6-8　双核心结构模式城市示意图

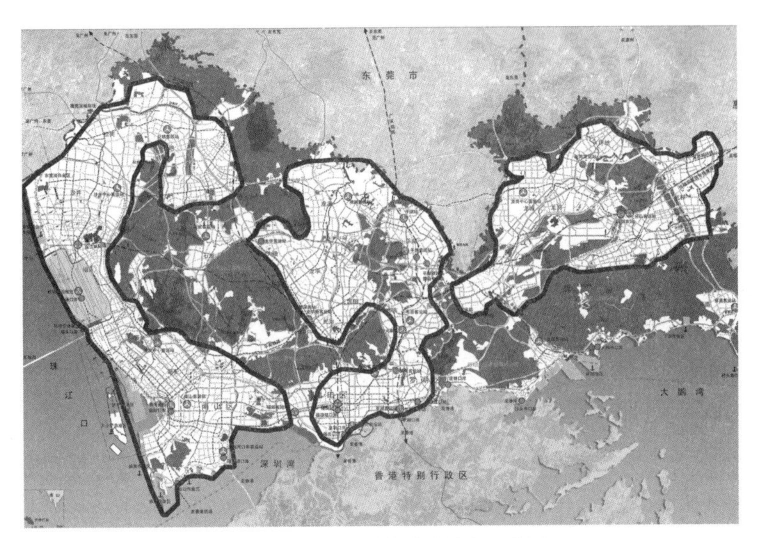

图 6-9　多核心结构模式城市示意图

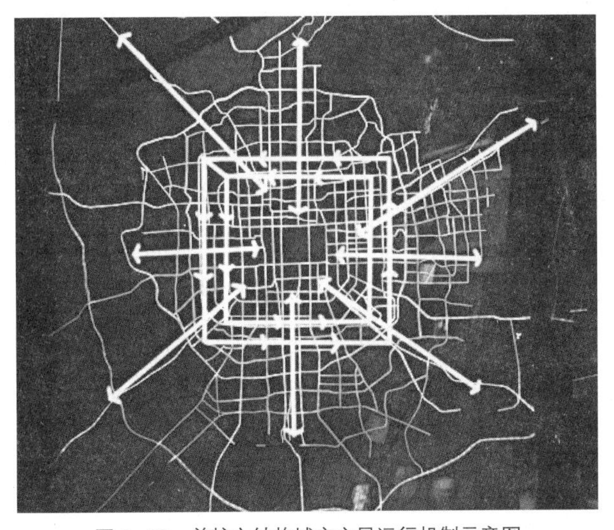

图 6-10　单核心结构城市主导运行机制示意图

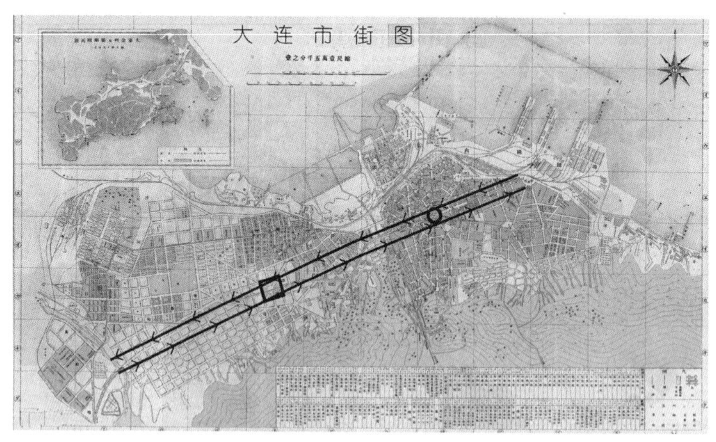

图 6-11　双核心结构城市主导运行机制示意图

可以为证。上述例子说明，不同的城市级节点布局形式，产生不同的运动机制，揭示了核心节点控制城市的实际效果、回归到理论层面，就可明确节点控制规划设计的途径与意义。

2. 网格组织

网格组织，是指以道路网分割、组织城市的空间体系，对城市实施平面形态的控制。网格组织概念的产生，事实上比节点控制概念要晚。在中国，直至两千多年前的周代，才有了"匠人营国，方九里，旁三门，国中九经九纬，经涂九轨，……"的理论。分析其描述的城市形态（见图 6-4），以天子所居为核心，围绕着泾渭分明的网格，可以说这是最早的网格组织的理论，节点控制下的网格组织的理论。网格组织同样符合人类社会的发展规律，源于人类的生产与生活。中国远古的"井田制"文化与车的发明应与网格形式相关。"《遂人》中规定：遂上有径，沟上有畛，洫上有涂，浍上有道，川上有路，以达于畿。这种道路又与城内的道路规格相衔接，'径容牛马'，'涂乘车容一轨，道容二轨，路容三轨'，至此我们已可大致看出《周礼》所规定的国野一体的空间体系的结构：纵横于井田之上道路体系将不同级别的城邑、聚落联系在一起。"[①]没有车，道路形态受到的约束较少，田地、建筑的布局相对灵活、自由。有了车，就有了不同于行人的路，更需规矩、规则的道路。这种规矩、规则即是匠人营国的理论基础与精髓——经与纬，产生了经纬组织的城市形态。欧洲古代城市的发展与古代中国相同，同样是两千多年前，希波丹姆模式诞生，米丽都城与普里安尼表达出典型的网格组织的意义。值得注意的是，无论匠人营国还是希波丹姆理论，其网格组织方法都是建立在节点控制的基础之上，是由节点控制的网格组织模式，虽然没有明确的理论定义。古代中国的王宫，古希腊的集市广场，均为城市的控制点，城市以此为核心，按照网格形态进行组织。节点控制的网格组织模式，是无名而实存的，是中国与地中海两千多年前的城市文明可以印证的史实。

《城市设计手册》中介绍，20 世纪 70 年代，剑桥大学建筑学教授莱斯利·马丁（Lesliemartin）在他与莱昂内尔·马什合著的《城市空间与结构》中，提出"生长的格网"理论。书中指出"精致复杂的生命模式从不会在一个预先设想的和人工化的框架中发展"，"一个'有机'的生长如果失去了某种框架作为结构性元素，那么这种生长是混乱的"[②]。这就是生长的格网的理论

① 张杰．中国古代空间文化渊源 [M]. 北京：清华大学出版社，2012：133.

② 唐纳德·沃特森，艾伦·布拉斯特，罗伯特·G. 谢卜利．城市设计手册 [M]. 刘海龙，郭凌云，俞孔坚译．北京：中国建筑工业出版社，2006：196.

基础，标志着始于匠人营国与希波丹姆理论的网格模式，逐步发展为概念明确的格网组织理论。书中例举一个没有实施的规划，可以看到该理论的应用方法："在阿兹利亚提出的总督辖区（Margravate）规划中，控制的土地为58平方公里。地块内部是按照边长1.6公里大小的方形网格严格划分的；在这个基本的网格之外，建立了农田、饲养牲畜的庄园以及个人的不动产，网格的中心是真正的城市。"①这种理论主张通过城市道路进行格网划分，组织城市空间体系，让城市按规矩生长、发展。此方法在欧洲的城市发展史中得到了较广泛的应用，留下了历史的印记。如书中提到的1734年规划的萨瓦那，1811年规划的曼哈顿，1785年俄亥俄更是用法律规定了城市的划分方法。上述城市的规划，都是以矩形的网格划分城市，是典型意义的"网格组织"。其组织的意义在于，以平面框架为基础，形成城市的基本控制体系，作为城市的结构性元素。这种结构形式的实质意义，是建立城市的秩序与规范，是对城市空间实施两维的控制。

3. 天面定形

天面定形，是指以水平界面对城市空间实施第三维的控制，即城市空间高度的控制。从古至今，难以找到关于"天面"的理论，也没有较典型的设计实例。"天面"是节点控制理论建立的一个新的空间概念，是基于感性层面，应用于理论层面的空间元素，主要用以描述城市的空间形态。建筑物的底面坐落于地面，建筑物的顶面顶着的面，与地面相对应，故称之为"天面"。天面是城市建筑空间顶面组合而形成的面，有其物质性的基础，天面确定空间高度的意义是客观的。虽然没有天面形态设计的概念，更没有相关理论，但建筑空间顶面高度的设定，是必然的设计内容。

在城市空间的平面形态确定以后，天面的高度，是确定空间形态决定性的因素。城市结构与空间体系一经确定，城市空间的水平平面形态就已确定，纵向平面形态（立面形态）则成为决定空间形态的重要因素。而要确定城市的纵向平面形态，城市天面的高低是决定性的因素。如图6-12所示，两个平面为正方形的空间，虽然边长相同，但不同的高度，会使人对其纵向平面形态产生完全不同的感受。较高者给人以高耸的感觉，较矮者给人以敦实、厚重的感觉。这种形与态的视觉关系，是客观存在的，是空间形态设计不可忽视的因素。所以说，城市空间的平面形态确定后，城市天面的高度决定城市的空间形态，城市天面高度的控制，是城市空间形态控制的主要内容。

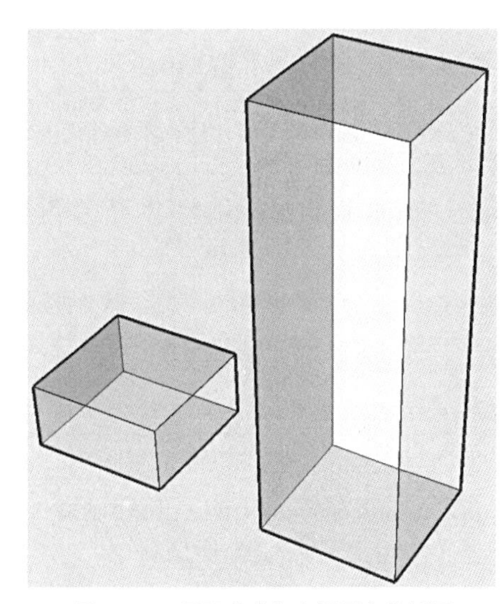

图6-12 天面高度与空间形态分析图

网格控制，是对空间进行水平面两维的限制。然而，"不同类型的格网虽然已经为城市的结构开创了一定的模式，但却放任其中的建筑物任意的发展和改变"②，这种任意的改变，主要是由于网

① 唐纳德·沃特森，艾伦·布拉斯特，罗伯特·G.谢卜利．城市设计手册[M]．刘海龙，郭凌云，俞孔坚译．北京：中国建筑工业出版社，2006：197.

② 唐纳德·沃特森，艾伦·布拉斯特，罗伯特·G.谢卜利．城市设计手册[M]．刘海龙，郭凌云，俞孔坚译．北京：中国建筑工业出版社，2006：199.

格不具备第三维的限制作用，即对空间高度的控制。虽然天面是一个新概念，但是实际存在的并经常使用的概念——天际线即是天面的剖切线。通常情况下，往往通过天际线来分析城市空间的形态，从而达到控制城市空间的高度变化的目的。然而天际线存在不能对空间进行三维描述的缺陷，而城市天面可以做到。所以，可以利用城市天面设计，确定城市的空间高度，并与城市网格结合，对城市空间进行三维描述，实施三维控制。

6.6.2 节点控制法的基本设计步骤与设计内容

设计步骤及内容，应体现设计的逻辑性与条理性。任何事物的设计，必须符合事物本身的逻辑关系，设计的过程及内容必须有清晰的条理关系。反之，设计过程则是混乱的，设计成果是混沌的，达不到设计的目的。城市是以下各种体系的综合体，综合、全面考虑各个体系进行设计，互为约束，互为依据，保证各体系之间融洽的关系，是总体城市设计的关键。节点控制法的基本设计步骤及主要设计内容、目的与意义见表 6–1。

节点控制法的基本设计步骤及主要设计内容、目的与意义 **表 6-1**

步骤	主要设计内容	主要目的与意义
第一步，城市自然体系规划设计	自然生态系统保护与发展规划。自然空间体系发展规划，包括自然生态区域划分，自然生态廊道设计等	落实可持续发展的理念。以自然约束条件，建立规划依据
第二步，城市环保体系规划设计	建立环保标准体系，进行环保措施与设施设计	落实可持续发展的理念。以环保约束条件，建立规划依据
第三步，城市文化体系规划设计	确定主导、主流、特色文化，建立城市文化节点体系与轴线体系	建立城市的上层建筑与意识形态领域的发展规划。以其支撑或约束城市的发展，建立规划依据
第四步，城市结构体系规划设计	确定结构模式，建立城市节点体系与轴线体系	建立城市的控制体系。构建秩序性的城市，控制城市有序的运动与发展
第五步，城市交通体系规划设计	确定交通结构，进行交通体系组织设计等	建立城市的交通运行体系，建立城市元素之间全面的、顺畅的关联关系
第六步，城市空间体系规划设计	确定空间结构，进行空间体系及形态设计等	建立城市的物质性空间基础，承载城市的各种职能体系，容纳城市的各类元素
第七步，城市功能体系规划设计	确定功能结构，进行功能体系组织设计等	城市功能布局设计，赋予空间体系城市职能的实际意义
第八步，城市景观体系规划设计	确定景观结构，进行景观体系组织设计等	塑造城市的美好、美丽形象
第九步，城市色彩体系规划设计	确定城市色彩，进行色彩体系控制设计等	塑造城市美好的色彩效果

6.6.3 城市总体文化体系规划设计

1. 城市文化体系规划的意义

文化对城市的发展具有重要的意义。十八大以后，中央政府特别强调国家、地方的文化事业建设，把文化建设的重要性提高到了空前的高度，提出了文化强国的发展战略，说明了文化对国家、城市发展的重要性。城市建设与城市的文化具有密切的关系，无论宗教文化、民俗文化，都对城市建设具有巨大的影响。文化体系的规划设计，即是城市的意识形态领域与上层建筑领域的发展规划，城市的生存与发展，意识形态与上层建筑领域，起决定性的作用，对城市的形态有决定性的影响。古希腊的民主文化，孕育了古希腊以集市广场为核心的社会及城市形态；宗教发达的印度、泰国以及大多伊斯兰国家的城市都具有各自的宗教文化特色；我国民俗文化发达的北京、徽州、云南等地的古城，饱含着浓郁的乡土建筑文化，在城市形态特色方面的表现尤为突出。

城市的文化体系建设，对于城市的意义在于为城市确立生命之本。城市总体文化体系规划，可为延续历史文脉与新文化的建设、发展，架设时间与空间的通廊，保证城市文化源远流长；为城市的运动、发展奠定非物质性基础，塑造城市美好的非物质形态。城市文化伴随着城市而诞生，历史久远的城市，城市文化丰富、深远、博大、渊秘。新兴的城市也必定产生于特定的文化环境，有其深远的文化渊源。伴随着城市的发展，时间的推移，城市历史的研究会不断地进展，城市文化的历史信息会不断地增加、更新。随着社会的发展，城市物质、精神的新文化也会不断地诞生、发展。城市发展规划，必须考虑到这些发展，并研究其对城市发展的影响，作好相应的规划。尤其总体城市设计，首先要建立城市的文化体系，丰富城市的文化内涵，以增强城市的活力，利于城市发展，提升城市的文化品质、气质，突出城市特色，塑造城市内在的美。

2. 城市文化体系规划

城市的文化体系规划，首要的是建立城市的主导文化，其次是做好城市民俗文化的发展规划。功能性文化体系规划，主要是用地布局规划。其发展规划，宜融入主导及民俗文化体系中，一并考虑。

（1）确定城市的主导文化

确定城市的主导与主流文化，要研究历史，展望未来。用历史的、发展的观念，确定城市的主导文化，要具有继承过去，适于现在，面对未来的延续性与持续性；汲取历史的精华与营养，繁荣城市的现在，辉煌城市的未来，让城市具有永久的活力。城市的主导与主流文化宜由政府部门确定，城市规划设计部门，应根据政府部门对于文化体系建设的决策，制定城市主导、主流文化体系发展规划。

（2）城市的民俗文化发展规划

民俗文化发展规划，重要的是要继承过去。通常情况下，城市所处的文化环境，具有地域性、民族性等特点。这些特点，是经过长期的历史洗礼与积淀，形成最宜于城市生存与发展的文化形态，所以要继承过去。从文化遗产保护角度出发，越是远期、远景发展规划，越是要保证传统。当然，民俗文化的发展，也要适合当今高度工业化、科技化、信息化社会的需求，适应高文化素质的市民与高文化水准的社会文化环境，推动社会的进步与发展。

（3）确定城市的特色文化

特色文化是城市最具影响力，且有地方、民族等特色的文化，如国家、省、市级的文化遗产，历史悠久的传统文化，民众喜爱的文化形式等。确定特色文化的目的，是保护与发展城市的特色文化。因此，要明确特色文化的载体、表现形式、发展目标；要制定相应的保护标准、保护措施，明确保护对象，以保证特色文化的延续与发展。

（4）城市文化体系规划示例（以新疆为例）

每个城市都有各自的文化渊源，研究城市的文化背景，发掘历史的文化的价值，用文化构筑城市的生命之源与发展的动力机制，铸就城市的精神文明，构筑城市的上层建筑领域，才能更好地指引、推动社会的发展，为城市确立生命之本。就城市文化而言，新疆地区是最具有代表性的地区，以新疆为例，可以很清晰地认识城市文化，理解城市文化体系设计的方法与意义。新疆地区的历史文化，体现出不同地域、不同民族文化的交流、融合与共荣的特点。新疆的发展史是不同民族、不同种族共生、交融与共同繁荣发展的历史。丝绸之路是两千年前东西方文化交流的大通道，创造了举世闻名的、不朽的丝路文化。新疆地区，尤其是古丝绸之路上的城市的发展历史，必然伴随着丝路文化。所以，新疆地区的城市规划应有“丝路文化”的元素，体现新疆地区特有的历史文化特点。意义在于延续新疆地区多种族、多民族、多元文化的共生、融合与共荣的历史文脉，强调民族团结，促进文化繁荣。

新疆地区城市的文化体系建设，应以维吾尔族民俗文化及伊斯兰文化为主导、主流文化，赋予城市广场（节点）体系具有历史意义、现实意义、寓意未来的多元的文化内涵。城市风格以维吾尔族风格及伊斯兰风格为主，多种风格并存。城市的核心广场（节点），应具有主题鲜明特色突出的城市主导、主流文化内涵，广场空间应展示城市的主体风格，成为城市文化体系的核心节点；城市的次级广场（节点）在维护、保证城市的主导文化的基础上，要反映出城市文化的多元性，体现多元性、多样性的文化内涵，成为城市的次级文化节点。以这样的广场（节点）体系为基础，建立城市的文化体系，才能体现出新疆地区城市的文化特色，铸就独特的、鲜明的城市风格及城市风貌，推动城市文明的进步、发展。新疆地区“军垦型”城市的文化体系建设，上述多元文化共同繁荣的理念尤为重要。这样的城市，文化体系的建设应以伊斯兰文化及汉文化为主体，因为汉文化也是“军垦型”城市的文化主脉。城市级广场（节点）的文化内涵，以伊斯兰文化及汉文化为主题，次级节点应反映历史的（如丝路文化、斯基泰文化等）、民俗的（如维吾尔族、回族、汉族文化等）、多元的文化内涵，以多元化、共繁荣的理念构建城市的文化结构体系。比如汉代起始的戍边文化，与当代的军垦文化结合，在延续了历史文脉的同时，体现国家区域性的建设、发展政策；强调“戍边”为国、为民的（设计）理念，繁荣民族文化，促进民族团结，达到建设和谐城市的目的。

3. 城市空间文化保护与发展规划（以大连为例）

保护城市空间文化的历史，城市空间文化发展规划，是城市设计的主要内容。欧式城市文化是大连的特色，四合院是北京的民居文化特色，土楼是客家的居住文化特色，还有各地各民族的民俗文化等，都是有必要保护的城市文化。

以大连为例，要保护好大连的欧式城市文化，需要了解历史，以制定合理的措施，明确保护的对象。比如，拆光大片的欧式日本房，只保留中山广场、人民广场，达不到保护大连特色的目的，原因是保护对象选择错误。20 世纪 80 年代前的大连，欧式日本房是民居建筑的主体，是形成欧式建筑文化的基础。广场是大连欧式建筑文化的亮点，但没有了基础，还会有特色，有亮点？

（1）大连城市空间文化的发展历史

大连处于辽东半岛的南端，三面环海，在工业文明前，具有尽端型的地理特点。这样的地理特点，加上气候等环境因素，使其不利于工业化以前人类社会的规模化生存与发展。清末以前，大连地区只有几个小渔村而已，文化贫瘠，文明落后。从历史上看，大连的金州以南区域，长期处于文化的边缘与落后状态。大连位于世界的东方，龙文化应是其城市文化之本，但事实却不是这样，这与其所处的地域性文化氛围，以及其成长历史不无关系。贫瘠的本土文化历史，耻辱的被侵略历史，促使欧洲古典主义城市空间文化成为大连城市空间的主导文化。

20世纪末，俄罗斯人主持了大连的首版总体规划。17世纪末，彼得大帝开创的西化运动，使俄罗斯的城市文化也带有了文艺复兴的色彩，欧洲古典主义风格受到推崇。20世纪末，达里尼市长萨哈洛夫按照古希腊、古罗马的风格规划建设达里尼，也是延续俄罗斯的历史文化。这也是文化传播的传统方式——通商与领土扩张。

明治维新后的日本同样开始了西化的浪潮，延续达里尼的历史与规划思想有历史的文化渊源，传播西方文明也是其侵略扩张的借口之一。后来日本人建设的大连，同样是欧洲古典主义的风格。一群旅欧的日本建筑师，设计了诸多广场上古典主义的欧式建筑，尤其是大连居住建筑的主体——大量的欧式日本房居住区，从而奠定了大连城市空间文化的基础。

（2）大连城市空间文化的现状（虚拟）

城市空间文化与历史的积淀，社会制度的演变，工业的进步，科学的发展，具有密切的关系。当今世界的城市空间文化，表现为两个方面：一方面是同化，现代主义风格盛行。这是由于工业文明的进步，科学技术的发展，使得现代的城市建设“工艺”适合于现代主义风格；现代、未来等概念，是当今城市文化发展主导理念，大连也是如此。另一方面是历史化，一些古典的城市，正在努力地呵护着历史的城市空间文化，延续历史文脉、地方特色等概念，是当今城市空间文化发展体现在理论层面的较难实践的理念。大连也有保护历史街区，延续历史文脉的发展规划，但文化的彷徨与实践的困难，使得历史文化、特色文化已丧失殆尽。

当今的中国，不少城市粗放发展，保护与延续城市的历史文化很难，推平一片村（历史）建起一座城却很容易。大连的欧式城市空间文化，艰难而低水平的延续与发展，盛行的是建设“国际化城市”的“国际”文化思潮。在把“文脉”作为“漂亮”的专业词汇写入规划文本的同时，做的却是摧毁城市历史，建设“国际化大都市”的规划。拆掉大片的日本房，建设高层的尤豪斯新城；拆掉王家屯，建设第五郡。文化发展规划的缺失，城市空间主导文化的迷茫，是大连现在城市建设方向迷失的根本。“国际文化”不能繁荣当代城市文化，难比北京、上海的国际化文化品位，却毁掉了北京、上海没有的旧大连的文化形态，更未见中华城市空间文化之特色。这就是三十几年来，大连城市空间文化的建设成就。

（3）大连城市空间文化发展规划（虚拟）

分析大连总体的文化发展现状与环境，确立空间的主导文化与特色文化，制定二者的发展规划，是大连城市空间文化发展规划的主要内容。考虑历史的因素，大连宜以欧洲古典主义城市空间文化为主导文化。但中华文化是城市文化之根，尤其是中华文化在城市空间主导文化方面，也要有所体现。面对现实，大连的城市主导空间文化建设，必须古典与现代并举，城市核心区（旧大连）以欧洲古典主义文化为主，其他区域以现代文化为主。

在特色丧失殆尽的背景下，大连未来城市空间文化的发展宗旨，应为“回归”，走文化回归之路：①要回归中国，城市主导文化应该体现中国文化，要注重传承中国的城市空间文化。②要回归历史，回归大连曾经的欧洲古典主义风格，建设东方的理想城市。③要回归古典，因为大连之始就采用了古典主义的城市空间文化。做到上述三个方面，就能建设世界知名的经典城市，从而达成国际化的目标。

这种规划思想，既是对历史的尊重，延续历史文脉，也建立在对工业与科学技术发展作出可能的预判基础之上。虽然，是工业的发展与科技的进步导致古典主义文化的沉寂与消亡，但怀旧是人的本性，随着工业的再发展与科技的再进步，或许会再度唤醒古典文化，再一次上演文艺复兴的历史。比如加法 3D 打印技术，发展为减法 3D 打印时，计算机辅助机械雕刻艺术便会诞生，古老的、古希腊的雕塑建筑、城市艺术有望成为时代的新宠。

6.6.4 城市总体结构体系规划设计

城市总体结构设计，是总体城市设计核心与基础的环节。所谓城市结构，是城市空间结构与城市各种功能结构的综合体系，即空间结构与功能结构的有机结合构成城市结构。因而，城市结构是城市的基础，城市总体结构设计是总体城市设计的基础，也是总体城市规划的基础，对城市的建设、发展、运动具有重要的控制意义。城市总体结构设计有两项基本内容：一是结构模式设计，二是节点体系设计。

1. 确定城市的结构模式

（1）影响城市结构模式的因素

城市总体结构设计，要全面考虑城市的空间结构以及各种功能结构体系，综合城市的自然条件，如自然空间环境、地理环境、地质、水文、气候、基地形态等客观因素，综合城市的社会、政治、经济、文化体系等人文因素确定城市的结构模式。

（2）结构模式的形式与变化

当今城市的结构模式，以核心节点的形式划分，可分为单核心（或中心）、多核心两种模式。单核心是城市的基本结构模式，多核心为城市的普遍结构模式。城市的结构模式不是一成不变的，分析某些城市的历史，大多都经过单核心结构模式的发展过程，如雅典、罗马、北京、上海、天津、广州、济南，其中有的城市维持原来单核心的结构模式。随着城市的发展，尤其是城市规模的扩大，有的已经改变，有的正在或即将发生改变。《北京城市总体规划（2004—2020 年）》为城市确定了“两轴—两带—多中心”的结构模式，由单核心转变为多中心复合型结构模式。旧大连的长者町广场，就是达里尼结构性溢出的城市的第二个“核”。结构体系的拓展是城市拓展的基础，当一个城市的结构体系难以控制城市的时候，“结构性溢出”是正确的拓展方式。结构模式的改变，避免了城市因无序蔓延而失控的现象，体现了城市结构体系对城市的控制。对于规划方案中的城市，在确定结构模式时，也必须考虑城市结构体系的运动、变化，加强城市结构体系运动的可持续性，适应城市的不断发展。

（3）对结构模式的错误认识

对城市结构的错误认识是值得注意的，城市结构并非空间构成，二者不能混为一谈。比如描述某城市的结构，常见“几心”、“几带”、“几廊”、“几片区”的描述方法。其中，除了“心”具有“节点”、“核”的结构意义外，“廊”、“带”与“片区”并不是“城市结构术语”，应属于“空间构成”与“空间形态”术语，适于描述空间的形态与组成，即有几个带、几个片区组成。这种概念的混淆，导致城市结构设计完全丧失意义，使城市结构的概念，沦为城市规划过程中的几张分析图，几句“雷人”的词语，对城市的实际意义非常有限。甚至也经常导致城市结构的研究，沦为对城市“由几部分空间组合形成”的研究，没有节点、轴线的概念。如某城市有两条并行的河流，城市必然被分为三部分，则城市空间结构规划为“× 心、两廊（河道——生态走廊）、三片区”，这样的结构“设计”对城市意义几何？上述情况虽然不普遍，但也说明正确认识“城市结构”的重要性。

（4）确定结构模式的方法

确定结构模式的方法，最基本的是依据城市建设基地的形态，确定相应的主导运行机制。根据主导运行机制，建立城市的结构模式。

第一步，构思设计城市的主导运行机制。主导运行机制的确定，重点要考虑城市各部位的空间关联关系。使得城市的主导运行机制，与城市空间保持均衡、直接、紧密的关联关系。为城市庞大而繁杂的系统，奠定合理、高效运行的基础体系。

第二步，确定城市级核心节点。城市级核心节点的选择，要考虑水文、地质、地形地貌等客观因素，选择水文、地质条件较好，地形较平坦的，适合于建设节点空间的位置。宜选择控制半径较均匀、适中的位置。同时也应考虑历史文化传统的传承，新文化的表达，新理论新方法等人文因素的影响。

第三步，建立城市的主轴线。主轴线宜通过核心节点，与之共同确立城市的主体框架，从而建立起城市的结构模式。

实际上，上述三个步骤在设计过程中，是综合的、互动的。三步强调的是三个方面的内容，这些内容的设计，应该在统一的设计体系中，全面综合城市各方面的因素，为城市的建设、发展奠定核心的基础体系。

上述结构模式与主导运行机制的意义是很实际的，老北京、大连可为证。老北京以故宫为核心布局，故宫的轴线关联着皇宫、皇族，关联着文武官员，主导着朝廷的运行。大连以人民广场与中山广场为核心布局，中山路、人民路与鲁迅路关联着城市的重要机构、设施，主导着城市的运行。

2. 确定城市的节点体系及结构体系

城市节点的载体是城市的空间节点，而其城市意义是由城市节点的功能意义所决定，主要是结构性的意义。城市节点体系设计，应综合考虑城市的社会、经济、文化、环境因素；应统筹考虑城市的空间、功能、景观、交通等节点体系的布局，与城市的空间节点、功能节点、景观节点、交通节点相辅相成，力求各种结构体系的统一、协调。

（1）城市核心节点的构筑及其意义

城市节点体系设计的重点，是确定城市级节点。城市级节点即所谓城市的“核”、“中心"，"单核心"、"多核心"即是指城市级节点的形式，所以，城市级节点应依据城市的结构模式确定布局。

城市级节点对于城市具有十分重要的意义，其结构意义为城市的主要控制点，其形态、表象为城市的最佳与象征，远胜于城市地标的意义，城市节点的主要元素往往为城市级的标志。如紫禁城作为"国家"级的控制点，控制着国家的首都北京，其延伸的轴线规范并组织着城市，对城市的生成与发展起到不可替代的结构性作用。所以，城市节点体系设计的首要任务，就是确立城市级节点的核心地位，并以此建立城市的结构体系。

（2）城市核心节点构筑要点

要保证城市级节点的核心作用，就要使其具有重要的城市意义，从各个方面塑造其核心品质，主要的有四个方面。

1）强大的功能意义，是城市级节点控制城市之本。城市级节点城市功效的辐射要面向整个城市，与城市具有整体性的关联关系，从而体现其城市级的控制作用。

2）突出的文化意义，能够影响城市的意识形态及上层建筑领域，是城市级节点控制城市非物质形态的重要基础。丰富的文化内涵，也会使城市级节点具有长久的生命力，在城市发展过程中，始终保持较突出的核心意义。

3）优良的景观效果，也是城市级节点必须具备的。所以，城市级节点要具有优秀的空间品质，突出的空间形态。

上述三个方面是紧密相关、相辅相成的。城市级节点往往是城市主要功能的载体，如城市的政治中心、经济中心等，也是城市文化、空间、景观等体系核心节点的综合体。可以说，城市的核心节点，是城市多种核心元素的集合点。所以，应尽可能地以"城市之最"构筑城市级节点。

4）合理的定位与布局，也是发挥城市级节点核心与控制作用的重要条件。城市级节点，宜保证较均衡的控制半径，在城市中的位置不宜过偏，应该相对居中。如果城市元素在城市中均匀分布，"居中"可以理解为城市空间的中心、形心；如果城市元素分布不均匀，"居中"应理解为城市的重心、质心。一般情况下，城市元素的分布取决于人口的分布，而城市人口的分布不会是均匀的，与城市的自然因素及人文因素相关。所以，城市级节点的布局，要考虑城市基地的地形、地貌、区位等自然因素，也要考虑政治、经济、地域文化、风俗等人文因素，宜与城市人口的分布相协调。

（3）城市核心节点的构筑实例

旧大连的人民广场与中山广场，分别居于城市东部区域与西部区域的中心，一个是城市的政治、行政中心，一个是城市的商贸中心。同时，二者也是城市的建筑景观、自然景观、文化景观、艺术景观之最，还是城市最具人气、最活跃的城市生活的焦点与控制点。北京的天安门广场更是如此，可以说是"国之节点"。在城市中只有这样的点，其内涵、意义与控制力才能达到城市级节点的标准，这样的节点在城市中当然为数不多。

（4）确定城市节点体系

城市的核心节点，即城市级节点确定后，城市的节点体系就有了生长之根，以城市级节点为核心，便可形成城市的节点体系。一般情况下节点体系有三个等级，即城市级节点、片区级节点、街道级节点，与城市的社会体系相适应。节点体系是城市的点状控制体系，并确定城市的轴线体系，形成城市的带状控制体系，即城市结构体系中的关联体系，构筑结构体系的稳固性与紧密的结构关系。

城市节点体系确定后，城市的结构体系便已生成。原则上，城市级节点确定城市的主轴线，次级节点确定次级轴线，即相应等级的节点，确定城市相应等级的轴线，从而构成城市的结构体系。

6.6.5　城市总体交通体系规划设计

城市交通体系与城市基地的地形、平面形态、城市空间布局、质量分布相关，规划设计时应综合、全面考虑这些因素的影响。事实上，按照节点控制主导的城市设计方法，上述因素在城市结构模式设计过程中已经做过充分的考虑，并奠定了城市交通体系设计的基础体系，即城市结构体系。交通体系设计的实际意义是以交通组织为目的，设计城市的道路系统。而城市的道路系统，起到分割、组织城市空间体系，为城市平面定形的作用，这就反映出城市规划设计的综合性。节点控制法强调的整体控制意义即在于此，所谓节点控制、网格组织的意义，在交通体系设计方面尤为突出。

城市交通体系宜分为结构、主干、网络三个层面、三个步骤进行设计。包括四个层级的交通系统：交通结构体系，对应于城市的结构框架；主干交通体系，对应于主干道系统；次干交通体系，对应于次干道系统；网络交通体系，对应于支路系统。交通结构体系突出于整体，与整体交通系统的界限较清晰。其他三个层级的交通系统相互有别，但也有相互融合、界限模糊之处。

（1）确定城市交通结构体系。城市的交通结构体系，是主导性的交通体系，要与城市主导运行机制相符；布局形式与城市主体结构框架完全相同，连接城市的主要节点，是城市主轴线的组成系统；构成具有结构性意义的交通系统，承担城市最主要的、最大量的交通；在城市道路系统中，以城市的核心主干道系统承载交通结构系统；在城市交通体系中发挥主导与核心的作用，体现交通结构体系的结构性意义。

（2）建立城市主干交通体系。主干交通体系，是城市交通系统的中间层级，包括主干交通与部分次干交通系统，起到承上启下的作用。城市的主干交通体系结合次级结构体系布局，主干交通连接次级城市节点，是城市次级轴线的组成系统；承担城市主要的、大量的交通；在城市道路系统中，以城市主干道（或包括部分次干道）系统承载主干交通体系；连接城市的交通结构体系，组织城市的次干与网络交通体系，承担城市主要交通量，体现主干交通的主动脉与承上启下的连接、组织意义。

（3）组织城市交通网络体系。交通网络体系包括城市部分次干交通系统与城市的末端，即“客户端”交通系统。以城市三级结构体系为基础布局次干交通体系，以次干交通体系为基础组织交通网络体系。城市的网络交通体系，要注重交通的覆盖率，考虑便捷、易达的需求。在道路系统中，以城市的次干路与支路系统承载、会聚并引导城市的个体运动元素，进行秩序性的运动，形成秩序性的交通。

另外，从交通通过能力角度定性分析，城市的交通网络较为合理的形式为小断面，密集分布，趋于“面形交通”的形式。一些大型城市的交通，在近30年采取了封小路并为大路的方法，加上封闭式小区的阻隔，再有干道上“少开口”的设计理念，使道路网络趋于向“线形交通”的形式发展。道理是简单的，面的通过能力大于线的通过能力。是让万辆车分布在几条干道网上，在交通灯的控制下定量地通过（减少交叉也提不了速，红灯控制着通过量，集中交叉与分散交叉本质没变），还是让车分散到百条没被封闭的小路上好呢？似乎干道上多开口，形成密集而分散的网络要好于现行的方法。

6.6.6 城市总体空间体系规划设计

城市总体空间设计，重点是塑造城市整体空间的形。好似雕塑家制作泥塑，先塑后雕，先塑造基本的、整体的形，然后再进行细致雕刻。城市总体空间设计，实为控制城市基本的、整体的形态。城市空间的形态，与城市的政治、经济、文化、功能体系及科技发展水平相关，总体空间设计要综合考虑这些因素，首先满足城市空间的功能需求，对城市的空间形态实施总体控制。同时，要强调空间艺术，塑造城市空间的整体美。

1. 形式美与城市空间艺术

城市总体空间设计着眼于城市的空间艺术，研究城市的宏观与微观，整体与局部的关系，意在使城市空间的划分、组合符合形式美的法则，强调城市空间的美观。如何创造城市空间的美？如何让城市空间展示出美？形式美法则的运用很重要。城市总体空间艺术设计主要方法是，依据形式美的法则，按照立体构成的原理，对城市的整体空间进行艺术创作。这种方法，从古至今的城市中有许多成功的实例。其中，城市空间形态的变化与统一，城市空间形态的对比关系，是塑造城市空间美的主要手段。

（1）城市空间形态的变化与统一

城市空间的整体美，主要体现在空间的变化关系与对比关系上，处理好城市空间这两种关系，就会创造出城市空间的美感。变化是形式美的基本法则，所以，追求城市空间的变化，是体现空间美感的关键所在。空间形态的变化，体量的变化，平面组合关系的变化，是基本的设计手段。以达里尼为例，其空间形态的变化有多方面的体现，变化与统一的关系处理也很得当。所以，达里尼城市空间的平面形态比较完美，后来侵占大连的日本人，称赞达里尼规划图是一幅美丽的图画，并做了也很漂亮的旧大连的规划。

如图6–13所示，达里尼城市广场的空间形态各不相同，尼古拉耶夫广场的场地，为十栋建筑围合成完整的圆形空间，其余广场的围合空间均为不规则的圆形，且各不相同，强调变化，但“圆”的概念又把多数的广场统一起来。达里尼空间体系的形态也是各不相同的（见图6–13、图4–20），中山广场与民主广场空间体系的形态相近，属于不规则的围合形空间形态，东广场为一个半围合形的空间形态，南北广场是两个半围合形态的空间体系的组合，“中国区”为接近桃核状的六边形绿化广场。宏观分析城市的空间形态，“放射”与“围合”的概念，成为明显的统一的元素，使得达里尼城市空间的平面关系，既富于变化，又协调、统一，具有紧密的整体关系。

日本人侵占大连后，对达里尼进行了拓展。达里尼西部新城区的规划，采用了完全不同的平面形式，强调城市空间平面形态的变化。迥然不同的变化，规整的方格网可以说是

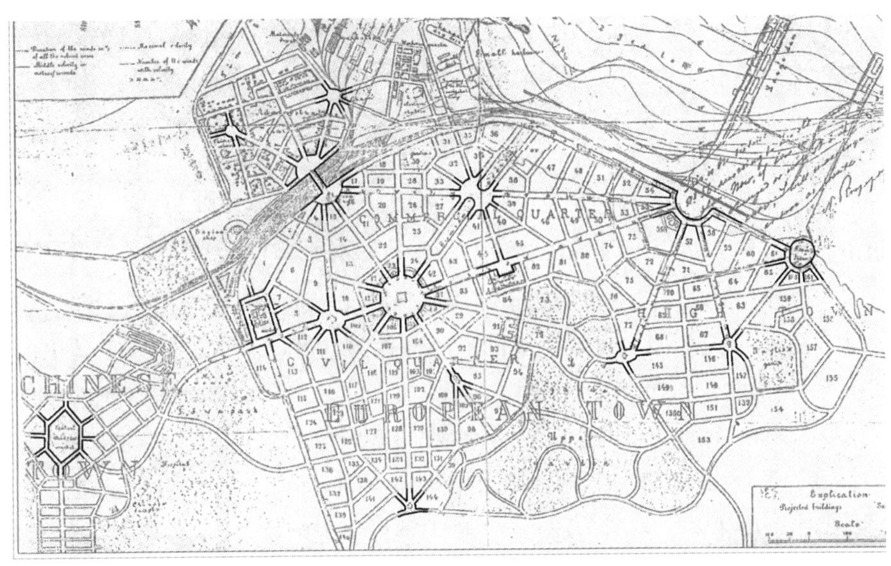

图 6–13　达里尼广场布局及平面形态分析图

对达里尼的叛逆，城市空间的关键元素——广场也是同样。但统一的规划理念，城市广场的布局与统一的轴线，偶尔的斜轴线与放射形空间体系，作为统一的元素，使截然不同的形式紧密结合，形成统一、协调的风格。

（2）城市空间形态的对比关系

从概念上说，美与不美是两个绝对的概念，但事物的“美”的程度不是绝对的，而是相对的。A 事物是美的，但与 B 事物比，A 事物可能是不美的，这就是“美”与“不美”的相对关系。正如老子所说“天下皆知美之为美，斯恶已”，天下人都知道美之所以为美，那是由于有丑陋的存在。所谓“相对”即相对比、相比较，是通过事物的对比关系建立的概念。对比也有用相对不美的事物衬托相对美的事物意义，突出与强调美的事物，使其美得更强烈。这就是对比的意义，是产生美的必要条件。

封建礼制限定了中国古代城市空间的对比关系，如明代的紫禁城，举国不可有比其更好的城，都是它的陪衬，以突出紫禁城的美与地位。对于城市的重要性，确定了尼古拉耶夫广场，为达里尼空间最完美，规模最大的广场，以保证其成为城市中最美的、最重要的广场。这样的对比，是以大量相对不美的城市元素为背景，衬托一个相对完美的城市元素，使其美得突出，美得强烈。另一种对比关系的意义在于强调不同，如旧大连西公园町（现解放路）两侧的空间形态完全不同，西侧为日本人规划的，强调规则与舒展，与达里尼形成鲜明的对比，这种对比并不强调单向的衬托，而是倾向于互为衬托。

城市空间的对比关系，塑造了紫禁城的宏伟壮观与富贵华丽，也塑造了旧大连城市空间形态的整体美，凸显了大连的广场之美，等等。这些都充分显示出城市空间形态的对比关系，创造城市美的作用。要实现这种对比，可将城市空间分为两大类：一类是可作为艺术载体的空间，如重要的节点、轴线空间，艺术景观空间等需要强调艺术的空间，重点塑造节点与轴线空间，是符合客观经济规律的，需要并能够消费大量财力进行美化的城市空间，在城市中占少数；另一类是功能空间，如仓储、工业、普通及大量型居住空间等，强调功能的空间，此类空间在城市中占有较大的比例，消费大量财力美化这一类空间，不现实或造成较大的浪费。利用上述两类空间，构成城市空间形态的对比关系体系，以控制、塑造城市空间之美。

2. 城市总体空间布局

（1）城市空间的划分与组织

城市总体空间布局，空间的划分与组织是其中的关键。城市空间的划分与组织，是通过城市道路网实施的。城市空间的功能、交通等关系决定，城市不同的空间区域相互关联。如图 6-14 所示，图中有 20 个地块，各地块之间必然有相互的关联关系。当分析其中任意两个地块之间的关联关系时，可以用连线来描述两个地块之间各种关联关系。显而易见，由于城市地块间的关系十分复杂，5 个、20 个地块，用连线是难以清晰地描述它们相互的多种类型的关联关系的。然而，如果用道路代替连线，便可以形象而准确地表达出城市地块之间的相互关联关系。作为一种关联媒介，图中的道路构成的网格，置 20 个地块于同一个相互关联的体系之中，完美体现了城市道路系统与城市地块空间的关系，揭示了道路网划分与组织城市空间的作用与本质，从新的角度揭示了道路系统的作用。事实上，道路系统作为关联空间，把城市所有地块及各类空间元素，按照一定的规律、规矩相互关联，建立城市空间的平面与竖向的关联关系，形成城市整体的、有机的空间体系。

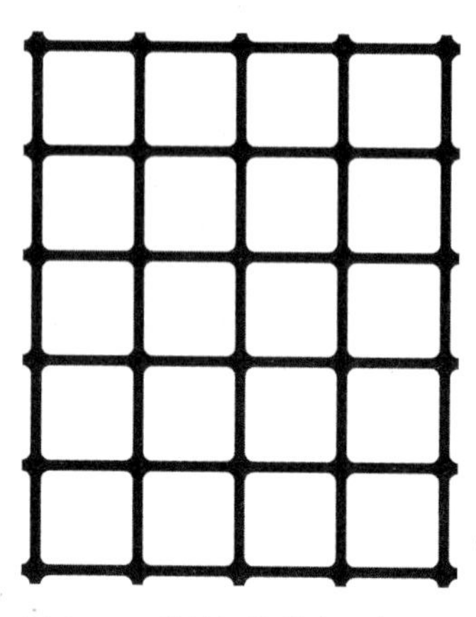

图 6-14　地块间关联关系分析图

以希波丹姆的米利都城为例，简单的城市结构使人很容易感受与理解城市空间划分与组织的过程，认识其方法、步骤与目的。首先，从自然空间中划分出城市空间；之后，将城市空间划分为四大部分，即以公共空间为核心分布三个居住片区；再后，又将居住片区划分为 30m × 52m 的街坊，至此，城市空间完成基本的划分与组织，产生了城市空间的基本单元——地块；最后，利用建筑物、构筑物填充，或者进一步地划分、组织公共空间与居住街坊空间。不难看出，城市空间的划分与组织，主要是利用道路空间进行的，即用道路空间对城市空间进行划分与组织，道路空间形成的网格分割城市空间，是城市空间相互联系的纽带，构成城市的关联空间系统。

城市空间的划分与组织过程，就是城市空间布局的过程，即上述看似简单的三个步骤。在此过程中实际完成了城市空间布局的三个基本任务：确定城市的空间结构，确定城市的空间体系与城市空间布局。

（2）确定空间结构

确定城市空间结构的主要目的，是为城市创建城市的空间体系提供一个科学合理的基础与控制系统。城市空间结构的主要意义，是控制、组织城市空间的布局。城市空间布局有其一定的规律与规则，这种规律与规则的建立，形成城市的空间结构，这种规律的表达，依赖于城市空间结构的形式。空间结构是城市空间布局的基础，是城市空间的“纲领”体系。其作用犹如渔网的纲，“纲举目张”，确定了城市的空间结构，城市的空间布局便可合理、有据、顺利地展开。

前文介绍了城市结构，城市的空间结构与城市结构相关。城市的控制节点，即空间节点。而空间节点，又是承载城市节点的基础载体，是城市节点的物质性表象。城市结构体系确定后，城市的空间结构随之确定，城市节点体系即是城市的空间节点体系，城市轴线体系是城市空间布局的轴线体系。不同的城市结构模式，决定不同的空间结构体系。如，单核心结构模式的城市，具有一个城市级核心型空间节点，多个次级空间节点，具有一条城市主轴线，或有一条轴线意义不十分突出的街道，这些城市空间结构元素，构筑起城市的结构体系。

（3）确定城市的空间体系

城市的空间体系必须与城市结构体系相适应，要与城市的结构体系有相互的呼应关系，并与社会体系相协调，以空间结构体系为构建基础。城市核心节点所在的空间体系，必须具备优于其他空间体系的品质，成为控制城市的核心空间体系；城市的主轴线空间体系，必须为城市高品质的具有控制意义的带状空间体系。基于城市结构与城市空间结构的密切关系，要满足这样的要求，就必须以城市的空间结构为基础，生成城市的空间体系。虽然没有特定的形式，也没有可以量化的标准，但这种呼应的关系是要建立的，只有如此，才能形成城市空间体系的协调机制，为建立城市的社会、经济、文化等体系的协调机制，奠定良好的基础。城市的行政区划，会产生不同等级的社会管理体系，如市、区、街道；城市也可划分为片区、居住区、小区、组团等空间规模、等级体系。城市空间体系的组织、划分，宜结合上述社会体系，形成与社会体系相协调的空间体系。

城市空间体系的组织划分，可采用空间隔离与形态差异的方法实施。可利用城市中的山林、河流、林地等自然空间体系，公园绿地、城市道路等其他空间体系，划分、组织城市空间体系；也可依据不同的空间形态，如方格网状的空间组合形态，放射形、围合形等空间形态，划分、组织空间体系。无论采用何种方法，合理组织城市的空间元素，建立城市各类空间元素之间合理的平面以及竖向关联关系，是生成城市局部与整体空间体系的基本要求。

（4）确定空间布局

确定了空间结构，明确了城市空间体系，就可以从空间结构为基础，按照保证公共空间的核心地位，增强城市空间的整体性与系统性，以及其他的组织、划分原则，按照空间体系的性质、等级、区位及形态关系等条件，进行空间布局。

米利都城采用了单核心的城市结构，并且选择了以方格网状为主的空间形式。必然的，城市的公共空间成为城市的核心，既是城市的控制点，又是城市的核心空间节点。三个方格网状的居住空间体系，作为城市的居住片区分布于城市的“核”的南北两侧。三个居住空间体系围绕公共空间体系，并通过公共空间体系相关联。这样的空间布局，充分显示了公共空间的核心地位，并可更有效地发挥其控制与组织的结构功能，增强城市空间的整体性与系统性。城市空间具有良好的整体性与系统性，有益于繁杂的城市功能的系统化，并增强城市功能的整体协调性，是城市功能正常发挥的基本保证。

当然，对于任何现有的城市而言，所谓空间布局，只是运用上述方法对城市空间布局进行调整，或控制、引导城市空间的发展。如旧大连在达里尼基础上的空间拓展，首先确定城市的双核结构，双核的连线构成城市空间布局的主轴线。老城达里尼以尼古拉耶夫广场为核心布局，新拓展的城区空间，以长者町广场为核心布局，二者的连线不仅是城市空间布局的主轴线，而且使得新、旧两部分形成截然不同的空间体系，紧密关联，增强了新、旧城市空间的整体性。

3. 城市总体空间形态设计

（1）城市总体空间形态设计的目的与意义

奥地利建筑师卡米洛·西特（Camillo Sitte）1889年出版《根据艺术原则建造城市》一书，“这本著作成为了现代城市设计理论的奠基性文献”①。据此可以说，城市设计也是根据艺术原则规划、设计城市。所以，城市总体空间形态设计的主要目的，是为城市创造美好的空间形象。

意义之一，总体城市空间形态设计，主要是对城市整体形态的控制。城市空间形态控制是中国历朝历代城市建设规范的重点，是社会形态与城市形态统一的必然要求。史前的中国，晚至周代，对城市建筑的等级就有严格的规定，人的社会地位不同，所拥有的建筑的规模、形制也不同。衡量的标准无外乎高度、规模、材质、艺术水准等几个方面，综合效果是对建筑空间形态、形象的控制。

意义之二，城市形态控制的重要性，决定城市空间形态控制应该是总体城市规划的基础，应以特定的城市空间形态，建立总体城市规划的基础控制体系。目前，在城市规划中对一些重要指标的确定，处于一种无据的状态，如建筑密度、容积率等指标。如果认识到城市规划的主导意义是设计城市的形态——“城市建设成什么形状”，那么“形态”的规制就可以成为城市建设的先决条件。中国历朝历代都是如此，当今也应该如此，因为这是社会形态的需求。

控制空间形态，即是控制空间的平面形态及高度，平面形态决定空间的平面布局，高度决定空间的纵向尺度。对于地块中的建筑空间而言，平面布局与高度一经确定，建筑密度、容积率就随之确定。这样就使得总体规划确定建筑密度、容积率等技术指标，具有满足相应形态要求的标准，而不是较随意的确定，或者“拍脑袋”——现在常用的方法。而这种“拍脑袋”的方法，与当今的城市规划理论，注重“功能定位”，注重“构图”，没有对城市空间形态提出要求与规范的做法，不无关系。

（2）表达城市空间形态的三要素

按照前文建立的概念，分析城市空间的组织、划分关系，城市的节点、轴线空间与主体空间，是城市空间的基本组成部分。或者说这三部分是城市空间组成的三要素，也是表达、控制城市空间形态的三要素。

节点与轴线是已有的、常用的概念，节点及轴线空间相对容易理解。主体空间是在前文建立的一个新的概念，与城市空间组成本质的逻辑关系，是其成立的基础，也是其重要性所在。城市的基本功能为居住，住宅承载着城市的居住功能，构成城市的主要空间——

① 唐纳德·沃特森，艾伦·布拉斯特，罗伯特·G. 谢卜利．城市设计手册[M]. 刘海龙，郭凌云，俞孔坚译．北京：中国建筑工业出版社，2006：65.

主体空间，形成城市的基本色彩——城市色彩；同时，前文建立的另一新概念“城市主体天面”——主体天面所限定的空间，为城市的主体空间。这种一一对应的关系是客观的，反映城市空间基本的、客观逻辑关系，说明建立主体空间（与天面）概念的合理性，必要性。主体空间承载城市的主体功能与主体色彩，节点空间承载城市的重要功能与绚烂的色彩，并确立轴线空间；轴线空间延伸节点空间，并分割、组织主体空间，三者的逻辑关系严谨、严密、合理。主体空间是城市空间的主体部分，节点空间、轴线空间是城市重要空间。所以，三者为城市空间的三要素，也是表达城市空间形态的三要素，客观并符合逻辑。

（3）控制城市总体空间形态的主要因素

在城市空间三要素中，城市主体空间是城市整体空间形态的决定性因素，相对于城市的主体空间，节点空间与轴线空间是在主体空间基础上的形态变化元素。前面从定形方面阐述了“天面”对于空间的形的决定性意义。所以，主体天面高度控制，是控制城市总体空间形态的主要因素。

城市总体空间形态设计，首先要确定城市基本天面，即可以成为主体天面的设计面。因为城市的主体天面往往取决于客观因素，如生产力的发展水平等。确定了基本天面的高度，对城市总体形态的控制，有三方面重要意义。①基本天面是城市空间形态的决定性因素，如果一个城市的建筑高度不协调，就不能形成主体天面，没有基本天面，城市的空间就失去统一感，显得杂乱无章，城市便不会有整体感强的较完整的空间形态。②确定城市的主体天面，城市的节点空间与主轴线空间的天面高度，便有了参照性的设计依据，有了控制标准。③城市主体天面为空间形态的变化建立一个参照面，同时成为多变的城市空间的统一元素。城市天面高低错落的变化，决定城市空间形态的变化。要取得这样的变化，就必须确定城市的基本天面，在基本天面的基础上，寻求空间的形的变化。没有主体天面（基本天面），就会失去变化的参照，就无所谓变化，无美可言。

如图 6-15 所示，很明显，图中的低层建筑形成了一个相对平整的主体天面，并构成城市的主体空间。少数的高层建筑点缀其中，表达出城市空间的变化，这种变化是相对于城市主体天面与主体空间的。显然，图中的低层建筑不会等高，但任何一栋也不会让视者有变

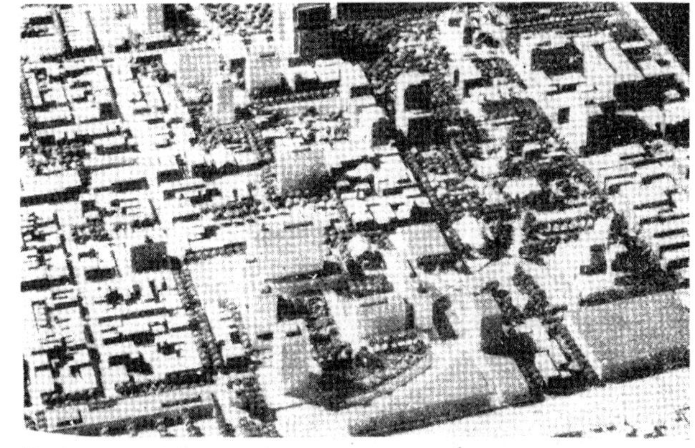

图 6-15　城市主体空间构成分析图

化的感觉，因为它周围的参照空间，与其相同，此种情况便无所谓变化。

图中的高层建筑虽然突出于主体空间，但数量较少，所占空间尺度的比例较小，没有破坏主体空间的形，所以不影响空间的总体形态。但如果高高低低的高层建筑较多，所占的比例较大，就没有图中低层建筑所构成的面，就不能形成主体空间。可以想象，这样的空间会显得很乱，可谓“变化过度”。当然高层建筑数量增加，也可以形成“长高”的主体天面与主体空间，低层建筑就成为变化元素。从此意义分析，二者相当，则会体现均衡与平衡，是没有变化效果的变化。所以，空间的主次关系明确，有主体天面，有主体空间，才会有变化，从而产生美。

（4）城市总体空间形态设计的基本要点与原则

城市的节点、轴线空间与主体空间，为城市空间的基本组成，三部分空间之间的关系是控制城市空间形态的基本要点。如下所述各类空间高度确定的方法，只是通常情况下比较适宜的方法，当然会有其他的方法。但原则上，城市总体空间形态设计，必须综合考虑城市功能的需求，必须遵循形式美的法则，在主体空间的统一下追求变化，是创造城市空间整体美的基本原则。

城市的节点空间，是城市中最突出与最完美的空间，也是城市中的空间景观节点。城市中所有的空间都应该是节点空间的陪衬，以突出节点空间。通常情况下，在适宜范围内的高度突出，是塑造节点空间较为常用的方法。古代中国的都城，大多按“匠人营国”的理论建设，其中封建礼制是营国的宗旨。礼制对空间形态的约束，是十分严格的，《礼记·王制》中讲：“礼有以多为贵者。天子七庙，诸侯五，大夫三，士一”；“有以高为贵者。天子之堂九尺，诸侯七尺，大夫五尺，士三尺。”[①]其中“堂”指宫殿的台阶。高高在上，为中国历代帝王对皇宫的空间形态统一的塑造要求。如图6–16所示，明北京城的宫殿，如同历代的皇宫一样，夯土台基是宫殿建筑必有的，城内的多数建筑都坐落于高出地面的台地上，越重要的建筑台地越高。由于古代生产力水平所限，建筑的高度不能太高，很难满足皇帝的意愿，所以用抬高地面的做法，托举皇宫，使其突出于城市所有的民居空间。可以说，这种约束的重点，是对建筑空间高度的限定。欧洲以及旧大连的城市广场大多如此，平平的面不能突出神庙、教堂的高度，所以使用圆圆的穹顶或尖尖的塔顶，来抬高建筑空间的高度，如图6–17所示。这些做法的目的都是通过塑造高大的空间形态，达到统治城市、控制城市的目的，说明城市节点空间，通常情况下是空间三要素之中的高者。然而，过高的空间难以塑造出完美、亲切、易于接受的形态。所以，城市广场型节点不宜选择高层建筑。城市节点空间天面的高度，应视城市主体天面的高度确定，其高度一般应高于主体天面和轴线空间。

城市轴线空间与城市节点空间相近，也是城市中重要的空间元素。城市轴线空间的形态也应相对完美，构成城市重要的带状景观空间，即城市街景。整体关系控制，城市轴线空间天面的高度原则上介于节点空间天面与城市主体天面之间，也可灵活控制，或高或低，也可接近并超越节点空间的天面。

城市的主体空间，为城市空间形态决定性的因素，也是城市空间美的基础。主体空间天面的高度，应以人所易于接受的高度为标准，不宜过高，15 ~ 18m是较适宜的高度。我国当今的城市在逐渐“长高”，15 ~ 18m实际为5 ~ 6层的多层住宅建筑，在此基础上，

① 礼器 [EB/OL]. 百度文库 . http://www.diyifanwen.com/guoxue/liji/16553609420165536212 9026.htm.

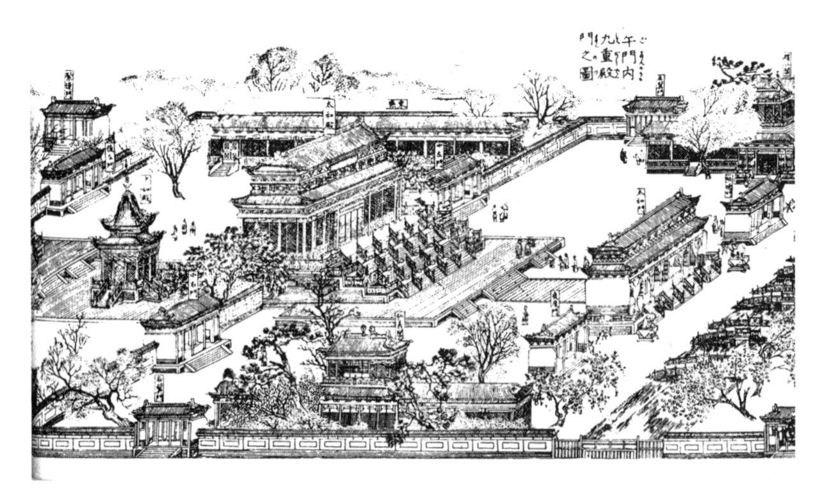

图 6–16　太和殿

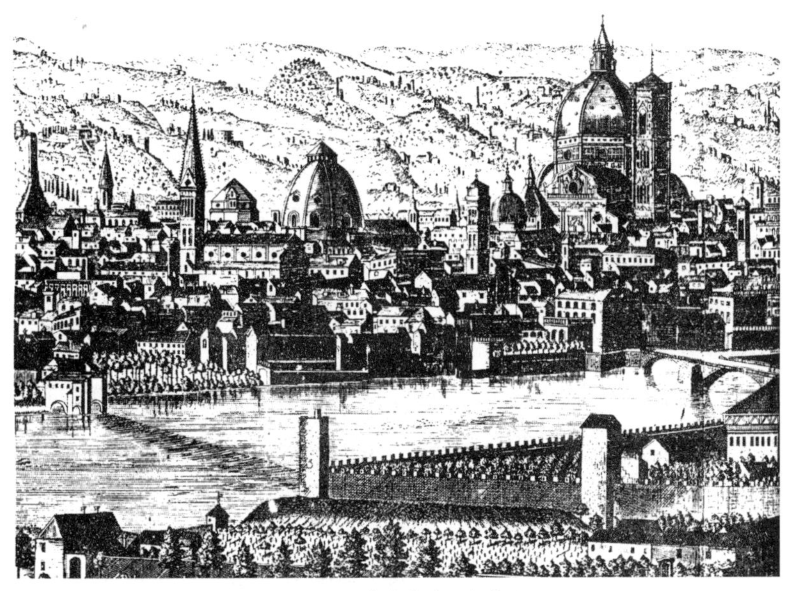

图 6–17　教堂的尖顶与穹顶

城市的高层、小高层建筑突出于主体空间，城市的低层建筑低于主体空间，形成城市空间形态的变化，同时又在主体空间的统一之中。

除上述空间外，其余部分的城市空间原则上以不破坏城市主体空间的形态，不破坏地块空间的形态为限。可针对具体情况灵活处理，在形态与高度方面可以有所突破。

6.6.7　城市总体功能体系规划设计

1. 城市功能体系发展分析

古希腊及古罗马时期的单核心城市，其城市核心（节点）的功能为综合性的，而且不很复杂，如古雅典、古罗马。城市的公共空间、集市广场，集城市的主要功能于一身，包括政治、经济、商贸、文化、城市公共生活等，成为城市唯一的功能核。城市的功能体系相对简单。随着社会的进步，城市的发展，城市功能不断地增加、膨胀，形成一个庞大、繁杂的系统。单核心城市空间系统的局限性，根本无法承载城市大量的功能负荷，城市的功能核向多元化、系统化发展。城市功能核所承载的功能，向简单化、主导型发展。如帝国时代的罗马，出现了由帝王主持兴建的广场，纪念功能为其主导功能。也有行政功能、宗教功能主导的功能核（广场），由众多不同主导功能的功能核，构成庞大、复杂的城市功能体系。

当今的大连，人民广场是城市的行政中心，中山广场是城市的金融中心，以相对简单的功能构成，成为城市级的功能核，以这两个功能核为基础，结合其他的次级功能核，构成城市主要的混合功能轴。片区级的功能节点，大多以商服为主导功能，如三八广场、五一广场、西安路、长春路、新开路等片区级公共中心。街道级的功能节点同样以商服功能为主，成为街道级公共中心。城市的功能体系形成了与社会体系相适应的梯次与等级体系。

2. 城市功能体系设计的基本步骤与内容

在城市的发展过程中，许多城市都会生成较明显的功能节点与功能轴，成为城市功能体系的主体与基本支撑体系。城市的总体功能设计，主要是确定城市的功能节点，建立城市的功能结构体系。然后，在功能结构体系的控制下，确定城市的功能体系布局。城市总体功能体系设计，可分为三个步骤。

（1）功能节点布局。城市功能节点的布局，应综合考虑城市结构、功能分区等因素，以城市整体为对象，从宏观角度出发，实施总体控制。原则上城市的功能节点体系，应与城市结构的节点体系相吻合。实际操作中，赋予城市节点以城市功能，是城市总体功能设计的主要内容，也是其重点与基础。

（2）建立功能轴线体系。以城市的功能节点为核心，可以形成城市的功能轴线，构成城市的功能结构体系。

（3）城市功能体系布局。依据节点及轴线体系，构建城市不同的功能区划，城市的各种功能空间以某种功能为主导的混合形式形成面状分布或线状分布，形成城市的各种功能体系。

3. 城市功能节点体系设计的基本方法

城市功能节点体系设计的基本方法，是依据城市结构体系，进行功能节点体系规划。城市结构的节点体系，主要是以等级关系形成，城市的功能节点体系必须符合这种等级关系，使城市节点发挥相应等级的功效。确定城市的功能节点，主要是确定其功能，或者确定其主导功能。在城市结构体系中，城市级节点一般以市级的行政中心、金融商贸中心等城市的重要功能为主导功能，或者以代表城市特色的功能、历史文化要素等方面内容为主导功能，进行重点塑造。城市级的节点，其辐射、覆盖与服务、控制范围，必须等于或大于城市的整体范围，因为市级的核心节点，往往承担更大区域的服务功能。片区级功能节点，一般是城市次级节点，其功效影响范围，如服务人口、交通半径等，应覆盖整个或大部分片区。其功能类别，以满足城市片区的需求为目的进行设置，当然也可以赋予其主导功能。街道级、居住区级功能节点，通常是功能节点体系中最低等级的节点，其功能类别、控制（服务）范围，以满足城市街道、居住区的要求为目的进行设置。

城市功能体系规划设计的主要方法，是以城市的居住功能为本底，对城市的商服、教育、医疗、文化等公共功能体系进行布局。

6.6.8　城市总体景观体系规划设计

城市总体景观设计，主要是确定城市的景观结构体系，对城市的重要景观节点，提出明确的目标要求，确定景观主题、主体景观元素，以及其景观结构特性等，对城市的景观体系实施总体控制。城市的各种景观体系，以城市景观结构体系为基础，在其控制与组织下进行布局，形成城市整体景观体系。城市景观体系设计可分为节点体系、轴线体系与系统布局三个步骤。景观主题设计与主体景观设计，是景观设计的重点。

1. 景观结构与景观体系设计的基本方法

城市景观是塑造城市节点形象的重要因素，景观结构体系的形式必须与城市结构体系相吻合、相统一，绝不可各行其道。城市节点一经决定，城市景观节点就有了相应的依据，主要景观节点与城市的主要节点对应，次级景观节点与城市的次级节点对应，形成城市的景观节点体系，同时确立城市景观布局轴线，构成城市的景观结构体系。

城市中有多种景观体系，各种景观体系均应有其相应的节点体系，构成各自的结构系统。建筑景观、绿化景观、文化景观等均是城市中的主要景观体系，其节点布局必须与城市节点体系相对应。城市级节点是多种景观体系，如建筑、绿化、文化等景观体系的交会点，必然是建筑、绿化及文化等各种景观体系的重要节点，设置城市中最重要的建筑景观、绿化景观及文化景观等景观元素。次级城市节点则应次之，以形成显著的等级体系。城市的景观体系繁多，必须遵循上述原则，任何层面的规划设计都不得随意违背。尤其是旧城改造规划，随意地设置“地标”建筑，随意设置大规模、高等级的绿化景观，并不能体现较大的景观意义，只能破坏城市景观体系的规律性、系统性，没有规矩、规则，就不成规划。

设置与塑造景观节点，是城市总体景观设计基本的、主要的内容之一。首先，要对城市景观节点进行整体性的塑造，提出整体性、系统性设计理念，确立宏观目标。其次，要对每个节点，进行宏观层面的控制，确定系统的景观主题，确定序列、系列的景观主体元素。其中，特别重要的是城市核心节点的景观设计。城市的核心节点往往是城市的行政中心、政治中心、金融商贸中心等城市重要的功能节点，景观设计的目的是要确立其在城市景观体系中的核心位置，其他景观主题及主体景观元素的确定，都要以核心景观节点为参照标准，形成景观节点体系。

2. 景观主题设计

城市节点应该拥有主题，景观节点也同样。城市节点的主题往往是通过景观元素表达。景观主题是景观节点的灵魂，与城市节点一样，景观节点多以历史、文化、政治、纪念等意义的概念为主题。没有主题，或以含糊的、没有意义的概念为主题，是不可能，也无法塑造出特色鲜明的景观节点的。

作为城市的核心节点，应承载、内含城市级的景观主题，次级节点则次之，景观体系也应该如此。城市景观节点的主题与城市节点的主题、主导功能、等级相关，取决于城市的政治、经济、文化等因素。如前文所述，城市级的景观节点，必然选择城市级的核心节点，景观主题也应该体现城市核心节点的主题，或与其主体功能特性相关，并能达到塑造城市核心节点“核心景观”的效果。次级景观节点要选择城市的次级节点的主题，并表达其功能特性，形成次级的景观效果。例如，城市的核心节点是城市的行政中心，“行政”概念是主题，此景观节点的主题宜与“行政”相关，并以塑造行政中心为目标；城市的核心节点是城市的商贸中心，此景观节点的主题概念与商业贸易相关，并以塑造商贸中心为目标。

3. 确定主体景观

主体景观是承载、表达景观主题的主要景观元素，景观节点应该设置主体景观元素。就像城市节点具有等级体系一样，景观节点各种景观元素之间也应有等级的概念，以保证景观节点的主题明确、突出。通常情况下，景观节点不可以没有主体景观元素，也不能随便设定主体景观元素。例如，某城市的“博览中心”是城市的重要景观节点之一。其主体景观元素，宜选择突出“博览”功能的主题，但实际难以感知其主体景观何在。构图严谨、规模巨大的绿化广场景观，是博览中心最宏大、最令人震撼的景观元素。绿化景观较难体现“博览”的概念，又使得城市“博览中心”规模超大的博览建筑成为配角（景观）元素，结果导致城市的“博览中心”被“××广场”所代替。显然“博览”的主题被绿化广场淡化，甚至失去了应有的“博览”主题。假如该广场如今仍被称为“××博览广场”，说明该广场的主题与其功能相符。此例说明，主体景观宜与该节点的功能及景观主题相关，以免主次不分，主题模糊、不易理解。

城市中可作为主体景观的景观元素，主要有以下几种：①建筑是城市功能的主要载体，是城市中最主要的、最大量的景观元素，构成城市最主要的景观体系，一般情况下，城市的核心节点宜选择建筑为主体景观元素；②绿化景观是城市中主要的自然景观元素，也是城市中最宜人的景观元素，城市的某些节点，也可以绿化景观元素为主体景观；③文化景观同样是城市中重要的景观体系之一，往往是景观主题的主要载体，成为景观节点的主体景观元素。

6.6.9 城市总体色彩体系规划设计

城市总体色彩设计，就是对城市的建筑空间的色彩，进行符合色彩美学原理的设计。其目的有两点，一是确定城市色彩，二是对城市各类建筑空间元素的色彩，实施总体控制。其基本原则是整体性原则，视城市整体为一幅色彩设计作品，进行色彩设计。

面对庞大的城市，面对复杂的色彩世界，普通意义的色彩设计并没有实际的可行性。所以，城市色彩设计必须从总体控制角度出发，以城市整体为对象，协调城市整体与局部的色彩关系，由色彩学专家为城市建立一个色彩控制原则、体系。为构建美好的色彩环境制定相应的原则，奠定系统性的基础。

1. 城市色彩设计

（1）社会背景分析

前文定义了城市色彩，分析了其形成的原因，在城市发展的漫长历史中，很少城市的色彩是由设计师设计的。但是，社会的发展，使当今的城市较难形成统一的色彩。在当前的社会背景下，天然建材用量较小，人工建材的颜色几乎随心所欲，难以形成统一的色彩；官定城市色彩的现象几乎不可能出现；城市居民多样化的民族、地域背景，文化大交融的时代背景，也难以形成统一的文化取向；所以，当今的城市色彩趋于设计生成。对于现实的城市，有两种情形需要确定城市色彩，一种是新建的城市，一种是城市规模增加很大的城市。除了这两种情形，或是城市色彩已形成，或是没有城市色彩（需要设定）。

（2）确定城市色彩的载体

无疑，建筑是城市色彩的载体。但是，确定城市色彩的载体，还必须考虑城市色彩体系与城市空间体系的关系。城市空间体系中的主体空间，是城市空间形态变化的背景空间，同理，城市色彩也应是城市中色彩变化的背景色，城市色彩本质的意义也是城市的主体色彩。主体色彩与主体空间形成统一体，是城市色彩体系与空间体系的完美结合。居住建筑往往是城市中量最大的建筑，是城市主体空间的主要构成，满足上述条件要求，是城市色彩载体的首选。当然，城市色彩与城市空间的功能不存在必然的联系，城市中任何非城市色彩载体的元素，同样可以选择城市色彩为其颜色。

（3）确定城市色彩

从色彩学角度考虑，似乎可以设计一种适宜的城市色彩，但事实并非如此。原因很简单，色彩学原理不可能确定符合多数人心理需求的色彩。因而，城市色彩不应以色彩学标准确定，应该综合自然的、人文的多方面因素，经过一个相对合理的选择过程而确定。因此，设计的真正意义即是选择。

选择何种色彩为城市色彩，对于当今的城市来说比较难：似乎有许多科学道理，也似乎很不科学；似乎有色彩学原理的支撑，也似乎难以成立；似乎同城人应有近似的文化取向，也似乎不近人情。然而，尽管人对色彩的感受各不相同，但对于多数人来说，无论其文化取向如何，无论对色彩学的认识与理解如何，对色彩的好感相对容易取得一致，或者多数一致。所以，确定城市色彩，可以以多数人乐于接受为原则，即所谓“以人为本”。在当前的社会背景下，要做到以多数人的意愿为本并不难，电子问卷调查是可行的方法。确定城市色彩，可以采取设计与选择相结合的方法，由色彩学专家根据色彩科学提出基本的色彩组，通过问卷调查的方法，寻求最大化的认同率。这样确定的城市色彩更加科学、合理，能够取得更加普遍、广泛的城市应用意义。

2. 城市建筑色彩控制

建筑空间是城市的主体空间元素，所以城市建筑色彩是总体城市色彩设计的主要内容。城市色彩控制是城市总体色彩设计的宗旨。控制，即非设计，控制的意义在于确定可以或适宜选用的色彩系列，确定不可以或不适宜采用的色彩系列。这样的控制，不同于设计的关键理念在于色彩选择的自主性，在一定范围内，建筑师可以自主地选择色彩。事实上，城市总体规划层面的色彩设计，无需、也没必要对城市建筑的色彩进行设定，设定就会失去控制的科学性，合理性。

城市建筑色彩控制，主要有三项内容：①控制城市中最大量的建筑的色彩，以设定的城市色彩为主色调，保证城市色彩形成。城市中最大量的建筑类型，构成城市主体空间，是城市色彩的主要载体。需要说明的是，控制并不等于设定，大量型建筑的色彩不可以千篇一律，色彩的变化也是必需的。②控制城市节点的色彩，城市节点的色彩应与城市色彩形成对比的关系。以城市色彩为背景色，节点空间的色彩采用城市色彩的互补色，相对明亮，以突出城市节点。同时，城市节点的色彩的控制，也应考虑城市节点的功能、主题等相关因素，不同的节点，色彩应寻求变化，体现各自的特点。③控制轴线空间的色彩。轴线空间的色彩，应介于节点空间与主体空间的色彩之间。色彩效果比主体空间突出，逊色于节点空间的色彩效果。要形成与城市色彩相呼应的主色调，并注重变化，强调韵律、节奏效果，体现线性变化的特点。

上述三个方面，为城市色彩控制三方面的要点，是原则性的色彩控制，并非设定。城市色彩设计，应在上述原则的基础上，寻求变化，不拘泥于原则，由色彩艺术专家控制、设计，创造色彩缤纷的城市。

第 7 章

以广场为节点的 A 市总体城市设计

节点控制主导的城市设计方法，重要因素是节点。如果以城市广场为城市节点，此方法即是以城市广场为城市节点的城市设计，是以城市广场为主题的城市设计。对于任何城市，无论其是否以城市广场作为城市节点的载体，城市节点是必然有的。探讨城市广场与城市各种体系的关系及其作用与意义，研究以城市广场为城市节点的城市设计方法，对于任何城市的城市设计，都是有意义的。以广场为节点，使得城市节点具体化，可以避免空洞与抽象，宜于理解。本章以模型城市 A 市为设计对象，分析广场（节点）在城市各种体系中的作用，解析节点控制主导的城市设计方法基本的设计步骤、内容与方法，建立基本的理论体系模型。本章目的在于节点控制理论的公共性，使其具有广泛的应用意义。

7.1　城市广场型节点的优越性

7.1.1　品质优秀，核心概念突出

作为城市节点，城市广场具有多方面的优势，突出的地位与优秀的品质，“核”形的空间与核心的功能，使其成为城市节点的理想载体。所以，从古希腊至古罗马、巴黎、华盛顿、达里尼，城市广场无疑都是城市的核心空间。达里尼的城市设计，就是利用了广场的上述优势，以广场为城市节点，构建城市的结构体系。分析达里尼的规划设计，可以体会到设计师对“尼古拉耶夫核心”的重点塑造，利用广场空间的优秀品质，达到塑造城市核心空间的目的。首先，设计师采用对比的手法，通过诸多广场的区位、规模以及形态的相互对比，突出尼古拉耶夫广场：尼古拉耶夫广场设置于城市的核心部位，在空间区位上，处于核心地位；在具有完整空间形态的广场中，尼古拉耶夫广场是规模最大的广场，在空间规模上也处于重要地位；南北广场、东广场等其他较大规模的广场的空间形态，都是不规则的，尼古拉耶夫广场围合一规则的圆形广场，广场的空间形态是最完美的。其次，设计师还采用重点加强的方法，强调“尼古拉耶夫核心”，独具匠心地为尼古拉耶夫广场设置了一个“卫星广场”——西广场。西广场位于尼古拉耶夫广场西侧仅百米处，规模较小，似乎依附于尼古拉耶夫广场。如此，西广场起到了较为特殊的作用，拓展“尼古拉耶夫核心”的空间领域，加强其核心功能。由于达里尼采用广场为控制节点，因此才会有相对多的手段、方法，对节点进行加强，使其发挥更强大的控制作用。综合分析，广场型节点具有以下三方面的优势：

（1）广场是城市最具活力的空间。通常情况下，城市广场是城市中最重要的文化载体，体现城市历史与文化的积淀，展示特定的文化内涵，形成城市的文化特色；是城市重要职能的载体，聚集城市活力的细胞，发挥重要的城市效能；是城市空间艺术、建筑艺术的载体，具有高雅的艺术品质。丰厚的文化内涵与强大的城市功能，不凡的形象与优秀的品质，保证城市广场具有相对强的生命力，相对活跃的影响力。成为城市中最优秀的、最完美的、最重要的公共空间。

（2）广场具有点空间的特性，具有核的形态，核的气质。相对于城市整体空间，广场具有相对特殊的空间形态，与几百平方公里的空间相比，小小的广场可谓一个空间点。然而，点空间的形态与“核”的概念吻合，可使城市空间节点“核”的概念清晰、突出。“核”

的概念与气质，使城市广场成为城市中的重点、焦点与亮点。

（3）广场具有控制型空间的意义。一般来说，广场由多栋相对高大、重要、高品质的建筑组成，所以其空间有很强的扩张力，除了占有广场本身的实体空间外，广场可以拥有较大范围的虚空间，甚至是包含其他建筑的空间范围。这种特性反映出广场具有较强的控制力，确立了广场控制型的空间地位。

7.1.2 空间关联，结构紧密

基于点与线的（几何）关系，广场与道路构成城市相互关联的空间体系关系，建立起紧密的结构体系。分析达里尼的空间体系，达里尼的空间形态层次分明，结构严谨。以城市广场为核心，由相互重叠、相互融合，具有明显范围，但又界线模糊的，不同规模的空间体系，组成城市整体的空间体系（图 4–20）。如此紧密的系统关系，取决于城市空间的关联体系，即由城市广场与道路构成的空间关联体系。如图 7–1 所示，莫斯科大街、基耶夫斯基大街为达里尼的主要关联轴线，弗拉基米尔大街、乌伊茨泰大街、布劳斯别库街、萨姆索诺夫大街为次级关联轴线，这些轴线上分布着大大小小、形状各异的广场。这些轴线、广场构成的网架系统，犹如建筑的网架结构，保证城市空间具有紧密、稳固的结构关系与系统关系。同时，城市广场的空间形态、城市功能、城市形象等多方面，都存在着关联或呼应的关系，这种关系，同样能建立城市空间紧密的结构与系统关系。分析达里尼的广场体系，南北广场、东广场、敷岛广场、朝日广场，以及其他广场，以不同形式的空间形态、形象，不同的功能，不同的品质，塑造了较明显的不同层次与不同等级的系统关系。这种关系体系，是城市节点必须具备的系统关系。

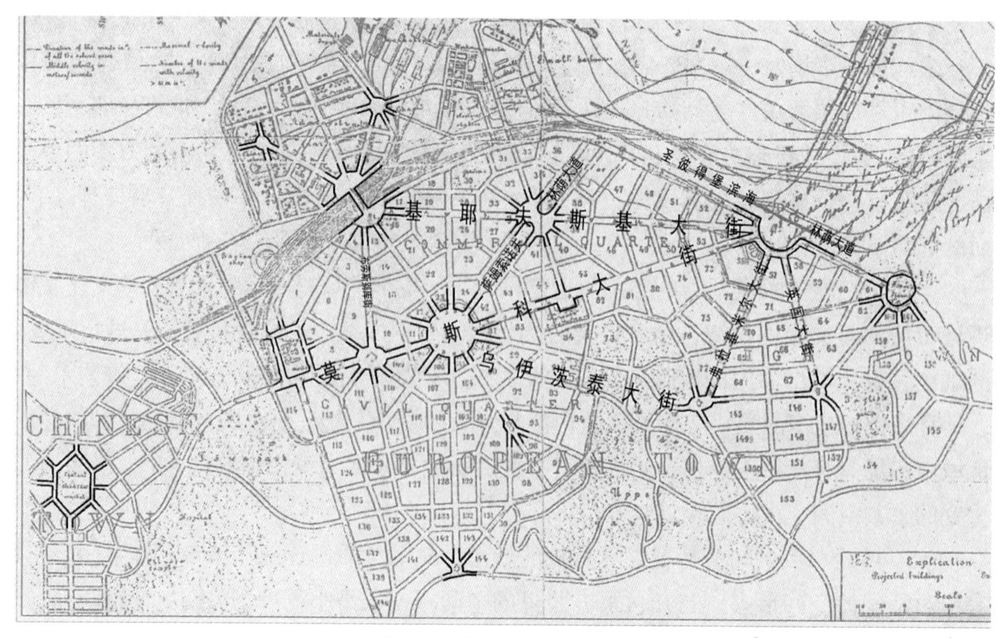

图 7–1　达里尼城市空间体系关联系统分析图

7.2　城市广场与城市文化体系

对于城市设计来说，城市文化是城市设计的主导思想之源，是城市设计的主题之源，也是做好城市设计之本。所以，了解城市文化的过去与现在，设计城市文化的未来，是城市设计首要的，也是重要的内容。A 市为模型城市，无所谓文化，不作此方面的设计，在此只进行具有广泛意义的方法解析，说明广场（节点）在文化体系中的作用与意义，以及如何以广场为核心建立城市的文化体系。

7.2.1　以广场体系凸显文化体系

城市广场与城市的主导文化、民俗文化、特色文化有密切的关系。城市广场往往是城市文化的主要载体，如北京的天安门广场，大连的奥林匹克广场、海军广场等。各种文化广场在当今的城市中，起到传承历史文化，倡导时代文化，彰显文化特色，装点文化景观，提高文化品位等多种作用，是城市中不可或缺的重要元素。作为城市的重要空间元素，城市广场体系可成为城市文化体系的重要载体，起到节点和标志性的作用。二者结合，城市广场体系表达与展示城市文化体系，城市文化体系作为城市广场体系的文化内涵，赋予其生命力。

空间的文化内涵有其隐性的一面，存在影响力及表达效果不足的一面。城市文化体系的设计，重点是要强化文化节点，凸显其文化内涵，创造浓厚的、繁荣的文化氛围。在繁荣城市文化方面，广场是较理想的空间载体。微观层面，广场是城市的空间节点，应发挥其空间形态如体量、布局等优势，突出其文化节点的意义，凸显文化内涵。宏观层面，广场体系，是城市结构体系的基础，对城市空间体系具有控制与组织作用，具有较明显的文化内涵，可突出城市结构性的文化品位，从而强化城市整体的文化品质，使城市充满活力。

天安门广场，会聚了国家级的文化元素，故宫、人民大会堂、国家博物馆、人民英雄纪念碑、毛主席纪念堂等，承载着国家级的文化意义，充分体现出利用广场突出、强调文化意义的作用。历史悠久的、强大的文化内涵，也使天安门广场具有国家级的重要意义，成为中华人民共和国的核心。

7.2.2　广场与文化体系节点等级对应

城市广场具有等级体系，城市文化也有主导文化、主流文化、著名文化、特色文化、民俗文化等体系，二者应该建立相互对应的关系。一般情况下，城市级节点的广场对应于城市的主导文化、主流文化，城市的次级节点对应于特色文化、民俗文化。广场体系与文化体系，应形成相辅相成的、有机的系统关系。这种关系，宜于强化与凸显城市结构体系，加强其控制与组织作用，增强城市的整体性与秩序性。

大连是 20 世纪初始建的城市，达里尼的市长钟爱巴黎的明星广场，选择文艺复兴时期流行的古典主义城市文化建设大连。达里尼的主要居住对象是欧洲人，所以作为一个东方小城，要具有文艺复兴的城市文化特色，而广场体系与文化体系的结合，起到了决定性的作用。达里尼的尼古拉耶夫广场，是达里尼的核心广场，以其为核心建立的放射形、围合形空间体系，充分体现了巴洛克艺术风格，展示了欧洲古典主义的城市空间文化；周边的建筑，为罗马、哥特式等不同风格的建筑，凸显欧洲古典主义的建筑艺术，使广场成为欧洲古典建筑艺术的展厅。同样，人民广场庄严、稳重，也不失古老的典雅、浪漫。上述两大核心的广场，在城市中最具文化特色。其他广场如友好广场、三八广场则次之，其他广场再次之，最基础的是大片的民宅——欧式日本房片区。这种空间体系与文化体系协调的金字塔形的梯次关系，构建了城市的协调性、系统性与整体性，凸显了城市的结构体系及其对城市的控制与组织作用，建立了城市的秩序。

7.2.3 广场与其承载的文化风格协调

城市广场的空间形态、色彩以及各类元素，是其所承载的文化内涵的基本表象。一个广场的主题文化，透过广场的主体元素的形态、色彩等形式所表现。广场的整体风格，应与其所承载的主题文化的内涵相协调。

大连的“华乐广场”规划，由“华乐”引申出“华夏音乐”的概念，确立其文化主题为音乐。那么以华夏音乐为主题文化的广场，其文化载体元素应以中国风格为主，可以是象征古琴、古筝琴弦及五线谱的图案，可以是编钟、古筝，相应的建筑可以是中国古建筑的风格。但不可以是钢琴、小号与哥特风格的建筑，这些元素所表达的风格与主题不相符。而以纪念贝多芬为主题的广场，其表达元素则可以是欧式风格的。这种协调的关系，强调广场与其主题文化融为一体，避免“貌合神离”，达到形与神统一的效果。奥林匹克广场，是一个主题与文化内涵突出的广场，奥林匹克主题与体育文化铸就了广场之魂。

相反，星海广场矗立的华表，要表达什么主题？天干地支有何种文化意义？那本书与广场的主题有何种关系？各种景观元素承载的文化之间有何种渊源与系统关系？这些文化元素为什么要凑到一起？似乎无从得知。这样的广场，只能是大而广的绿化空间、活动空间，对于城市没有多大的文化意义，也难以表现广场本身的高雅品位，与中山广场比“相形见俗”。

7.3 城市广场与城市结构体系

《城市广场》一书对城市广场的意义作了较明晰的分析，城市广场对城市空间具有控制性意义，是城市和城市公共生活的核心，是一多元的社会机构，是社会融合的节点。这些意义，体现出广场具有城市结构性元素的基本特性。

总体城市设计，主要是城市总体形象的规划设计，该从何入手进行设计？相信许多人会有摸不着头脑的感觉，这是因为当今的总体城市设计理论及方法存在一定的不明确性。按照节点控制法，总体城市设计首要的是确定城市的结构模式，建立城市的结构体系。美国著名的城市规划师杰拉尔德·克兰的理论说明，确定城市结构体系，研究主要结构元素之间的关系是城市设计的重要工作。城市结构体系是城市发展的基础，在城市设计所涉及的范畴内，城市的一切都源于城市的结构体系。所以，总体城市设计应以确定城市结构为重点与起点。旧大连城市规划的重点与起点，是以城市广场作为城市的基础性结构元素，塑造城市的结构体系。

7.3.1　以广场为核心构建城市的结构体系

1. 确定城市的结构模式

城市的结构模式与城市的环境、基地、城市规模等自然因素，以及城市的政治、经济、文化等人文因素相关。前文讨论过，建设基地的形状及规模与城市的运行机制相关，是确定城市结构模式的基本依据。一般情况下可根据城市用地的形态和规模，确定的城市运行机制，进而确定城市的结构模式。通常，带状城市、大城市不宜采用单核心模式，而规模较小的城市宜采用单核心模式。另外，还要依据城市的性质、社会、文化等因素，选择城市的结构模式。国家首都、省会城市（省、市两级功能中心）、区域核心城市、普通城市等，不同等级、规模的城市，其结构模式可能不尽相同。多民族社会结构的城市，或许要根据社会结构的特点确定城市结构模式。当然，还有其他影响城市结构模式的因素，需要全面的分析，也需要主、次分明。

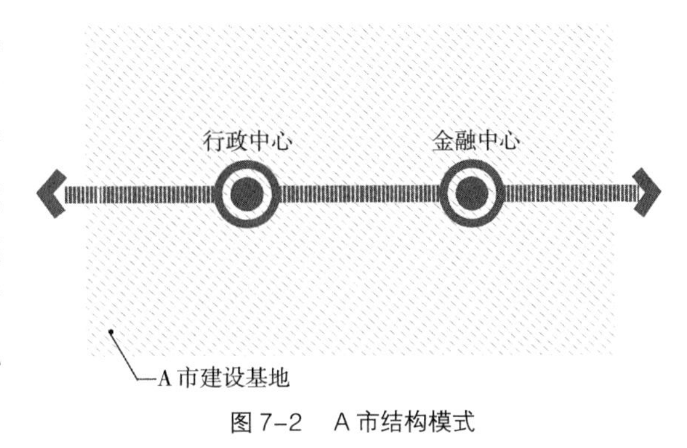

图 7–2　A 市结构模式

以城市广场确定城市的结构模式，是效果较突出的结构设计方法。城市的核心节点，应为城市中的核心广场。设置一个核心型城市广场，确定单核心的结构模式，设置多个核心型城市广场，确定多核心的结构模式；核心广场为城市级节点，即所谓城市的“核”。根据达里尼的实际情况，俄国人为其确定了“单核单轴”的结构模式，在城市空间的中心设置尼古拉耶夫广场，将其塑造为城市的核心控制节点。如图 7–2 所示，两个核心型广场，确定“双核单轴”的城市结构模式。A 市是一个普通城市，城市规模较大，基地形状东西长，其运行机制应是沿东西方向运动为主导。所以，东西并列设置两个城市级核心广场，建立城市的主轴线，形成“双核单轴”的结构模式。

2. 确定城市的结构体系

结构模式确定后，就可以建立城市的结构体系。城市内部体系关系，也是城市的结构模式、体系设计应重点考虑的。要综合考虑城市的文化体系、空间体系、景观体系、交通体系等之间的相互关系，协调城市的各类体系的运动、发展，尽可能全面地分析相关因素，进行综合性、系统性的设计。城市的结构体系，以城市级节点为核心建立，应与城市的社会结构体系协调一致。

达里尼广场布局分析图（图 4–14）显示，城市广场的组合关系有明显的等级体系。尼古拉耶夫广场的位置相对居中，规模大，形态规整完美，为达里尼的核心节点。南北广场、东广场为次级核心广场，二者均有各自的下级广场（子广场）。城市广场的等级体系与城市的节点体系一致，或者说城市广场确立了城市的节点体系。广场体系构成的结构体系，在空间体系、景观体系、交通体系的综合关系方面也取得了很好的效果。

参照达里尼的设计方法，以广场体系建立城市的结构体系。建立城市的节点体系，目的是对城市实施整体性的节点控制。以核心广场为主导设置城市广场体系，建立核心广场—次级广场—普通广场的等级体系，一般为 2 ~ 3 级，形成城市级核心—片区级核心—街道级核心—居住区级核心，即城市的节点体系。城市的节点体系一经确立，城市的结构体系便已成形。A 市的结构体系，如图 7-3 所示。

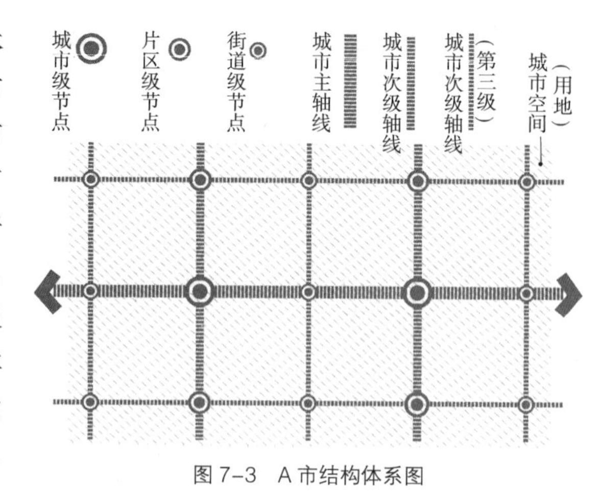

图 7-3　A 市结构体系图

7.3.2　广场加强与拓展城市结构体系的作用

1. 强化城市原有结构模式

对于某个具体城市，城市的结构体系已经成形，城市结构设计的意义已非上述的“确定”。城市广场的设置或改造，应以保护与强化原有的城市结构体系为目标，保证城市结构体系科学、合理的运动、发展，保证城市结构体系控制、组织作用的正常发挥。图 7-4 为 1938 年的长者町广场（人民广场），图中的关东州厅与地方法院均未建，属于规划建筑，东侧规划为广场南第二中学的运动场。图 7-5 为现人民广场，正中是大连市政府，西侧是市中级人民法院，东侧建有公安局。两图对比，可以明显看出，在城市的发展过程中，城市级节点的保护与逐步强化的作用。

2. 结构性拓展——改变结构模式

如果城市规模变化很大，城市原有的结构体系，难以维持其结构意义，达到其控制与组织正常发挥作用的临界状态，城市便会产生结构性溢出的要求，或者说动力。不作结构性的干预，随其自然发展，城市很难合理地拓展，保证城市功能的合理功效。对于这样的城市，设置新的城市广场体系，意义在于城市的结构性拓展，从而使城市的结构模式发生

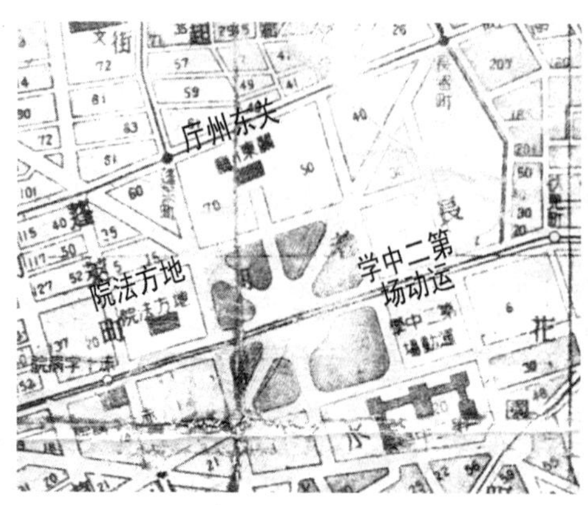

图 7-4　1938 年长者町广场规划图

图 7-5　大连市人民广场（原长者町广场）

改变，满足城市规模发展的需求。

日本人占领大连后，对城市进行了大规模拓展性的规划设计。城市广场作为基本的结构元素，在城市结构体系的生长发育过程中，充分体现了作为城市节点的载体，构筑城市结构体系的重要作用。尤其是长者町广场的设置，为旧大连确立了第二个“核”，并以其为核心建立新的城市广场体系，即建立新的城市节点体系，使城市的结构体系有效并合理地延伸拓展，满足城市大规模拓展的需求。如图 4–39 所示，通过驿前广场与希望广场（现）的过渡，长者町广场作为核心型广场，与三春广场、回春广场、大正广场等广场形成的体系，确立了城市的主轴线（现中山路—人民路、鲁迅路）。城市的扩展部分与达里尼，通过城市广场体系的拓展建立了整体性的、协调的结构关系，形成统一的结构体系。

7.3.3　以广场为核心构建城市结构形态之美

城市的结构体系决定城市的整体形态，是建立城市美的基础，应特别注重城市美学。城市结构形式的美，同样适用形式美的法则，均衡、对称，变化、统一，和谐、对比，节奏、韵律，等等，是构筑城市形态美的基本方法。城市结构体系的形态决定城市风格，反映城市的文化特色，不同的地域、民族，不同的历史时期，要求城市不同的文化特色。因而，城市结构体系的形态设计，应注重城市风格，注重文化特色。城市的结构体系决定城市广场的布局，城市广场的布局决定城市空间体系的布局，所以城市结构体系设计还需要考虑城市空间体系的布局。

不容置疑，达里尼是一座美丽的城市，其结构形式，体现了较完美的欧洲古典主义的城市风格。以城市广场为节点的斜轴线结构体系，围合形的空间形态，是典型的巴洛克风格，充分地展示出欧洲古典主义城市的文化色彩。分析城市的平面图，其中展现出很高的城市美学的造诣，城市的美学设计巧妙地应用了构成艺术等方法（图 4–7 ~ 图 4–9）。以点构成艺术与节点控制手段的结合，以线构成艺术与城市的轴线体系结合，完美地展现出城市结构形式的美。以城市的结构体系为基础形成的点、线系统，限定生成了城市的空间体系，其平面形态又展现了美妙的面构成艺术。如此，达里尼的规划设计，从结构体系构筑起始，为城市的整体美奠定了基础。

7.3.4　确定城市广场的布局形式

以城市广场作为城市节点，广场布局就应以城市结构体系为基础，首先满足构筑城市结构体系的要求，以城市结构体系的科学性与合理性为原则。城市广场的布局，重点考虑城市级核心广场的布局，塑造核心广场的核心地位，强调其结构性的标志作用。以核心广场为根本，构建城市的广场体系。广场布局要保证较强的系统性，突出等级体系，强调秩序性。

城市广场的布局形式，可以在城市结构体系的基础上有所变化，灵活布局。但不能扰乱城市的结构体系，广场体系与结构体系应保证基本一致。在保证系统性的基础上，城市广场布局，也要灵活、多变，设置极少的游离于体系之外的广场，丰富广场的布局形式。但这类广场的规模不宜过大，数量不宜过多，否则会影响城市广场布局的系统性。

旧大连的城市广场的布局，很好地保证了广场体系的结构意义，达里尼的广场以尼古

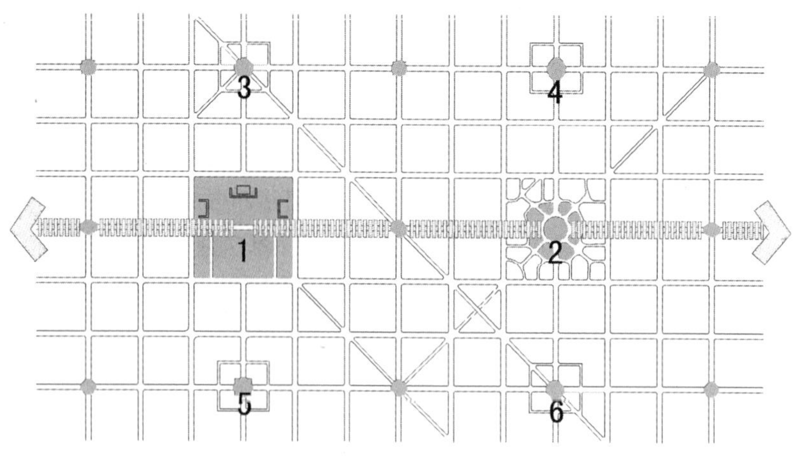

图 7-6 A 市广场布局图

拉耶夫广场为核心，群落式布局；西部城区的广场以长者町广场为核心，线形布局。广场的等级关系明显，系统性强，核心突出。

如图 7-6 所示，A 市的广场按照其城市的节点体系布局，设置两个城市级核心广场——1 号广场及 2 号广场，其他为次级广场，等级体系与节点体系吻合。由 1 号和 2 号广场为核心，构成东、西两个广场体系。在每个广场体系中，都含有次级广场体系，分别为以 3 号、4 号、5 号、6 号广场为次级核心的子广场体系。斜线的支路，建立广场的关联关系，使得广场布局具有明显的体系划分，又有相互的沟通，强调广场布局的整体性与结构体系的稳固性。再次级广场不作详尽设计，可在下一级设计中进行详细的规划设计。A 市只是研究城市广场与城市结构体系、空间体系关系的示例，此图中每一个空间节点都设计为广场，并不是强调广场是空间节点的唯一形式。广场的布局形式应与城市结构体系一致、吻合，但并不要求每一个节点都必定是广场。这样才能体现出变化，更加凸显广场对于城市的意义与重要性。

7.4 城市广场与城市交通体系

7.4.1 广场与城市交通结构

城市广场为城市结构体系的节点，并确立城市轴线体系——城市的主体框架体系。城市广场为城市大型公共设施最集中的点状公共空间，而城市主体框架体系，为城市大型公共设施分布最密集的带状公共空间体系，二者共同组成控制城市生活的公共体系，即所谓城市的结构体系。城市广场是人流、车流的聚散点，城市带状公共体系是城市交通量最大的系统，二者构成的系统，是城市运动最频繁，会聚城市位移运动元素量最大的系统。可以说，城市结构体系是聚集城市交通荷载的主要体系，对城市交通体系具有结构性的需求。城市的交通结构，或者说控制性、组织性的交通体系，必须与城市结构体系吻合，二者的有机结合，是城市交通结构体系建立的原则。显然，依据城市结构体系建立的城市交通结构体系，其图形与城市结构体系的图形相一致，A 市的城市交通结构体系的形态，可以参见图 7-20、图 7-21。

7.4.2 广场与城市交通体系

前文阐述过，城市结构为复合结构，是城市的空间结构，承载城市各种功能结构而形成的复合系统，城市的交通空间也是如此。城市广场为城市交通体系的节点空间，城市主体框架为城市的主干交通空间，二者构成城市的交通空间结构，构成交通空间体系的基础。交通空间承载对应的交通功能，以广场为核心，设置城市主要的交通集散与交接空间体系，以主干交通空间为基础，设置支线交通空间网络，构成分布合理、连接顺畅的城市干线——支线交通空间体系，为城市所有的位移运动元素提供方便、快捷的运行空间。另外，根据城市的具体情况，合理设置城市的专用交通空间体系，这类空间主要有以下五类：

（1）对外交通空间。包括外部交通体系与内部交通体系，或不同交通形式的交接节点空间，如城市与空港、陆港、水港连接点的交接与集散空间，包括通往空港、陆港、水港的专用交通空间。广场同样是内外交通体系交接点的必然形式，与专用交通空间结合，形成利于通行、集散与交接的交通空间体系。

（2）快速交通空间。此类空间为规模较大的城市提供局域间联系的交通系统，减少交通空间与城市其他空间的相互干扰，提高交通效率。

（3）静态交通空间。此类空间为城市提供停车空间。

（4）步行交通空间。此类空间为城市提供步行空间，为交通空间与城市各类空间的衔接空间。

（5）物流交通空间。此类空间系指专业的货物运输空间。

交通体系布局的基础，是城市的交通空间体系，即依据城市的交通空间体系布局城市交通的节点（交接、集散）体系及内部交通体系、外部交通体系、内外部联系交通体系，以及各类专用的交通体系。

7.4.3 确定适宜的交通形式

对于当代的交通工具而言，广场对于地面交通工具可谓交通拥堵点，是地面交通的最不利点。然而，无论有无城市广场，城市节点、轴线是必有的，必然存在城市运动最频繁、汇聚城市位移运动元素量最大的系统。因而，必须选择适宜的交通形式，构成城市主导型的交通运输体系，服务于城市的交通结构体系。当今的大城市，地下交通是解决节点、轴线交通问题的最佳方式，应成为大城市主导、控制型的交通形式。以地下交通系统为核心，结合地面的干线交通，解决城市结构性的交通问题，组织、构建城市的交通网络体系。

7.4.4 广场与交通运行机制优化

大型城市的交通拥挤问题，应视为一种正常的城市现象，尤其是节点与干线交通的拥挤现象。城市中，人人都有使用城市交通资源的权利，而城市对交通空间与时间的分配，并不是，也不可能人人有份，互不相干。交通组织的意义，在于形成一种需求与供给之间的、符合模糊理论概念的运动的平衡，应以缓解交通拥堵为主。

大量聚集的车流，会使得拥堵区段更加难以通过，而这种交通拥挤区段，并不是快速通过所能解决的问题，快速通过一点，不等于能快速完成完整的交通行为，快速很可能是导致大量车流聚集同一区段（拥堵区段）的原因之一。对于城市整体交通空间系统来说，局部的拥堵，大部分的空闲，是供给与需求的动态失衡，急于通过处没有空间，一些区段却空空荡荡。这种现象表明，交通体系的运动处于时间与空间不协调的状态，致使交通体系的运行不畅。大城市中心部位的交通拥堵，需要一定的限制手段，使得在单位时间内，进入中心拥堵区段的车流量达到最小。或者说均衡车流在城市道路系统内各区段的分布，调整时间与空间的协调机制，使之达到一个有机的动态平衡，以此来缓解中心区段的拥堵。城市广场或许可以起到减速器与均衡器的作用，让车流均匀分布，缓解城市中心区段的交通压力，达到优化城市交通运行机制的目的。

7.5　城市广场与城市空间体系

城市的空间体系设计，实质是划分、组织城市空间的平面关系的设计。意义是对城市空间实施整体性的节点控制与网格组织。城市的空间体系设计，首先要依据城市结构，确定空间结构，然后根据空间结构确定、构建空间体系，确定空间体系的平面形态。

7.5.1　以广场为核心构建城市空间体系

城市广场的空间形态，在城市的空间体系中只是一个点。点的意义，是广场在城市空间体系中的主导意义，也确定了广场对于城市空间体系的结构意义，空间节点是城市广场在空间体系中的结构特征。城市广场是城市空间结构体系的基本元素，也是最重要的元素，城市广场体系是构建城市空间结构体系的基础，是城市空间体系的控制点、核心点。

1. 空间结构体系设计

城市空间结构体系，应与城市结构体系相吻合，其中重点是城市的广场体系与城市的节点体系相吻合。城市广场的等级体系，是表达空间结构等级体系的最佳特征元素。与城市结构体系相同，城市的核心广场为城市级空间节点，次级的广场为片区级的空间节点，再次级的广场为街道级的空间节点。这样就建立起与城市结构体系协调的城市空间结构的节点体系，同时形成城市的轴线体系。城市广场与其所确立的空间体系的关系，为点与面的关系，空间结构体系设计，要以广场体系为基础，重点塑造城市的空间节点体系，体现点空间的控制——节点控制。

A 市空间结构体系与 A 市的城市结构体系，在形式上完全一致，如图 7–3 所示。广场的等级体系表达出空间节点的等级体系，空间节点的等级体系与城市节点的等级吻合，构成城市控制体系——城市节点体系的物质性基础。

2. 空间体系设计

城市的空间体系设计，需要依据空间结构体系进行，在结构体系的控制下，划分、组织城市的空间体系。城市空间体系设计，要以城市的轴线体系为基础，重要的是体现对城市空间的组织——网格组织。

城市空间体系的形式多样，要结合城市的具体情况，依据城市空间结构体系的形式，确定城市的空间体系。城市的空间体系必须与社会体系相适应，二者应有明确的等级对位关系；构建以不同等级的广场为核心的、与社会结构体系相对应的、不同等级的空间体系。A市的核心广场是城市级空间节点，是城市级空间体系的核心，以此节点为核心建立城市级空间体系，东西两个片区；次级的广场为街道级的节点，是街道级空间体系的核心，以此节点为核心，建立街道级空间体系；再次级的广场为小区级节点，是小区级空间体系的核心，以此节点为核心，建立小区级空间体系。所谓的网格组织，是通过道路网的设计实施的。城市的主、次轴线确定后，城市道路的主体框架——城市的“骨架”随之成形。城市结构体系的主轴线确立城市的主要道路，次轴线确立城市的次级道路。在此基础上，结合空间体系的设计构思，生成城市的道路网，建立城市各类空间元素之间的关联关系，达到“网格组织”的目的。

达里尼的空间体系设计，以尼古拉耶夫广场为核心，建立了城市级的空间体系；以东广场、南北广场、敷岛广场为核心建立了片区级的空间体系（图4–14、图4–20）。由于当时城市规模较小，社会结构体系较简单，产生了与其相适应的两级城市空间体系。放射形、围合形的空间体系，体现出向心型与突出核心的空间组织理念。

A市以1号、2号两个广场为核心，将城市划分为东、西两个大片区，并建立两个城市级空间体系；同时，以3号、4号、5号、6号广场（空间节点）为核心，构建城市片区级的空间体系；以其他的广场（空间节点）构建城市的街道级空间体系。

3. 空间体系风格设计

（1）空间体系艺术风格的基本形式

事实上，几种著名的欧洲古典主义的风格，实为艺术家的艺术风格，与社会的文化思潮相关。欧洲古代城市艺术史，即是艺术与建筑紧密结合的历史。天才的艺术家们把建筑视为展示他们艺术思想的重要载体，竭尽其艺术才华，耗费巨额财富，建造不朽的艺术建筑，展示了极具特色的艺术风格。巴洛克艺术风格，是文艺复兴时期较有特点的风格。从历史角度分析，空间体系的布局与艺术风格，可以归纳为两种基本形式，放射形、围合形的巴洛克风格，方格网形式的匠人营国、希波丹姆风格，大多城市都是这两种风格的混合风格。

（2）空间体系风格设计的原则

空间体系风格的选择，主要依据城市的文化体系。城市空间整体的、局部的布局及形态，应与城市的文化体系建立相应的关系。依据城市的文化节点体系，每个广场都有各自的文化主题。广场的空间文化形式，宜与主题文化形式相协调，或建立某种关系。

广场为城市空间体系的核心，风格设计要以广场为重点，凸显文化、风格特色。空间体系中的任何部分，不应在品质、特色方面超越其核心广场，要以广场构成的“点空间”为核心，为重点。其余部分应以体现朴实的民风为主，表达风格为辅。城市广场空间“浓墨重彩”，广场周围空间“轻描淡写”，这样的轻重关系，强调的是对比，以广场周围空间为背景，衬托、强调广场的特色。

（3）达里尼空间体系的风格

达里尼的建设，受文艺复兴文化的影响，反映古典主义的文化取向。达里尼的尼古拉耶夫广场，强调的是欧洲古典主义城市文化，采用放射形与围合形的空间形态，体现了巴洛克风格特色。广场周边的建筑空间，与其周围的街坊空间形成“月”与“星”的关系，好似“众星捧月”，烘托哥特式、罗马式等古典艺术建筑群，体现出浓浓的文艺复兴时期古典主义城市文化氛围。

4. 确定城市空间的平面形态

A 市为模型城市，无所谓文化取向与渊源，无所谓风格。前面作了城市的结构模式、结构体系、广场布局、道路网、空间体系五个方面的设计。事实上，上述过程是一个综合性的设计过程，任何一个体系都不可能单独成立。城市的结构模式、结构体系、空间体系与广场体系以及交通体系之间存在着本质的关联，其设计是不可分割的整体性设计，可划分的只是设计内容层面与逻辑关系层面。

上述设计过程，是一个以城市广场为主线，通过道路系统划分、组织城市空间平面关系的设计。经过上述设计，A 市空间的整体平面形态如图 7–6、图 7–7 所示。平面形态以方格体系为主，斜线路网强调变化。1 号广场为城市级节点，城市的行政中心，采用南北主轴，东西对称，矩形街坊，规整布局的形式。2 号广场为城市级节点，城市的商贸中心，采用不规则形地块、灵活布局的形式。两个广场形成对比关系，相互衬托，强调各自特色。

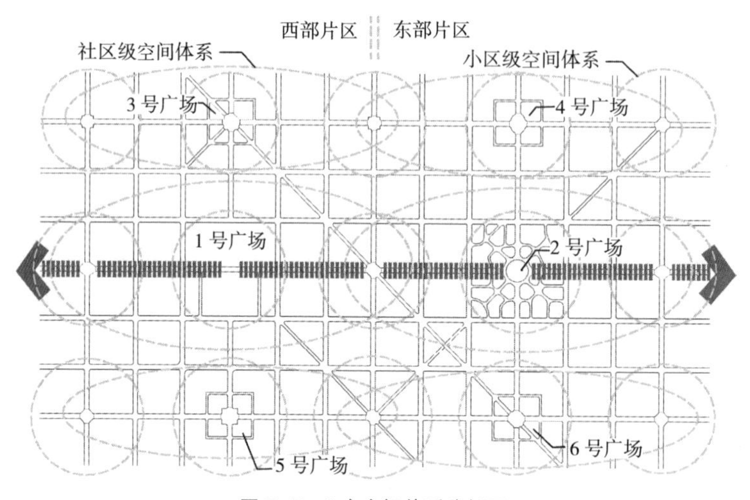

图 7–7　A 市空间体系分析图

7.5.2　以广场为核心塑造城市的空间形态

1. 空间形态设计的主要内容与原则

（1）空间形态设计的主要内容

确定城市空间形态的主要内容，是城市空间三要素的设计，目的是确定城市的三维形态。空间三要素是决定城市整体空间形态的基本要素，对城市的宏观形态的形成，起着决定性的作用。空间三要素之间的关系，类似几何学中点、线、面的关系，体现的是节点控制的基本主导思想：“点控制线，线控制面”。在城市总体规划层面，确定空间三要素的形态，可对城市空间实施点、线、面的三维整体性控制。其中，主要是核心节点与主轴线空间形态的确定。

（2）空间形态设计的主要原则

城市空间形态设计，关键点是城市天面高度的设计，在节点控制、网格组织的基础上，城市天面高度的确定，对城市空间的形成起决定性的作用，即天面定形。无论何种空间文化，都尊崇高大、宏伟的空间。为了强调节点空间，原则上，节点空间的天面要高于轴线空间的天面，轴线空间的天面要高于主体空间的天面，目的是要体现节点空间、轴线空间、主体空间之间的主次形态关系。

2. 城市广场（节点）空间形态设计

城市节点即城市广场，是人流的会聚点，也是城市的焦点。优秀的空间品质，使广场成为阅读、认识、理解城市的重点。城市广场的形态是城市空间形态的特征点与控制点，大连的众多城市广场均是如此。城市广场的形态设计，是城市空间形态设计的重点，对城市总体空间设计发挥"节点控制"的作用，即以点定（轴）线与以点带面的作用。

要达到控制城市整体空间的目的，广场空间必须具备相应的控制力，这种控制力源于广场空间的基本品质。首先，城市广场应具有明确的文化内涵，具有较高的文化品位，保证广场空间的生命力与活力。其次，广场空间的形要特别突出与优秀，体现出广场空间雄踞一方的气质。另外,广场要具有重要的公共功能,公共功能是体现广场控制力的主要因素。突出的形态、高贵的品质、强大的功能，可增强广场空间非物质性外延的势能，使其占有更大范围的虚空间，从而加强广场对周围空间的控制力。

（1）形态分析与控制

形态控制的目的是保证城市广场的空间形态给人以相对宽广、祥和、舒适而宜人的感觉。广场空间控制的原则，是保证广场的空间形态优于其周围的空间的形态。控制广场空间形态的方法，主要是控制广场空间水平面的尺度与围合面的高度。广场空间的平面尺度不宜过大，以避免广场点空间的特性向面空间转化。广场空间的高度，即围合面不宜过高，过高会产生压抑感，给人井底之蛙的感觉。在一定的范围内，广场的半径与广场的高度之比值，是确定广场形态的最直接、最根本的因素。

因而，引入"形态坡度"的概念，用以描述广场的形态，合理控制广场的空间形态。分析人对广场高度的视觉效果，首先广场要让人感到空间相对的宽广，当人从道路空间进入广场时，空间有一个敞开的过程与感觉，同时空间高度也不能过高，封闭感过强，要让人感到视线开阔、通透，不受遮挡。要体现广场"广"的概念，给人以"广"的感觉，这种感觉与广场的形态坡度值的大小有直接的关系。在一定的范围内，形态坡度值越大，"广"的感觉越弱；反之，"广"的感觉越强，如图 7-8 所示。

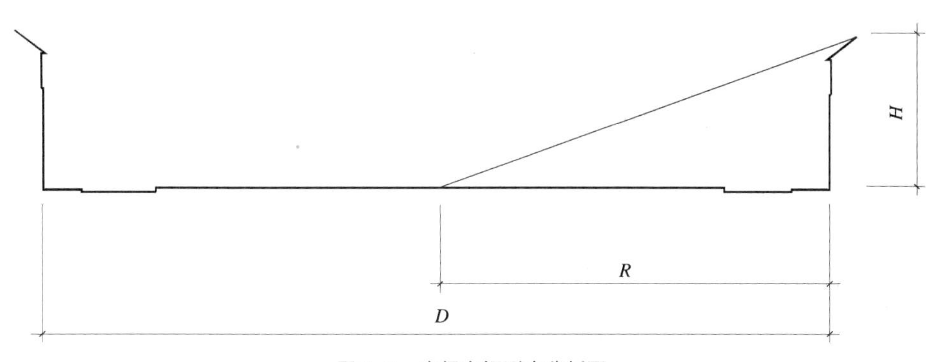

图 7-8　广场空间形态分析图

$$I = H / R$$

式中 I——广场的形态坡度；

H——广场围合界面的高度（m）；

R——广场的半径或广场的中心至广场边缘的距离（m）。

选择半径 R 为分析参数，目的是选取一个具有代表性的、科学性的参考点。对于一个理论上的广场，视点的位置可以是任意的，选择中心点作为参照，是因为其具有“分界点”的意义。定性地分析，如果以“好”与“不好”界定人对广场形态的视觉效果，当视距小于 R 时，效果不好，当视距大于 R 时效果较好。

建立起这样的关系，就可以分析形态坡度 I 的值，确定一个相对合理的数值范围，保证广场具有宜人的空间形态。前文介绍过，所谓“态”是人对形的感觉。人对广场的空间感觉，与人体工程学原理及心理学原理相关。眼睛是人感受空间的主要器官，视线分析是从人体工程学原理方面，分析人对广场空间的感受。广场空间形态的“优劣”，与人体对环境的感受相关，效果好与不好主要取决于心理，或许因人而异。从人体工程学角度出发，确定人的视域范围如图 7-9 所示。正常情况下，人的水平视域范围为 180°，垂直视域范围为水平线下 75°，水平线以上 55°。显然水平线以下没有意义，55° 以上已超出人对广场空间清晰、舒适的接受范围。“当高、宽比 =1：4 时，空间的界定感不强，使人感到很空旷”[①]，如图 7-10 所示。此时垂直视线的夹角不足 55° 的 1/3，“可见的天空面积的比例很大，是墙面的三倍”[②]。这种效果下的空旷会让人感到空间宽广与开阔，这样的感受正是广场给予人较为适宜的感受。

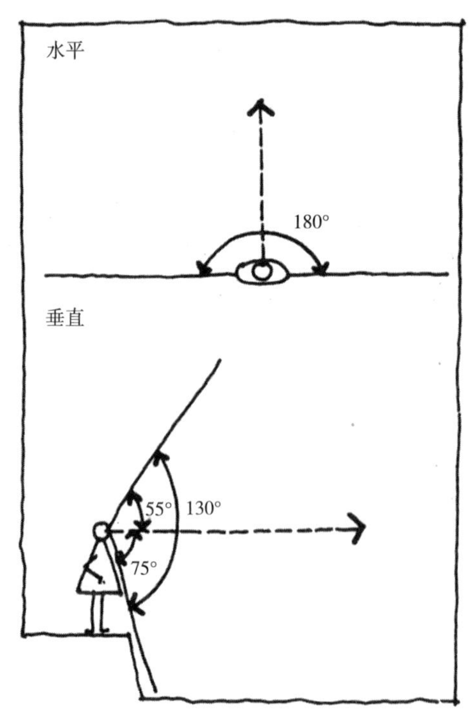

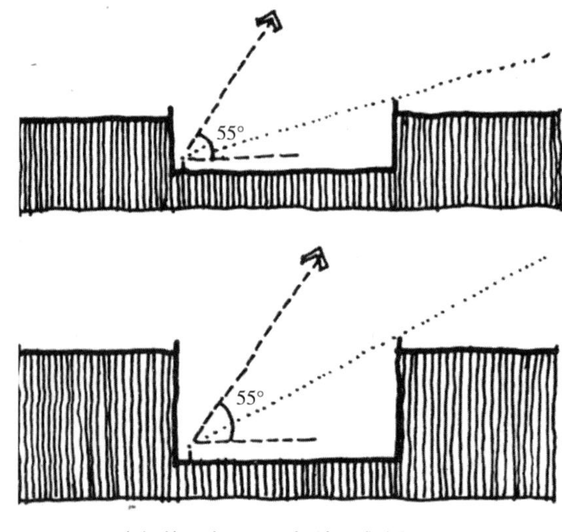

图 7-10 广场的围合、通透与封闭感分析图

图 7-9 人眼视域范围图

① 金广君. 图解城市设计 [M]. 北京：中国建筑工业出版社，2010：110.
② 金广君. 图解城市设计 [M]. 北京：中国建筑工业出版社，2010：110.

感觉不会得出一个规则的、确切的数的概念，只能得出具有广泛意义的、普遍意义的数值范围。上述分析，结合大连的广场，人眼相对舒适、感觉开阔的垂直视线角度为15°左右，对应的 I 值为0.27左右。以0.27为常数，当 R 为50m时，广场边建筑空间的高度 H 为13.5m左右时较为适宜；当 R 为75m时，H 为20.25，高度尚可；当 R 为100m时，广场边建筑空间的高度 H 为26.8m左右，达到高层建筑的高度，已属不宜的范围，广场虽大，但视觉效果趋于闭塞、不通透，空间的感受"不广"。

上述分析显示，R 值为50 ~ 75m时，H 值是容易被接受的，而 R 大于75m时，H 值则不容易被接受。此现象显示，广场的尺度不宜过大，过大的广场，即便 I 值适宜，即便很开阔、宽广，周边建筑空间达到高层建筑的高度，甚至超过20m都不易被接受。在这种情况下，经验数值 I=0.27便失去其经验的意义。因而，城市广场的直径在150m以内时，形态坡度 I=0.27，是一个恰当的形态控制值。上述分析也说明，当广场的半径 R 大于150m时，应以心理接受程度为标准，进行广场的形态控制，无论 R 值多大，H 值都不宜超过20m，H 值为主体建筑空间的高度，局部高度可以突破。巴黎著名的大型广场旺多姆广场（Place Vend ôme），位于巴黎老歌剧院与卢浮宫之间，呈切角长方形，长224m，宽213m；协和广场始建于1755年，由当时任职于路易十五宫廷的皇家建筑师雅克－安热·加布里埃（Jacques–Ange Gabriel）设计建造，工程历经20年，于1775年完工。加布里埃尔首先为协和广场设计了一个长360m，宽210m的广场，两个广场的主体建筑空间的高度都不超过20m。

（2）形体设计与控制

作为城市的节点型空间，广场的形体必须相对突出。要达到此目的，可从三个方面入手，对广场上的建筑空间进行重点塑造，即形体、形象、内涵三个方面。形体的突出，重在掌握对比的原则，一般情况下强调的是"高"，与周围的空间相比，广场建筑要高高在上、至高无上，古中国、古希腊、古罗马均是如此，追求重要建筑形体之高度突出。形的突出，广场空间具有高大的形体，是保证广场形体相对突出的决定性的因素。形体的高大，取决于广场空间的天面高度，广场空间的天面高度，应设计为空间三要素中最高的。

然而，当今的城市，高层建筑很普遍，根本不能保证广场空间高度的突出。广场空间要达到高于其他空间的要求，就会出现广场周边的建筑均为高层建筑的现象，这样便会导致广场概念的扭曲，形成怪异的桶状广场空间。尤其在旧城保护方面，如何保护城市广场的空间形态，不被高层建筑空间干扰与破坏，也面临着同样的尴尬。这种情况下需要采用一些特殊的设计方法，达到突出广场的形的目的。主要的方法，一是设置过渡空间，二是广场空间局部突出，三是色彩环境控制。

城市广场排斥高楼大厦，因为高楼大厦会夺走广场的地位，而凸显高层建筑本身。设置过渡空间，是保证城市广场空间突出的相对有效的基本方法。过渡空间要求整体性地低于城市广场的空间，这样的空间可布置在广场的周围，在过渡空间范围内不得有高于广场空间的元素，高层建筑通常要布置在此范围之外。如图7–11所示，其虚线范围内的地块应为过渡空间，在此范围内，不宜建高层建筑。高度是建筑空间形态的首要标志，绝对高度高的建筑空间，无论如何布置，往往都被认为比低的建筑空间突出。广场周围设置退让空间，不破坏广场的空间形态，并对广场形成"拱卫"之势，体现出广场空间的控制特性——

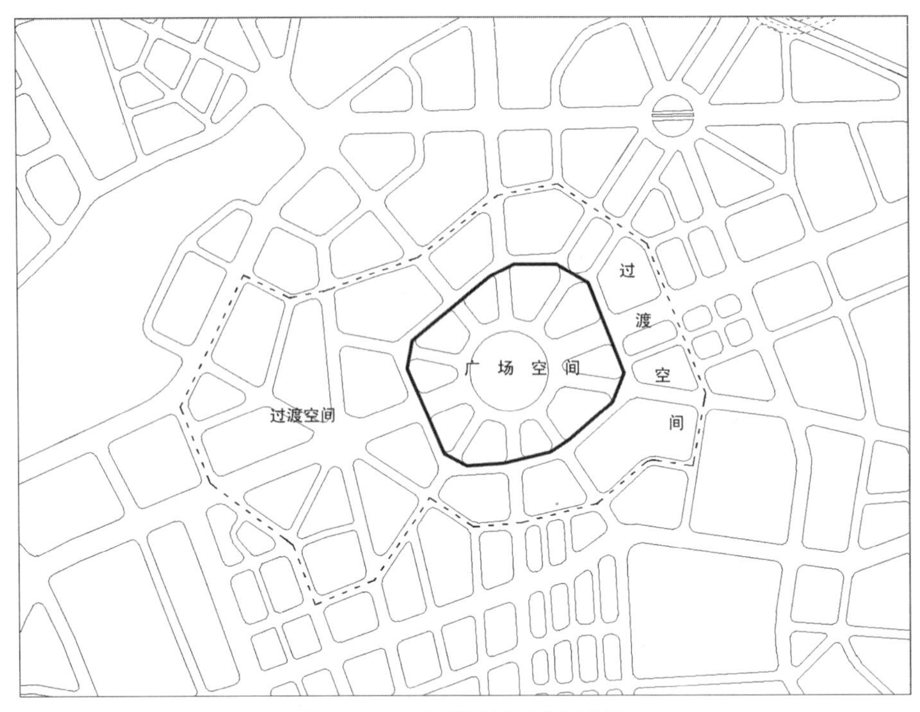

图 7-11 广场周围过渡空间示意图

在广场的周围没有高者存在的空间。这样既在局部保证广场空间的绝对高度，又从整体上强调广场空间的重要性，使城市的高层建筑群也相形见绌，最有效地保证广场空间的形的突出。这种方法，也是在旧城改造中，保护广场空间形态免遭破坏的有效手段。限制紧邻城市广场的地块的天面的高度，使其低于广场空间的高度，高层建筑成组，不连片，不破坏城市基本天面的形，不破坏城市主体空间的形就可以达到保持，或使得广场空间形的突出。广场空间的局部突出，也是较有效的常用方法。例如大连的中山广场，有的建筑主体并不是很高，为了要达到形体高大的效果，建筑的局部高高竖起，取得了很好的视觉效果。哥特式的教堂，其高高的尖顶用意便在于此。如图 7-12 所示，两个尖顶建筑的主体与其

图 7-12 空间局部凸起效果

图7-13　广场周边建筑与广场的关系分析图

相邻建筑的高度相同，尖顶高高凸起，使得建筑形体秀丽挺拔。广场空间采用这样的方法，可以保证主体空间，控制在适宜的高度范围内。局部的突出，既强调高度，又体现了变化，同时又保证视线的开敞与通透。

色彩环境控制，同样能够取得很好的效果。色彩控制的原则是，广场的背景空间的色彩，要起到衬托广场边建筑空间色彩的作用，犹如绿叶衬托红花。突破广场原有天面高度的建筑，无论距广场多远，只要在广场看得到，就应采用“弱色”，弱化色彩效果，虚化建筑轮廓，达到突出广场建筑色彩的目的。

反例，图7-13所示左侧圈位中的低层建筑，为广场边著名的十大建筑之一，庄严的欧洲古典主义建筑风格，很好地塑造了广场的形象。错误一，其西侧品质较差的高层建筑（本不应该建高层），采用了不恰当的色彩，使得广场边欧洲古典主义风格的建筑依然成为其裙房，突出的是新建的高层部分，让广场长高了；错误二，此高层建筑的建设经过了多次讨论，或者是设计者保守与不知所措，导致了错误的色彩设计方法，或者认为协调，色彩学原理的混淆，不同的色彩搭配合理的效果可谓“协调”，相同色彩搭配的效果应为“一致、统一”；错误三，此处应采用对比的方法，高层建筑反衬广场边的低层建筑，如采用其对面广场边古典建筑的老（深）灰色，会衬托出原白色建筑的明亮，突出广场边的建筑，且又色彩协调（真正的协调）；错误四，既然选择不应该的高层建筑，就要采取措施弱化与“隐藏”缺陷，质感的虚化，色彩的融化（融化在蓝色天空的背景色中，图右侧的高层建筑的色彩稍淡，接近天蓝色，便会有如此效果），才是正确的色彩设计思路、方法；错误五，无过渡色彩空间，紧邻广场内圈层的建筑，应为过渡色彩空间，其高度以略高于内圈层的建筑为宜，其色彩为其内、外圈层的建筑色彩之间鉴别性的“过渡”色，以使空间层次明显化，使人不会产生错误的视觉效果，将外圈层的建筑视为广场边的建筑。如图7-13中部的玻璃建筑，其现场的实际效果为，质感强烈、夺目的玻璃盒子已经成为广场的主角，就是矗立在广场内圈层的建筑，其下的古典建筑不得不被忽略不计。如果二者之间，建有一栋稍高的建筑，且采用适宜的过渡色，效果就会完全不同。

采用了不当的设计方法，就会得到不当的效果。实际上，这样异域文化色彩浓厚的城市广场，真正要保护的，应该重点保护的，是那浓浓的味道——文化氛围，然而如今这味道变得淡多了，不正确的保护方法，完全改变了广场的环境，破坏了文化氛围。只有夜幕才会隐去遗憾，抹平伤痕，在灯光的映射下，找回些许昔日的感觉。图 7–14 与图 7–15 为该广场的今昔对比图，通过比较可以看出城市的发展，也看出广场空间环境的变化。广场的空间形态发生了反向的变化，突出的是广场外的，求时髦（所谓“现代”、“未来”等概念）而“短寿”（时髦必有过时之时）的高层建筑，虽然这不是规划设计与管理者的初衷；广场的空间环境遭到了较严重的破坏，整体形态显得杂乱无章，只有场地还透出广场的气质，而城市的核心节点需要规矩与章法，建立与维护其形象；昔日的广场蕴含着古罗马、巴黎等城市的古典主义城市文化，荡漾着浓浓的异域风情，如今已经特色不再，可谓“千篇一律”、“千城一面”。

图 7–14　大连中山广场现状空间形态

图 7–15　大连中山广场旧状空间形态

（3）形象设计与控制

城市广场（节点）形象控制的目的是要保证广场空间的形象突出。广场的形象设计主要有四个方面的内容。一是赋予广场建筑空间强大的、重要的城市职能，凸显广场与城市的重要意义与地位。二是强调广场建筑空间的内涵，以丰厚的文化、悠长的历史，体现建筑空间深奥的生命力与生命特征，展示广场内在的美。三是强调广场建筑空间的质感，体现建筑的高尚、尊贵品质，主要取决于建筑材料的材质高贵与色彩的华美。四是赋予广场建筑空间高贵的艺术品质，以完美的艺术造型，震撼观者的心灵，使观者感受到突出于周边环境之美。

3. 城市轴线空间形态设计与控制

（1）轴线空间形态的塑造

节点控制法的空间结构特点，是以两个城市广场的连线，为城市空间结构体系的轴线。轴线空间也是城市中的重要空间，由城市相对重要建筑线形排列而形成。古罗马时代的奥斯蒂亚，是古典主义城市结构形式较初期的、典型的形态（见图2–7、图4–17）。“整个城市的空间布局呈‘Y’字形，东西走向，……几乎所有重要的城市设施都沿主路布置，构成明确、规律的线形城市空间。”①此段描述可以明确的是，古典城市的“重要设施”对城市轴线空间的塑造。文艺复兴时期的佛罗伦萨，也是“古典主义结构形式”的典型城市（见图4–34）。“作为文艺复兴的中心，佛罗伦萨人才云集，在经历了几代人、几十位建筑师和艺术家的创造性工作与精心设计之后，佛罗伦萨人完成了城市中心的最后两个端头节点：北端的安努齐亚塔广场（Piazza Annunziata）和南面的乌菲齐大街，从而确定了城市中心区域的最后造型。”②此段描述，阐述了广场、街道确定了空间区域的造型。两个城市的结构形式，充分反映出塑造城市轴线空间的意义，也反映出节点空间与轴线空间的关系。

（2）轴线空间形态设计的要点

轴线空间是体现城市空间特色的重要元素，应以城市的节点空间为核心，并与其文化内涵相协调，在两个城市广场空间之间，塑造富于变化的、韵律感较强的、品质较高的带状空间。城市的轴线带状空间，是在运动中阅读、认识城市的主要媒介，是城市运动美的载体。轴线空间形态设计，主要考虑两方面的问题：第一，轴线空间的形态，不宜超越两端的广场，轴线空间的天面高度，应介于节点空间与主体空间之间；第二，轴线空间要体现线性的动态美，注重变化，有重点，有高潮，也有平和与舒缓，形成律动美的城市空间。

（3）轴线空间的控制意义

轴线空间的控制意义在于，作为城市控制性的线形元素，以节点空间为控制点，搭建起控制与组织的网格体系，控制城市整体的空间形态，建立城市面空间的秩序与规律。

古代或当代，中国或其他国家，空间节点并不突出的城市也是存在的。《城市广场》一书中介绍：“在瑞士小城伯尔尼（Bern）则产生了另一种城市结构和集市广场类型，一种在德国南方、法国西南以及瑞士和奥地利地区非常具有代表性的类型：线形的街道式广场。”③这种结构类型的城市，突出的是带状城市空间与面状空间的线、面等级差别的空间秩序，其轴线空间的塑造与“节点型”广场的城市有所不同，但其空间的等级秩序是存在的，空间等级的塑造与表达形式也不会有大的差别。

4. 城市主体空间形态设计与控制

城市主体空间控制的目的是保证城市能够形成主体空间，限定城市的基本形态。犹如人的高矮、胖瘦反映人的基本形态一样，城市主体空间的形态，决定城市的“高矮、胖瘦”，反映城市的基本形态。城市的主体空间形态设计，重点是城市基本天面高度的设定。城市主体空间的基本天面高度，在城市空间三要素中，宜选择最低的。从空间艺术角度分析，

① 蔡永洁．城市广场[M]．南京：东南大学出版社，2006：21.
② 蔡永洁．城市广场[M]．南京：东南大学出版社，2006：40.
③ 蔡永洁．城市广场[M]．南京：东南大学出版社，2006：35.

城市的主体空间形态，是城市中相对朴素的、平静的元素，形成城市空间形态变化的背景，起到稳定与统一的作用。所以，城市主体空间形态设计的目标是塑造城市空间的整体美，并衬托出轴线空间与广场（节点）空间形态的美。确定城市主体空间之形的决定性元素，是城市的基本天面，城市主体空间形态的设计，重点是城市基本天面高度的设计。

（1）城市基本天面的构成

城市基本天面的形态取决于地块空间的组合形式，取决于城市大量性单元空间的高度。城市基本天面高度的设计，需要明确两个方面的问题，一是城市天面的竖向构成，二是城市天面的平面构成。城市基本天面的竖向构成，是由不同高度，但高度相近的，竖向关系紧密的单元空间的基本天面组合而成。城市基本天面的平面构成，是单元组合的概念，是城市空间的最小单元——地块的基本天面的组合。前文介绍过，确定城市基本天面的空间为城市的主体空间。一般来说，城市中量最大的建筑是住宅，城市基本天面的高度，应由大量高度相近的住宅的高度确定。即城市中大量的高度相近的住宅建筑空间，控制地块空间基本天面的高度，住宅建筑空间地块的基本天面，组合成为城市整体空间的基本天面。

（2）城市基本天面的高度

在我国，一般情况下多层住宅是城市中最大量的建筑，所以，多层住宅所确定的天面，可作为城市的基本天面。城市的多数住宅为低层时，基本天面的高度为 5 ~ 10m，多数住宅为多层时，基本天面的高度为 15 ~ 18m，当然也不尽相同。城市基本天面的高度并非统一的，宜与空间体系结合，形成不同的高度区域，但应保持协调的整体关系。

（3）城市基本天面的控制意义

现实中，城市基本天面反映城市空间的宏观效果、整体效果，并不强调单元空间平面关系的连续性，也不强调基本天面的完整性。如图 7-16 所示，A、B、C 三个地块，A 地块中局部建筑很高，但不影响空间的整体效果，局部“形”的变化对地块空间的“态”的影响不大。同理，中间的 B 地块，明显地高于 A、C 地块，且隔离这两个地块，但仍可以根据 A、C 地块的高度，确定三个地块的天面高度，因为 A、C 地块天面的高度，是更接近事实的平均高度，可以体现三个地块的整体形象，表达整体的形态效果。

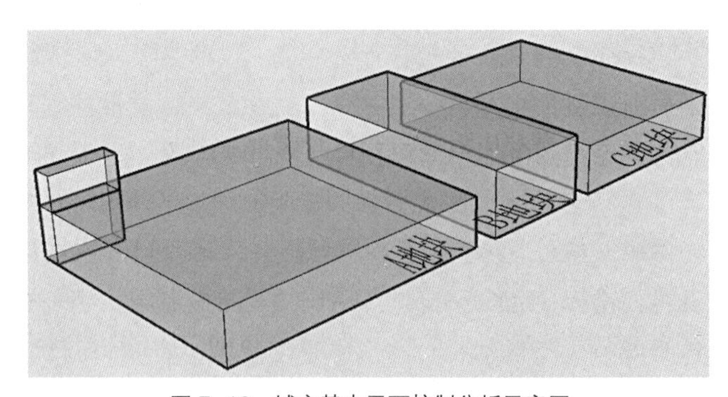

图 7-16　城市基本天面控制分析示意图

5. A 市空间形态设计

空间形态设计，除了满足城市功能的要求外，还要从城市设计角度出发，重点是塑造城市空间的美。城市空间的美学设计，重要的是依据形式美的法则，建立起城市空间的等级秩序，形成空间的变化与对比机制，塑造城市空间的整体美。无论古老的中国礼制，还是古希腊的民主文化，都造就了高尚的皇宫、州府与集市广场、教堂一类的高品质的城市空间，也必然存在“平民化”的低等级城市空间，城市社会的等级造就了城市空间的等级。

分析古代中国与古希腊、古罗马的城市，城市空间的等级主要有形体、品质与功能三个方面的表象，建立城市空间的等级秩序，须以此为基础。

城市空间的等级序列，塑造了城市的节点空间以及轴线空间，如古中国的皇宫与“市”，古雅典的集市广场与祭奠大道，古罗马时代的奥斯蒂亚、文艺复兴时期的佛罗伦萨等城市，都是利用城市的重要建筑，构筑城市的重要空间——广场、街道，体现空间等级的，塑造城市空间艺术的典型实例。

（1）建立形的等级秩序

节点、轴线与主体空间为城市空间的基本构成，三者之间形的关系，是城市空间形态的决定性因素。所以，城市空间形态的设计，首先要确定节点、轴线与主体空间的关系，即建立城市空间的等级秩序。前文中，A 市的结构模式、结构体系、广场布局、空间体系已经确定，城市空间的平面布局，即城市空间的平面形态已经定型。在此基础上，城市空间形态的确定，主要是确定城市节点、轴线与主体空间的基本天面。三部分空间天面高度的设计，即是 A 市空间形态设计的主要内容，是建立城市空间关系的主要设计手段。

前文曾经阐明，总体上，城市节点空间排位居前，城市主轴线空间次之，排后者为城市主体空间。城市天面的高度应反映出这样的关系，从形体上奠定基础性的空间关系。天面高度的设计，以目前我国多数城市的基本状况，确定城市的多层（5 层）住宅的高度为主体空间的天面高度；参照旧大连广场建筑空间的主体高度（低于 20m），确定节点空间的天面的设计高度；轴线空间介于二者之间。因而，A 市的天面高度设计如图 7–17 所示，节点空间的天面高度 *TMH*=20m，轴线空间的天面高度 *TMH*=17m，主体空间的天面高度 *TMH*=15m。按照此高度，建立 A 市整体空间的三维模型，如图 7–18 所示。

（2）建立品质的等级秩序

天面高度的确定，从高度上反映了城市空间的等级关系。高度的不同，是城市空间的形不同，属于宏观关系范畴。节点空间、轴线空间与主体空间的形，是城市整体空间之态的基础，但也不是唯一决定性的因素。微观层面，通过空间品质的塑造，通过人对空间之

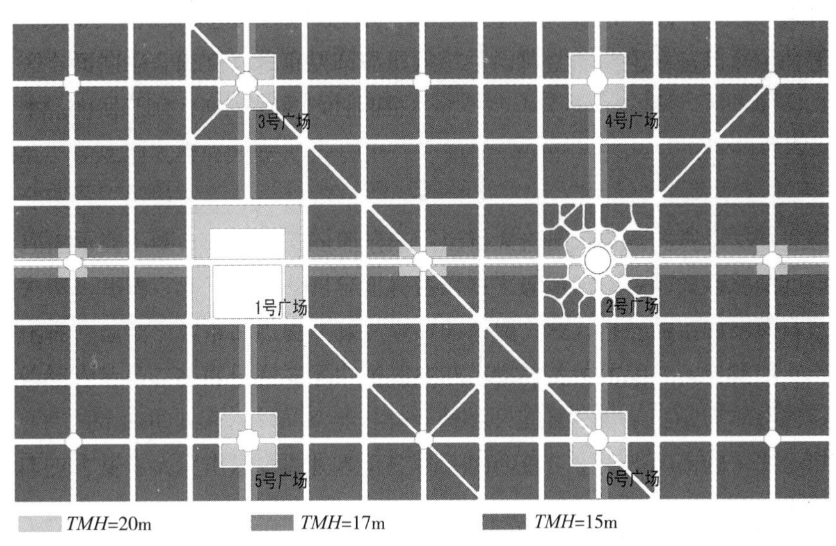

图 7–17　A 市天面高度控制图

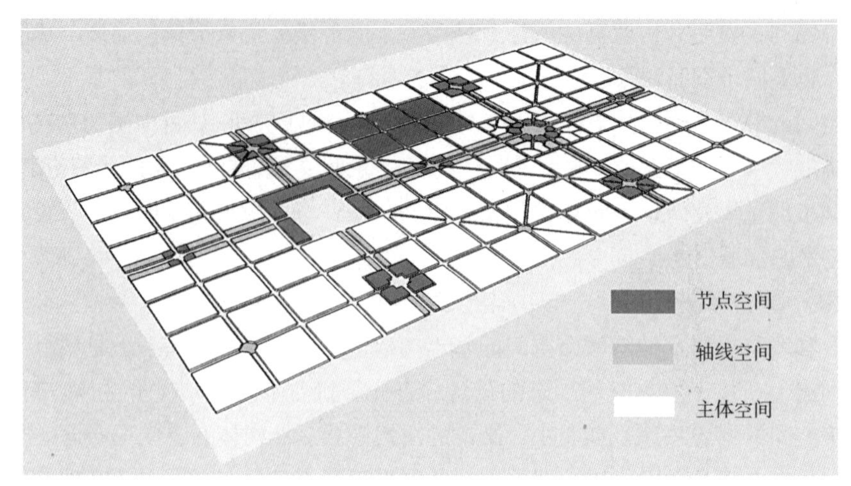

图 7-18　A 市总体空间形态控制图

态的感受，也可以建立城市空间的等级秩序。城市空间的品质，主要体现在塑造空间材料的材质、形质（形的品质）及色彩等方面。高贵的建材、高尚的形象、华丽而至尊的色彩，成就了高品质的宫殿、教堂、寺庙、宝塔等令人震撼、敬仰的建筑空间，与普通空间形成品质的等级。

（3）建立功能的等级秩序

城市空间是城市功能的载体，空间的功能对于城市重要性的差别，反映空间实用意义、等级的不同，形成城市空间城市意义的等级秩序。承载城市级功能的空间，如行政、金融、商服等功能的建筑空间，与承载片区级的同类功能的建筑空间，对于城市的重要性、发挥的作用与功能品质是不同级的，从而形成了功能性的等级秩序。塑造城市空间的等级秩序，当然也要予以体现。

（4）塑造秩序性的城市整体空间

所谓规划设计，即按照一定的规矩、计划进行设计。空间形态的设计，需要综合上述各类等级因素，进行点（节点）、线（轴线）、面（主体）的空间塑形，并结合形式美法则进行有序的组合，塑造有序的城市空间形态。城市空间等级秩序的建立，需要综合考虑空间的形体、品质、功能等因素，但并不要求面面俱到。例如，图 7-18 中的 1 号、2 号广场为城市级广场（节点），3 ~ 6 号广场为片区级广场（节点），主轴线上的三个小广场为街道及广场（节点），这些广场的天面的设计高度相同，并没有按等级设计，甚至一些小广场的天面设计高度与主体空间的天面高度相同，用地规模也未确定。这样的设计表明，在天面高度与用地规模方面并没有追求秩序性，但不等于不求秩序，可以从其他方面体现广场空间的等级秩序；但也不表明所有的广场空间都是一样高、规模不限，*TMH*=20m 只是局部地块空间的基本天面，是一个控制数值，地块内建筑空间的高度并不要求等高，空间规模可以据实际情况灵活选择。总之，无论采用何种方法、措施，只要获得明显的空间秩序感即可。

（5）秩序与变化

城市空间形态的设计需要中规中矩，但不能拘泥于上述原则与等级秩序，刻板地追求秩序、遵循原则，变化，变化，再变化。城市空间必然有客观事物的特性，变化是设计师的主观意识可以左右（设计），也不可以左右（执行）的规律。在原则与秩序的统一下，不拒绝并寻求变化，塑造多变而有序的城市整体空间形态，是城市空间形态设计的灵活性原则。

强调变化并不等于抛弃秩序，这就需要掌握变化的度，需要掌握变化的技巧与方法，取得美的效果。图7–18中，有6个深色地块空间，同样是主体空间，图中显示的基本天面的高度，与其周围的主体空间相同。如果选择该区域的空间，作为城市高层建筑用地会如何？空间的变化会产生如何效果？在此需要考虑以下几个方面的问题：

第一，该区域位于城市主体空间的范围，需要首先考虑高度的变化对城市总体形态的影响。该区域空间的规模，只占城市空间的一小部分，其高度的变化对整体空间形态影响不大，反而体现出空间形态的变化，不影响整体的变化即适度的变化。

第二，需要考虑该区域空间高度的变化，对城市广场（节点）空间环境的影响。该区域与1号、2号广场之间都有一定的距离，存在过渡空间，在适当的高度范围内，对广场的空间环境不会有大的影响以致达到破坏广场的空间形态的程度。如图7–19所示，尽可能减小h_2的值，是保证广场外圈层建筑对广场空间形态影响最小化的基本条件，可以想象，如果在广场上只能看到B建筑的檐口部分，B建筑不会干扰广场的空间形态。一般情况下，在人的可视角度范围内，广场外圈层的建筑B的可视高度h_2小于广场边建筑A的高度h_1的1/3为宜，以保证A建筑在视线范围内占有较大的空间比例，不失广场主体空间的地位。以可视空间面积的对比，弱化外圈层建筑的视觉效果，减少视觉环境的干扰。另外，空间的色彩与质感的虚化、弱化，在A、B之间设置过渡建筑空间，增加空间的纵深距离感等方法也可达到同样的目的。如果不采取适当的措施，便会产生视觉错位，外圈层建筑B的视觉位置内移如图中虚线所示的位置，将严重干扰视觉效果，破坏广场的空间形态。

第三，要考虑对轴线空间形态的影响。该区域与轴线空间有一定的距离，同样，如图上述分析，在适当的高度内不会对轴线空间形态产生过大的影响。

节点空间、轴线空间、主体空间是城市空间的基本组成部分，是城市空间形态的决定性因素。局部空间的变化，只要正确处理上述三类空间的关系，便可达到有序变化的目的，取得较好的空间形态设计效果。

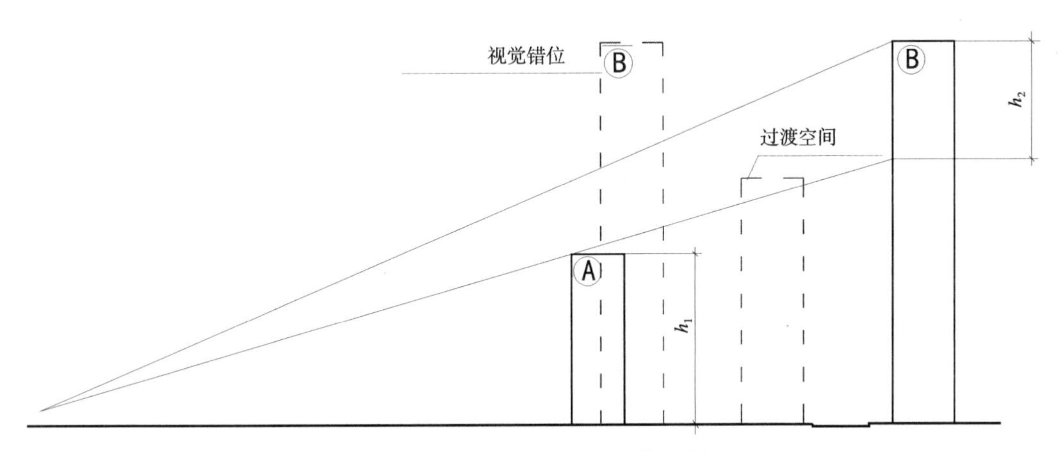

图7–19 广场周围过渡空间设置效果分析图

7.6 城市广场与城市功能体系

7.6.1 广场的功能结构特性

前文已讨论并明确，城市广场是重要的城市职能的载体，城市的功能结构体系是城市结构体系的重要内涵。所以，城市广场的功能结构特性与城市结构体系密切相关，应依据城市的节点体系确定广场的功能结构特性。广场作为城市功能节点的载体，其结构意义就是要充分发挥控制、组织城市功能体系的分布与运行状态，满足城市发展的需求，使城市功能的功效最大化。

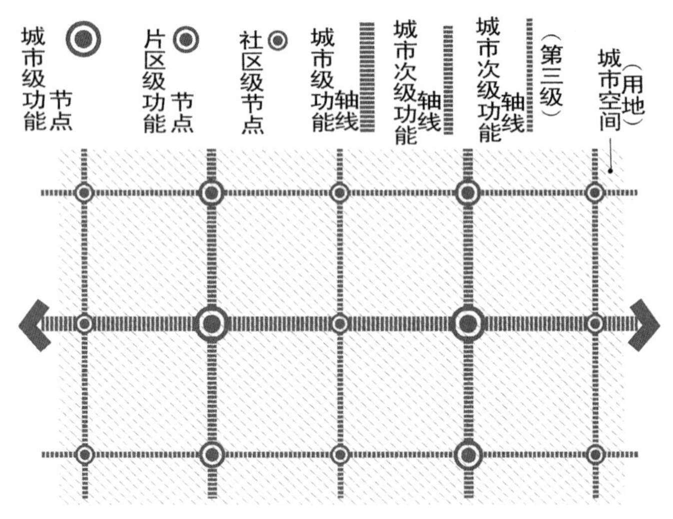

图 7-20 A 市功能结构体系图

在城市结构体系的基础上，确定广场的功能特性，建立城市功能结构体系，相对简单、明了。城市级核心广场（节点）为城市级的功能节点，片区级的广场（节点）为片区级的功能节点，街道级的广场（节点）为街道级的功能节点。如此，便可以确定每个城市广场的功能结构特性，并确立城市功能轴线的功能结构特性，从而建立起与城市结构特性有机结合的城市功能结构体系（图 7-20）。

7.6.2 广场的主导功能

确定城市广场的功能，是赋予广场城市职能，表达、体现广场的城市功能意义。确定了城市广场的功能结构特性，还需按每个广场的功能结构特性，赋予其相应的城市功能，赋予城市功能结构体系以城市功能的意义。

城市级的核心广场（节点），为城市级的功能核，应具有明显的主导功能。其功能可以是具有核心地位的城市功能，如城市的市级行政管理、商贸、金融等功能，也可以是城市主导性的功能。如以旅游功能为主导的旅游型城市，其核心广场的功能可以是城市的旅游管理行政功能，或者是城市的核心城市景观功能，也可以二者皆是。城市的次级广场（节点）为城市的次级功能核，或是片区级、街道级等，依此类推。“街道级”介于“片区级”与“居住区级”之间。城市广场的功能往往是综合性的，如确定广场的主体功能为金融功能，同时兼有商业、服务等功能，但有主次之分。

城市级广场（节点）的主导功能，必须是控制城市相关功能体系的功能核，非主导功能则不可与主导功能等同对待，以突出广场的主导功能。一个广场的主体功能为文化功能，广场就必须成为城市的文化中心，如果在广场边设置大型农贸市场，就必然会削弱文化功能与广场功能的主导地位。广场各类功能载体的设置必须有明确的主次关系，以表达广场功能的主与次，突出广场的主体功能。

图 7–21 为 A 市的功能布局结构图。1 号广场（见图 7–17）的主导功能为行政管理功能，2 号广场（见图 7–17）的主导功能为金融功能，这两个广场为城市级节点，设置较突出的主导性功能，一般情况下，行政中心的功能不宜为综合型。片区级、街道级的功能节点，其功能可以是综合性的，主要包括行政管理以及商业、服务业等功能。不同的城市，功能布局结构不尽相同，应结合城市的具体情况，选择功能节点的功能设置形式，或单一、或主导、或综合，为城市建立运行效率高、有益于城市发展的功能结构体系。

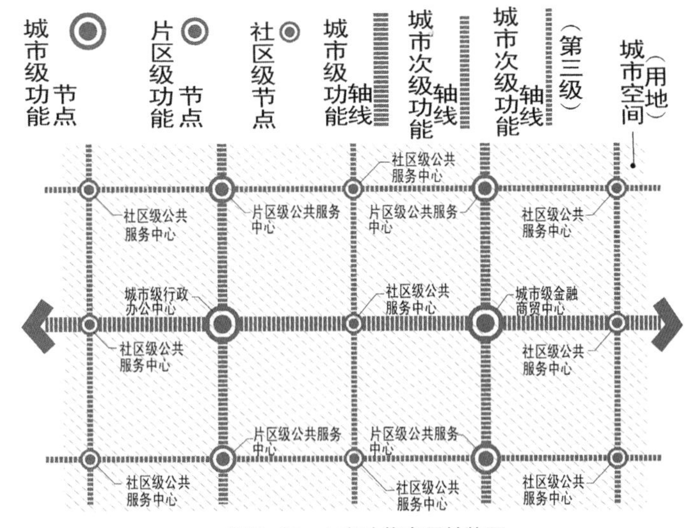

图 7–21　A 市功能布局结构图

7.7　城市广场与城市景观体系

7.7.1　广场的主导景观元素

研究城市广场与城市景观体系，首先要明确广场的主导景观元素。城市广场有两大主要景观元素，即建筑景观—人文景观和绿化景观—自然景观。在一定时期内，建筑具有不可改变性，是凝固的历史，优秀的建筑是永生的，具有不可抗拒的魅力，让世世代代的人去努力地呵护。绿化景观，实为用自然景观元素装点城市，与建筑景观相比，绿化景观生命力弱，具有较大的可变性，随着时代的变迁，绿化景观往往因人而异、因时而异，难以承载历史。据此意义，建筑景观与绿化景观相比较，建筑景观应成为广场的主导景观元素。另外，广场承载城市功能，承载城市的历史、文化，承载着人类的文明；建筑犹如人的眼睛，是广场形象的特征要素，也是城市的形象特征点；……建筑具有多方面的景观意义，而绿化景观却难以为之。理所当然，建筑是城市广场的主导性景观元素，广场的美不屑于场地图案的美，大连早期的广场可以证明这一点。

大连早期城市广场建设较注重建筑景观效果，与城市其他地段相比，广场上的建筑多数是高质量、高标准的建筑，一些建筑追求当时欧洲流行的艺术风格，具有较高的艺术品位，比如中山广场、人民广场。正因为上述两个广场上高标准的建筑，使两个广场成为大连最引人注目的城市景观，也使二者成为大连城市的灵魂。而这两个广场的绿化景观，包括其他景观元素，都发生过多次改变。以建筑景观为主导景观元素的规划理念，是大连早期城市广场景观规划较成功的经验。以建筑景观为主，人文景观与自然景观共同塑造了大连早期的广场，广场塑造了大连，广场的景观功能得到较完美的体现。

如今，一些城市广场的景观规划理念已发生了变化，俨然已变成了以绿化与小品为主的场地景观规划。精心的设计，严格的、多重的评审，设计师的心血，专家的脑细胞，塑造了不知何时会变的“景观”,广场周围的建筑却毫无章法地矗立着。城市广场的景观规划，关注点不应放在椭圆上，充满基地空间的大椭圆，实为不懂构图的“构图”，凸显的是幼稚的“大脸（可着纸画张脸）”构图艺术。欧洲那些异形广场广受赞誉，如果没有了建筑，异形的场地如何？还能称其为广场吗？建筑是广场景观意义的基础，没有漂亮的建筑，就没有漂亮的城市广场。

7.7.2 广场的景观结构特性

城市广场的景观结构特性与城市空间、城市功能、城市文化、城市交通等体系的结构特性，均取决于城市结构体系。城市景观结构体系与城市结构体系对应，城市景观节点的布局及特性，依据城市结构的节点体系而生成。城市结构体系的核心节点，必然是城市级核心景观节点，城市结构体系的片区级节点，必然是城市片区级景观节点，依此类推，确定每个广场的景观结构特性，建立城市景观结构体系。可见，城市景观结构体系图与城市功能结构体系图基本一致，只是“功能”变为“景观”。

城市景观节点，是复合型的景观载体，同时是城市的建筑、绿化、艺术品、广场家具等景观体系的交会点。作为城市的景观节点，广场的景观结构特性应体现出各类景观体系的结构特性，成为城市综合景观控制体系。

7.7.3 广场的景观主题与主体景观

1. 确定景观主题

（1）确定景观主题的意义

主题对于景观节点——城市广场是十分重要的，文化主题是广场的灵魂与生命，景观主题是广场景观元素的灵魂与生命，没有了主题，景观只是一个单纯的物体，或者是好看的物体。景观主题是景观设计重要理论依据，是设计主题之源，是景观设计之本，没有景观主题，不会有好的景观设计，也不会诞生好的景观。

（2）确定景观主题的原则与方法

城市广场为城市文化体系的节点，对城市文化体系的建设具有结构性的意义。广场主体景观的景观主题，应与城市的文化体系协调统一。城市级的广场为城市级文化节点，承载和体现城市主导与主流文化的主题，次级广场则次之。当然，城市景观主题的系统性，不仅仅表现为等级关系体系，也有类别等其他关系体系。城市的景观节点，其主题不应互不相干，应体现出相应的系统关系。

景观的主题与城市广场的文化主题、风格、主体功能等因素相关，可依据广场的文化、功能等因素确定。城市中的重要节点、具有较大影响的广场景观，往往是城市的景观性地标，不可随意而为之，不仅要主题明确，其主题还要对城市具有相应的主导意义。通常，广场的主体景观，可起到文化核心节点载体的作用，广场上主体景观的主题往往是城市主导文化的表达。

反例，大连星海广场，难以看出有何主题，可以说是一个无主题的大广场。该广场的实用功能为大连市的博览中心，具有鲜明的主导性的特色功能，“博览”应为该广场的概念性主题。相应的，广场的主题应与博览相关，主体景观的主题也应与博览相关。现实的星海广场，除了场馆外，与博览相关的概念无处可寻，更难觅其主题。正因为没有主题，导致所谓“设计”也只不过是摄取他处已有的东西集中到一起而已。无论是华表、脚印或是其他，广场上的任何元素，只不过都是没有灵魂的，好看的、美观的，或者是不美观的物体，或者说它们的内涵与广场不相干？或者是它们的主题深奥莫测，而等于没有？而让人易解的“大连市百年城雕”，那本写了一部分还在继续写的书，也太直白，它的寓意只表明，一本“记载过去，续写未来”的书，书的内容可寓意大连这座城市过去与未来的历史，仅此（可以是）而已。问题在于，它也完全可以是寓意“铁岭市”的过去与未来，也可以是“三里屯”的“十年村雕”，书中也可以记载着其下海洋世界的过去，续写海洋生物的未来。总而言之，一本书可承载的内涵太宽泛，不具备唯一性，与城市的关联度和其他事物等同，犹如定义人是动物一样，动物的种类何其多也，可以用动物的概念寓意“人”吗？此城雕作为任何城市的无论多少年的纪念雕塑都可以。可悲，一本打开的混凝土书了却了大连的百年，一个由沙俄帝国建立的，日本帝国建成并统治了 40 年的，具有近半个多世纪被殖民史的，归属祖国不足半个世纪的城市的百年；可悲，如此有别于“四海”的特殊的大连，只是一本“放之四海而皆成”的混凝土书；可悲，自从有了此书以后，偌大的海边广场的大部分区域就再也看不到海了。

正例，日本人投降后，苏军进驻大连长达十年之久。苏军撤离前，中国政府对苏军方面建造战胜日本帝国主义纪念碑和苏军将士纪念碑表态欢迎，但反对苏军建立马卡洛夫纪念碑和康特拉斯琴科纪念碑。中国政府表示，1904 ~ 1905 年的日俄战争是一场非正义的帝国主义战争，马卡洛夫和康特拉斯琴科作为沙俄军队的高级将领，都是侵略者。在新中国的土地上为侵略者立碑，中国人民从感情上无法接受。所以中国政府同意，在斯大林广场（现人民广场），建立“苏军烈士纪念碑”（图 7-22），大连人俗称为“大铜人”。

此碑的建立，对于俄国人来说，主题明确，寓意深远，对于广场的文化渊源来说，堪称点睛之笔。一方面，此碑具有纪念在收复东北过程中牺牲的苏军烈士的意义；另一方面，似乎有纪念“日俄战争烈士”的寓意；此外，比较欧洲的许多著名广场，不难看出，此碑的建立使广场具有较纯正的欧洲古典主义的巴洛克式的城市广场的艺术形式、布局方法、构成与形态，具有很浓的欧洲古典城市文化的味道，表现出特别正统的欧洲古典主义风格。日本人在大广场就设置了纪念性的人物雕塑，长者町广场或许原本也有这

图 7-22　苏军烈士纪念碑

样的设计。

正例，大铜人的迁移，造成人民广场“灵魂”的缺失，显得不是十分完美。假如纪念大连百年，把“大铜人请回来”，让中国的抗日烈士代替苏军烈士，此碑就成为“中国抗日烈士纪念碑”。作为市政府所在的行政中心，作为殖民者建立的城市的百年，作为具有半个世纪屈辱历史的城市，比任何城市都有缅怀反侵略战争的烈士，反对战争，倡导和平的历史必要。同时“中国抗日烈士纪念碑”可成为中、日、俄与大连那段（百年）历史渊源的见证与终结——终成正果。作为城市核心节点的主体景观，设置这样的主题，绝不会“放之四海而皆准”，具有符合大连这座城市的特定的文化内涵。

2. 确定主体景观

建筑是广场的主体景观，是永恒的无需确定的主体景观元素，在此需要研究的是广场上其他的景观元素的主次关系。

（1）主体景观体系

用以表达城市特色的景观元素，所构成的景观体系，可作为城市的主体景观体系。称之为体系，则每个广场的主体景观应具有系统关系。每个城市都有各自的特点，这些特点反映出城市的政治、经济、文化、自然等方面与其他城市的不同，这种不同或许会形成城市的特色。如果发掘、利用城市的特有的事物，能够形成正面的、积极的、有益于城市的因素，就可依此而形成城市的特色。景观元素往往是城市特色的载体，或者说，景观元素是表达城市特色的城市元素之一。比如，一个以钢铁工业为主导产业的城市，可以确定钢制的同质类景观体系，或者其他同类型景观体系，也可确定与钢铁相关的不同类型的景观体系，这样的景观体系就可作为城市的主导景观体系，或称之为主体景观体系。

（2）主体景观

一个广场，往往有很多的景观元素，需要确定这些元素间的主次关系，并且确定广场的主体景观。主体景观元素与城市的主体景观体系相关，如果城市的主体景观体系为雕塑艺术品，则广场的主体景观元素为雕塑艺术品；主体景观元素与广场的主题相关，为承载文化主题的主要景观元素。属于城市主体景观体系的，表达广场主题的景观元素，为广场的主体景观。主体景观为广场上的主要景观元素，所有景观元素的设计与布局，必须以主体景观元素为核心，突出主体景观元素。广场的主体景观，起着控制广场景观元素的作用，建立广场上众多景观元素间的协调关系，形成有机、协调的等级体系。如果没有能够起到这样作用的景观元素，广场的景观效果就会显得杂乱无章，难成体统。

反例，大连的星海广场。偌大的广场，建筑相对渺小，何谓主体景观？第一，或者广场设计不是有主题的设计，或者设计者应自行确立广场的主题，或者主题也不易辨别；第二，从位置、高度方面分析，似乎华表可以为主体景观元素，但没看出，也不理解其有何主张；第三，百年城雕应该成为主体景观？但低矮的造型很不醒目，灰灰的色彩最不亮丽，广泛的寓意难表其主，众人踩踏难显尊贵，如何担当得起。不能想象设计人为什么会选择它。

正例，大连的奥林匹克广场，具有明确的奥运主题，并设置艳丽的五环雕塑，为广场上的主体景观。以奥运五环为核心，诸多与体育相关的景观元素，运动场，体育用品商店，体育广告，商店橱窗，熙熙攘攘的车流、人流，激烈的比赛场景，欢乐的运动人群，共同演绎、奉献出奥运之魂，铸就了城市级景观节点。

3. 确定景观节点体系

明确了景观主题与主体景观，也明确了城市的景观体系的类别，就可依托城市广场建立城市的景观节点体系。城市的景观节点体系，应与城市结构体系保持一致，城市级景观节点，以城市级广场为载体，宜为各类景观体系城市级的节点，主要有建筑景观体系、绿化景观体系、艺术景观体系的节点等组成。城市级的景观节点，必然是城市中建筑景观、绿化景观、艺术景观等类型的景观之最，次级节点则次之，依此类推，建立城市各类景观的节点体系，确定了城市的景观节点体系，便形成了城市的景观结构体系。依据城市结构体系建立的城市景观结构体系，其图形与城市的结构体系相似，A 市的城市景观结构体系的形态，可以参见图 7–3 与图 7–20。

第 3 篇
节点控制法的适用性研究

本篇通过特定示例进一步研究、阐释“节点控制主导的城市设计方法”的适用性，按照节点控制法的设计步骤、内容、对象与目标要求，重点解析如何针对特定的城市系统地进行总体城市设计；解析塑造特定的城市核心区、城市重点地段与城市节点方法。进一步明确建立在城市核心节点控制下的城市各类元素系统性关系体系的方法，明确城市的整体与局部、宏观与微观的关系。如城市核心区与城市整体的关系，及其在城市中的地位与作用，城市重点地段、城市节点与城市整体的关系，及其在城市中的地位与作用，从而建立在节点控制下的秩序，进行秩序性的设计，建立秩序性的城市。

示例研究是理论的实践意义研究。节点控制法并不是与现行的规划方法完全脱离或完全不同，从实际应用角度出发，示例有偏重于常规规划设计的一面，不仅局限于节点控制法。目的是体现节点控制理论的公共性与普遍意义，更容易把节点控制理论与现实的规划设计相结合，凸显节点控制法的实用性。立足于从整体到细节的设计方法，全面、清晰、明确地对所设计的对象进行合理的设计。结合实际，详细地解析建立城市元素间系统关系与等级体系的方法，进行秩序性的设计。

第 8 章

庄河市总体城市设计研究

总体城市设计是总体城市规划主要的内容，对城市建设具有重要的、不可替代的控制与指导意义，是实现总体规划目标的重要规划设计环节。原则上，城市总体（规划）设计，应重视并深入研究城市文化的历史、现在与未来，以文化发展规划为基础，以经济发展规划为动力，以城市建设规划为主体，综合考虑城市各种功能体系的关系，着重规划设计城市的结构体系、空间体系与景观体系。

明确了城市总体设计的原则，还必须有科学、实用的理论与方法，“节点控制主导的城市设计方法”，实质上就是一种总体城市设计的理论及方法。节点控制法强调：节点控制、网格组织、天面定形。其中“节点控制”具有全面的设计意义，即城市的方方面面都在城市节点的控制之下；而“网格组织”、“天面定形”的主要意义是针对城市空间体系的设计。本章以辽东半岛东南部的庄河市为原型，解析节点控制法的理论与方法对于城市总体规划、总体城市设计的适用性。目的是以规划示例阐释以节点控制为主导的总体城市规划设计的具体方法、步骤及设计内容，研究节点控制法的适用性与实用性。

8.1　规划背景

对于节点控制主导的城市设计方法，背景研究除普遍的内容与意义外，应重点关注与城市节点的确定、塑造相关的背景信息，如自然环境对确定城市核心节点意义，对城市结构框架布局形式的影响，人文环境对城市节点的文化内涵影响，上位规划对城市节点主导功能确定的意义等方面。本节重点研究自然与人文背景，上位规划背景，关于城市结构的背景与城市设计的重点空间、景观、色彩现状背景。

8.1.1　庄河市的自然与人文背景

以下信息可成为城市节点的内涵与空间文化等方面的历史依据，是确定城市结构框架时延续历史文脉，凸显城市文化品位，体现城市规划目标等方面设计必须考虑的内容。这些背景信息，对庄河市城市核心节点及城市结构框架的确定具有基础性、约束性的意义。

庄河市是位于大连市北部，黄海北岸的一个县级市。城市建成区面积 30km^2，人口 30 余万；陆域面积 3841.5km^2，海域面积 2900km^2，大陆岸线长 215km。庄河市内及其周围有山、海、林、河、湿地、海岛，山海环抱，河川富饶，气候适宜，环境优美。这些背景信息，对庄河市城市核心节点及城市结构框架的确定具有基础性、约束性的意义。

庄河市与大连相似，始建于清末民初，庄河为庄河市的“母亲河”。城市依托于庄河与小寺河之间的陆地空间发展，初期沿庄河的西岸南北向发展，形成庄河老街，然后基于老街沿东西向的黄海大街发展。20 世纪 90 年代后，依黄海大街向南、北拓展，形成目前庄河市的中心城区，如图 8-1 所示。庄河市的城市建设，整体面貌、特色方面与城市的文化事业发展状态相符，整体上落后于高级别的城市。除了庄河老街外，大部分市区始建于 20 世纪 80 年代后期，与我国北方的县级市比较，没有特别之处。

庄河市是大连地区历史文化底蕴非常丰富的地区，具有一定的地方特色。民间传说海神娘娘惩日寇，大刀会的故事，积利城的传说，王官村的来历，荷花山的传说，九顶梅花山的传说。这些故事经过代代相传，衍化升华，变得美丽动人，脍炙人口，至今为人们所传颂。庄河剪纸为国家级非物质文化遗产保护项目。庄河东北大鼓、庄河皮影为省级非物质文化遗产保护项目。另外市级非物质文化遗产保护项目有过端午民俗、海神娘娘传说、庄河刺绣等，较有特点的是庄河放海灯。

图 8-1 庄河市现状图

庄河市老街的建筑形式较有特色，虽然破旧，但历史文化氛围浓郁，被考古专家称为“一幅活着的辽南版清明上河图”。老街的建筑大都是清末民初所建，多是硬山式建筑，青砖灰瓦红石。所用红石全都取于上下街之间的坡崖，庄河古称红崖子，老建筑也体现了它的风格。

8.1.2 庄河市的规划背景

研究上位规划，重点要关注对建立城市节点，塑造城市节点，构建城市结构体系所需要的依据性信息，如人口规模、用地规模、经济发展模式、城市性质等信息，关乎城市级核心节点数量、位置的确定，影响城市节点主导功能的确定，决定城市结构框架的形式与规模等方面。

庄河市总体城市设计的上位规划有《东北地区振兴规划》、《辽宁沿海经济带发展规划（2009—2020）》、《大连市城市总体规划纲要（2009—2020）》。

其中《大连市城市总体规划（2009—2020）》确定，规划期内大连重点发展地区划分成四个功能组团。庄河市是黄海城市组团的重要组成部分，是北黄海开发开放的主体；规划确定庄河新城 2020 年人口规模 60 万人；规划期内，将庄河市建成黄海翼 4 个二级市之一，将庄河城区建成辽宁北黄海经济区核心城市，市域政治、经济、文化、综合服务中心，以机械制造、家具、能源为主的产业聚集区，生态旅游、宜居城市。

8.1.3 城市建设背景

在城市建设背景方面，重点关注的是城市的结构模式，城市核心节点的分布、品质以及其对城市的控制与组织的实际情况，关注城市节点体系、结构体系的现状。城市建设用地的现状，城市运行机制的现状等关系到城市结构模式与结构体系构建的方方面面，都应重点关注，为节点控制体系规划设计奠定基础。

1. 城市结构模式及体系

受大连市广场文化的影响，庄河市最早形成的核心节点是黄河大街与延安路的交点——

黄海广场，为城市的商业中心；后又建成世纪广场，位于新华路与世纪大街的交点，为城市的行政中心节点，形成庄河市“双核心”的结构模式，如图 8–2 所示。新华路与黄海大道的交点，现为较次等级的节点，与黄海广场节点共同确立城市的主轴线——黄海大街。就庄河市现状分析，城市核心节点的形态、意义不甚突出，所以城市结构体系的形态与结构意义不十分清晰，但仍有规律可循。以黄海广场及新世纪广场为对角节点，形成了对角反对称形态的矩形结构体系，由黄海大街、延安路、世纪大街、新华路构成的矩形框架体系。

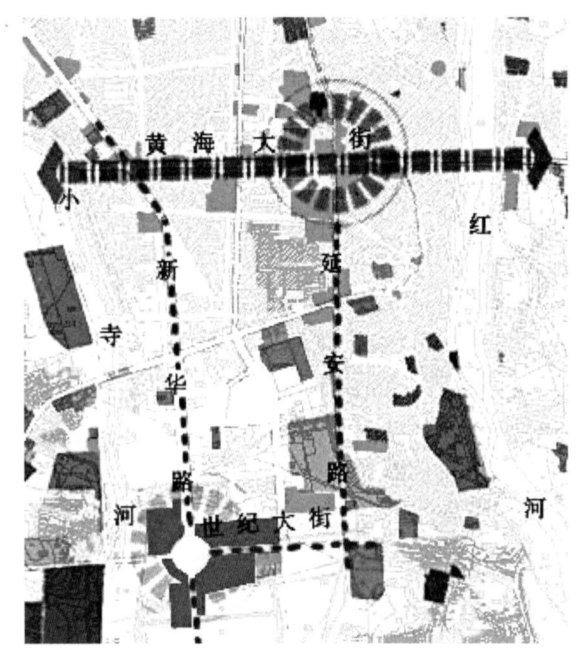

图 8–2 庄河市现状结构分析图

2. 城市的交通体系与运行机制

交通体系现状分析的重点有核心交通节点与主要交通轴线的分布、现状主导运行机制的分析两个方面。庄河市现有两个核心交通节点为黄海广场与世纪广场，穿过两个广场的延安路、黄海大街与世纪大街是庄河市的主要交通轴线。庄河市现状主城区用地位于庄河与小寺河之间，南北向较狭长。用地南为海岸，北为农田，南北向无对外联系需求。所以，庄河市现状主导运行机制以东西向为主，南北向为辅。现有的黄海大街与延安路的交通特性，与现状主导运行机制相符（图 8–2）。

3. 城市空间体系

节点控制法强调对城市的控制，了解空间体系的现状，才能合理控制城市空间体系的发展。由于历史的原因，庄河市至今仍存在城乡混杂的现象，城市规划与城市建设存在一定的脱节现象，没有形成空间体系划分的规划依据。因而，城市的空间体系与社会体系关系不甚紧密，尤其是街道级与小区级空间体系。然而，城市空间的形成、发展，必然有其客观的、社会的内在原因。所以，整体分析，城市空间大体上可划分为 6 个空间体系：依托黄海大街东段形成的庄河东片区；依托庄打路形成的小寺河西片区；延安路以东，沿庄河形成的老城区；以庄打路为界，以新世纪广场为核心的南市片区；以红打路为界，以黄海广场为核心的北市片区；以永兴街为界，依托延安路北段形成的北市郊片区；城市南部沿海的庄河港片区。城市空间的主体部分为南市与北市片区，其余片区为城乡边缘形态，空间零散，关系不紧密，系统性较差，如图 8–3 所示。

4. 城市功能体系

庄河市核心城区的功能布局较合理，黄海广场、新世纪广场既是城市功能体系的核心节点，也是北市、南市片区的公共服务核心，街道与小区没形成典型的核心式布局，没形成节点体系，但自上而下的功能体系较完备；外围片区，按城市的标准要求，功能体系并不完善，但符合城乡边缘的特性。总体分析，庄河市的功能体系与其城市的规模、等级及环境条件（河流分割）相符，运行良好，能够满足当前城市的需求。

5. 城市景观体系

庄河市的景观体系具有两大特点，一是自然景观丰富，二是人文景观特点突出。城区的三面山丘环绕，南濒黄海，三条河流蜿蜒流过，形成了自然的山林、河流与海岸景观体系，形成了绵长、多重的河岸人文景观界面。城市的人文景观突出的是庄河老街的历史文化、建筑艺术等，均为庄河之最。相对而言，庄河市的人文景观品质较差，这也是城市本质的体现。无论是建筑、艺术、园林等各种景观体系，品质较低，系统性较差。对于一个多桥的城市而言，应注重桥梁艺术，为城市添彩，而实际却相反，说明城市人文景观体系的建设差强人意，与自然景观体系不相匹配。尤其是黄海广场与世纪广场的形象较差，景观效果与其核心节点应具备的品质有差距，但也符合县级市的特点。

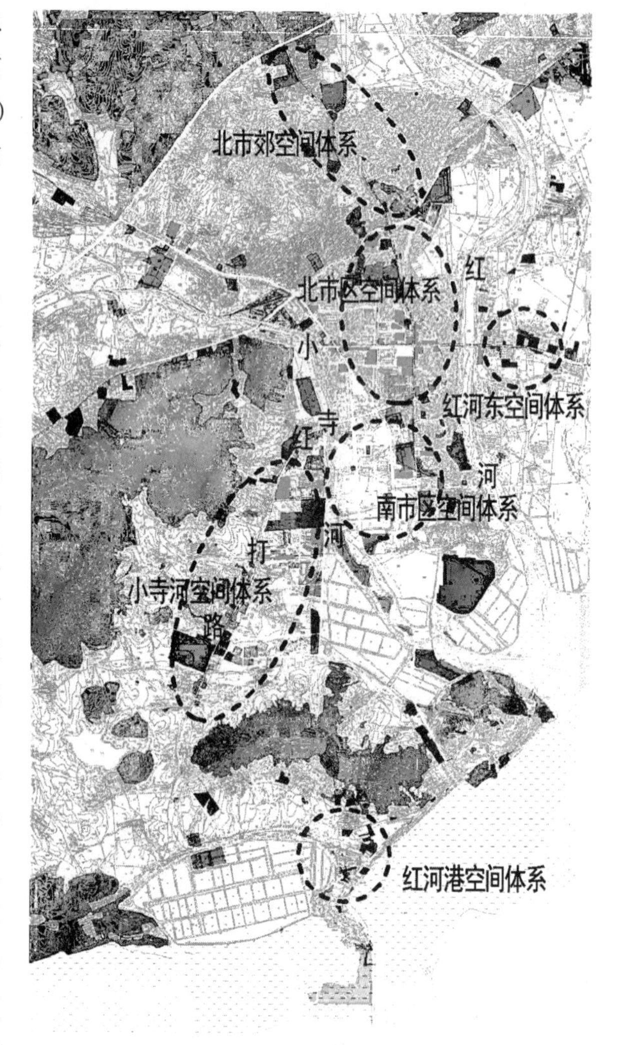

图 8–3　庄河市现状空间体系图

6. 城市色彩体系

城市色彩体系现状分析，同样着重于现状节点与城市整体的色彩关系，重点考量节点色彩对城市色彩体系的控制。庄河市的色彩整体上较为平淡，无主次、对比的色彩效果，更无节点控制的意向。但却反映出时代的特征，形成时代的印记。庄河老街的色彩，源于砖石、瓦、水泥、白灰等建材的基本色彩，砖的灰红，瓦的灰黑，水泥的灰以及白灰的灰白，调和成老街整体的灰色调，整体的质感“土气”而破旧。21 世纪前的建筑色彩，源于外墙涂料、陶瓷锦砖等外墙装饰材料。涂料的粉红、粉黄、粉绿，陶瓷锦砖的土黄、乳白，其他材料的各种色彩，等等。该历史时期的色彩相对“丰富”，难以形成整体的色彩印象，但也不显繁杂，似乎有点淡淡的土黄、白，整体的质感较“粉”。进入 21 世纪，庄河市的色彩有了新的变化，受到了大连的影响，色彩源于品质高于陶瓷锦砖的面砖逐渐趋于较深的土黄，整体上形成土黄的色调，质感则体现出现代建材工业的特色。

上述色彩，均是不同历史阶段的居住建筑的色彩，城市的居住建筑是城市色彩的载体，研究现状居住建筑的色彩，就是要找出庄河市现状的城市色彩。老街时代，建筑的色彩源于较为初级的建材，属于“本色”时代，并非以设计为主，而是较窄的选择面成就了灰色调的城市色彩；中间阶段，似乎有了选择，体现了设计的意图——各抒己见的设计，虽不统一，却有年画的风格；新的世纪，色彩的选择有了较宽的范围，有“素雅”、“高雅”的要求，所以追求时髦成为“高雅”，以较深的土黄为多数。三个历史阶段都看不出有主动的城市色彩的设计痕迹，三个历史阶段的建筑色彩也难以调和成理想的色调。

8.2 总体规划设计构思

总体构思是总体城市设计的根本与首要的环节，按照节点控制法的设计程式，宜采用首席设计师负责制，由首席设计师进行独立的构思，无论过程如何。整体构思是总体城市规划设计的主导性与框架性的设计，此阶段考虑的问题应当尽可能全面。城市是一部繁杂而巨大的整体性运动系统，“分片包干”的设计方法难以得到整体性的结果，是不可取的。构思的重点应围绕核心节点控制的原则，从建立城市结构模式入手，综合考虑城市的自然、文化、经济以及空间方面的因素，围绕城市结构体系的建立，综合城市各种职能体系，在核心节点控制下进行相互关联、相互约束的综合设计构思。

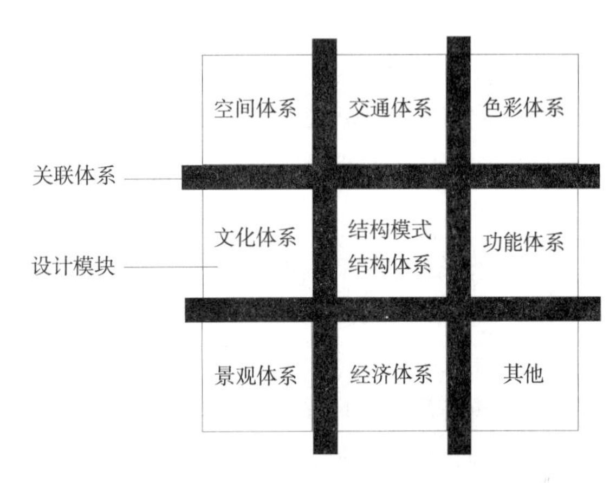

图 8–4 城市各职能体系设计关联体系示意图

城市各种职能体系的相互关联关系，如图 8–4 所示，“井”字系统关联各个设计单元，以结构模式、结构体系设计单元为核心，在城市结构模式设计单元体系的控制下，用关联思维将每个设计单元相关联，形成整体性的设计思维系统，互为约束与支撑，协调各个设计单元之间的关系，即协调城市各个职能系统之间的关系。

8.2.1 城市发展目标研究

城市发展目标，对城市节点控制体系的建立具有重要的基础性意义，也是建立城市控制体系基本的、核心的依据。从节点控制意义角度认识，城市发展目标是总体城市规划设计的控制基点。确定城市发展目标为总体规划的内容，与总体城市设计密切相关，应是总体城市设计的核心设计条件。确定城市发展目标主要有三个方面：一是城市文化发展目标，用以指导城市上层建筑领域的建设；二是城市经济发展目标，用以指导城市经济体系的建设；三是城市空间发展目标，用以指导城市空间体系的建设。城市空间体系是城市所有体系的载体，空间体系发展规划是城市发展规划的基础。所以，总体城市设计需要综合考虑文化体系与经济体系的发展，确定城市空间体系发展目标。

综合考虑上述因素，结合市政府的要求，确定庄河市的发展目标为：经济发达，繁荣富裕，绿色生态，美好宜居。

1. 文化发展目标

分项目标必须按城市总体规划的目标设定，文化发展目标是实现城市总体发展目标的基础。庄河市总体规划文化事业的发展目标确定为：

（1）切实贯彻、落实国家相关的方针、政策、法规，坚持走中国特色的社会主义文化事业发展道路，以文化建设促城市发展。

（2）发掘、保护、传承历史文化与民俗文化，特别是各级、各类文化遗产，丰富城市的文化形式与内涵，提高城市的文化品质。

（3）大力发展教育、文艺、体育及其他文化事业，提高文化事业基础设施建设标准与水平；促进群众性文化事业的普及与发展；促进城市意识形态及上层建筑领域的文明发展；用文化铸就文明，建设文明城市。

这些发展目标是城市文化节点建立的基础，是具有控制城市文化体系意义的基本概念，对于庄河市文化体系的建立具有基础性的意义，具体体现在城市文化体系规划设计中。

2. 经济发展目标

庄河市的经济发展的总体目标为“繁荣富裕”：城市的经济建设与发展繁荣，市民生活富裕。

3. 城市建设目标

综合分析庄河市的历史背景与现状条件，结合大连市总体规划、庄河市总体规划以及相关上位规划，庄河市城市建设的目标确定为：提升城市建设标准，整合城市空间布局，美化城市整体形态，塑造美丽城市形象。此目标确定了城市节点空间的形态、形象设计的基本要求，也是城市空间体系设计的控制性理念。

8.2.2　总体城市设计指导思想及理念

1. 指导思想

总体城市设计的指导思想是实现设计目的的保障，从节点控制意义理解，指导思想属于目标控制体系。综合考虑庄河市的各方面因素，根据城市发展目标，确定总体城市设计的指导思想为：面向黄海发展绿色经济，拥抱庄河建设宜居城市。

指导思想与发展目标需要相互关联，即在发展目标的控制下设定指导思想。面向黄海发展绿色经济，是实现“经济发达，繁荣富裕”发展目标的适于庄河市的发展途径。拥抱庄河建设宜居城市，为城市建设的目标。拥抱庄河表达热爱自然的情怀，热爱自然才会“绿色生态”，进而“美好宜居”——美好环境、美好城市。

解析总体城市设计的指导思想，其中包含城市核心节点与节点体系需要承载、具备的基本内涵。“面向黄海发展绿色经济”包含经济发展规划的主题与方向；“黄海”意味着海岸经济、海岛经济、海洋经济；“面向黄海”内含庄河市的地理、区位，城市的空间形态信息。“拥抱庄河建设宜居城市”为城市建设规划设计的主题与方向。“庄河”包含“河岸、流水、桥梁以及北方的多水城市”的概念，河岸有“河岸人家（关乎城市形态、风貌特色）、流水（关联环保、可持续、宜居）、桥梁（内涵多桥城市、桥梁文化、城市亮点）”等概念。拥抱庄河体现热爱城市，呵护自然的规划理念；意指地理区位及城市名称以及城市环抱河流的空间形态。这些信息、概念对城市节点的建立、塑造都具有重要的意义，后续的设计过程会予以说明。

2. 设计理念

从节点控制的意义理解，设计理念也属于目标控制体系。设计理念立足于庄河的历史文化，立足于庄河的山水，立足于庄河的城市，侧重于文化，侧重于结构，侧重于整体空间形态，建设天人合一的，具有特色文化、特色风格的山水之城。

城市文化是城市的灵魂。立足于庄河的历史文化，是形成庄河特色的基础，文化强市之路是国家当前提出的重要的发展战略。

庄河市的自然山水为城市提供了优质的环境，立足于庄河的山水，就是要保护好、利用好庄河的山与水。

深入了解与认识城市，准确解读城市，即所谓立足于城市。只有准确解读城市，才能准确进行设计，才能做好城市设计。

庄河市的城市结构模式不甚清晰，结构体系不够健全，城市的结构体系是城市的基础体系，城市的整体空间形态是城市形象的基础；有了上述设计理念，才会做出符合庄河市的实际情况，适合庄河市发展需求的，科学合理的、优质的城市设计。

8.2.3 结构模式构思

节点控制主导的城市设计方法，除了目标、指导思想、设计理念的体系控制外，结构模式设计也是控制整体设计体系的核心。城市结构模式的确定，对总体规划设计体系具有基础性与控制性的意义。所以，在总体构思阶段要进行结构模式设计构思，初步确定城市的结构模式。依据庄河市现状城市结构模式，考虑城市的发展，确定庄河市双核心的结构模式，如图 8–5 所示。

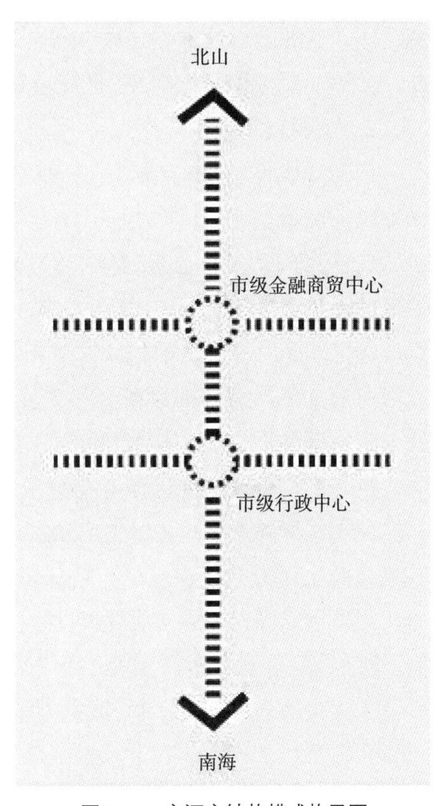

图 8–5　庄河市结构模式构思图

8.2.4 城市特色塑造

城市特色的设计与城市文化体系、空间体系的设计相关。设定城市特色，对城市文化体系与空间体系的设计，具有控制性的意义。城市特色及风格，取决于多种因素，其中主要的是城市建设基地自然基底、自然环境以及地域文化等因素，其次是决策与设计的干预性因素。当然，决策或设计也会起决定性作用，但如果决策与设计脱离了城市，由决策、设计形成的所谓特色、风格实则可能是无特色、风格。通常，设计与城市的自然环境及人文环境的结合，是城市风格与特色形成的主导性因素。

庄河市的环境基底为山海环绕的特点，城市的建设基地以河川型地貌为主，低矮的山丘穿插其中。庄河市的城市特色及风格，应基于山、海、河与城的相互关系，设计要协调好自然的、人文的基本元素，才会形成只属于庄河的特色。

1. 自然特色的塑造

庄河市是一个自然空间比例大、类型多的城市，城市环山、含山、面海、傍河，因而自然特色是城市基本的特色表象。

近年来，伴随着经济的发展，庄河市海岸的工业化、湿地及浅海的养殖化、山林城市化或农业化的发展趋势日渐增强；自然环境被人为利用、破坏的痕迹随处可见，城市将山林分割，将山与海分割，自然空间的自然属性遭到了人为的极大破坏。因而，自然特色应强调“纯自然”的理念，加强城市自然空间的自然属性，实践并达成“拥抱庄河建设宜居城市”的总体目标。

如何体现自然与宜居的理念，重要的是突出山、河、海的自然属性，表现出城市对自然的尊重。“天人合一”是中国古老的人文与自然哲学观，这种哲理的客观性是人需依附于自然，在高山面前，人只能依偎于山脚，与水相伴，人必须居高而息。因而，要尽可能地减少对自然空间的人为干扰，城市与山、海、河相邻的界面，要采取保护、避让的措施。比如，为了拥有更多的自然绿地，城市的绿地率尽可能地降低标准；为了不将几棵小树与山林分割，道路绕行而过；为了保证“山连着山，山连着海”，道路穿山（隧道）而过；……同时还要采取措施，修复遭破坏的自然空间与自然生态系统。有了这样的措施，就会让人从细微之处感受到城市与自然的和谐，就可以让庄河、鲍马河与热水河里游弋的鱼虾，诠释城市的宜居，就能保证城市具有恬静的自然的特色，城市融于自然，自然容纳城市。

2. 人文特色塑造

庄河市人文特色的塑造，主要是体现出城市基础的、基本的特色，并塑造城市亮点两个方面的内容。

庄河市的基本特色是延续、加强城市基于环境的空间形态特色。整体上，城市空间依蜿蜒的河流分割与拓展，形成了独特的水乡景象，城市建筑基本上面向黄海，形成了面向黄海的空间态势。未来的城市必须采取措施保持、加强这种特色，形成整体空间形态的特色。庄河市有 3 条河流南北穿越，形成 6 个沿河的空间界面。沿庄河的界面，是庄河老城极具特色的空间界面，表达出河畔城市沿河而生的特点。城市其他的沿河界面，要以庄河老街为蓝本，注重沿河界面的景观与特色塑造，形成城市依河而生的基本的空间特点。

三条河穿城而过，必然生出众多的桥梁。中华桥文化，反映出时代的政治、经济、科技、艺术以及生产力的发达水平，桥梁的历史悠久，内涵丰富，造型考究。目前，庄河市桥梁的文化内涵、科技水平及形态艺术，都较平淡，有的形象破旧，甚至影响了城市的整体面貌。所以，应重视城市桥梁的改造与建设，发掘中国古老的桥梁文化，结合城市的文化体系，塑造庄河市的桥梁文化。桥与河，桥与城相互呼应、衬托，交相辉映，成为城市特色的亮点。

8.3 城市职能体系规划设计

城市职能体系的规划设计，是在总体构思框架控制下的设计过程。总体规划设计构思，对此阶段的设计既有控制设计过程的意义，也有控制设计思想、原则、理念以至于设计结果的意义。此阶段的设计除自然体系规划设计外，其他城市职能体系的规划设计均采用节点控制主导的设计模式，按照其设计步骤进行设计，以解析节点控制主导的城市设计方法为主要目的，以庄河市为例研究节点控制法的实际应用方法。同时也对城市设计应关注，通常却不关注的设计内容，进行了设计解析，如“城市自然体系发展规划”。

8.3.1　庄河市自然体系发展规划

庄河市规划用地内，南有九鼎梅花山，西有西大山，东有老金山，区内还分布有数座大小山丘，有庄河、宝马河、小寺河三条河流穿越，城市用地与自然空间混合，且自然空间的比例（与普通城市相比）相对较大。城市的外围多为农田，北部是山区，南濒黄海，沿海有大面积湿地，近海有多座美丽的海岛。综合分析自然体系特点，规划主要有以下几个方面的内容：

（1）确定自然空间用地界线。确定自然山体（林、草地）与自然水体（河、湾、唐）的界线，包括城市饮用水水源保护区的划定，自然风貌保护区、旅游区等各类自然空间体系的用地划定。

（2）确定生态通廊。山、河、海的自然连通不被隔断，是保护自然体系的基本原则。生态通廊就是要发挥“连”的作用,保证自然体系的自然关系。如穿山的道路不可分割山林，要通过下穿或上覆盖的方式，保留、建设跨越道路的自然空间通廊。

（3）自然资源、生物保护。重点是沿海湿地——贝类生存，鱼类产卵，禽类觅食的天然场所等不可毁坏的自然生物生存空间的保护。如湿地圈养海产业，占用、破坏自然生态空间，应在保护自然资源、生物的基础上发展。

（4）确定城市的定位山峰。根据环境特点与文化内涵，选择具有美丽传说的荷花山与石城岛作为庄河市南北向主轴线的定位山峰，寻求城市与自然的和谐，体现尊重自然、热爱自然的规划理念。连接山与海的主轴线，反映庄河市的实际，即山、海与庄河市的发展具有基础性的重要关系，寓意山与海将成为引领庄河市发展的“天使”——自然的使者。

8.3.2　庄河市文化体系发展规划

庄河市文化事业建设，必须与省、市及国家的文化发展方向、步调高度一致，贯彻落实党和国家相关的方针、政策，坚持走中国特色的社会主义文化事业发展道路；提高文化事业基础设施建设的标准与水平，大力发展教育、文艺、体育及其他文化事业；促进群众性文化事业的普及与发展。

庄河市的文化体系应根植于历史，利于当代，面向未来。以文化建设促城市发展，繁荣文化事业，建设文明城市，达到文化强市的目的。

1. 历史文化传承

（1）历史文化传承的基本原则

从历史上看，庄河市的地域文化与大连市其他地区相同，处于中原文化与东北文化的边缘状态，山东地区与北方满族文化共存，并融合形成庄河市的民俗文化特色。这种多元文化与特色文化共存的背景，使得文化的传承有较宽的选择面，构成庄河市文化事业发展基础性的优势。然而，历史文化的传承，要坚持文化的多元化与特色化发展的原则，以汉文化、满文化、庄河特色文化为重点，建设有益于当代城市建设，面向未来的城市文化体系。

（2）历史文化传承的基本措施

基于历史渊源，庄河市可以发掘、移植汉文化与满文化体系中经典的、通俗的，适合并有益于庄河市建设与发展的文化元素，突出城市文化的多样性，同时汲取各类文化的营养，进一步提升本土文化的品质与特色。应以民间的、大众化的文化为基础，建设具有中国特色的社会主义文化体系，丰富城市的文化内涵，形成城市的文化特质。

基于庄河市的现状，庄河市应重视本土文化的保护与培育，特别是各级、各类文化遗产，如国家级及省、市级的非物质文化遗产保护项目——庄河剪纸、庄河东北大鼓、庄河皮影、过端午民俗、海神娘娘的传说、庄河刺绣、庄河放海灯等。以各种形式的媒介，如雕塑、浮雕、画廊等，结合城市文化、景观、旅游等体系，进行展示，更好地保护、传承历史文化。

2. 确定庄河市的主导文化

城市的主导文化对城市文化体系具有控制性意义，是城市核心节点文化内涵的首选。庄河市的主导文化，是城市的“文化主题”，要体现庄河市政府的城市管理及建设理念，体现庄河市广大市民的意志，形成全社会共同努力的宗旨。庄河市政府工作报告提出“施政为市，勤政为民”是市政府的施政纲领，“忠信爱国，勤奋乐观”为全体市民的生活准则，“经济发达，繁荣富裕，绿色生态，美好宜居”为全市上下共同努力的目标。庄河市的主导、主题文化，应系统地反映出上述理念，形成激励全体市民积极向上的思想宗旨。

庄河市的主导文化要体现庄河市的特征。水是人类诞生之源，长江、黄河是华夏民族的发祥地，是中华文化之源泉。庄河市依庄河而生，面向黄海，城市的生长，市民的生活，都与水有着千丝万缕的联系，河里行船，海里捕鱼，水与庄河市的生产、生活紧密相伴。因而，确定“水”为庄河市文化体系的特征性主题。水文化要承载或结合政府的施政纲领、市民的生活理念以及城市的发展目标，构筑庄河市的城市精神；水文化可以衍生出海文化、河文化、桥文化等与“水”相关的文化，形成庄河市主导性的文化特征。

3. 确定城市主流文化及特色文化

（1）主流文化

城市的主流文化对城市文化体系具有控制性的意义，是城市文化轴线的主要文化内涵与表现形式，是形成城市文化氛围的主体。城市主流文化具有特定的时代特征，与国家上层建筑领域的建设相关，取决于国家文化体系建设的宗旨与发展方向。庄河市的主流文化应与国家及辽宁省、大连市的主流文化一致，为城市的文化体系建设与发展奠定政策性基础，确定发展方向。

（2）特色文化

特色文化，是反映城市特色的文化节点的主要文化内涵与表现形式，在城市文化体系中占有较重要的地位。庄河市的特色文化建设主要有三个方面：一是要以国家、省、市级非物质文化遗产项目为基础，结合其他民俗文化，深化普及庄河剪纸、庄河东北大鼓、庄河皮影等项目，提升其文化与艺术品质，保持本土特色，扩大影响力，拓展辐射范围。二是要发展中小学书法教育，尤其是要普及毛笔书法教育，提高市民对历史悠久的书法文化的认识水平，卓有实效地传承与发扬书法文化。三是要进一步开展群众性体育运动，提高中小学的田径运动水平，为国家的体育事业培养更多的田径人才。

（3）空间文化

沿庄河西岸的老街，是庄河市空间文化的本源，且有与大连空间文化相似的特点。所以，庄河市以欧洲古典主义风格为空间文化的基础与主体，延续庄河市的空间文化传统，反映庄河市与大连市的空间文化特色。

4. 文化体系规划设计

城市的文化体系规划设计，主要对象是城市文化节点体系与城市空间文化。城市文化节点体系与城市的节点体系相符，赋予城市节点体系以文化内涵，便构成城市的文化节点体系，形成系统性的文化表达形式。其中，主要是城市主轴线上的城市级文化节点的规划设计。结合庄河市的环境特点与文化特色，沿城市的主轴线设置了山的节点、城的节点、市的节点、河的节点、海的节点，构筑展示城市特色文化的主轴线。

（1）城市级文化节点。城市级文化节点与城市结构体系相符，以城市级节点为载体，设在行政中心与金融商贸中心。行政中心以“施政为市，勤政为民”的施政理念为主题。金融商贸中心以“忠信爱国，勤奋乐观”为主题。城市级节点承载城市级文化主题，以城市级文化主题为其文化内涵，形成城市节点的文化品质。两个城市级节点还应反映文化主题的特征——水文化。庄河是城市的“母亲河”，行政中心命名为“庄河广场”，为城市之“城”的广场。政府办公建筑，对应于古代的“官府”；庄河既是城市名称，又是“母亲河”的名称，承载由庄河而产生的民俗文化，并突出“城”的文化概念。金融中心命名为“宝马河广场”，为城市之“市”的广场，承载“宝马的传说”等民间文化，并突出“市”的文化概念。“城”偏重城市的管理机构、行政文化的建设。“市”偏重于城市的商业设施、商业文化的建设。

（2）次级文化节点。次级文化节点以城市的次级节点，包括片区级节点为载体。庄河市的次级文化节点主要设置在城市南北向主轴线上，北端为“山”的节点，承载庄河市北部山区“山”的文化，如荷花山的传说；南端为“海”的节点，承载庄河市南部沿海的“海”文化，如“海神娘娘惩日寇”；延安路与热水河交点为“河”的节点，承载“桥文化”与小寺河的“温泉文化”。

（3）空间文化形式。沿庄河西岸的老街，是庄河市空间文化的本源。且与大连市的空间文化形式相近。所以确定，庄河市以欧洲古典主义风格为空间文化的基础，延续大连与庄河市的空间文化特色。

8.3.3 庄河市城市总体结构设计

在城市结构体系设计过程中，要特别注重融入目标、原则、理念等诸多方面的设计意图。在城市最重要的结构体系设计中所表达的设计意图，即是城市设计所要表达的意图。就普遍意义而言，要延续历史文脉、塑造美丽城市，或要达到其他方面的设计目标，必须基于城市的核心节点及其确立的结构框架体系。就节点控制意义而言，设计的意图、目标必须有核心节点来控制，才能贯穿整体。如以美丽的传说为庄河市城市级节点的文化渊源，形成其内涵与形式的文化之源，就可以奠定庄河市的文化基础。反而，以庄河市的边缘小巷承载设计意图，取得的效果会很微弱，没有控制整体的意义。

1. 城市结构模式设计

城市结构模式设计是综合性的设计过程。城市结构模式的确定，需要考虑多方面的因素，综合考虑城市的结构体系、空间体系、功能体系、景观体系等诸多方面，首先进行综合性的、整体性的、全面的纲要性与结构性的设计，对总体规划设计的过程实施控制。然后进行反复地推演、论证，逐步深入，得出可以有效控制城市运动，有机协调城市各种体系的运行，最适合城市的结构模式。庄河市的结构模式，主要考虑了下述几方面的因素。

（1）自然与现状条件因素

自然条件因素：城市用地南北向的尺度大于东西向的尺度，城市的运行机制应以南北向为主，城市的结构模式，需要支持城市南北向的主导性运行机制。其次，城市东西方向有山体的阻隔，不利于空间的拓展。向北，可用于城市拓展的用地较为广阔，城市有继续向北发展的可能性。城市的结构模式，需要支持城市空间的运动与发展的态势。

现状条件因素：庄河市现已形成两个城市级核心节点，一个是城市的行政中心，一个是城市的商贸中心。两个城市级的核心节点，没有直接的关联关系。目前的行政中心节点，为庄河市最大的广场，但从发展角度考虑，其位置与规模难以满足要求，需要调整位置，重新建设。

（2）文化与交通体系设计因素

在中国的传统文化中，进宫上朝、进入官衙或进入民间宅院，基本选择南向进入，因而，通常情况下，建筑及院落的南门成为“正门”，尤其皇宫、官衙。这种习俗一直延续至今，如今的政府也当然希望如此。行政中心位于城市中心部位，从交通角度分析，城市的一半区域面向政府的北门，按正常的交通行为，有50%北门入府率。如果将行政中心与商贸中心换位，则会使城市的大部分区域面对政府的南门。同时，黄海大街犹如政府有力的臂膀，环抱着自己的城市，形成控制之态势。这样的空间形态，保证行政中心与城市良好的、适宜的空间关系，有益于行政中心节点对城市的控制，也有益于城市与城市的管理者形成良好的协调关系。另外，庄河市行政中心与南北主轴线的设置，沿用了中国古代城市定位的传统理念。南北主轴线以城市周围的山峰定位，北端指向城市北部山区的山峰，南端指向黄海中石城岛的山峰。城市的行政中心布置在山、海、河环绕的中心区域，寓意市政府居于大地之“中”。

庄河市为县级市，目前的商贸中心虽然已形成，但其商贸设施的质量、形象已不能满足城市现状与发展的要求，存在改变的条件。作为未来的行政中心，还可以保留部分商贸功能，构成以行政功能为主的城市级核心节点。延安路与世纪大街的交叉点，可作为金融商贸中心，金融机构经济实力雄厚，有利于形成以金融功能为主商贸功能为辅的城市级核心节点。

（3）庄河市的主导运行机制

城市的运行机制与城市基地的形态，与城市元素的分布状态有关。城市东西两端的山体，使得城市空间形成南北方向较长的带状，大多的城市元素沿南北方向密集地分布于此空间内，并且城市的发展趋势为北向发展，而东西向有城市与外部联系的主要通道。由此可知，城市的各类元素，以南北向的运动为主，以东西向的运动为辅。所以，庄河市的运行机制图与城市结构框架图相似，以南北为主东西为辅（见图 8-6）。

（4）结构体系设计因素

以两个城市级核心，即“双核结构模式”，构建城市的结构体系是很成功的，旧大连的结构模式便是如此。

至此，结合上述条件，可以初步确定，将行政中心东移至延安路与世纪大街的交叉点，与现状商业中心南北相对，形成双核结构模式，突出节点控制的意义确立城市南北向的布局主轴线，构建城市结构体系的主体框架。

（5）空间体系设计因素

根据城市的现状空间体系，以及空间拓展规划，结合城市空间体系初步规划设计，双核结构模式可以满足构建城市空间结构体系的要求。作为空间结构的核，两个核心节点的位置相对居中，对于空间体系的控制、组织相对有利。

（6）功能体系设计因素

根据现状功能体系，结合城市功能体系初步规划设计，双核结构模式可以满足构建城市功能结构体系的要求。作为功能结构的核，两个核心节点的位置相对居中，对于功能体系的控制、组织相对有利，服务与辐射范围较为均衡。

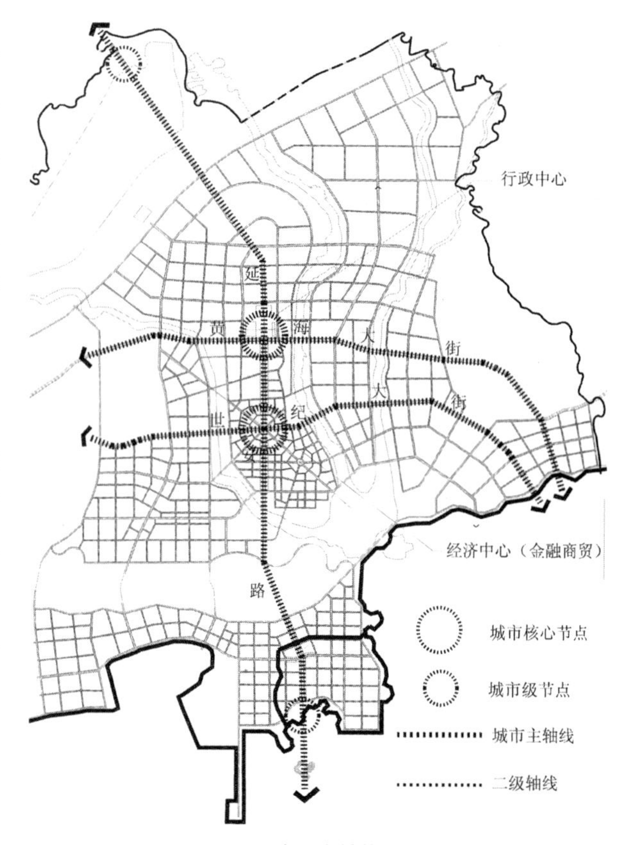

图 8–6 庄河市结构模式图

（7）景观体系设计因素

根据城市的现状景观体系，结合城市景观体系初步规划设计，双核结构模式可以满足构建城市景观结构体系的要求。作为景观结构的核，两个核心节点的位置相对居中，对于景观体系的控制、组织相对有利。

（8）确定结构模式

综合上述分析，确定庄河市采用双核心结构模式：黄海大街与延安路的交点为庄河市的行政中心及文化中心，世纪大街与延安路的交点为城市的经济中心即金融商贸中心。以二者为城市布局核心的、基本的控制节点，构建城市的结构模式（见图 8–6），控制、组织城市的整体布局。

2. 城市结构体系设计

（1）结构框架体系设计

城市结构体系的框架系统，是由城市级核心节点与城市级轴线组合形成的系统，是构成城市结构体系的基础体系，是城市重要的核心型元素。城市级核心节点，由城市的重要元素构成。城市的管理机构，重要的大型公共设施，有重要历史意义的设施，承载重要城市职能具有重要城市意义的城市元素，宜作为城市核心节点的主体，如城市的行政中心、金融中心等。城市级轴线通常依托城市级核心节点，由城市公用设施沿城市干道线形布局而形成。

城市结构体系的框架系统，不一定完全与结构模式相同，但庄河市的结构框架体系，在结构模式设计过程中，已经进行了较为充分的考虑，并采取相同的模式。根据现状及城市的拓展规划，以行政中心与金融中心两个节点为基础，确定连接行政中心与金融中心的延安路为城市级南北向主轴线，穿越上述中心的世纪大街、黄海大街为城市级东西向主轴线，形成两心、一纵、两横的城市结构框架体系，如图 8–6 所示。

（2）节点及轴线体系设计

此阶段的节点体系设计，重点是节点体系布局设计。城市级核心节点确定后，还需要确定城市的片区级节点、街道级节点的布局，确定上述三级节点的布局，以达到节点体系对城市层层控制的目的，满足总体城市设计的要求。

片区级节点的布局，主要遵循两项基本原则，沿着城市主轴线或次级轴线布局，并布置在各个片区的质心。城市节点的交通负荷相对集中，交通流量较大，所以要依托城市主干道——主、次轴线布局，以提供足够的交通支撑，并同时构建完整的次级轴线系统。城市密度高的区域，会聚的城市元素量大，片区级节点选择片区的质心，有益于城市节点起到更好的控制作用，发挥出更高的城市效率。同时，片区级节点的布局，还要考虑地形地貌以及街道级节点的布局，街道的划分等相关因素，为后续设计奠定良好的基础。

街道级节点的布局，应以片区级节点为核心，并具有较合理与均衡的服务半径，同时还要与片区级节点形成合理的、顺畅的关联体系，构筑城市的次级轴线与三级轴线体系。

庄河市规划划定 10 个片区，若干个街道。以城市级核心节点为基础，通过片区级节点以及街道级节点的布局设计，建立起庄河市城市级节点、片区级节点以及街道级节点三级节点体系，并确立城市主轴线、次级轴线、三级轴线体系，形成庄河市的城市结构体系，如图 8–7 所示。

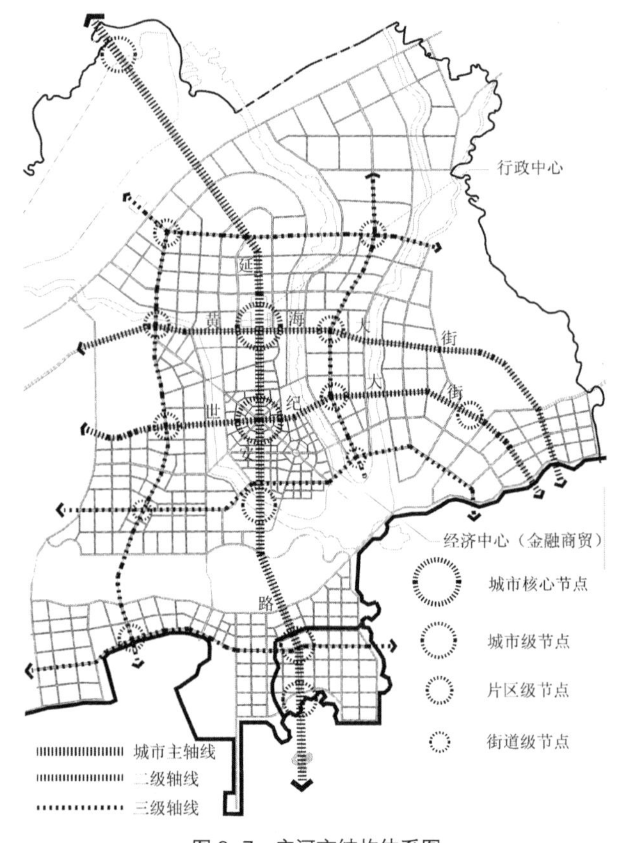

图 8–7　庄河市结构体系图

8.3.4　庄河市总体交通体系设计

1. 交通结构体系设计

城市交通结构体系与城市结构的框架体系必须保持一致，以保证城市的交通体系，为城市结构性的框架体系提供有力的交通支撑，使城市的各个系统，都能保证高效的运行状态。庄河市的交通结构图与城市结构框架图相似（见图 8–7），延安路、庄河大街与黄海大街为城市的主要交通轴线，形成城市的交通结构体系。

2. 景观游览交通体系

为了凸显庄河市的城市主导功能，城市景观体系设计加强了城市景观体系的旅游功能。庄河市的交通体系，要注重服务于城市的主导功能。因而，规划设置旅游交通体系，通过各种交通方式，包括步行、缆车、游艇等，连接庄河的重要景观节点、旅游景点，串联庄河的各类景区、景点、景观元素，形成独具特色的城市旅游观光交通体系。

8.3.5　庄河市总体空间体系设计

城市总体空间设计，应遵守“节点控制法”的基本要领。“节点控制”，为“点”控制“线”的意义，即节点空间设计控制轴线空间的设计；“网格组织”，为“线”控制“面的”意义，即轴线空间设计，控制主体空间的设计。城市总体空间设计的重点，就是上述空间三要素的设计，组织协调城市空间三要素之间的关系，组织协调城市空间体系与城市社会体系的关系。同时，通过节点空间、轴线空间与主体空间的基本天面高度设计，控制城市的整体形态。庄河市的整体空间形态如图 8–8 所示。

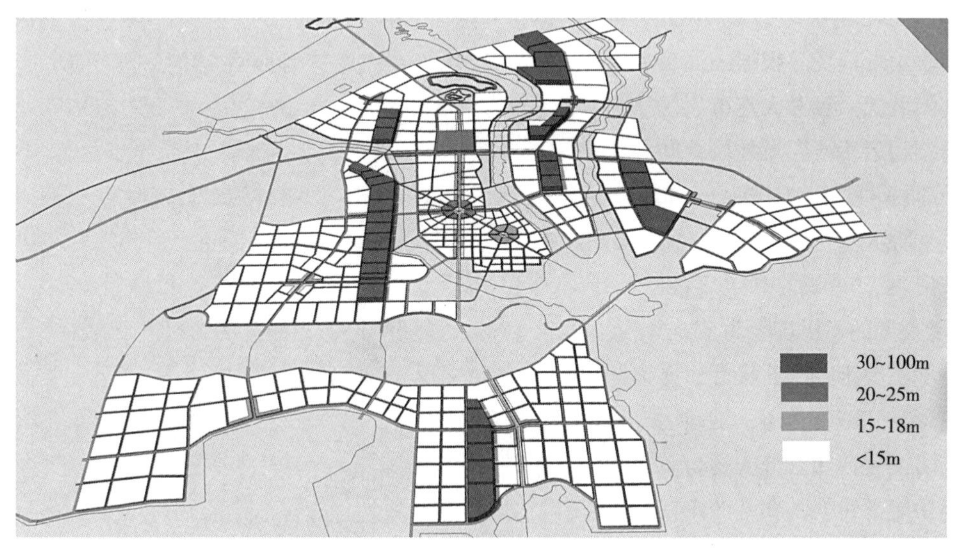

图 8–8　庄河市空间形态设计图

1. 空间布局形式设计

按照节点控制法，城市空间体系布局设计，要以城市节点体系为核心，控制轴线空间体系的布局，组织主体空间的布局。主要进行两方面的设计，一是空间体系的布局设计，二是塑造城市空间体系的整体美。

造型之美，是空间体系设计的基本目标之一。所以，首先要确定空间布局的风格，体现城市整体空间形态的艺术特色，确定塑造城市空间之美的控制性原则。庄河市的空间体系设计，要具体落实“提升城市建设标准，整合城市空间布局，美化城市整体形态，塑造美丽城市形象”的目标要求。总体上，要依据形式美法则，通过节点、轴线与主体空间的控制体系，控制城市的整体形态，奠定城市美的基础。根据庄河市的现状，只有老街的建筑较具特色，展现出与大连相同的欧洲古典主义的建筑艺术形式。考虑延续大连与庄河市的城市空间文化，确定以欧洲古典主义风格塑造庄河市城市空间的美丽形象。

在确定艺术风格的基础上，结合庄河市以广场为核心的现状布局方式，确定庄河市采用与大连相近的，以方格网体系为主体，以围合形体系为核心的城市肌理及布局方式，塑造城市的平面形态（见图 8–10）。

2. 节点空间设计

节点是“节点控制法”的根，是设计的核心内容、主导因素。节点空间是城市空间体系中基础性的、重要的、核心型空间元素，是城市形象的重要表达元素。节点控制法的意义在于控制，设计如此，城市也是如此。节点空间设计重要的是有代表性的、主要的城市节点的空间设计，由这些点控制生成节点空间体系、轴线空间体系以及主体空间体系，建立城市的空间秩序。

（1）城市级节点空间设计

1）行政中心节点。庄河广场，为庄河市的行政中心，设计为矩形广场。根据庄河市的具体情况，参考大连市人民广场，确定庄河广场地块空间的天面高度 TMH=20m，如图 8–9 所示。

庄河广场的空间形态设计，以大连的人民广场为蓝本。空间形态要求朴实、庄严、厚重，彰显“施政为市，勤政为民”的文化内涵。强大的行政中心功能，铸就其非凡的内在品质，建筑空间设计要利用这种优势，凸显广场高雅的气质与高贵的品质。

庄河文化也是庄河广场的文化主题之一。庄河广场的空间形态，从整体到细部，都要体现“庄河”风格——庄河岸边老街的风格，延续庄河文化与古老的城市文化。具体做法，可参考西安、北京等城市，

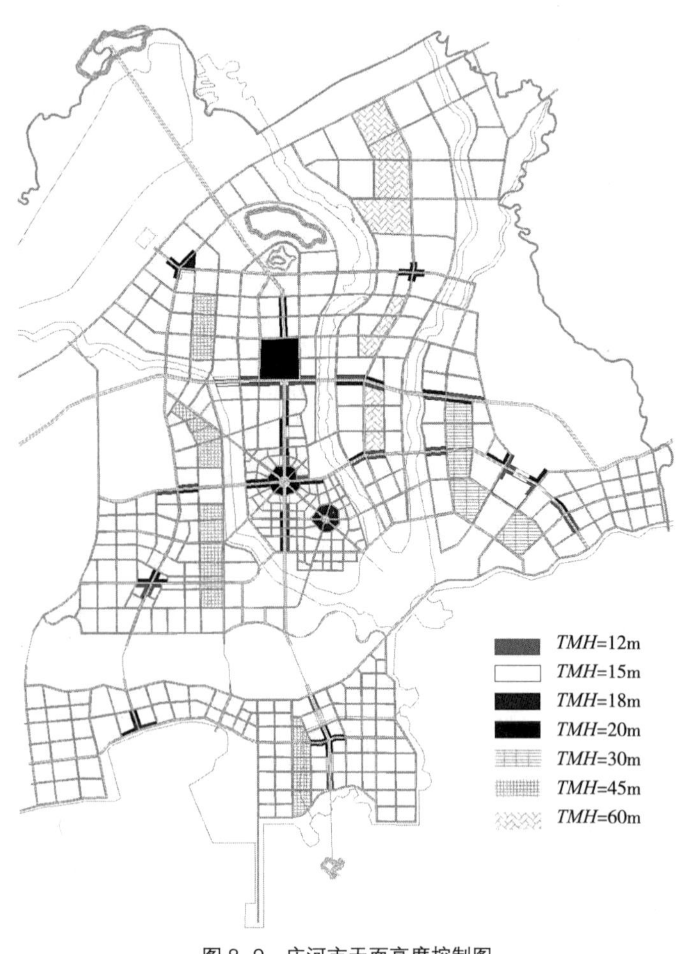

图 8–9　庄河市天面高度控制图

但要采用“庄河”元素——庄河老街具有代表性的元素，铸就庄河风格。

庄河广场需保留原有的商业功能，商业建筑空间形态设计，应注意与广场的主体风格协调，虽然为城市的重要节点，绝不能出现“购物中心”的形态。

2）金融商贸中心节点。宝马广场为金融商贸中心，设计应以行政中心为参照标准。广场设计为圆形，地块的天面高度如图 8–9 所示，*TMH*=20m。

宝马广场的空间形态，应与庄河广场有较大的区别。建筑空间的高度可高于庄河广场，空间形态要求既有金融建筑的富贵、华丽，又有商业建筑的热烈与时尚，气质与品质应略逊于庄河广场，整体风格同样要延续庄河老街的风格特点，传承庄河的城市文化。

3）其他节点空间设计。延安路上的节点，除了庄河广场与宝马广场外，均为城市级节点，是塑造城市特色的关键所在。空间形态设计，要保持风格一致，又要有所变化，各有特点。庄河市为大连市所辖，必然受大连的影响，被殖民史也使得庄河老街带有欧式风格特色。追求变化，可以选择欧式风格，原则是不影响城市主轴线的整体风格。

（2）片区与街道级空间节点设计

庄河市片区级空间节点，主要分布于庄河大街与世纪大街，即庄河市的东西主轴线上。除了庄河广场与宝马广场外均为片区级中心；街道级空间节点分布在城市的次干道上，即城市的次级轴线上，是城市的街道中心所在。

1）片区级节点。总体上，片区级节点空间设计应参照城市级节点，必须保证功能与内涵体现出二者的等级关系。在此基础上，空间高度不作严格控制，尤其对于没有场地空间的非广场节点，但必须以不影响城市整体或特别区域局部的空间形态为原则。有场地空间的并有规则形状的广场型节点，应考虑围合建筑空间的高度的合理与适宜性。地块的天面高度宜取 *TMH*=18m，如图 8–9 所示。空间形态、品质等也不要求刻意追求级别差。这些表象都会由空间的功能本质所决定，必然体现出低于城市级节点的城市地位。整体风格，要和与其相邻的城市级节点的风格一致，也允许变化，但变化的效果不可过于强烈，且能衬托、突出上级节点的风格特点。

2）街道级节点。对于街道级节点，只作总体控制，要求此级别的节点，整体上给人以“淹没在”城市主体空间之中的感觉。因而，其高度不宜过高，形态也可不突出，地块的天面高度如图 8–9 所示。但是“淹没于”主体空间，要有别于主体空间，有其突出的一面。形成城市普通的、亲近民众的核心空间。整体风格要和与其相邻的片区级节点的风格一致，也允许变化，但变化的效果不可过于强烈，且能衬托与突出上级节点的风格。

3. 轴线空间设计

（1）轴线空间的设计要点

轴线空间是城市空间体系的重要空间组成，在空间等级体系中略低于节点空间，对城市空间体系起着重要的组织作用。轴线空间的设计，应着重把握以下几点。

1）在节点空间设计过程中，已对轴线空间体系作了初步的、缜密的考虑。轴线空间设计应印证与校核上位设计（节点空间设计），形成设计过程中的合理的、有益的互动，进行必要的、反复的调整，从而获得最理想的设计结果。设计过程中，还应对主体空间有初步的设计考虑。

2）轴线空间设计，重要的是强调变化，依据形式美的要求，对悠长的、连绵的带状空间，进行美化的、科学化的设计。原则上，轴线空间应介于节点空间与主体空间二者之间，但设计中应灵活把握与掌控。在高度方面，不排除高层建筑，也不排除低层建筑；在其他方面，也不是不可超越节点空间。强调变化，但要适度，不违背总的原则，凸显秩序。

3）所谓轴线空间，往往都是城市的主干道空间，是城市形象的主要表达元素，作为城市以公共建筑空间为主的线性空间，是城市空间形态形成与展示的主体部分。在轴线空间体系中，主轴线空间，对设计，对城市都起着组织与控制作用。所以，构成城市主体框架的轴线空间，是轴线空间设计的重点。主轴线的带状空间，并非以线性表达其本质或内涵，街边有少数重要空间元素的特性，就会代表并形成整条街的本质与内涵。设计不应以线性表达设计意图与目的。应采取以点代线的设计方法，以点设计为主进行线性设计。

4）时间与空间内在的联系，是轴线空间设计应重点把握的，应从时代特征上反映出城市发展的时序，展示历史发展的动态历程。

（2）延安路空间设计

延安路是庄河市的主要道路，或称其为庄河市的脊梁。其空间设计受控于庄河广场与宝马广场，或者说以这两个广场为设计的参照标准。延安路两侧带状空间的天面高度设计，如图 8-9 所示，天面高度 *TMH* 依次为 12m、15m、18m。之所以跨度较大，意在强调变化，与变化较小的背景空间，即主体空间，形成鲜明的对比关系。城市级重要的高品质的公共建筑空间，是该带状公共空间的主要组成元素，但应保持与其空间等级体系相适应。空间品质与建筑高度的控制原则是，整体上低于庄河广场与宝马广场，但不排除个别的突破。

在文化内涵方面，如果有所涉及，应与庄河广场与宝马广场的文化主题相呼应，强化与衬托城市的文化主题，形成主题文化轴线。延安路轴线空间的形态艺术风格，必须与其核心节点庄河广场及宝马广场的主体风格相一致，与黄海大街衔接，在城市的纵轴方向，延伸庄河文化。

（3）黄海大街空间设计

黄海大街为庄河市东西向主轴线，其空间设计可与延安路采用相同的设计思路与方法，天面高度控制为 12m、15m、18m，如图 8-9 所示。其空间设计受控于庄河广场，空间品质与建筑高度的控制原则是，整体上低于庄河广场与宝马广场，但不排除个别建筑空间的突破，或低或高皆可。城市级重要的，高品质的公共建筑空间，是该带状公共空间的主要组成元素，但应保持与其空间等级体系相适应。

20 世纪的 80 年代开始，庄河市加快了西拓的进程，黄海大街是庄河市改变沿庄河发展，向西拓展的起点所在。黄海大街起始于庄河边的老街，向西延伸，城市以其为轴线向西拓展，随后又以延安路为轴线，向南、向北拓展。

黄海大街，是庄河文化延续与发展的重要轴线，沿街空间应保持相对浓重的庄河味道，而且要表达出庄河市的发展时序。就此意义规划确定，逐步改造现有的低品质建筑空间，强调建筑空间的文化内涵，并将路名更改为“庄河新街”。路名诉说城市发展的历史，反映“庄河新街”对于城市的意义，强化庄河文化氛围。

（4）世纪大街空间设计

世纪大街为庄河市东西向主轴线，其空间设计可与延安路采用相同的设计思路与方法，天面高度控制为 12m、15m、18m，如图 8-9 所示。其空间设计受控于宝马广场，空间品质与建筑高度的控制原则是，整体上低于宝马广场与黄海大街，但不排除个别建筑空间的突破，或低或高皆可。

世纪大街是庄河市近几年发展、建设的大街，充斥着十足的当代气息，又十分缺乏庄河市的传统文化。所以规划确定，逐步改造现有的低品质建筑空间，强调建筑空间的文化内涵，特别是庄河市的传统文化。

（5）其他轴线空间设计

其他的轴线空间，均为城市低等级的带状公共空间。此级别轴线空间的天面设计高度控制为 15m，如图 8-9 所示。此类空间主要由低级别的城市公共设施，以及街道级、小区级的公共设施组成。空间品质控制原则是，整体上低于延安路与黄海大街；建筑高度控制原则是，整体上低于主体空间，多数低于 15m，少数为 15m 左右，极少数高于 15m。

4. 主体空间设计

虽然前文介绍过，主体空间是决定城市空间形态的主要因素，然而从空间三要素之间的关系分析，主体空间受控于节点空间与轴线空间。庄河市是一个县级市，根据我国多数县级市的现状及庄河市的现状，多层住宅是庄河市量最大的高度相近的建筑，所以，庄河市主体空间的天面设计高度为 15m，如图 8-9 所示。

庄河市现有的住宅建筑，大多为 20 世纪 80 年代后新建的，基本体现了国内流行的、较低品位的风格，或者说无文化，无风格，无庄河味道。因而，主体空间设计的基本原则是，以庄河边的庄河老宅为蓝本，传承庄河民俗文化，延续庄河老街的民居风格。亲近大众，朴实无华，反映朴素的庄河民俗，是主体空间设计的基本原则。

在保证庄河风格的基础上，主体空间的风格，受节点空间与轴线空间的控制与影响，应与二者保持协调的文脉关系。例如，为了追求风格的变化，进而更好地突出主体风格，某个广场选择了欧式风格，那么其周边的主体空间，就要有所呼应，体现变化的同时，突出与烘托主体风格。

5. 空间体系设计

空间体系在节点体系设计阶段，已经进行了初步设计，确定了空间体系的分布与数量，本阶段要进一步明确空间体系的级别、范围以及形式。庄河市设置 10 个片区级空间体系，即划分为 10 个片区。空间体系分布如图 8-10 所示。

6. 高层建筑布局

高层建筑布局采用三种形式。一种是南北向带状布局，位置如图 8–9 所示，*TMH*=30 ~ 60m。南北向带状布局与庄河市的地形地貌相符，既顺应自然地形，反映自然地形的特点，同时又有益于城区南北向通风。一种形式是高品质地展示现代文明的高层公共建筑，点缀于庄河新街、世纪大街、延安路等城市主要道路旁，寻求空间形态的变化。另一种形式是沿南部海滨布局，以九鼎梅花山为背景，与山体轮廓线形成起伏变化、对比关系，展示自然空间与人文空间形态协调之美。后两种形式，高层建筑不可改变所在地块的整体形态，且数量不宜过多，在道路任何视点的有效视距内，单侧沿路不宜多于两栋，避免形成连线的态势。

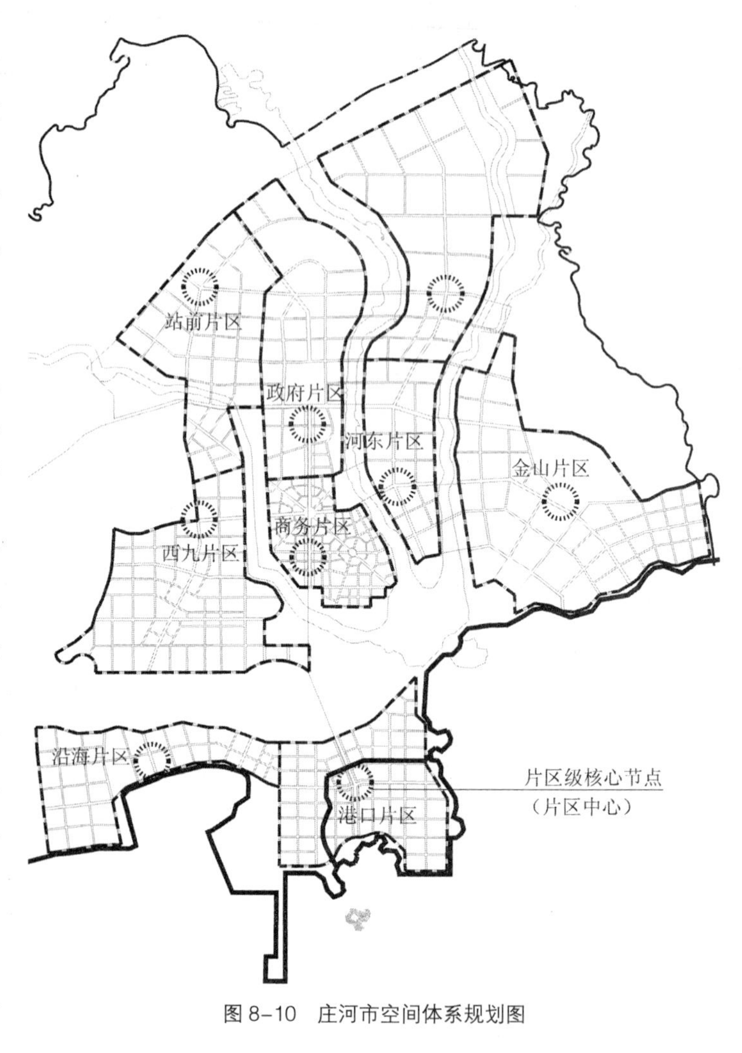

图 8–10　庄河市空间体系规划图

8.3.6　庄河市总体功能体系设计

城市的功能体系设计，实质是赋予城市空间体系各种城市功能。城市功能是城市节点与轴线体系的功能性本质，是结构体系对城市控制效力之源，如承载城市主要金融功能的节点，才会对城市的金融体系、经济体系产生控制作用。城市功能结构体系，构成城市功能体系的基础，在其组织与控制下，城市的各种职能合理、有序地分布于城市之中，形成城市的功能体系。因此，此部分重点阐述城市功能结构体系的设计。

城市的空间结构体系，为城市功能结构体系的载体，城市的结构性空间元素，节点空间及轴线空间承载城市的结构性功能元素。城市的居住功能是城市基本的主体功能，所谓功能结构体系，主要指城市的行政、商业、服务业、金融业等，主要服务于居住功能，服务于城市社会体系，是与城市的基本生活活动密切相关的综合功能体系。如片区中心，是会聚服务于片区的主要功能的节点；街道中心是会聚服务于街道的主要功能的节点；功能轴线，为功能在两个功能节点之间有序延展，线状分布而形成。

1. 庄河城市主导功能设计

城市的主导功能，对城市功能体系具有一定的控制意义，是城市建设的重要功能性依据。设计城市的功能结构体系，首先要确定城市的主导功能，赋予城市核心节点以城市的主导功能，可以保证核心节点对城市的控制，发挥结构性的控制作用。

（1）确定庄河市的主导功能

由于难以掌控的上位决策权，使得庄河市的沿海经济发展规划主导意义在于面向发展的主动性，而非面对发展的现实性；并且辽宁沿海经济带的发展主轴为渤海沿岸，所以，庄河市的沿海经济发展，近期缺乏有力的上位支撑。

大连是我国较著名的旅游城市，庄河市有丰厚的可开发的旅游资源，在没有上位决定权支持的前提下，发展旅游业是庄河市可以自主的经济发展选择。作为大连的一个县级市，承载大连的主导功能之一，也是必然结果。因而，规划确定农业经济为庄河市的经济基础，沿海经济与旅游经济为庄河市未来的主导型经济，近期以发展旅游经济为主。据此，设定旅游功能为庄河市的主导功能。

（2）庄河市主导功能体系设计

旅游功能作为城市的主导功能，需要建设完备的体系，并坚持、突出庄河特色，凝聚庄河文化之魂，为庄河市的旅游业奠定发展基础，发挥其控制作用。如果没有良好、完善、独特的旅游功能体系，旅游功能就会失去有力的支撑，不能发挥强大的功效，难以成为城市的主导功能。当然，庄河市主导功能的规划设计，也必须全面考虑城市的方方面面，为城市总体规划设计，提供科学合理的主导性的依据。旅游与文化具有本质的内在联系，或者说旅游本身就是文化产业。北山公园、小寺河广场、黄海广场，即是依据庄河市的主导功能增设的城市级功能节点。同样，庄河市的主轴线延安路，是旅游文化功能的核心载体。

2. 庄河市功能节点体系设计

城市的功能节点由城市功能的聚集性分布形成，并具有主导性或核心型的意义。城市的功能节点体系，在城市核心功能节点的基础上形成。通常，在总体规划层面，城市的功能节点与轴线体系可分为三个等级。庄河市的功能节点及轴线体系分布，与庄河市结构体系及景观结构基本吻合（见图 8-7）。城市的核心功能节点与城市的核心节点相吻合，即庄河广场与宝马广场作为庄河市的核心功能节点，是构成城市功能结构体系的基础。旅游作为庄河市的主导功能，在城市功能体系中起着主导性的作用，城市的核心功能节点，必须注重旅游功能。在核心节点的控制下，设计形成城市的功能节点体系。通常情况下，城市级功能节点不宜过多，尤其是庄河市这样规模较小的城市。为凸显城市的主导功能，规划增设以下城市级旅游功能节点：北山公园、小寺河广场、黄海广场，与城市级核心功能节点共同构筑庄河市市区旅游功能的主轴线。

（1）庄河广场核心节点设计

庄河广场规划为城市的行政中心，其功能以城市级管理职能为主，设置市政府管理机构设施；该广场现为城市的商贸中心，庄河大街（原黄海大街）是城市现有及规划的主要的商服功能轴，商贸功能是庄河广场需要保留的功能，可以设置书店等文化类商业设施；

旅游功能也是该广场的主要功能之一，广场规划为“城市首府”型旅游景点。

（2）宝马广场核心节点及其他城市级节点设计

宝马广场规划为城市的金融商贸中心，以金融功能为主，设置城市主要的金融设施；商贸功能是该广场的主要功能之一，设置城市重大商贸设施；旅游功能也是该广场的主要功能之一，该广场规划为城市级旅游经贸广场，以及城市的大型金融、商业设施、旅游购物（文化、纪念类）景点。

北山公园节点位于延安路的最北端，结合现有的山丘，规划为以“山”为主题的山林公园，以城市公园、绿化功能为基本功能，旅游功能为主要、重点功能之一，展示庄河市独特的山林景观的景点。

小寺河广场节点为延安路与小寺河相交的节点，交通功能为其基本功能，旅游功能为主要、重点功能之一。设计为庄河市以水为主题的重要旅游景点，展示自然景观——河流与人文景观——桥梁交相辉映的景点。此处的桥，设计为庄河市第一桥。

黄海广场节点位于延安路南端的黄海海岸，以景观功能为基本功能，旅游功能为主要、重点功能之一。设计为庄河市展示以海为主题景观的广场。

（3）片区级功能节点设计

庄河市的片区级功能节点，均分布于城市的主、次干道上。庄河广场、宝马河广场既是城市级节点，又是片区级功能节点。片区级节点，需设置片区级的行政管理、商服等公共设施。片区级节点体系，同样存在同级的级差，根据片区的规模，可以在一个片区内设置主、次片区级节点，形成同级功能节点体系。

（4）街道级功能节点设计

庄河市的街道级功能节点，为城市最低级的功能节点体系，大都分布于城市的主、次干道上。其中，有多个为片区级、街道级共用的功能节点。街道级节点，需设置街道级的行政管理、商服等公共设施。街道级节点体系，同样存在同级的级差，根据街道的规模，可以在一个街道内设置主、次街道级节点，形成同级功能节点体系。

3. 庄河市功能轴线体系设计

城市的功能轴线，由城市功能节点的连线形成，城市的节点功能沿城市道路线性延展，是城市功能体系发展、运动的基本规律，体现了功能节点对功能体系的控制、组织作用。因此，功能轴线的设计，应以功能节点为基础。城市功能轴线以公共服务功能为主构成，其功能成分应保持主导性与全面性的特点。即以某（几）种功能为主导性功能，发挥城市功能的聚合效应，同时也要考虑功能分类布局的合理性。通常，功能轴线的功能成分多种多样，以满足综合性的服务需求为主；功能分布不拘一格，随机性较强，但也呈现一定的规律性。功能轴线上的功能负荷并非均匀的，但呈规律性分布。虽然不能对功能负荷进行定量分析，但定性分析即可反映实际的分布状态，而这种分布状态决定公共空间的分布状态，可作为公共空间布局的参考性依据。

（1）延安路功能设计

延安路是庄河市的主要干道，庄河市的两个核心节点均在其上，是庄河市最重要的城市级公共服务功能轴线。此轴线上分布着城市最重要的功能，如最高级别的行政管理机构，最高级别的金融、商服功能等。邻近庄河广场的区段功能分布，行政管理功能优先，间有其他商服功能；邻近宝马广场区段，以金融、商业功能为主，间有其他商服功能。整体上，延安路是庄河市公共服务功能集中、负荷最大的功能轴线，同时，也不排除居住等其他功能（非一、二产业以及仓储等功能）。

（2）庄河大街功能设计

庄河大街是仅次于延安路的城市主干道，城市的行政中心位于其上，是庄河市仅次于延安路的城市级公共服务功能轴线。此轴线上有庄河市最高级别的行政管理功能，邻近庄河广场的区段，优先布置行政管理功能，间有其他商服功能；其他区段分布相对重要的城市公共服务功能，也可布置区级、片区级的行政管理功能。

高品质、有特色的住宅空间，投射出市井生活的情趣与味道，是城市主要道路喧闹、热烈氛围中的一点宁静安逸与亲切温馨。庄河大街东端起始于庄河老街，具有较强的市井氛围，庄河轴线应延续这种氛围，所以庄河大街布置少量的居住功能。

（3）黄海大街功能设计

黄海大街是仅次于延安路的城市主干道，城市的金融商贸中心位于其上，是庄河市仅次于延安路的城市级公共服务功能轴线。邻近宝马广场区段，以金融、商业功能为主，间有其他商服功能。其他区段分布相对重要的城市公共服务功能，也可布置区级、片区级的行政管理功能。

（4）其他功能轴线设计

其他的功能轴线均为庄河市的次级功能轴线，布置城市的非重要的公共服务功能，以及街道级政管理、商服类功能。

8.3.7 庄河市总体景观体系设计

总体景观体系设计，主要对象是庄河市的城市级景观节点，确定其景观主题、主体景观元素，以及塑造其景观节点特性，表现其文化内涵等。以城市级的景观节点为基础，为控制体系，构筑庄河市的景观轴线，形成城市的景观结构体系。

庄河市的景观体系设计，应体现城市自然空间比例大的特点，作好自然景观节点体系规划，体现尊重自然、爱护自然的设计理念，并发挥整体设计理念的控制意义。应发挥城市主导功能对于景观体系的控制作用，景观体系与城市旅游体系结合，构建城市的旅游景点体系。

1. 城市总体景观风貌规划设计

庄河市的整体景观风貌，如一幅幅画卷：美丽的庄河市，在群山之中，河川之间，黄海北岸；与群山呼应，有河流相伴，在海天之间；恬静于山间平川，流淌于碧水两岸；面向湿地海滩，背映田园群山。

庄河市在西大山、九鼎梅花山、老金山的环抱下，城市的空间形态整体上在 *TMH*=15m 的控制下，空间低矮、平展而舒缓，依偎着蜿蜒的河流，静卧于群山的脚下。偶有突出的高层建筑，形成南北向的带状空间穿插其间，与群山比高，如河川蜿蜒。庄河老屋衍生出满城的古香旧色，也有现代风味点缀其间。连片的青瓦、灰墙融于青山、绿水、碧海、蓝天，斑斑的红，点点的蓝，淡淡的橙……，不甚鲜艳，但在灰色基调的衬托下，闪烁在青山绿水的灰色氛围之中，映衬着蓝天、碧海。座座典雅、秀丽、恢宏的桥梁，串联着美丽的山、海、河，还有美丽的城市。

2. 城市景观结构体系设计

所谓“体系”，实质是强调事物的系统性，景观体系设计，重在建立景观节点的系统性关系。设计通过轴线关系、主体景观的类别、景观主题、文化内涵等方面，建立庄河市城市级景观节点的系统关系。以城市级的景观节点为基础，为控制体系，构筑庄河市景观体系的系统关系。这种关系，确立了庄河市景观体系宏观的整体性，建立起微观与宏观、局部与整体的关联关系，为下位的景观规划设计奠定基础、提供依据。

庄河市市区的景观结构体系，与城市结构体系相吻合。庄河市以庄河广场与黄海广场为城市级核心景观节点，以北山公园、小寺河广场、黄海广场为城市级景观节点，以延安路为城市核心景观轴，以庄河大街与黄海大街为城市级景观轴，如图 8–11 所示。上述节点与轴线体系的建立，已经能够表达出庄河市景观结构体系的形态，满足城市景观布局的结构性要求。此外，在市区内有少数的、必要的景观节点，游离于结构体系之外；城市的外围，环绕着自然景观体系，北部山区分布着若干重要的自然景观节点。

3. 城市景观类别体系设计

庄河市的景观类别体系相对丰富，自然景观体系在大连、东北乃至全国范围内有一定的知名度。景观类别体系设计，就是要系统性地、合理地布局城市景观元素，美化城市，为实现“美好宜居”的城市建设目标奠定美的基础。同时，发掘优势景观元素的社会、经济效益，为城市主导功能的高效运行奠定基础。

（1）自然景观体系

庄河市的自然景观体系主要由山、河、海组成。北部山区的景区（冰峪沟等）、南部的岛礁景观（海王九岛景区等）距市区较远，可作为市区景观体系的景观环境基底，同时也是城市景观体系设计的参照基底。市区内的自然景观体系，要完全保持其自然形态，凸显自然属性，成为城市重要的自然元素，诠释城市与自然的良好关系。

市区内的山林景观体系有关嘉山、九鼎梅花山，以及其他小山丘，穿越市区的三条河形成美丽的河川景观；海景主要有海岸与湿地、海、岛等。河流景观是庄河市的优势景观元素，设计通过以其名命名广场，以其水塑造水景，塑造河流的自然、原始形态等方法，充分发挥三条河的景观优势，创造城市的自然之美。

（2）人文景观体系

城市的人文景观主要包括建筑景观、艺术景观、园艺景观、城市家具及小品景观、运动景观五大系列。原则上，庄河市的各类景观均以庄河广场、宝马广场为核心，以延安路、黄海大街、世纪大街为主轴线布局。

建筑景观是城市中的重要景观，是城市形象、特色等方面的主导性表达元素，是城市面貌、城市发展状态的主导表达元素。庄河市的建筑，要成为塑造城市之美的基础；要注重文化内涵，塑造高雅的气质与品格；要塑造庄河风格，形成庄河特色，特别是重要节点、轴线上的建筑；要注重景观效果及景观游览功能。

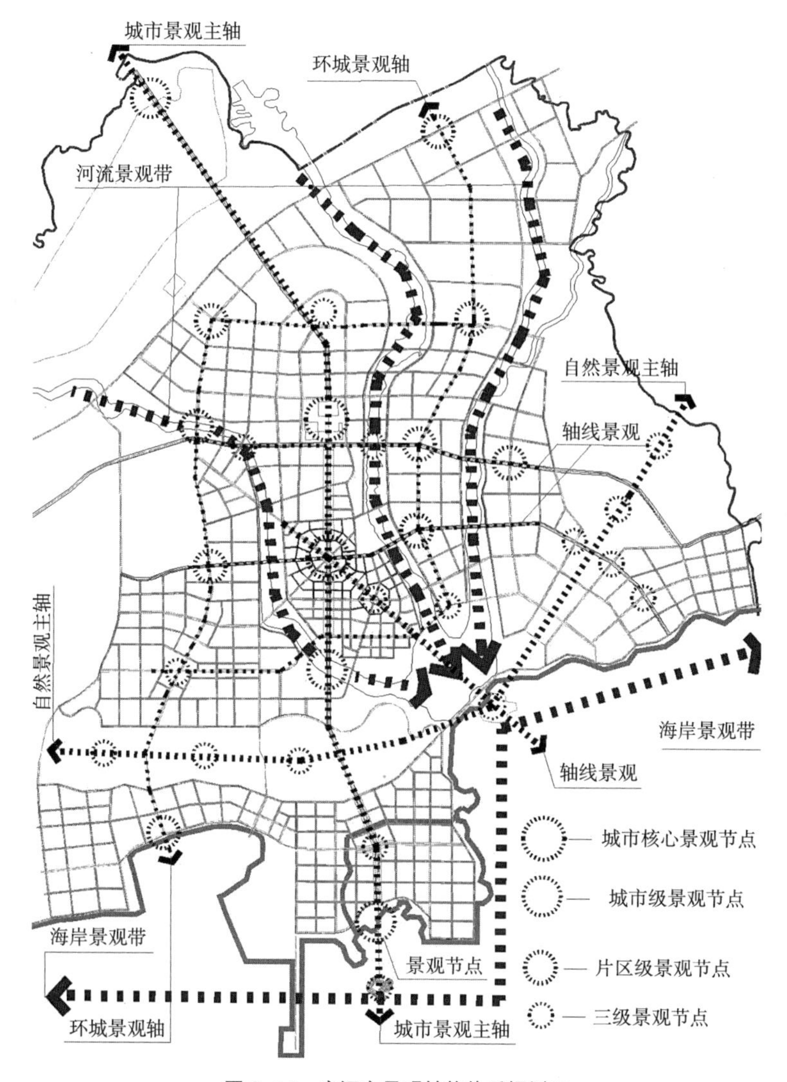

图 8-11 庄河市景观结构体系规划图

（3）特色景观体系

特色景观体系，是城市重要的景观体系，是塑造城市形象，突出城市特色与亮点的重要元素。庄河市的特色景观体系包括河流、河岸景观，桥梁景观，庄河老街历史景观，湿地景观，以及庄河文化景观。

（4）庄河文化景观体系

庄河文化景观是城市重要的景观体系，是城市景观元素的内涵体系，包括庄河剪纸等传统的、民俗的历史文化，包括体现国家文化建设思想、代表城市精神、深受民众喜爱的当代文化。

作为特色景观，重点是传统的、民俗的、民间的文化。庄河广场引自庄河的一湾水景，代表着庄河，寓意着庄河市的“母亲之河”——庄河文化的根，以此为核心建立庄河文化景观体系，建立文化发展的根基。

（5）河岸景观体系

三条河流穿越市区，庄河市沿河界面的景观塑造，不仅是彰显城市特色的要素，也是城市形态塑造，城市品位塑造的重要空间界面。此类界面塑造的目的，是传承庄河老街的城市文化，建设亲切、宜人、美丽的“河畔人家”景象；塑造方法是，按照丽江古城的模式（取其优点）塑造庄河老街，老街的经典建筑予以保护，修旧如旧，老街的整体氛围予以保护，（老）味道十足；以庄河老街为蓝本塑造其他沿河界面，延续与传承庄河城市文化，形成庄河特色。

（6）桥梁景观体系

桥梁景观是庄河市的重要景观，三条河流穿越致使城市桥梁众多。我国具有丰厚的桥梁历史文化，庄河市的桥梁要以其为基础，结合庄河地方文化，对每一座桥都要精心设计，精心建造，塑造庄河市系列桥梁景观，并使其成为彰显城市品质、特色的一大亮点。

4. 城市级景观节点设计

（1）确定景观主题

城市景观节点的主题、文化内涵的设计，并不是孤立的设计，在结构模式设计、文化体系设计中，已经作了关联性的设计构思，建立了景观节点的系统关系。广场以庄河市三条河命名，设置山的节点、城的节点、市的节点、河的节点、海的节点，建立水文化主题，等等。这些设计理念确定了局部景观与整体景观的关系，是城市景观体系设计的关键所在。

1）庄河广场。庄河广场是庄河市的核心景观节点，其景观主题的内涵在文化体系设计中已有较系统的、成熟的考虑。庄河广场为城市“城”的广场，展示庄河市之“城”的景观。其景观主题有三个内涵，一是表达庄河市的主题文化，二是表达政府的施政理念，三是凸显庄河文化。

广场以庄河原水塑造水景，达到四个目的：体现城市主题文化、庄河文化；水里游弋的鱼虾，诠释环保、绿色、宜居的概念；结合建筑，广场设置“人民的好干部”形象主题雕塑，体现政府的施政理念；广场设置庄河历史题材的浮雕景观（庄河剪纸等），体现庄河文化之源。

2）宝马广场。宝马广场是庄河市的核心景观节点，其景观主题在文化体系设计中已有较系统的、成熟的考虑。宝马广场为城市“市”的广场，展示庄河市“市（场）”的景观，其主题有三个内涵，一是表达庄河市的主题文化，二是表达庄河市民的生活理念，三是凸显庄河文化。

广场以宝马河原水塑造水景，达到两个目的：体现城市主题文化，水里游弋的鱼虾诠释环保、绿色、宜居等理念。广场设置反映庄河市民风民俗的主题浮雕（或雕塑），体现庄河市民的生活情趣与理想。

3）其他广场。北山公园为城市“山”的广场，景观主题为山。展示庄河市山的特色——冰峪沟一带的极富特色的山，山的风情——北部山区的民俗风情；小寺河广场为城市“河”的广场，以水为主题，展示庄河市的河文化，其上之桥，为庄河市桥中之最，河与桥、城，共同演绎北方之水城；黄海广场为城市“海”的广场，以海为主题，展示庄河市海的风情——海的传说、海的生产、海的生活。

（2）确定主体景观

城市的主体应是景观主题的载体，同样，在结构模式及文化体系设计中，已经作了关联性的设计构思，建立了景观节点主体景观的系统关系。

1）庄河广场。作为“城”的节点，广场以政府办公建筑群为主体景观背景；雕塑与浮雕也是广场的主体景观；庄河广场是城市的核心节点，所以广场上的任何景观元素，均应是城市中同类型景观元素之最。庄河广场的塑造重点为政府办公建筑群，在空间尺度上要确立办公建筑群的主体地位，营造广场城市最高管理机构的庄严氛围，成为庄河市最高品质的城市建筑群，展示“城”之最。

2）宝马广场。重要、大型的金融、商业建筑群为广场的主体背景景观，在空间尺度上要确立建筑群主体地位，铸就广场富贵、繁华、蒸蒸日上的氛围，展示庄河最高品位的“市”的景观；反映庄河市民风、民俗的主题浮雕（或雕塑），也是广场的主体景观元素；宝马广场为城市的核心节点，广场上的任何景观元素，均应是城市中同类型景观元素之最，可略逊于庄河广场。

3）其他广场。北山公园以山、林为主体景观；小寺河广场以河、桥及桥两端的建筑组合为主体景观；黄海广场以海为主体背景景观，以“海神娘娘的传说”群雕为主体景观。

5. 城市主轴线景观设计

庄河市景观节点的一个重要设计理念，是将庄河市的山、河、海、城、市五大类景观，串联于城市的主轴线上，塑造城市的景观主轴线。通过山的节点，城的节点，市的节点，河的节点，海的节点，使主轴线的景观反映出庄河市的总体景观特色，浓缩庄河市景观的精华。同时，景观主轴线可为市区的旅游主轴线，塑造并强化城市的主导功能。

8.3.8 庄河市总体色彩体系设计

色彩设计采用效果描述的方法，只要求达到需要的效果，具体由色彩设计专家确定。在城市总体设计中，城市色彩设计的重点是在于确定城市色彩，制定色彩控制原则，建立色彩控制体系，意义是为下位设计提供依据，目的是用色彩表达城市的美丽。

1. 城市色彩设计

分析庄河市现状的色彩，时代的印记较重，且体现出“百花齐放”的设计思想。上位规划及上轮规划，均未确定庄河市的城市色彩。当今的庄河市，难以由建材色彩的单一性生成城市色彩，政府没有确定城市色彩，没有与色彩相关的传统文化理论、民间习俗。所以，感性的设计，广泛的认可，是城市色彩产生之道。

从形式美的角度出发，城市色彩应为城市的背景色。城市重要元素，需要背景色的衬托，紫禁城金碧辉煌，四合院灰黑一片，即此道理。这是城市色彩设计的主要原则，“色彩平等”就无所谓变化、对比，无所谓美与丑，无所谓好与不好。

灰色调是庄河老街的色调，或许是建材业的发展忽略了历史，灰色调没有被传承下来。20世纪80～90年代的“粉色”系列，令人难以接受，当今流行的深度的土黄，又似乎过于“国际化”，缺乏庄河特色。回归传统，选择灰色调，为相对合乎情理的设计思路。选择黑灰、暖灰、冷灰色系进行网络媒体及广泛的社区调查后，确定黑灰与暖灰为庄河市的城市色彩。亮丽的色彩使人愉悦，但是人不能长时间愉悦，灰色调可以成为精神系统的镇静剂，让人回到平静的环境中，用于城市的主体空间——大量性的住宅，体现色彩学原理与人的生活规律的协调与统一。

庄河市城市色彩控制的原则是以灰色系为主，强调变化，延续庄河老街的色彩意境、氛围、味道，形成有庄河自己文化渊源的色彩环境。

2. 节点空间色彩设计

城市节点空间色彩设计的宗旨，是要保证节点空间突出于周边的环境空间。在空间设计阶段已经采取了相应的措施，保证节点空间的形态突出，色彩设计必须延续“突出重点”的设计思想，保持一致的设计效果。

相对于主体空间的灰色调，大多明亮的色彩都是节点空间可以选择的，但纯色或过于艳丽的色彩都不宜选用，即使是单体空间也不可大面积使用，如黑色、大红色、深色系等；色彩的饱和度不宜过高，对比不宜太强烈。节点是城市的重要元素，是城市文化、城市风格的重要载体与表达元素，也是城市色彩的重要载体与表达元素，灰色系也是节点空间的必选，但要保证质感的突出。

庄河广场的色彩设计效果，宜给人庄严、稳重的感觉，材质也要优于周围环境，凸显高贵的质感，厚重、高雅而稳健。黄海广场的色彩设计效果，宜给人以隆重、热烈的感觉，材质要显得华丽而富贵。其他节点则可举一而反三，节点与节点之间，整体上、宏观上也要体现出变化与对比。

3. 轴线空间色彩设计

城市轴线空间色彩设计的宗旨，是要保证轴线空间突出于主体空间，略逊于节点空间。轴线空间是城市重要的空间元素，是形态类型多变而丰富的线性空间，所谓变化、韵律、协调、统一均源于此类线性空间。色彩的选用没有特别限定，但纯色或过于艳丽的色彩都不宜选用。

庄河市的主轴线延安路、庄河大街是设计的重点。首先，作为带状公共空间，整体的色彩以主体空间为背景，效果要保证使其形态介于庄河广场与宝马广场之间，但也允许例外。其次，在线形的色彩长廊中，强调变化、对比与韵律感，衬托与强调节点空间的色彩效果，塑造丰富多彩的线性公共空间。再次，带状公共空间是城市的重要空间，也必然是城市色彩的载体，灰色系是必不可少的色彩，但需要保证有较优秀的质感。

8.3.9 结语

通过庄河市总体城市设计，可以明确表现出节点控制法的系统性与全面性，充分体现了节点控制主导的城市设计方法对城市规划设计的过程与结果的控制与组织意义。

1. 方法特点

节点控制主导的城市设计方法，是一种整体控制下的“关联设计方法”，与城市设计的基本意义一致，即协调城市元素之间的关系。增强了城市设计相关环节的互动性，使得城市设计更趋科学性与合理性。其方法特点可以总结为：整体构思，专项设计，互为约束，互为依据。对城市的文化、结构、交通、功能、空间、景观、色彩体系进行相互关联的整体构思；在整体框架控制下，分别进行专项设计；各系统之间互为约束，互为依据。基本的设计步骤是，首先确定城市级节点，形成城市的核心与基本的控制节点，以二者确立城市的主轴线，然后设计城市的次级节点与次级轴线，逐步展开总体城市设计。

2. 核心思想

等级秩序，是周代至清代两千多年间我国城市建设必须遵循的“周礼”，是封建礼制控制下的城市规划设计理念的核心。节点控制主导的城市设计方法，结合现代城市体系，延续了中国古老的城市文化。以节点体系的等级关系形成控制体系，确立城市的秩序性、系统性，并建立城市元素之间局部与局部，局部与整体的关联关系，控制总体城市规划设计，塑造节点控制的城市。虽然当今似乎没有了人的等级秩序，但社会体系的等级还是存在的，城市下设区、县，街道、居委会，这些不同等级的社会体系，必然造就不同等级的空间体系。

3. 三大元素

节点控制法创立三大空间元素体系——节点空间、轴线空间与主体空间体系，并建立了三者之间的相互关系。这三大空间元素是客观存在的，它们之间的关系也是符合客观逻辑的。主体空间承载城市的主体功能（居住）、城市色彩，并生成城市的主体天面（基本天面）；节点空间承载城市重要的公共服务功能与控制功能；轴线空间承载城市的公共服务功能与组织功能；形成了点控制线，线控制（组织）面的秩序关系。

4. 设计逻辑

以三大元素为基础，建立节点控制法的设计逻辑关系：节点控制—网格组织—天面定形。节点控制对应于节点空间，源于匠人营国理论中的皇宫，希波丹姆、阿尔贝蒂的城市广场；网格组织对应于轴线空间与主体空间，轴线空间划分并组织主体空间，源于匠人营国理论之“九经九纬”，希波丹姆模式的方格网特点；天面定形对应于所有空间，源于客观空间形态与天面高度的关系；源于对“天际线”概念客观的创新思维，天际线集合成的面为“天际面”——天面。

5. 控制理论

节点控制法在城市形态，以及城市建设指标方面的控制理论，基于城市天面的控制形式，基于城市功能总体分区，局部可混合布局的控制形式。强调城市规划对城市建设控制的客观性，体现发展的随机性，使城市规划管理更为人性化、客观化、多元化，更趋于科学与理性，也趋于合情合理的感性。

（1）形态的可塑性控制。空间高度的上限控制 $H<15$m，往往会造成 $H=15$m 的控制效果。在平面形态确定的前提下，高度的限定必然使形态的可塑性较差。天面高度控制 $TMH=15$m 是对空间高度平均值的感性控制，并不强调数值。这样的控制结果，空间高度是不定的，空间高度不定，空间形态不定，空间的可塑性就强，原则是不影响整体形态。

（2）功能的混合型控制。所谓混合，系指在公共服务功能域中可混合少量的居住功能。严格的功能分区控制，使得功能布局泾渭分明，设计干预的痕迹过于突出，公共空间缺乏生活气息，丧失人气，没有情调。在城市的商业长廊中，偶然的、朴素典雅的民宅，会散发出温馨的生活气息，调节视觉、行为与精神的“公共”疲劳，形成变化与对比，产生美的意境。更重要的是，功能的灵活控制较客观，相对科学，可对城市实施动态化的控制。

（3）指标的可变性控制。空间高度不确定，容量、密度等指标就不确定，可以实施灵活性的控制，只要整体平衡即可；功能的不确定，各种功能用地的数值就不确定，但各种用地的指标，只要在国标规定值的范围内，保持动态平衡即可。

6. 城市美学

城市美学设计的宗旨是：延续中国传统的城市美学理念，汲取东西方古典城市形式美的特点，建立城市的秩序美，形成城市整体美的基础。

城市之美主要通过空间形态与空间色彩表达，总体的控制原则是：以主体空间为统一元素，强调变化；以主体空间为背景，烘托轴线空间与节点空间；以节点空间为最美，轴线空间为次，主体空间再次，强调对比关系，衬托城市的核心元素之美。

第 9 章

大连城市核心区城市设计研究

城市核心区城市设计，其基础资料研究及背景研究的内容，以城市总体规划的相关内容为基础。本章以大连市为例，阐释城市核心区的规划设计对于城市的重要性；利用节点控制理论，解析城市核心区与城市整体的关系，与城市发展的关系；解析节点控制理论对于城市核心区域、重要区域规划设计的适用性。文中的内容与大连市现实的城市规划设计无关，只是以大连市原形为示例，进行节点控制法的适用性研究。

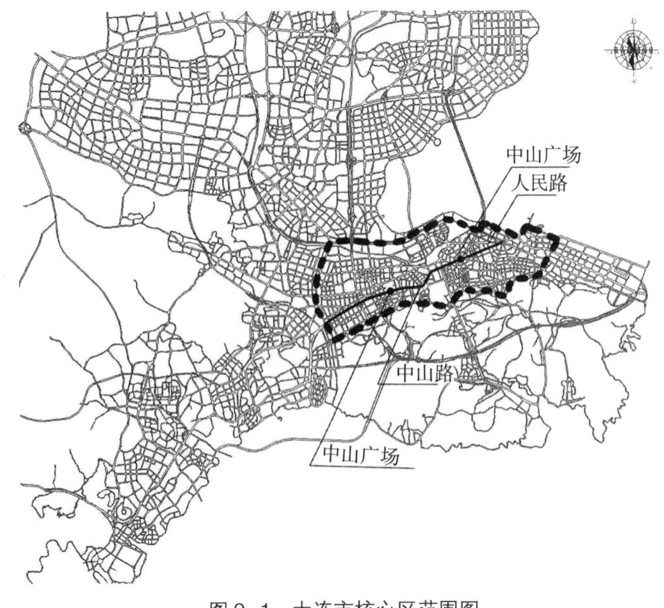

图 9–1　大连市核心区范围图

城市的核心区是在一定历史阶段形成的，是城市核心节点、核心元素聚集的区域。大连市城市核心区的范围确定为旧大连的范围，具体如图 9–1 所示。以今天大连的城市发展状态，确定如此范围，进行城市设计，具有基础性的设计意义。

9.1　意义、重点、根本

9.1.1　核心区城市设计的意义

城市核心区对城市的意义重大，主要体现在城市的保护与发展两个方面。一方面，城市的核心区往往是在城市的初始阶段形成的，其中包含着重要的历史信息，保护好城市初期的历史信息，就是保存城市的历史，保护城市的根，对城市的发展具有重要的历史意义。另一方面，城市是一个繁杂的运动体系，而城市核心区是城市的心脏，心脏的健康发展对城市整体的健康发展，意义是显而易见的。中国有句俗话“千里之行始于足下”，核心区建设好了，才会有城市的长远发展。城市核心区的规划设计，就是要保证城市核心区的建设能够满足城市发展的要求，支撑城市的可持续发展。一般情况，核心区包含城市的核心节点，核心节点对城市发展具有重要的控制意义。核心区的规划设计，也是落实城市发展目标的重要环节。宏观层面，城市核心区的建设与发展，是实现城市发展目标的关键。核心区的发展规划，能够符合、满足城市发展目标的要求，会为城市整体发展规划奠定理论基础，制定出控制全局的纲领性、核心性发展理念，明确规划设计的方法与途径。

9.1.2　核心区城市设计的重点

1. 强化核心区的核心作用

城市核心区规划设计的重点，是保证与强化城市核心区的核心作用。城市核心区的发展，往往伴随着诸多的城市问题，比如交通、空间、能源等方面。解决问题的方法，往往是限制其核心功能的发展，结果可能导致核心区的城市意义被削弱。城市意义削弱，将导致核心区对城市的控制力减弱，进而产生新的核心，城市原有的核心区被新的核心所代替，逐步走向衰败。纵览世界城市发展史，这样的例子是很多的。

对于大连这样的城市，城市核心区凝聚着大连的历史，承载着古老的城市文化，携带着欧洲古典主义文化特色，展示着独特的巴洛克风格，所以称大连为浪漫之都。如果剥离人民广场、中山广场所承载的城市功能，二者的核心意义就会削弱，必然导致其城市控制功能的弱化，城市的结构体系便会失去核心节点，致使结构体系丧失结构意义。而随着新的行政中心、金融中心的兴起，大连的核心区会不会走美国一些城市中心的老路？核心区如果衰败，大连必将会失去浪漫之本，成为没有历史的城市。

所以，强化核心区的城市意义，才能保证城市核心区永久的活力，保证核心区对城市发展控制、支撑的持久。有了这样的保证，才会有千年古都，才会有罗马、佛罗伦萨、巴黎、华盛顿。所以，强化核心区的城市意义，是大连核心区城市设计的重点之一。

2. 优化城市的发展基础

城市核心区的发展规划，可以起到优化城市发展基础的作用。大连是 20 世纪初始建的，在日、俄统治的近半个世纪内，形成了殖民地色彩的旧大连。以后的半个世纪以来，至 20 世纪 80 年代，大连城市的发展，建立在“旧大连”的基础上。20 世纪 90 年代以来，大连进入了快速发展阶段，城市规模高速膨胀，城市的基础“旧大连”已经无法满足发展的需求，加之缺乏科学的发展规划，城市的发展显现了一定的混乱。作为城市的核心节点，人民广场与中山广场已无法控制城市新拓展的大片区域，而新区也没有明确的城市结构体系。所以，在城市规模翻番发展的状态下，优化城市的发展基础，强化并合理拓展核心区（旧大连）的结构体系，建立发展的秩序，才能满足发展的需求，才能让城市合理有序地发展。

9.1.3 核心区城市设计之本

了解城市初始规划，对于城市核心区规划设计具有重要的意义，是核心区城市规划设计之本。所以选择旧大连为城市的核心区，在于旧大连在城市发展过程中所发挥的作用，在于城市发展的阶段性意义。20 世纪 90 年代以来，城市的发展已经逐步弱化了旧大连对城市的控制，虽然还在旧大连发展规划的控制范围内，但需要的控制与旧大连规划师的设想，已经发生了质的变化。换句话说，旧大连的发展规划，已经不能满足当今城市发展的需求。

当今大连的发展，不能脱离或抛开城市核心区，必须以旧大连为基础。所以，研究旧大连的规划设计，对于现时的核心区规划设计具有基础性的意义。能够正确地解读旧大连的规划，从现实的角度理解、认识旧大连的规划思想、理念与方法，才能予以延续与发展，为核心区的规划设计奠定基础，从而保证城市发展规划的连续性，寻求城市发展的科学性、合理性与持续性。所以说，解读旧大连的规划，是当今大连城市核心区规划设计的根本。

9.2　城市结构体系拓展意向研究

9.2.1　解读旧大连的发展方向及形式

研究城市核心区的城市设计，为何首先要研究城市结构体系拓展的问题？城市规划设计是设计城市的未来，依据节点控制的理论，城市的发展由城市的结构体系控制，而城市核心区往往是城市结构体系的核心，也就是控制城市发展的核心。所以，核心区城市设计应以城市结构体系拓展规划为基础和主导，建立城市设计的基本框架。

大连的核心区包含中山广场、人民广场两个重要节点，包含城市主轴线中山路—人民路、鲁迅路的核心区段，是城市生长的基础，是控制城市发展的核心结构。城市设计要以此结构为基础，研究城市结构体系的拓展，达到控制城市发展的目的。

研究城市的拓展规划，必须研究城市的初始规划，旧大连的规划已无文章可循，以城市的初始状态为基础，能够合理解读城市初始的规划思想、理念，是做好城市规划设计的必要条件。解读旧大连的规划，明确旧大连的发展方向及形式，明确核心区与拓展区的空间关系，是拓展旧大连结构体系的基础。

1. 旧大连城市发展方向研究

一个城市的发展方向，可以通过对城市周边环境的分析，如区位、地形地貌、地质等方面的分析确定。大连属于丘陵地区，三面环海，北与陆地相连。旧大连位于大连湾南岸较平缓区域，其东侧为海湾，南部为丘陵山林，城市适于向西、北发展。旧大连的规划师已充分考虑了上述各种因素，确定了大连的发展方向。这一点，分析解读旧大连的交通体系规划，有较明确的体现。

分析旧大连的交通体系规划，城市的主要道路系统为典型的树状结构，树干为人民路，三条枝干分别为中山路，通过旅顺南路与旅顺相连；黄河路，通过旅顺中路与旅顺相连；长江路，通过西安路、华北路、旅顺北路与旅顺相连；另外，通过鞍山路、东北路、香甘路、西南路、东方路与老甘井子相连。旧大连的路网，就是在此树状干道网的基础上建立并发展的，如图 9–2 所示。图中可以反映出旧大连的整体设计思想，体现了设计师宏观的与发展的设计思路，可以较清晰地判断出旧大连城市发展的主导方向。向北及西北，依托东方路、华北路、旅顺北路发展；向西，依托黄河路发展；向西南，依托旅顺南路发展。

20 世纪 90 年代以前，依托于上述系统，大连先后建设了孙家沟、黑石礁（旅顺南路沿线），西北甸子、辽师（黄河路沿线），香炉礁、侯家沟、刘家桥（华北路沿线），工人村、春柳、金家街、甘井子（香甘路、西南路、东方路沿线）等居住片区。除枣园（金南路）等个别区域外，城市的发展大致在旧大连的发展体系内，符合上述城市发展方向的分析、解读。20 世纪 90 年代后期，城市的发展进入了“大刀阔斧”的阶段，但发展方向没有大的变化。

2. 旧大连的发展形式研究

（1）城市结构体系发展形式研究

依据节点控制的理论，城市结构体系应具有明确的系统关系。那么，大连市结构体系的拓展，必须以旧大连的结构体系为基础，并注重建立新旧区结构体系之间的关系。旧大连在

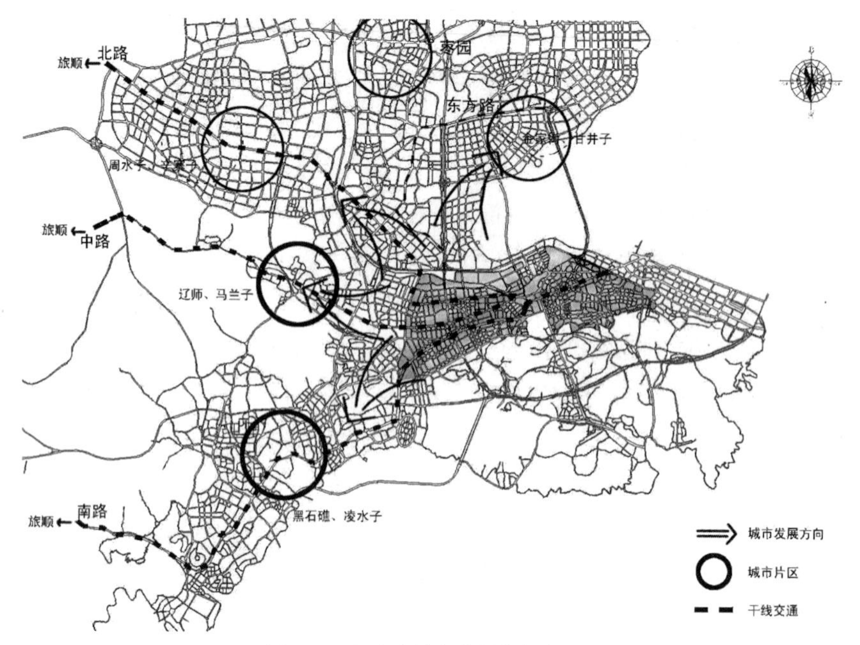

图 9–2 旧大连城市发展方向分析图

达里尼基础上的拓展规划，拓展区域的结构体系，根植于旧区的主轴线拓展、生长，节点布局、轴线体系、结构形式之间形成了既有变化、对比，又相互统一协调的系统关系（见图 4–14）。

如今的大连与旧大连不同，无论面对城市平面图，还是城市规划图，在旧大连以外的城市拓展区域，都无法判定城市的结构体系，虽然在城市规划文件中有“规划结构”，但它似乎只存在于设计师的分析当中，在现实的城市中无处可寻。而旧大连则恰好相反，只要生活在城市中，而且明确何谓城市结构，就能体验到城市结构的存在。可以说，当今的大连正处在“结构迷失”的时代。

同样，在 20 世纪 90 年代前，城市的发展基本在旧大连建立的关系体系框架之中，主要表现如上所述，新建的城市居住区（居民点）大多依托于旧大连的树状结构体系的主干系统，在旧大连的结构体系控制范围内。因而，此时的大连，并未表现出“结构迷失”的状态。20 世纪 90 年代后期，人口的剧增，城市元素的膨胀，导致城市的快速发展，曾经出现“规划跟着建设走”的现象，这或许可为“结构迷失”的次要原因。

结论:旧大连仍然保持“树状”框架体系，放射状与鱼骨状结合的整体结构形式，由“双核承单脊”;城市新区无所谓结构，也就无所谓结构体系的发展，属于规划控制下的“无序蔓延”式发展状态。

（2）城市空间体系发展形式研究

分析大连城市空间体系的发展，同样也经历了不同的发展阶段。一是 20 世纪 90 年代前比较本质、生活、秩序的发展阶段，此阶段的城市空间体现了人的行为本质，按照人的行为标准，排行成列建设居所，最接近人的本能，最贴近人的生活，也是最有秩序性的空间排列形式。二是 90 年代后期体现设计、理念、构图的发展阶段，此阶段城市空间形态具有明显的设计表象，体现了设计师追求自我价值的心理，自我崇尚的理念，自我欣赏的构图。

总结城市空间体系的发展，具有两个特点 :

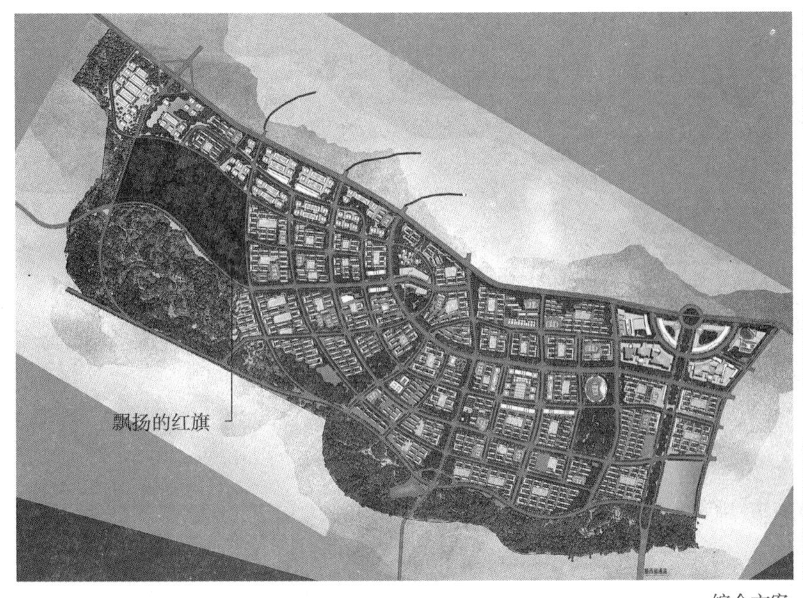

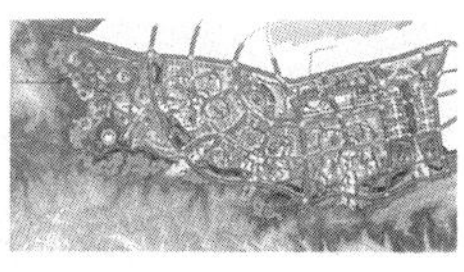

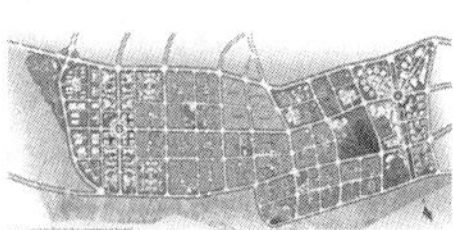

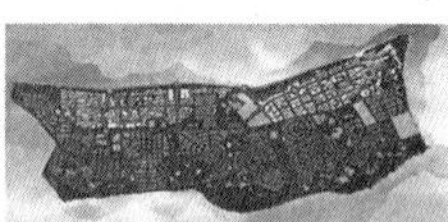

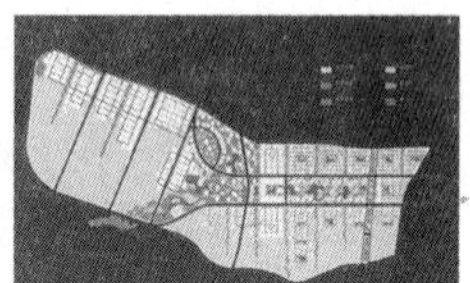

综合方案　　其他竞标方案

图 9–3　旋转、扭转空间示意图

1）大连城市空间关系的发展，为空间连续型的发展方式，以老城区为基础，向老城区西北方向、西南方向的毗邻空间发展。

2）城市空间形态的发展，肌理的运动，朝着简单、粗犷型发展，表现为道路密度降低，地块空间尺度加大。

具体表现，20 世纪 90 年代前城市空间的特点为“行列形态”，即行列式布局的形态特别明显；20 世纪 90 年代后城市的空间形态，具有特别的设计痕迹，尤其是道路网的设计，以曲线唯美，地块多呈现菱形或菱形与曲线结合——扭曲的菱形，可谓“红旗飘飘”，整体上“旋转形态”的特点较明显。如图 9–3 所示，其中深色地块的平面形态，酷似一面飘扬的红旗，并且区域内很难找出正交的十字路口。此方案为某项目规划竞标方案之一，其他 4 个国外的方案，全部将大连同心弧状的总规路网改为方格网状路网，看来外国人“不懂美”。

（3）城市宏观形态的发展

研究城市空间体系的发展，宏观形态的发展应是重点之一。依据节点控制理论，城市基地的平面形态是确定城市结构形式的重要客观因素。20 世纪末以前，城市空间的发展虽然属于连续式，但由于城市空间主要功能的不连续，导致城市生活型空间肌理运动、发展的不连续，被梭鱼湾北岸的工业区与其西侧的机场及其控制区间隔，形成大面积的“城市肌理空白区”，阻隔了城市肌理向北连片延伸。所谓“生活型空间肌理”，是指城市的主要功能空间，如居住、商服等功能空间所形成的肌理，这种肌理占据城市大部分空间，是影响城市宏观形态的主要因素。生活型空间肌理不连续，使得城市空间产生“不完整”的感觉，难以影响、形成宏观的形态轮廓。21 世纪初，这样的状态发生了重大的改变，城市的总体规划确定机场搬迁，梭鱼湾北岸的工业区搬迁，使得城市的肌理形态得以连续发展。这种发展使得城市空间肌理整体性增强。梭鱼湾的南岸与北岸，西部山区的南麓与北麓，城市形态呈现为蝶形对称的状态，如图 9–4 所示。

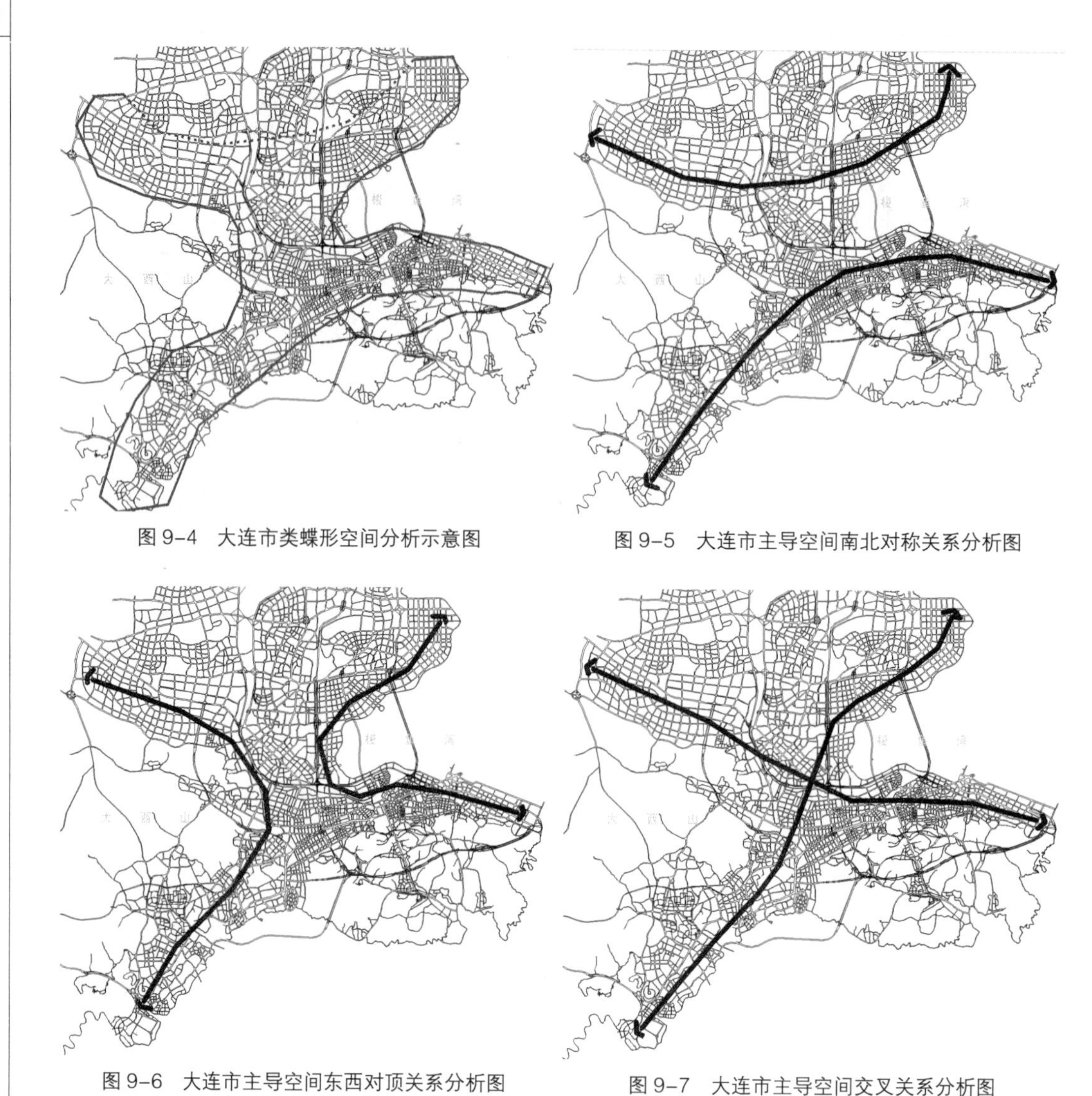

图 9-4 大连市类蝶形空间分析示意图

图 9-5 大连市主导空间南北对称关系分析图

图 9-6 大连市主导空间东西对顶关系分析图

图 9-7 大连市主导空间交叉关系分析图

9.2.2 运行机制发展与城市结构形式研究

1. 运行机制发展意向

大连城市的拓展部分与旧区的空间组合，由于梭鱼湾与大西山的阻隔，形成近似蝶状的对称形态，新旧区分别为蝶的两翼，如图 9-4 所示。城市的蝶状形态，形成了城市空间区域间特殊的关联关系。分析城市空间的主导关联关系，如果用线状图来表达此关系，可得到图 9-5 ~ 图 9-7 所示的分析图。其中图 9-5 为两条对称关系的贯穿蝶形空间南、北两翼东西向的关联线，图 9-6 为关联南北两翼东部两角与西部两角的“U”形线，图 9-7 为两条关联南、北两翼东南—西北、东北—西南对角的“X”形交叉关联线。综合上述三种关联体系，得到图 9-8 所示的综合关联体系。图中的关联关系形态取决于空间形态，是蝶形空间特殊的关联形态，与带状、面状空间的城市产生直线状、环状加放射状的关联形态原理是相同的（见图 6-15、图 6-16）。

空间区域的关联形态决定城市运行机制的形态，根据上述关联关系分析，可以得到大

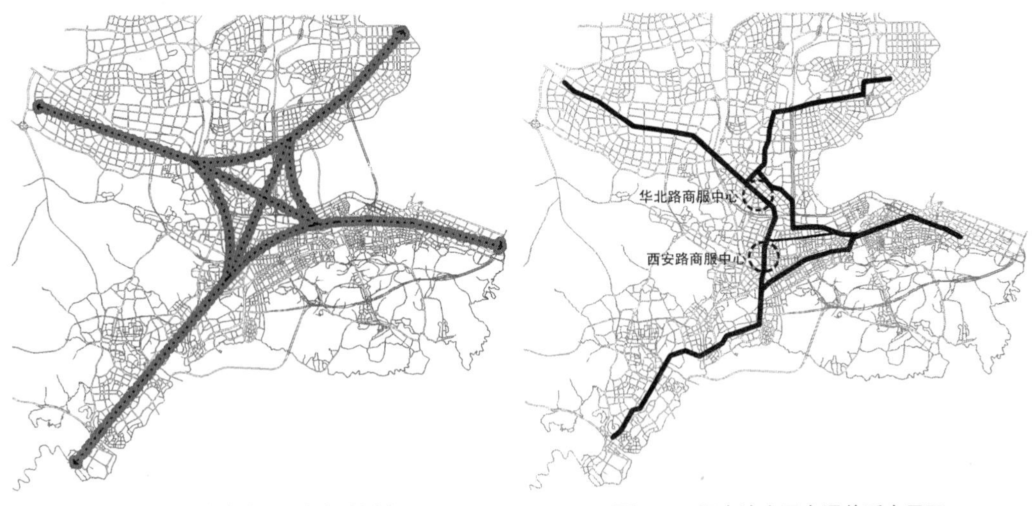

图 9–8　大连市主导运行机制分析图　　图 9–9　旧大连主干交通体系布局图

连蝶形的主导运行机制，如图 9–8 所示。城市的主干交通体系是城市主导运行机制的载体，所以主干交通体系可以直观地表达主导运行机制的形态。旧大连的主干交通体系已经表达出图 9–8 所示的城市运行机制，如图 9–9 所示，蝶形控制体系已基本形成，同时也说明建立城市的主导运行机制，有其客观的合理性。西安路与华北路位于蝶形空间的核心部位，是城市运行机制的交叉处，该路段区域的城市运动、发展历程，体现出运行机制的交会效应，证实了这种运行机制的现实性，西安路、华北路（春柳段）目前已发展成为城市重要的次级节点、片区中心，即可为证。所以，运行机制的发展选择图 9–8 所示的方式。

旧大连时期，城市发展没到位，空间与结构体系没有完全成形，但城市空间的平面形态基本成形，城市的发展方向也已经确定。所以，运行机制与主干交通已经成形。随着城市的发展，应该坚持旧大连基于客观（基地平面形态）的设计思想，延续旧大连的设计理念。核心区的运行机制目前尚能够满足城市运行的需求，未来的发展应是在此体系基础上的完善与延展，重点是按照旧大连的蝶形控制机制，建立梭鱼湾北岸的运行机制，并考虑在蝶形运行机制基础上的发展。

2. 结构形式的发展意向

城市结构体系的拓展规划，结构形式发展的确定尤为重要。建立新的、合理的结构形式，对城市发展具有决定性的意义，这也是城市核心区城市设计的主要目标之一。大连城市结构形式的发展，有以下两个方面的考虑。

（1）节点控制法强调城市各种体系设计的可控性与相关性，各种体系的设计可互为约束（控制）与依据。前文论述过，结构模式决定运行机制，反之，基于这种关联关系，旧大连的运行机制，应该要求与其相适应的结构模式。二者可以互为条件，互为印证。所以，城市北翼的结构形式，宜采用城市南翼的结构形式，设置一条“中山路”为北翼的主轴线，与城市的运行机制相符。

（2）空间形态的变化必然导致城市结构形式的变化，为城市结构体系的拓展开启新的发展思路。空间的蝶形对称，为城市文化的对称发展提出了形态需求，文化的对称发展也是延续大连城市文化的需求。因而，在新拓展的北翼空间，延续南翼的结构形式，延续欧洲古典主义的城市文化，便有了空间与历史文化两方面结合的相对合理因素：其一，旧区一翼成功地经历了历史的检验；其二，对称的空间形态，要求对称的城市机制。

根据上述分析，确定大连市北翼的结构形式发展意向（见图 9-5），依据城市旧区的广场文化轴——鲁迅路、中山路、旅顺南路，设置城市北翼的广场文化轴——于机场将旅顺北路向东延伸而形成，成为城市北翼的主轴线，与城市南翼的主轴线对称。中山路广场文化轴东西向贯穿城市南翼，西接旅顺，旅顺北路广场文化轴东西向贯穿城市北翼，西接旅顺。这样的设计思路继承了旧大连设计师的规划设计思想，延续了城市的历史文脉，改进与完善了城市的蝶形运行机制，是较理想的选择。

9.2.3 核心区结构体系发展规划

1. 总体构思

前文讨论过，城市文化体系建设，与城市发展的意义重大，所以规划设计应以文化发展为重点，为城市的发展奠定基础，引领城市发展，指导城市建设。回顾大连近半个世纪的城市建设史，分析在城市文化建设方面所存在的问题，寻求解决问题的途径，是城市发展规划的重点。

城市文化有多种形式的表象，而城市规划设计与管理系统所能控制的，主要是城市的形态，即城市的空间文化。城市空间体系与城市的结构体系相关，城市的结构形式是城市空间文化形成的基础。结合大连市总体规划设定的“国际化”城市发展目标，核心区城市空间文化的规划应做好以下几点：

（1）沿用并突出旧大连欧洲古典主义的城市结构形式。旧大连是一个很有特色的城市，所谓特色源于其欧洲古典主义的城市文化，以城市广场构筑城市节点，形成的城市结构体系尤为突出。

（2）重视中华城市文化的建设。作为中国的城市，大连缺乏中华城市文化，或者没有形成氛围与特色，是不争的事实。大连已经回归祖国半个多世纪了，应该在城市文化建设方面，寻求回归中华的发展方式，强调中华特色。

（3）城市空间文化以“欧古风”为主，同时也应兼顾中、俄、日的城市空间文化。被殖民的原因，使得大连历史上的建筑文化，形成欧洲古典主义、中国、俄罗斯、日本文化共存的局面。这种现象并不是一种个别，而是主流性的现象。大连有大片的“日式欧建”居住区、俄罗斯建筑居住区，这就是所谓大连的特色。

大连的才是国际的，大连本身的文化也是充满国际色彩的。做到上述三点，才会体现大连城市文化的特点，传承与发扬大连的历史文化，才能达到建设国际化大连的目标。为了与东北亚名城、国际化城市的发展目标相匹配，提出“繁荣中西古典城市文化，建设世界一流经典城市”的目标。图 9-10 为大连城市建设规划的核心理念、方法与路线图。

2. 结构体系调整规划

（1）结构体系发展历程与现状简析

1）城市容量的发展。20 世纪 80 年代以来，大连的城市发展经历了两个阶段，一是只

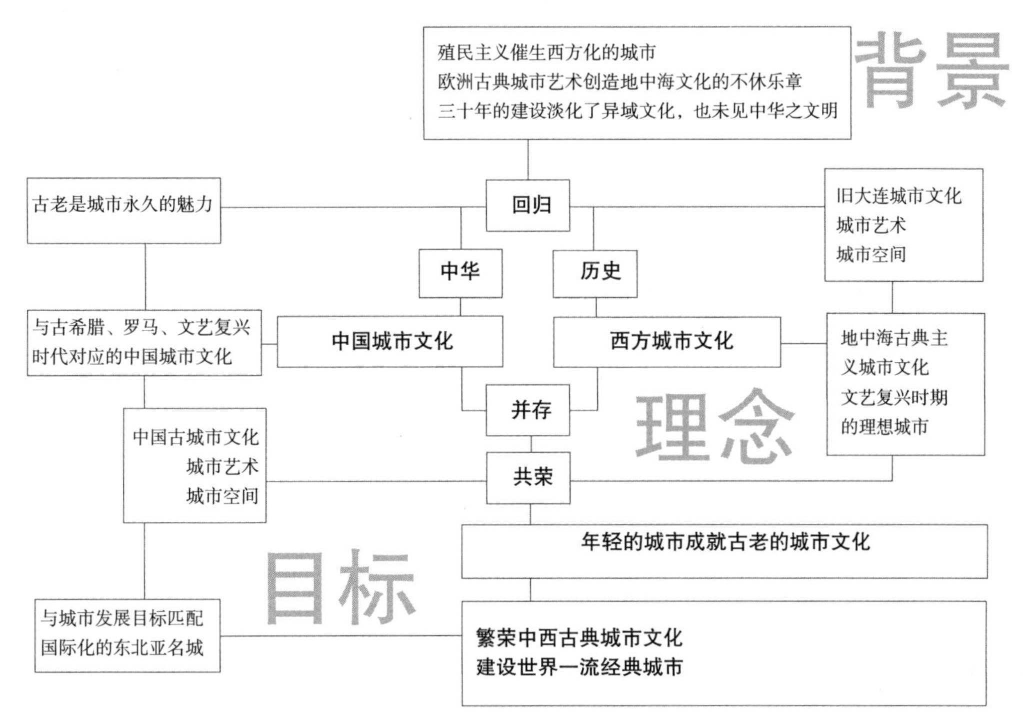

图 9–10　大连市城市建设总体构思图

求“温饱”的发展阶段，二是追求“漂亮”的发展阶段。20 世纪 80 ~ 90 年代中期，为了还过去 30 年所欠下的债，解决市民的住房问题，大连先后兴建了诸多的小区，大多在城市核心区的边缘。此阶段，城市的发展属于“自然增长”的范畴，城市发展速度快，但未出现过度的趋势。20 世纪 90 年代后期，尤其是 2000 年以来，城市追求“漂亮”而逐渐长高，城市用地也急剧扩张，城市的发展已转化为以“机械增长”为主的状态，人口规模的增加，加之城市生活体系与经济体系运行的变化，使城市运动元素的主体交通工具呈几何型增长的态势，更加剧了城市元素的机械性膨胀。

2）城市文化的发展。大连城市文化的发展，基于地域文化与人文情怀，必然要追寻中华文化的根。当今大连的城市文化似乎迷失了根本，盲目追求所谓“现代、超现代、未来”等概念，结果是江山一统，“协调一致”。大连的欧式之风在情理之中、顺理成章，但也不思旧大连的特色，反而去追寻他人的成功（案例）。总之，大连的城市文化发展，与旧大连脱节，与其他城市接近，相比之下逊色，并毫无特色可言。从早期的“海滨风格，富有特色”，到后期较迷茫与彷徨的“欧式风格”，再到当今的“滨海名城——滨海风格”，“浪漫之都——富有特色”等一些较混沌的概念指导下，三十几年的建设，淡化了异域风情，却也未见中华之文明。

3）城市结构的发展。三十几年来，大连城市结构的发展，只是城市固有结构体系的被动强化，没有其他形式的发展。三十几年的疯狂发展，人口规模与建筑空间规模的剧增，带来了城市元素、城市功能的聚集效应。随着城市容量增加，使城市的结构体系得到强化。这种强化，表现在城市节点与城市轴线承载的公共元素，即城市的控制性元素的增加，尤为突出的是城市的主轴线中山路，黄河路也得到了加强。城市中部的东西干道黄河路承担了较大的发展增量，分布在道路的两侧与西部。城市的公共元素向黄河路的两侧集中——西安路商业圈的崛起可以为证，结果使黄河路成为城市较重要的公共空间走廊（带状公共空间），强化了其城市主轴线的意义。

值得注意的是，这种强化，是客观需求基础上的被动，并非出于发展的主动选择。因而导致城市结构的发展出现了不协调的现象，一些重要的城市控制性元素，如城市级的管理机构等大型公共设施的布局随意而为，弱化并扰乱了旧大连形成的控制机制。大连的海事法院、区级政府等重大公共设施随处可见，而城市新建的广场，却难觅比较重要的城市设施，不能构成城市节点，起到结构性的控制作用。究其原因，分析大连的总体规划，不明确何谓城市结构，使城市结构只有被动的强化，不见发展的根源。

（2）城市结构体系的强化设计

旧大连的结构体系，已经支撑了城市的百年发展，如今的城市规模与百年前相比，有了很大的增加，城市规模的发展必然导致城市容量的增加，尤其是城市的核心区。单位面积上人口、建筑、经济等城市元素总量的增加，是非均匀的，城市的核心元素更趋于向城市的核心区聚集，这就要求城市结构体系的强化，以加强城市核心区对城市的控制，使城市核心元素以及城市整体的运动合理、高效，形成城市有机、协调的发展机制。

城市核心区的发展，要满足城市整体发展的需求，必须在正确的发展规划基础上，主动进行核心区结构体系的强化设计，所以，规划将黄河路升级为城市级主轴线。升级后的城市主轴线体系由折线形转化为“Y”字形，加强了城市核心区西部的结构控制（图 9-2、图 9-9）。事实上，黄河路的升级强化，是旧大连设计思想的延续。旧大连的主体框架为树形体系，黄河路是基于城市主干人民路的三条支干之一，另外两条为中山路和长江路。城市发展的初期，主轴线为人民路，后来日本人的规划拓展了中山路，本规划升级黄河路，将来有可能进一步拓展长江路，这样的发展，并没有超越旧大连的规划体系，是大连城市结构体系发展基于旧大连所产生的必然。

（3）城市结构体系调整设计

1）确定文化发展方向。一个城市的文化发展，对于城市设计而言，重点是确定城市空间文化的发展方向。按照“大连城市建设畅想”的总体构思，是要注重城市空间文化的建设、发展，尤其是城市结构体系与城市的文化渊源的历史与未来。作为中国的城市，只有较典型的欧洲古典主义城市文化，这与当今本土文化的氛围不相一致，有必要在城市文化方面，凸显中华城市文化特色。然而，三十几年的建设，未见中华文化的兴起，反而却淡化了城市固有的文化氛围。原因在于忽视城市文化建设，或者不明确如何建设城市文化，或者不明确城市文化发展的方向。城市文化的发展，应制定明确的发展方向，有清晰的思路与正确的方法，否则会产生文化的混乱与彷徨。比如，城市风格是城市文化的表象，何为“海滨风格”？何为“滨海名城”？这些风格能体现何种文化？汲取经验，明确文化发展方向是必要的。

大连回归祖国已半个世纪了，城市除了欧式风格外，还有的就是千城一面的风格，随着工业文明与科学文明而诞生的现代主义风格，衍生出了国际化的统一风格。从城市文化角度出发，大连追求上述风格并不明智。所以，要明确发展方向，为何要欧式？一方面，切不可无谓地 PK，大连不比北京、上海、广州，不会有鸟巢、水立方，也不会有“小蛮腰”，高雅的艺术、丰富的文化内涵也并非“现代”、“未来”所承载；另一方面，大连还要有中华文化之根，然而，建一栋中式古典建筑，立一座华表，不能解决问题，建一百栋，立一百座，不可能，似乎也解决不了问题。所以，明确文化发展思路，采取回归式的发展方式，将回归中华确立为城市文化发展的宗旨之一。

大连的城市文化，源于欧洲文艺复兴时期的文化思潮，属古典主义城市文化，古老是其文化特色。如何保护这种特色，让其永存，需要有明确的保护目标。比如，只保护中山广场的建筑，不是保护城市空间文化的全部。所以，要明确保护什么。大连有让人自豪的中山广场、人民广场，也有“日本房”，而日本房才是大连城市文化的基础，广场只是城市文化的亮点而已，基础不应被摧毁。而现实是大连的日本房已所剩无几，已不能形成浓郁的文化氛围。城市空间文化不可追求千城一面，要回归大连的特色，找回已失去的辉煌。所以，明确保护历史文化的意义，采取回归式的发展方式，回归欧洲古典主义文化，确立为城市空间文化发展的宗旨之一。

总之，就是回归过去，回归古老。一方面，回归是指大连的城市空间文化要回归旧大连的形式，即回归欧洲古典主义风格；另一方面，要回归民族文化之根，中国的古典城市空间文化。大连并非古老的城市，但却承载着古老的地中海文化，如果有古老的中国的城市文化与其共存，二者相映生辉，用“古”的概念形成时空的统一与和谐，既可满足民族情怀，又可使大连这座年轻的城市成就古老的城市空间文化，展示很久很久以前古老的城市魅力。北京的规划就有回归历史的理念，2007 年后的前门大街，其改造规划的理念是回归 20 世纪 20 年代。

2）结构体系调整。中山路是大连城市级轴线，可谓城市的脊梁。中轴对称，是中国古典城市文化的主要特点，据此，从城市文化结构体系入手，形成设计理念。中山路是一条东西向的城市主轴线，此轴线是大连欧洲古典主义城市文化的精髓，与之呼应，设置一条南北向的中轴线，构筑中华文化之魂，科学，合理，也合情。大连发展至今，结构体系中没有南北向主轴线，城市布局在南北方向没有筋骨，缺乏力量，没有重点，较为平淡，增设一条主轴线，便可改观，可谓科学合理；南北向的中轴线，是中国古典城市文化的重要特征，可以体现回归中华的情怀，可谓合情。所以，设计选择人民广场的中轴线作为城市的中华文化主轴线。设置此轴线，目的是改变城市的结构形式，使得人民广场具有天安门广场的文化概念，使大连具有中国古典城市的文化底蕴，充分地显示中华古典城市文化的特点；也使大连追寻文化之根的方式具有章法与依据。

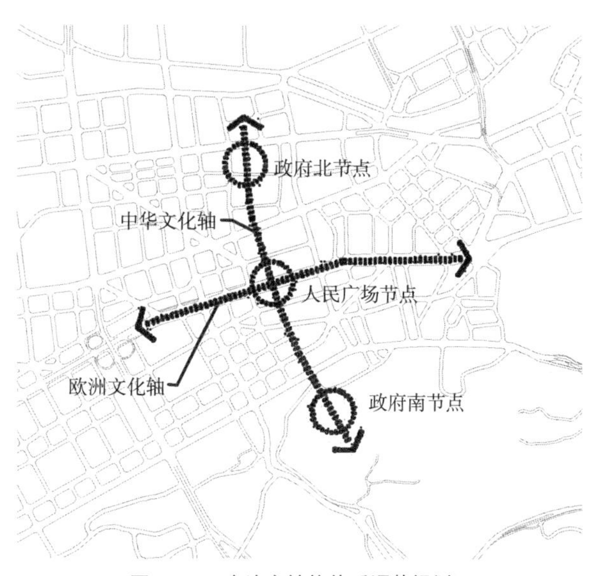

图 9–11　大连市结构体系调整规划图

选择此轴线，并非要沿此轴线大动干戈，彰显中华文化，重要的还是节点。按照节点控制理论，轴线由节点确立，节点是核心的、主导性的因素，节点文化的塑造是重中之重。所以在市政府对面的山脚，纪念街的南端，设置一个节点，在市政府的北面，九三街的中部，设置一个节点，用两个承载中华古典城市文化的节点，确立承载中华城市文化的主轴线，如图 9-11 所示。北节点的功能为行政办公，用于市政府的核心管理机构，形式采用隋唐宋时期的大型宫殿，凸显与古希腊、古罗马，或文艺复兴时期相对应的“中国古典主义”城市文化，文化内涵也应体现相应的时代特点；南节点的时代特征要求同上，可选择与北节点不同的时代，功能可为城市级的行政办公与文化功能，设置市人大、文联、文化宫等机构，形式采用组合式，依山就势，有宫殿、书院、亭、台、楼、阁等，文化内涵也应体现相应的时代特征。

经过上述调整，中山路—人民路、鲁迅路为城市的欧式文化主轴，以欧洲古典主义风格为主导风格，纪念街与九三街为城市的中华文化主轴线，以中国古典主义风格为主导风格。二者于城市的核心节点人民广场交融，古老的中华文化与古老的地中海文化交相辉映，共存共荣，构筑城市的文化结构体系，为城市空间文化的建设、发展奠定基础。

3. 结构体系拓展规划

前文分析了大连城市结构体系的拓展意向，核心区的规划设计就应为实现此意向奠定基础，进行相关拓展的设计。

（1）运行机制与核心功能拓展的关系解析

1）城市核心功能积聚较大的扩张内力。城市的拓展运动源自城市自身的发展动力，这种动力产生于城市生长的需求，城市的核心功能也是如此。20 世纪 90 年代后期至今，城市核心区功能的拓展运动相对活跃，提升迅速，城市元素剧增，区域质量快速增加。功能提升，质量增加，聚合效应使得核心功能越发膨胀，动能不断地聚集，核心功能的运动更加活跃，速率更快，生成核心功能扩张的内力。这种态势在城市的发展中有较明显的表象，黄河路、长江路整体公共功能的提升，就属于核心区扩张动能释放的结果。在核心功能扩张内力的推动下，核心空间沿黄河路拓展，核心功能也随之拓展。

2）空间运动限制核心区的功能运动。核心区空间运动受限，导致功能运动受限。对于大连的城市核心区来说，结构体系不可能发生改变，使得空间系统的运动相对稳定，尤其是空间的拓展。大连城市主体结构框架树形系统的主干，位于友好街以东的城市核心功能聚集区，支干系统位于友好街以西，为城市核心功能的拓展体系。随着城市的发展，城市空间不断扩张，主干与支干却不可能不断地粗壮，而且支干也不可能完全替代主干，黄河路的作用不能与中山路相提并论，青泥洼—中山广场核心圈的空间又不可能或不宜脱离城市的结构体系任意扩张，这就导致了城市核心区的功能运动受阻。

3）城市运行机制限制核心区功能的拓展。城市的发展必然基于城市的框架体系，与城市的运行机制相辅相成，大连向西、向北发展。城市空间的拓展，元素的不断增加，使城市的框架系统承担越来越大的发展负荷。而城市主干与支干体系的负荷能力，都不可能无限地增长，导致城市的结构体系已不堪重负，不能满足城市核心区功能发展的需求。而城市的框架体系取决于城市的运行机制，运行机制不改变，城市核心区的功能难以拓展。

具体分析，中山路、黄河路、长江路、人民路本身的负荷增加，而城市不断扩大的北翼空间与西南翼空间，全部需要通过上述道路与城市核心功能区关联，这种特殊的运行机制，导致了城市的功能体系与交通体系，以及其他体系运动的不协调，具体表现为城市西北部拓展区域的城市元素，与核心区的关系不畅，交通堵塞是其最直观与最主要的表象，而且核心区功能的拓展与提升，会进一步加剧这种现象（见图 9–2）。

（2）结构体系拓展规划

城市的核心功能圈（青泥洼—中山广场）的空间运动状态，与核心功能的运动状态不协调，限制了核心功能的发展，城市的运行机制也不能有效地支撑核心功能的发展，这种状态对于城市的发展极为不利。通过结构体系的拓展，改变并优化城市的运行机制，满足核心区功能拓展的需求，是解决上述问题的关键所在。沿黄河路发展城市的核心功能，短期内可以缓解城市核心区的发展压力，长远看，也会带来城市元素会聚，产生对城市核心区新的、更大的压力，因此，必须寻求更好的发展方式。

前文讨论过，大连的蝶形空间形态，决定了大连蝶形的对称关联关系，产生了蝶形对称的运行机制，适用于蝶形对称的结构形式。按照此思路，可以在城市的北翼，寻求“中山广场”、“青泥洼”、“人民路”、“中山路”，显然，节点与轴线是必须要有的。节点对称，节点的核心功能也会对称发展，进而统一，并合二为一。借此调整城市的运行机制，克服弊端，不仅核心区功能的拓展变为可能，而且城市将会有更合理的运行机制。

梭鱼湾北岸为城市生活区拓展用地，南岸为城市的核心功能区。规划的主导思想是，青泥洼与中山广场的强大功能，延伸至梭鱼湾的北岸，寻求城市体系的对称式发展。

按照节点控制法，城市节点必须有紧密的关联关系，形成稳固的结构体系。如图 9–12 所示，以城市级核心节点中山广场为基础，建立起南、北两翼的关联关系与稳固的结构体系，是城市结构体系拓展与城市运行机制调整的合理选择。因而，选择中山广场与南北广场为关联节点，以上海路为关联轴线，延伸至梭鱼湾对面的城市北翼，形成梭鱼湾轴线。设置与中山广场相关的（功能、形式、内涵等方面）对等的关联节点，同时，建立南北翼节点体系的三角形关联体系，紧固南北翼结构体系关系。这种关系体系，延续了城市的结构形式、文化形态与规划设计思想，重要的是能够利用结构关系、文化关系，确立核心功能的拓展方法与方式。从城市空间拓展历程分析，大连经历了达里尼—旧大连—现时大连三个阶段。相对应，城市功能结构框架体系形式为“一”字形、延长的“一”字形与横“H”形，与达里尼的西向拓展，旧大连横跨梭鱼湾的北向拓展的态势完全相符，是客观的，也是合理的。

城市的核心功能必须以城市的核心空间为载体，城市核心功能的拓展也必须如此，黄河路的升级即是例证。选定上海路为南北翼的关联轴线，中山广场的核心功能就要沿此路拓展，规划确定上海路为城市结构体系拓展的主要轴线，并结合地铁设置梭鱼湾海底轴线空间，以延伸上海路轴线空间，用于承载青泥洼—中山广场核心功能的拓展，如图 9–13 所示。取得如下效果：

1）协调城市空间与功能体系的运动关系，为城市核心区功能的拓展，提供空间，解决城市核心区功能的发展所带来的空间受限与交通堵塞等方面的问题。

2）有利于城市核心功能的转移，形成北翼的城市核心功能区，并使其与南翼城市核心区建立紧密关联，取得“合二为一”的效果，即北翼的“××广场”相当于中山广场，升级为城市核心区的一部分，扩大城市核心区的空间范围，提高承载力。

3）改变城市的运行机制，使得城市南北翼的东端多了一种直线的运行机制，彻底改变城市北翼与城市核心区的关联关系，解决长期以来困扰城市的交通问题，使城市核心区

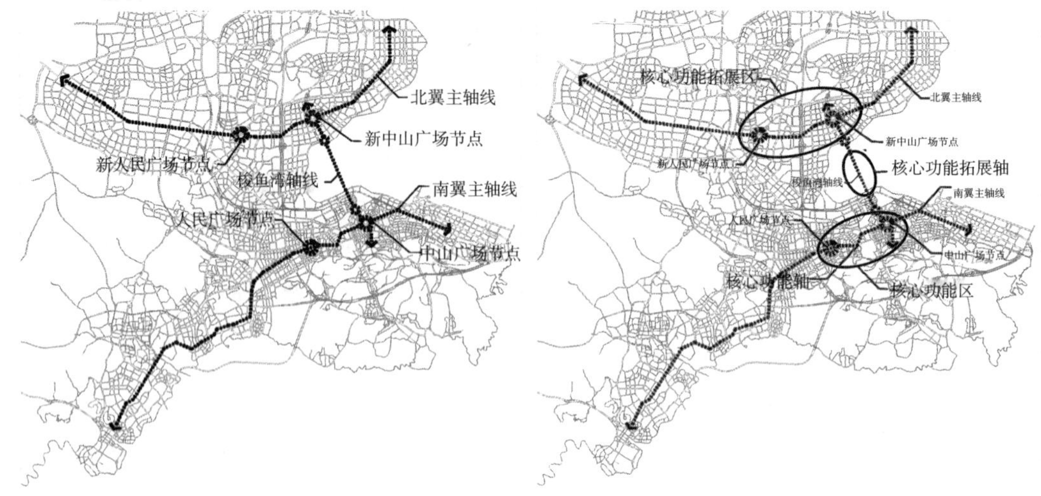

图 9-12　大连市城市核心区结构框架拓展分析图　　图 9-13　大连市城市核心区功能结构框架拓展分析图

功能的拓展与提升，具有良好的支撑机制。

4）延续历史文脉。核心区欧洲古典主义的城市结构形式得以延续；延续上海路“俄罗斯”一条街的文化概念，利用跨海的地下空间，建设“地中海文化一条街”（大连的城市文化源于古老的地中海文化），形成新的城市文化轴线。

5）利用“地中海文化”的文化资源，丰富城市的文化内涵，提升城市的文化品质，以实现“东北亚国际名城”的总体规划目标。

6）利用跨海主轴线，做强做美大连湾——大连的“母亲湾”，构建城市新的亮点，形成城市的特色，体现“滨海名城”的概念——城市级海上轴线。

9.3　交通体系发展规划

随着城市的拓展，核心区的交通发展规划重要的是改变城市的运行机制，优化交通结构，为城市的发展建立合理的交通体系。旧大连的树形交通结构，决定了其主干体系承受着较大的交通压力，所以核心区的交通体系发展应注重两个方面的问题，一是缓解主干体系的交通压力，二是要采用各种交通形式，始终保持主干体系运行的高效，并能承担城市最高负荷的交通量，永不失主干道的城市意义。

事实上，节点控制法的特点，即是规划设计的综合性，核心区的结构体系发展规划已经充分考虑了交通结构体系的发展规划。横跨梭鱼湾的交通主轴线，是关联城市南北两翼，以及核心区与非核心区相关联的重要的结构性系统，使得城市与城市核心区，尤其是城市的南北两翼多了一种直线的关联关系，形成新的生活型干道，产生新的更加科学合理的运行机制，城市的运动更加顺畅、高效。选择如此的交通结构发展方式，明显的交通意义是方便了城市南北两翼的生活沟通、交通联系，缓解城市生活型主干交通黄河路、中山路、人民路的交通压力，根治城市的交通痼疾。

城市主干交通体系的发展，应与大连的主导运行机制相适应。以中山路—人民路、鲁迅路构成城市南翼干线交通，以旅顺北路向东部梭鱼湾北岸延伸，构成城市北翼的干线交通。以西安路—华北路，以及香周路—西南路为两条南北翼的联系交通，连接上述南北两翼干线交通（见图 9–5 ~ 图 9–9），构成大连市的主干交通体系及城市交通体系发展的基础。城市的交通体系应依此系统构建。如大连的地铁系统就应以此为基本框架构建，南翼沿中山路、鲁迅路，北翼沿旅顺北路延伸至梭鱼湾北岸，形成城市南北两翼的干线地铁，并沿西安路—华北路，以及香周路—西南路设置连接南北两翼的地铁线路，形成城市的干线地铁系统。以此系统为核心、基础，延伸至其他区域。

9.4　核心区保护规划

城市核心区往往是城市的起步区，同时又是城市重要元素聚集区，必然会聚着重要的历史信息，必然是城市历史文化保护的核心区，其保护价值不言而喻。梁思成先生提出的保护老北京的规划，虽然没有实施，但意义现已明了。当今，已不仅是倾力保护，而是竭力发掘历史文化，这样的例子很多很多。虽然大连核心区的历史不长，但却承载着古老的城市文化，而且是古老的地中海文化。在中国，在东方，具有特别的保护、开发价值。

9.4.1　核心区保护的原则及方法

城市的历史文化，由城市的历史建筑所承载。如今的大连，老建筑已所剩无几，城市特色已丧失殆尽。造成这样局面的原因，是城市规划还存在诸多问题。要改变这种局面，还需要做大量具有实效的工作：一是要对城市的核心区实施全面性的保护；二是要汲取经验教训，改变理念，提高保护水平；三是要进行保护性的建设，凸显城市的文化特色。

1. 全面性保护

20 世纪 90 年代中后期，大连已突破 20 世纪 80 年代末期城市规划确定的“历史风貌保护区”，至今得到保护的区域已寥寥无几，能够反映旧大连城市风格的片区已经绝迹，如果没有严格的法规与严格的执法，像一二九街化物所这样的片段不久便会被消失。

老建筑、老片区是城市宝贵的财富，城市文化不是靠中山广场、七七街承载的，风格也不是靠几栋特别的建筑表达的，重要的是整体风貌的保护，而只保护几点、几片是不可能达到目的的。残酷的现实是，大连已经到了必须进行全面保护的紧要历史时刻，要保护好现存的任何旧大连的元素，虽然为时已晚，但也必须亡羊补牢。

2. 提高保护规划的实效性

大连目前对城市历史文化的保护，存在一定的问题，保护目标、目的不确切，保护方法不正确。如中山广场、人民广场是城市重要的保护对象，广场上的任何建筑都未曾改变，但环境已大变，保护的效果并不理想，广受百姓非议，尤其是中山广场。更重要的是，没有解决好发展与保护的矛盾，使得保护只存在象征性的意义，实际却是遗失殆尽，如何改变？为什么会出现“为时已晚”的现象，关键还是规划不到位，不明确。要达到规划的目的，规划就要有强大的说服力，以影响决策，利于执行。

首先，要明确保护的是什么。保护凝固的历史，是最普通的易被忽视的保护意义，对于GDP的时代，已基本丧失说服力。应该让决策者认识到，大连的城市特色对于全国及世界的重要意义，典型的巴洛克风格，现实版的理想城市，在东方，甚至在全世界也并不多见。保护古老的地中海城市文化，保护文艺复兴风格的城市艺术，以提升城市的品质，提高城市旅游业的功效，产生更大的经济效益，对于大连的城市核心区来说，会更有说服力。旅游业对任何城市都是重要的，大连更是如此。市民健身中心，不比原址的日本房更有魅力，更能吸引游客，甚至美院写生的师生。

其次，要明确保护的方法。目标不正确，方法就不会正确，况且二者皆不明确。比如，距中山广场边70m处广场外圈层的建筑改建，欲建一栋高层建筑，需要设定适宜的高度。任务书中就未提及分析什么，分析者也不知分析什么，结论是30层压抑，16层适宜。距广场边70m，且不是内圈层的建筑，要对广场产生压抑感是不容易的，特别对一个直径超过200m的广场来说；显然，此分析方法对广场的保护不会有较好的结果。正确的方法参见图7-8与图7-19。

3. 保护性建设

20世纪90年代以来，大连的城市建设飞速发展，城市面貌日新月异，一方面，旧有的面貌不断地换新颜，一方面，原有的城市特色被大量新文化所冲淡，这就是要进行保护性建设的原因。比如，中山路规划为欧洲古典主义文化轴，不仅需要保护好原有的文化元素，还要有目的地增加欧洲古典主义的文化元素，以弥补被淡化的特色。

9.4.2 核心区结构体系的保护

1. 保护的意义

按照节点控制法理论，城市的结构模式及结构体系，是城市的基础模式及体系。大连城市的结构形式，是设计师特定文化取向的产物，是欧洲古典主义风格、巴洛克风格城市典型的结构形式。大连城市核心区即是旧大连的范围，其结构体系是大连市的结构体系的基础与核心。所以，从历史文化角度出发，从城市角度出发，保护城市的结构体系、结构形式是十分必要的，具有重要的意义。

2. 保护对象

结构体系的保护，主要有两个方面的内容。一是城市结构元素的保护，保护核心区的节点体系与轴线体系，绝不能拆除核心区的任何节点，或改变轴线体系，也应尽量避免随意设置新的节点与轴线。二是要保护核心区的整体空间形态，不能有大的变化，结构形式与空间形态密切相关，必须保证二者的协调一致，保护原有的空间环境。

另外，保持节点所承载的城市职能、文化内涵，也是很重要的。如果没有重要的功能，节点也就失去了存在的意义，或者弱化了其城市意义。比如，大连的人民广场是城市的政治、行政中心，具有这样的核心功能，才可能成为核心节点、城市心脏。如果迁移其行政中心的职能，就等于灵魂出窍，广场对城市的意义将大为贬值，对城市的控制意义也将逐渐弱化，其历史意义也会从此断缘，而新的行政中心又要从零开始。

9.4.3 城市的重大设施保护

一个城市的重大设施，一般都是城市中具有历史、文化、城市建设等方面意义的公共设施，都具有特殊的保护价值。老旧的城市设施，经过时间的雕刻，承载着历史的沧桑，也记录着曾经的辉煌。保护具有历史意义的重大设施，可以驻留大连的历史文化，让人感受城市曾经的过去。没有老旧的过去，城市会显得苍白、肤浅，没有深度。大连的“老物件”，对城市具有的意义，是市民健身中心、人民体育场拆掉后新建项目，以及东港新建项目，无法比拟的。

除了如今常规意义的保护建筑以外，大连应保护的具有重大历史意义的设施，有大连港及其客运站、火车站、铁路、铁路设施、体育场、铁路医院、化物所等重要的设施。大连因港而建市，依港而发展，历史上曾经先进、宏大过的体育场、火车站、老码头（当时国内甚至亚洲少有），穿越时空的铁路线，百年历史的科研机构等，这些都是城市发展史的重要节点与辉煌的亮点，对城市都具有宝贵的价值，保护这样的城市设施，重要性是显而易见的。只要不遭到毁坏，城市的“老物件”必然会成为城市的老“古董”，拆掉卖地是万万不可的。城市早期的元素，不应随意删除，不珍惜一日的历史，就不会有千年古国。

9.4.4　整体空间形态的保护

1. 意义、目的与问题

整体空间形态保护的意义，是要保留人们对城市历史的整体印象，保护空间所携带的宏观文化信息，保护空间所带来的整体性的文化氛围、意境与味道。目的是保护城市特有的巴洛克风格与古典主义文化，保护城市的经典品质。

20 世纪 90 年代后期，大连开始了强制性的高层化发展，导致城市核心区逐渐长高。初期阶段，高层建筑只是点状分布，没有呈线状与面状的分布，对城市空间的整体形态影响不大。目前，青泥洼一带，人民路两侧的高层建筑已经接近面状分布，尤其是人民路两侧。城市的整体形态发生了巨大的改变，现代文化已完全替代了欧陆风情，中山广场保护得再好，也只是一叶小舟漂泊在巨浪翻滚的时代大洋，被现代（主义）环境所淹没，这就是中山广场、人民广场所面临的问题，也是核心区整体面临的问题。

2. 原则与方法

虽然存在问题，但是城市高层化发展的趋势是不可改变的，要想达到保护城市特色的目的，就要实施必要的控制，制定相应的原则与方法，并进行合理的引导。

保护的原则主要有两个方面。一方面，城市的主轴线两侧，重要节点的周围，要进行重点的保护。除节点以外的空间形态，以端庄、大方为原则，不可过度夸张，改变氛围。另一方面，是要进行调整，对已经改变的空间形态进行恢复性调整，如人民路两侧，需要恢复低层空间形态。核心区的重点地段，应严格控制高层建筑的分布状态，合理引导高层建筑在核心区的布局。目的是使城市高层区的分布合理化与艺术化，与重点地段的低矮空间形态形成对比关系，使高层区与低层区空间形成清晰的体块轮廓，产生较强的对比使整体空间形态产生较强的雕塑感，凸显城市核心区低矮空间的高雅与珍贵。因此，要设置核心区高层建筑限建区，即低层空间域。青泥洼地带，人民路、中山路、黄河路两侧，所有的广场周围，必须避免高层建筑线状与面状分布，整体上形成低矮的形态，并保证节点空间的突出。要设置核心区高层建筑适建区，在此区域内，高层建筑可采取面状分布布局。区域设置具体如图 9-14 所示。

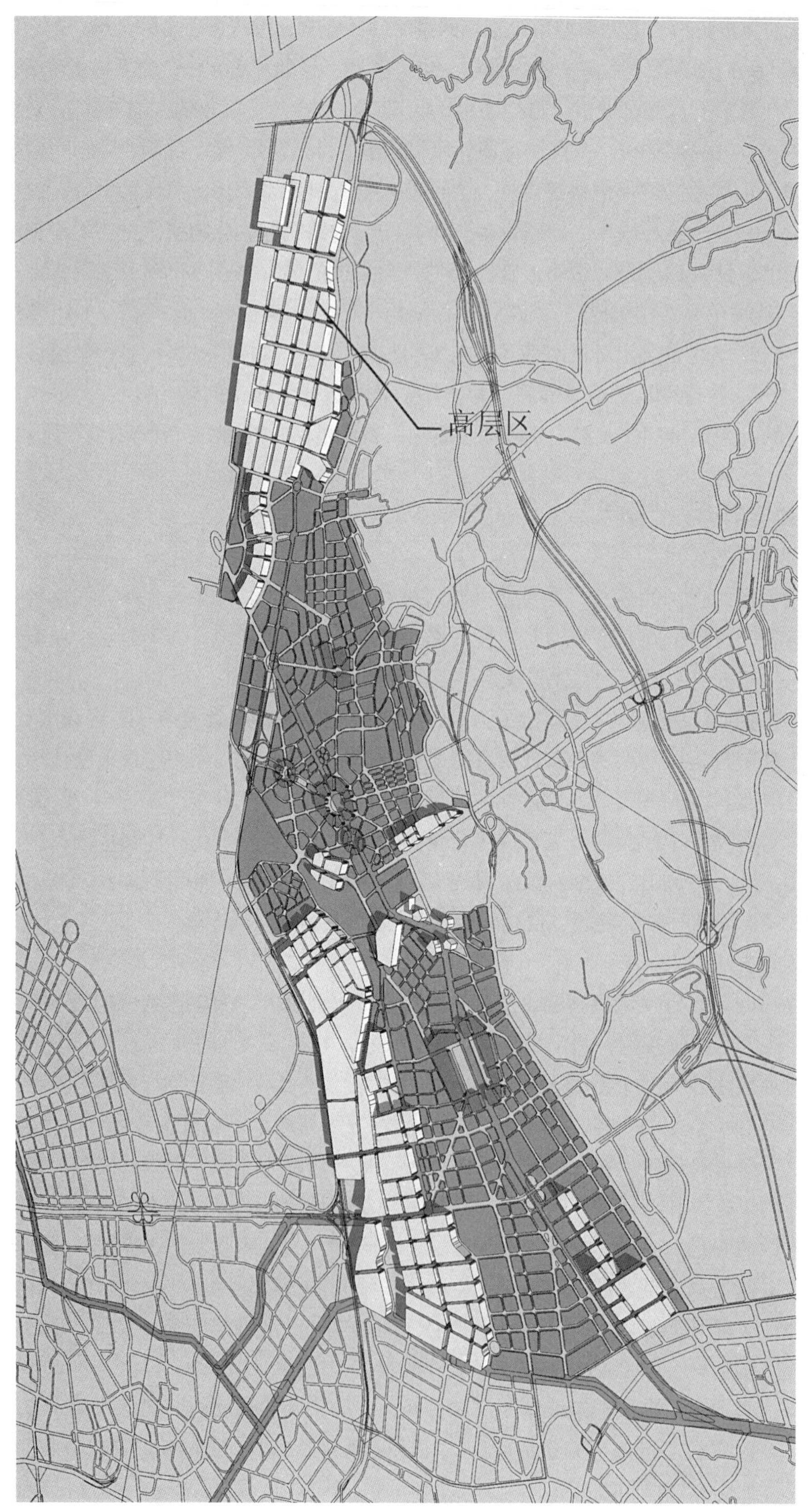

图 9-14　大连市城市核心区高层区（浅色区域）布局图

9.5　景观体系发展规划

核心区的景观体系，必然是城市景观体系的核心，其中人民广场与中山广场，政府南、北节点是城市级核心景观节点，中山路、人民路与纪念街、九三街是城市级景观轴线，构成核心区及城市的景观结构体系。以此体系为核心，构建城市的景观体系，进行整体景观风貌控制，是核心区景观体系发展规划的重点。

9.5.1　核心区景观结构体系发展规划

城市级景观节点——中山广场、人民广场的景观意义，主要为建筑艺术景观与城市文化景观。对于建筑艺术景观重要的是保护，对于文化景观重要的是文化内涵、重要功能、氛围的保护、创造与恢复。现状的主要问题是广场缺乏主题或主体景观元素。对于中山广场圆形界面分布的景观元素，各个元素之间是均等的关系，只有圆心点可以设置主体景观元素。参见第二部分图7–16，早期的广场上有一站立的纪念性人像雕塑。欧洲的城市广场，大都如此，在中心部位设置大型雕塑，作为广场的主体景观元素，承载广场的主题。

图9–15、图9–16为不同时期罗马城的两幅版画，一幅画是安东尼·拉傅柯作于1575年，另一幅画1612年出版于罗马，对比可以看出罗马城市广场的发展历程。其中重要的标志是方尖碑的产生（西克斯图斯五世设计），在图9–15中有四处人群聚集的广场，而图9–16人群变为方尖碑。《城市设计》中详细阐述了“在运动系统中作为控制点的方尖碑”[①]的意义。图9–15中的广场，空间显得平淡，苍白无力。而图9–16中的广场则不然，由于方尖碑的存在，广场空间成为由建筑限定的，由方尖碑控制的，所属关系明确的空间，广场由“无主型”空间，转化为有主型的“场所”。城市从无组织运动，转变为有组织的运动。

图9–15　1575年的罗马城

图9–16　1612年出版的版画中的罗马城

① E·N·培根等.城市设计[M].黄富厢等编译.北京：中国建筑工业出版社，2003:137.

可见，方尖碑的空间控制、组织意义是很明显的。

上述例子说明，核心雕塑对于巴洛克风格的广场，具有重要的意义。因此，规划中山广场复建核心雕塑，可以选择巴洛克风格的艺术题材，也可选择现实意义的题材，但必须是巴洛克风格的艺术雕塑。人民广场可以请回“大铜人”，把大铜人改为中国抗日战士的化身，纪念抗日烈士，倡导世界和平。

城市级景观轴线中山路、人民路、黄河路的发展，一是保护，二是恢复，三是建设。保护是无条件的，必须保护目前仅存的任何旧大连的景观元素；恢复已经拆除的旧大连的景观元素，比如，一二九街（中山路边）的“日本房”，那样的民居景观，在一条繁忙的城市干道景观系统中，具有别样的、恬静的景观效果，具有浓浓的城市生活气息与文化韵味；建设是指要建设少量、点状分布的具有欧洲古典文化风格的古罗马、巴洛克、洛可可等艺术景观,加强中山路、黄河路两条核心区景观主轴线的风格特色。城市次干道高尔基路、五四路、黄河路，复建沿路日本房片区，恢复城市空间文化艺术风格，重塑城市浓郁的欧洲古典主义的整体文化氛围与基础。

城市级景观轴线纪念街、九三街，整体上要以中国古典景观风貌为主导。政府南、北节点以中国古建筑为主要景观元素，沿纪念街、九三街以呼应为目标和标准，可设置少量体现中国古典景观风貌的景观元素。

9.5.2 核心区整体景观风貌控制规划

整体上不可增加新的城市级景观节点，并要考虑与城市北翼的景观结构体系的关系。目前，核心区整体的景观风貌已经发生了很大的改变，或者说遭到了毁灭性的破坏。城市几乎完全丧失了旧大连在全国较有名气的整体景观风貌效果，特色不再。同时，由于经济发达水平、管理水平、设计水平的缺陷，也没建设出新的高水平的整体景观风貌。十几年前，大连许多的旧区都没拆，一二九街、珠江路、高尔基路、体育场等等，整体景观风貌特色犹存，高尔基路能成为“民选”的结婚纪念照的重要外景地，即可证明其作为城市基础性景观元素的意义。在浓浓的旧大连欧洲古典主义的整体氛围中，城市局部的“长高”、变绿，为城市带来了较好的整体景观风貌效果。如今，氛围已被彻底破坏，只是越来越高，城市的变化换来了“千城一面”的整体效果。

核心区的景观，整体上应采取恢复型发展方式，尽可能地恢复到十几年前的状态：依偎着连绵的青山，环绕着万顷碧波，荡漾着浓浓的欧陆风情。古老是城市永久的本钱与魅力，毁坏了就要恢复它，20 年不行，50 年、100 年，必须为贪婪与无知付出代价。

第 10 章

大连棋盘磨村规划设计

本章的重点是研究城市局部与整体的关系，利用节点控制理论，建立城市局部与整体的关系，使城市的区域规划融入城市的整体控制体系。依据这种关系，明确城市局部区域的发展对于城市的意义与作用，或者明确城市整体的发展，对城市局部区域的影响与要求，从而建立正确、合理的城市局部区域的规划设计主导思想，通过规划设计加强或理顺城市局部与整体的关系。

本章以大连北部海滨的棋盘磨村（简称新村）规划为例，阐释节点的应用和其在城市局部区域的结构意义，以及局部区域城市设计应注重的问题和解决问题的方法。本规划获 2007 年全国人居经典建筑规划设计方案竞赛规划金奖，是节点控制理论研究初期的作品。

10.1　项目背景分析

棋盘新村位于新机场与市区联系快速路的最北端，为城市空港的出入口区域。所以，此区域可确定为城市重点区域。棋盘磨村占地 1.21km^2，距市中心约 15km。建设基地三面环山，北面渤海，中间有河流穿过；山林翠绿，大海碧蓝，沙滩绵绵，有明显的大连山海景观的特色，同时也有独到之处。河流与沙滩是其较有特点的自然资源（图 10–1）。

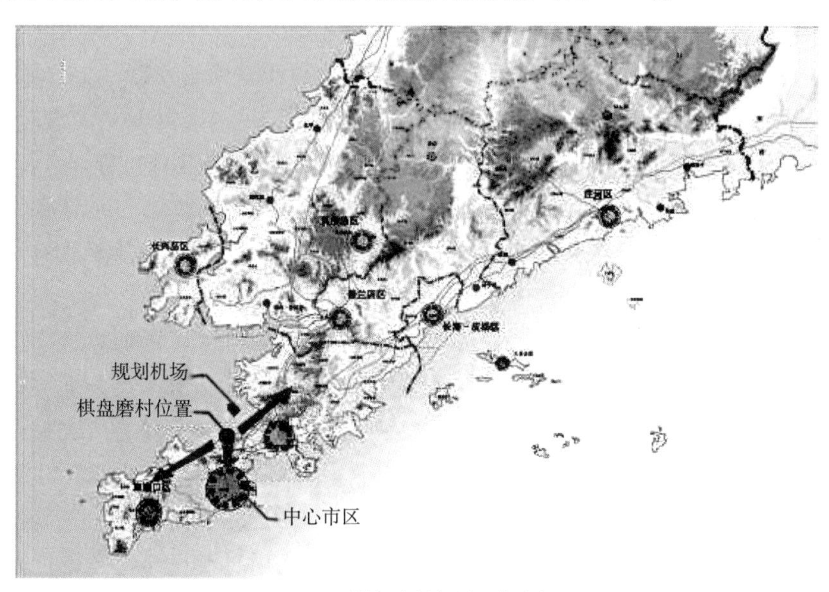

图 10–1　棋盘磨村规划区位分析图

棋盘磨村地处中心城区的北端，在中心城区的 0.5h 交通圈内，属于城市的近郊；连绵的山体阻隔了村与城的空间关联，只有土革路（公路）维系着与中心城区的单线联系，这种状态疏远了村与城的关系，但其海水浴场曾经是大连人较喜爱的、僻静的、颇具“野味”的天然浴场，近些年的开发使浴场特色尽失。

《大连城镇体系规划》、《大连西部总体规划》、《大连市滨海地区容量控制规划》、《大连市北部分区规划》对棋盘磨地区作出下述规划：

（1）棋盘磨村划定为城市用地；

（2）棋盘磨村为大连北部海岸的“旅游与居住片区”、“旅游度假区”；

（3）划属大连海岸线规划控制范围；

（4）建设旅游码头；

（5）与大连市北部沿海的牧城驿之“风车镇”对应的“水镇”。

《大连西部总体规划（2005）》划定棋盘磨村为城市用地，确定了棋盘磨村与城市一体化的未来关系。据此，棋盘磨村的经济发展与村镇建设要达到城市化标准，完成从村到城的转型，成为中心城区北部沿海重要的居住与旅游片区，融入城市，并成为大连新的、靓丽的旅游景点。

10.2 项目规划目标

综合分析棋盘磨村的自然环境、区位条件，依据上位规划、相关规划的规定，规划确定棋盘磨村的发展目标如下：

（1）展示大连的城市风貌。该片区位于大连市北海岸的边缘，在通往规划新机场的快速路的最北端，为城市未来的入口区域。其城市形象必然成为大连印象的第一幕，是城市形象的敏感区域，是形象节点。因此，新村的建设应体现大连的城市风貌，展示大连城市建设的历史与文化特色。

（2）以海为本，建造大连沿海渔港型旅游景点。对于大连这个港口、旅游城市来说，海是城市之本，同样，新村也是如此。海是新村经济发展的动力，也是最宝贵的自然资源。所以，新村的建设要以海为本，充分保护和利用好大海所赋予的自然资源。

作为海滨旅游城市的大连，缺乏高质量的沙滩浴场是一大缺憾。可结合旅游码头的建设，引入高质量海沙，建造大连最好的人工沙滩浴场。以旅游码头及沙滩浴场为基本旅游资源，以“渔业”为特色，构建大连沿海最佳旅游景点之一。

（3）节约自然资源，保护生态环境。保护自然生态是城市规划的职责之一。空间是生态系统的载体，没有生存空间就没有生态系统。节约自然资源，是人类尊重自然生态系统的本分。要保护自然生态，维护生物多样性，尽可能地少占用与节约自然资源，是有最有效的措施。土地及海岸线是宝贵的不可再生的自然资源，是海滨城市之命脉。所以，节约土地与海岸资源是本规划必须达到的目标。

（4）节约能源，益于环保。节能与环保是城市规划工作永恒的主题，也是城市规划工作所面临的迫在眉睫的课题。新村位于海岸边缘，对于海滩及浅海生态系统，节能与环保尤为重要。所以，新村建设应在节能与环保方面有所突破，做好节能与环保的发展规划。

（5）延续与承载棋盘磨村的历史。城市化是棋盘磨村建设发展的最终目标，融入城市的进程已经启动，新村是棋盘磨村融入城市后唯一的存留部分。所以，新村的规划要注重研究棋盘磨村的历史沿革，延续与承载历史，让棋盘磨村淹没在城市的汪洋大海之中。

10.3 规划原则

结合棋盘磨村的具体情况，根据项目规划目标，制定规划原则：以环境保护为核心，在土地、资源、能源等方面充分体现环保理念；密切与自然环境的关系，尤其是环境空间、山、林、河、海与城（新村）的关系，要保护自然，贴近自然，展示自然。

10.4　棋盘磨村规划设计

10.1 ~ 10.3 节是规划设计的依据与宗旨，对区域结构体系中节点体系的建立与塑造具有基础性的意义。结构体系的建立，是执行规划理念，实现规划目标的重要设计环节。所以，棋盘磨村规划设计，要在上述有关背景、目标与原则的控制下进行。

10.4.1　棋盘磨村自然及环保体系规划设计

自然体系与环保体系的规划，从保护自然的基本思想出发，对规划设计理念、方法以及相关措施，提出符合自然与环保体系发展的要求，形成棋盘磨村规划设计的基础条件。

1. 自然体系规划设计

棋盘磨村的自然体系规划主要为两项内容，两个目标主体，棋盘河与棋盘磨海湾的保护及生态系统恢复规划设计。以保护自然生态为重点，采取有益于自然生态的规划措施。不是为了建设“生态型”新村，寻求“生态斑块”、“生态走廊”，而是采取有效措施，保护与修复自然生态系统。

棋盘河是季节性的排洪水系。对该河的利用，规划注重两个方面：一是利用棋盘河积蓄雨水（区内与过境雨水）和中水，节约水资源；二是修复生态，让棋盘河更显生命的活力，成为活的水景。

海湾规划注重自然生态系统的保护与修复，施用了两种理念。一是岸线的保护，旅游码头采用离岸的方法建设，避免占用海岸生态系统空间，破坏海岸生态系统，二是结合旅游观光，利用棋盘湾及海产品养殖观光大厅，开展生态资源型养殖业。

2. 环保体系规划设计

环保体系规划采用了多项操作性强的措施，以落实规划目标。主要是建设环保型清洁能源系统、污水处理系统，为环境建设奠定基础。

（1）推广清洁能源。2005 年，海水热泵技术在大连已进入工程应用阶段。规划采用此项技术作为冬季供暖的能源，推广清洁能源，保护环境。

（2）开发沼气能源。规划要求新村内采用复式污水排放系统，分离粪便污水与其他生活污水，以便于开发与利用沼气能源。将污水转变为能源，可降低城市污水处理费用，产生高效农用“绿色肥料”，节能，环保等，其社会综合效益巨大，有极好的应用前景。

（3）设置社区环保站。社区环保站是对垃圾站的升级，是对“扫卫生、运垃圾”在理念上的升级。“环保站”建立在环保理念基础上，是环保理念社会化的必要，可推动街道环保事业的建设与发展，为城市环保事业的建设奠定广泛的基础。

（4）节约用地资源。自然生态面临的最大威胁是生存空间的萎缩，而萎缩的原因便是城市的扩张。所以节约用地，是最有效的保护自然生态的生态规划措施。向“Z”轴发展，是本项目规划节约用地的具体手段。绿色是旅游景区的基本色，新村的旅游功能要求较高的绿地率。随着屋顶绿化技术的成熟与完善，利用公共建筑的屋顶设置空中花园，增设了大片的绿地，并为居民提供了充足的活动空间，如：小足球场、网球场等。既满足功能要求，又节约了大量的土地。基地依山、傍河、面海，是建设别墅住宅的理想用地，而别墅浪费用地，不符合国情，是大连的禁建项目。但是，建普通住宅，自然景观资源又得不到充分的利用，同样也是浪费。因此，结合别墅建筑带有花园、院落的特点，为每户提供较大面积的室外绿化与活动空间，本项目专门设计了全新概念的“高层花园别墅住宅”，推出Z轴方向的“联排别墅”——新户型高层住宅，以达到节约用地，并充分地利用自然景观资源的目的。

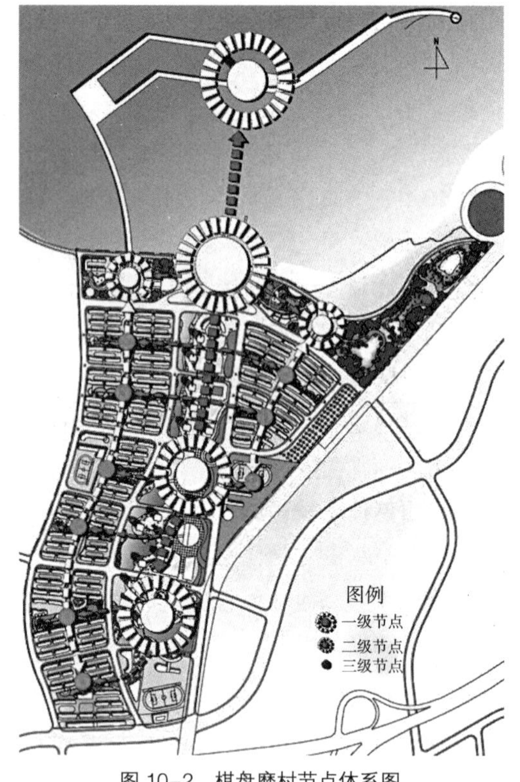

图 10–2　棋盘磨村节点体系图

10.4.2　棋盘磨村结构体系规划设计

对于棋盘磨村的结构体系设计，考虑其基地自然条件与空间规模，对结构体系设计模式适当简化，依据 10.1 ~ 10.3 节的控制条件，直接进行区域节点体系规划设计。

1. 节点与开敞空间

由于自然空间的隔离，新村的空间结构体系，难以依托城市的结构体系生成。设计以开敞空间构成空间布局的节点，确立布局轴线，延续大连的城市肌理及广场文化，建立新村与城市整体结构形态的统一关系，体现文脉传承的关系。居住组团的绿地空间，为组团级空间的核心，关联组团内的院落空间，是居民室外活动、休憩的场所。位于新村中心的混合功能区是新村空间结构的核心，关联新村的各功能空间，控制并组织组团级空间节点。根据项目规划目标，设置 4 处旅游功能为主的广场，形成新村的节点体系（见图 10–2）：

（1）位于南端的“棋盘湖”广场，是以景观与历史文化为主题的节点，湖光景色、水镇为其特色，水体、亲水广场、滨湖建筑为其主要元素，而棋盘砣、浮雕廊是棋盘磨历史与文脉的传承，叙述着棋盘磨的历史与文化。

（2）位于棋盘北一街的“棋盘商厦”广场是购物、休闲及景观广场，是步行街的核心与购物中心，为步行街购物活动高潮、休憩与调节的空间。

（3）位于北端的滨海广场是标志性空间，以主题建筑“棋盘宫”为核心，以亲海广场、“月亮码头”、观光养殖厅为主体，展示滨海景观。

（4）距海岸 1km 左右的海面上，与滨海广场遥相对应的是“海坛广场”，“海坛”为其核心，具有承载人们的愿望与祝福的功能。码头的营运管理设施，停车场是其主要功能元素。该广场是重要的景观节点。

由于棋盘磨村规划目标之一是“以海为本，建造大连沿海最佳旅游景点”，所以节点

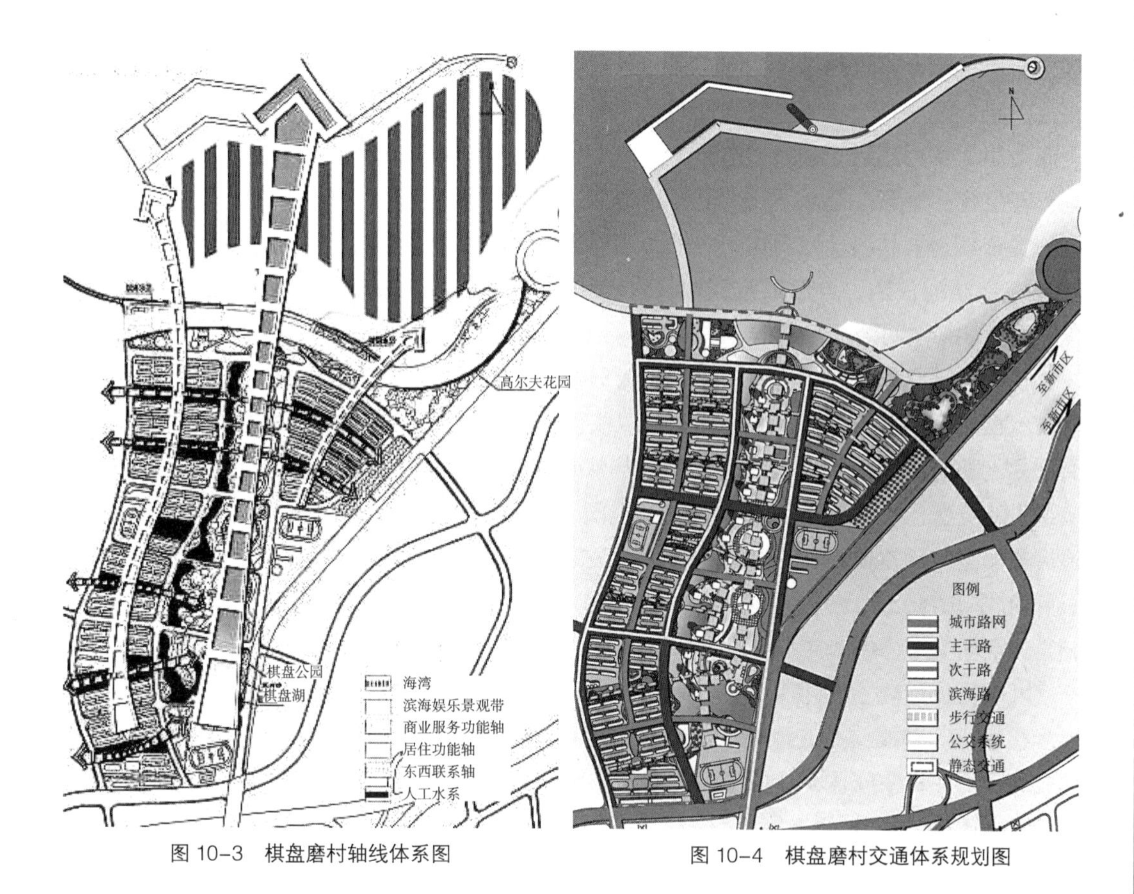

图 10–3 棋盘磨村轴线体系图

图 10–4 棋盘磨村交通体系规划图

体系的塑造，体现“旅游”与“景点”的特性，并延伸至北部海边的近岸水域。

2. 轴线体系设计

上述 4 个广场确立了新村南北向的主轴线，在此轴线的基础上，结合组团级节点的设置，建立东西向的次级轴线体系。主轴线承载新村的公共功能，次级轴线关联居住功能与公共功能，形成功能体系的紧密关系，如图 10–3 所示。

10.4.3 棋盘磨村交通体系规划设计

节点控制理论要求以结构体系为依据设置交通体系，结构框架体系为城市的交通主干线体系。在城市局部区域交通体系设计中，主轴线体系应是区域性交通“干线”，但其级别并非城市级的干线。根据规划目标，考虑棋盘磨村旅游购物、游玩、餐饮、休憩等特点，步行交通应为新村的主导交通体系。设计选择步行商业街、构筑新村的主轴线，即以步行交通为主导的交通体系设计。在步行商业街设置 4 个连接各个居住街坊的步行交通节点，在区内组织了完备的步行交通体系，连接各功能区，并设置了连接屋顶花园的步行系统。步行系统与景观体系相结合，形成遍布“渔民新村”的景观游览交通体系，如图 10–4 所示。

10.4.4 棋盘磨村空间体系规划设计

1. 空间结构体系设计

棋盘磨村的空间体系规划设计同样以 4 个节点为基础，组织构建下级空间节点，以交通空间连接节点空间，建立轴线空间体系。首先确定主要空间节点，在设置下级空间节点时寻求与上级空间节点空间关联关系，形成主要节点控制的空间结构体系。节点体系确立空间布局的轴线体系。纵轴（南北）系统是新村的空间布局轴线，横轴（东西）是纵轴系统与各功能空间体系的关联轴线（见图 10–2、图 10–3）。

贯穿新村南北的步行购物街为混合功能区的布局轴线——商服功能轴，同时也是新村空间布局的主轴线。沿此轴线设有购物及餐饮一条街、高层住宅区、滨河公园及绿化带三类不同功能的空间。

位于主轴线东、西侧的两条纵轴线为居住空间的布局轴线——居住功能轴，以此轴线构成新村的多层居住区。多层居住空间以院落为基本单元，由院落构成组团，由组团构成街坊，街坊构成小区，形成明显的空间梯次秩序，使“家”到公共空间有良好的过渡感，满足人的安逸、舒适的心理需求。组团级空间节点依托组团绿地形成，设计多条东西向轴线，连接各功能区及各类开敞空间，使区内的各类空间具有良好的沟通，强调整体性与秩序性。布局轴线向山林、大海延伸，沟通城市空间与自然环境空间，密切二者的关系，形成统一的、相容的空间关系，使人文空间融入自然空间。

2. 空间体系规划设计

在节点、轴线体系的控制下，新村的空间体系布局，以三轴一带、一湾为基本框架，构成两个居住功空间体系：一个商服及居住混合空间体系，一个滨海娱乐、景观带及海湾游乐空间体系，如图 10–5 所示。

3. 空间形态规划设计

展示环境形态的自然美，与自然环境相协调，是城市形态设计的宗旨。新村建设基地的自然地形地貌，形成了环绕感很强的自然空间形态；河流与大海的交汇造就了基地优美的水环境。因而，设计采用了环绕型的整体空间形态，山丘、港湾、街区环绕着 4 个主要空间节点——主题建筑与主体建筑群，形成空间的主次关系。这种空间形态凸显了自然环境空间的环绕形态，与环境空间融为一体，如图 10–6 所示。

居住建筑空间平直、粗犷，行列式的布局是形的延伸、重复与集合，层层叠叠，表达阳刚、温和之态，构成极强的韵律感，似层层碧波、凝固的海浪，表达居住建筑群体像海一样的浩瀚、磅礴之态，融入海之境，展示海之美。公共建筑以柔和的曲线为其形的要素，表现柔和、流畅之态，意在与棋盘河的蜿蜒相协调。流畅的公共建筑空

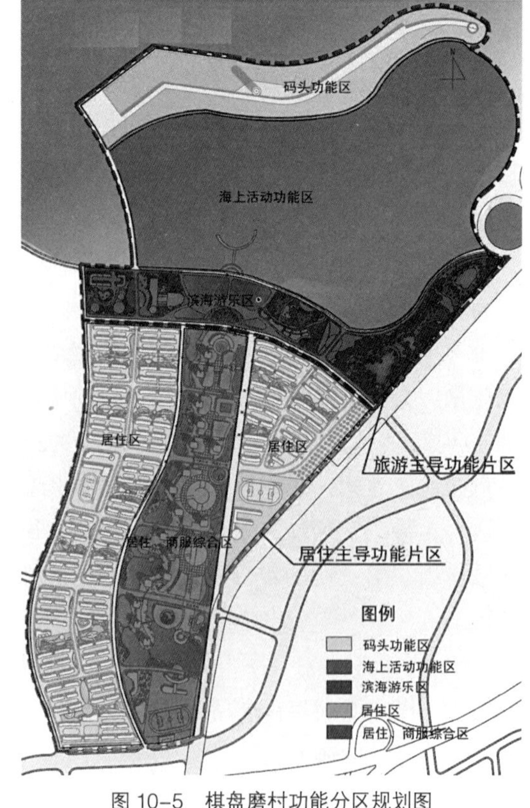

图 10–5　棋盘磨村功能分区规划图

图 10-6　棋盘磨村鸟瞰图

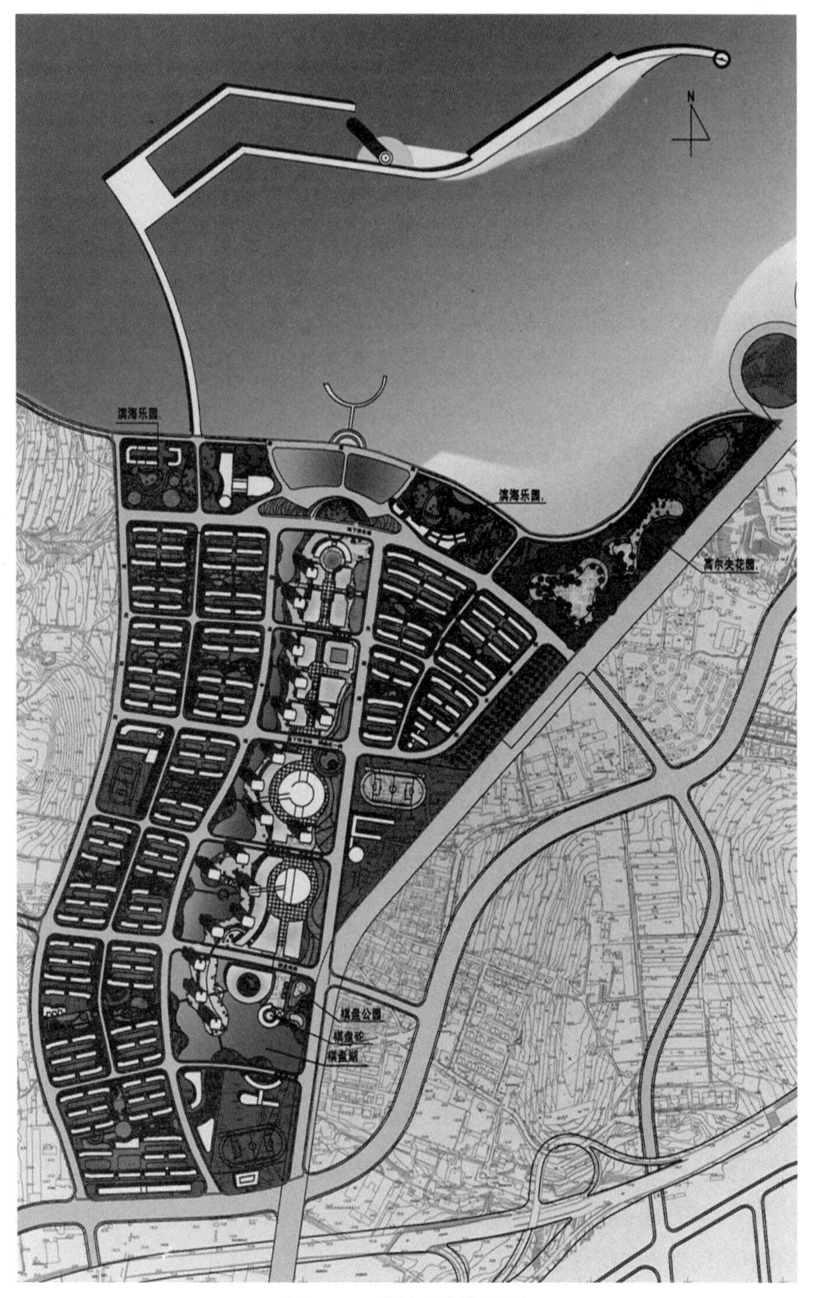

图 10-7　棋盘磨村平面图

间犹如河流之蜿蜒，小溪之缠绵。围合与环绕是公共建筑形态的特征；寻求变化、张扬个性，是公共建筑形态设计的原则;达到与居住建筑平直、温和的形态构成对比、协调、变化、统一之目的（图 10–6、图 10–7）。两种对比强烈的空间形态，互为变化，相互衬托，簇拥着高耸的高层住宅建筑群，构成富有美感的、和谐的城市空间形态、高层住宅以其纵向的尺度，展示其拔地而起的态势，确立其对空间的主导地位，构成主体建筑群；又犹如林立的桅杆，矗立在恬静的港湾，面向渔村的未来。

10.4.5　棋盘磨村功能体系规划设计

节点控制法的要求，以节点控制主导城市规划设计。无论交通、功能或其他体系，都以节点体系为根本，进行设计。棋盘磨村的功能体系，以 4 个旅游及公共服务功能为主的核心节点构成功能结构体系，控制并组织小区级、组团级的功能布局，新村功能体系，服务于棋盘磨村居住区的居民与游玩的游客，如图 10–4 所示。

功能的设置源于发展的需求，旅游业及养殖业是新村经济发展的基础，也是新村经济融入城市的需求。设置旅游主导功能区及居住、商服综合区，满足了开发旅游项目，发展经济的需求；设置居住主导功能区，满足新村城市型居住社区建设发展的需求。

旅游主导功能区及居住、商服综合区内，规划开发的主要旅游项目有：旅游码头，沙滩海水浴场、快艇、游艇、划船、潜水等海上游乐项目，富有传统渔村文化的“观光渔业”，服务于旅游观光及餐饮业的海产品养殖场及交易市场，娱乐高尔夫球场，海滨游乐场，购物及“吃海”一条街（经营世界著名的不同地域、特色、风味的海产品餐馆），等等。这些项目是构成“旅游”功能的要素，这些功能是构筑节点、轴线的功能性要素。

城市型居住区是新村基本建设的主体与目标。新村址优越的自然环境条件，是建设临海居住区的理想地段。临海居住区是大连城市房地产业的热点，由此，新村便会很好地融入城市，使新村成为城市理想的居住片区。

10.4.6　棋盘磨村景观体系规划设计

棋盘磨村的景观资源较为丰富，设计将城市、山林、河流、海岸、沙滩、港湾作为新村基本的景观元素，在结构体系控制组织下，各景观元素间的相互沟通、互动与融合，形成区域整体性景观体系。同时，强调对各类景观体系进行个性化设计，体现不同的特色。

1. 节点与景观轴线

以棋盘湖广场、棋盘商厦广场、滨海广场、海坛广场为景观节点，展示湖光景色及水镇风光、公共建筑景观及水景、滨海景观及主题建筑、码头及祭祀文化景观。其东西两侧各设一绿化景观轴,以组团绿地为景观节点。三条轴线贯穿基地南北,构成纵向的景观系统，沟通滨海景观带、滨海路、渔港及旅游码头、沙滩浴场等景观元素,并向大海延伸,融于大海。规划设置数条东西向景观轴线，形成横向景观系统，联系、沟通南北向景观系统，并向东、西棋盘山的山林延伸，建立人文景观与自然景观的联系，如图 10–8 所示。

2. 景观视线通廊

（1）重要视点

1）海坛广场向南视点。此视点在扇形视域内形成沿岸立面景观视图，是主要的海上看新村的视点。色彩、轮廓、天际线是景观效果的主要因素。

2）东、西棋盘山视点。视点构成东、西两个方向的俯瞰景观视图，是两个重要的俯瞰新村全景的视点。空间形态、色彩、开放空间、景观节点，是景观效果的主要因素。

3）高架朱棋路视点。由于此路是城市入口的通道，所以该视点是最重要的景观视点。该视点具有动态特性，在短时间内形成远—近—远的动变景观视图。视线角度经历西偏南 30° 至北偏东 7.5° 的变化，并且有较低的俯瞰角度，可以俯瞰三层建筑的屋面。西偏南 30°，北偏东 7.5° 是该视点主要的远景效果视图。近景区段以棋盘湖近景俯瞰图景、棋盘商厦广场及主体建筑群、棋盘东路小区纵深景观图景为主要近景视图。天际线、城市轮廓、色彩及细部景观及风貌特色是景观效果的重点。

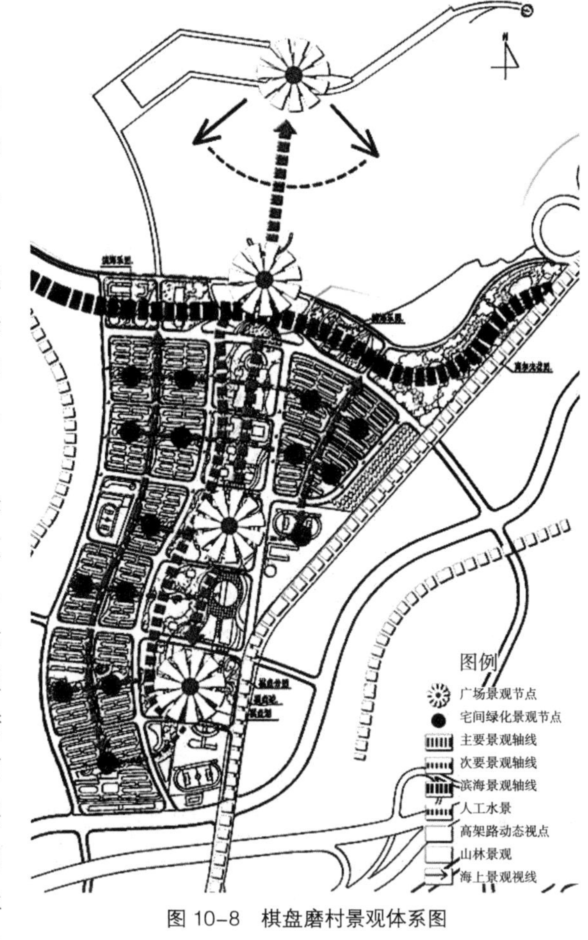

图 10–8　棋盘磨村景观体系图

（2）视线通廊

景观视线通廊用于关联不同的景观元素。海景与山林景观的视线通廊是规划的要点，是内部景观与环境景观沟通的渠道。居住建筑行列式布局，采用树木围合、分割空间，保证视线的通达与环境空间的整体性；海景视线通廊的合理布局，使海湾景观成为景观轴线上的重要元素，密切了海景与城市景观的关系。

3. 建筑景体系设计

建筑景观设计，通过平直的多层住宅，挺拔的高层住宅与流畅、委婉的公共建筑三种不同的建筑形态，形成韵律、变化、对比与统一，强调景观的整体效果。同时，以大片的多层住宅为背景，衬托、强调高层住宅、公共建筑的局部组群与个体景观效果。公共建筑以多变、夸张的形态，渲染旅游景区建筑的风貌特色。

4. 绿化景观规划设计

绿化——花、草、树木是景观的基本要素，新村的景观以绿化为主。居住区的绿化景观轴与绿化景观节点构成绿化景观系统，并形成绿茵步道系统；滨河公园绿化带，朱棋路绿化带，空中花园——公共建筑屋面绿化，构成商服功能区立体绿化系统；高尔夫花园、滨海乐园构成滨海绿化带。

绿化多采用基地环境固有的品种，体现自然环境绿化特色，使环境绿化向区内延伸，展示自然美，增强区内绿化景观与自然植被相互融合的和谐与整体性。

5. 水景规划设计

海水景观展示港湾、沙滩、岸礁、海坛广场等景观。河滨公园为主水景区，展示自然的湖泊、池塘、小溪、瀑布、跌水等自然形态的水体景观，保持棋盘河的自然特色。其他水景采用人工形态的水体，如喷泉、涌泉、造型水池等。自然与人工水景形成对比与相互衬托的关系，凸显各自的魅力。

另外，室内水景也是北方城市必要的选择。棋盘湖畔的水景宫，可让北方的水景流入冬季，并可成为水生动植物冬季的养护场所。

6. 步行景观游览体系

绿化系统与步行系统的结合，为新村提供了景观游览体系。可使居民有一个较好的室外休憩与活动空间，在散步的同时，欣赏与感受各类景观，体验美与享受自然。同时，为开发“社区游”或“渔村游”提供有利的条件。

10.4.7 棋盘磨村色彩体系设计

居住建筑以基地周边山林的绿色以及海水的蓝色调为背景色，采用基地的土红色为特色色调，“土生土长”——“从基地的环境中长出”为色彩设计的追求，并与背景色形成互补的相衬关系，以绿林、蓝天、碧海为衬。整体的色彩效果应以灰色调为主，显得平和、安逸，可以灰及灰度的土黄、土红色为基调。

第 11 章

大连华乐广场规划设计

本章的研究目的是通过广场的“规划设计”，明确城市节点与城市整体的关系，以及城市节点的塑造方法。以大连的华乐广场为例，依据节点控制的理论，研究华乐广场对于城市的节点意义，完善或强化城市的节点体系与轴线体系。本章的重点，是阐述在节点控制理论的指导下，塑造（改造）城市节点的方法。城市广场的规划设计，是微观层面的规划设计，是城市节点的塑造设计，应依据城市总体规划确定的广场（节点）体系进行。重点关注的主要有以下五个方面的内容：

（1）内涵设计。应依据城市的文化节点体系进行，确定广场的内涵、主题等内容。

（2）功能设计。应依据城市的功能节点体系进行，确定广场的主导功能及其他功能。

（3）空间形态设计。应依据城市的空间节点体系进行，重点是建筑空间形态的设计。

（4）景观设计。应依据城市的景观节点体系进行，重点是主体景观与其主题的设计。

（5）色彩设计。应依据城市色彩体系进行，重点要考虑广场的内涵、功能等因素。

11.1 项目背景

2007 年末笔者接受委托，做华乐广场的“规划设计”，此时广场在鲁迅路南的部分（以下称南广场）已经完全建成，鲁迅路北（以下称北广场）的部分建筑已经建成（图 4–48 中的灰色建筑）。

11.1.1 区位研究

对于城市广场规划而言，区位研究的重点，是明确广场与城市的关系，以凸显维护与加强城市原有的结构体系与秩序关系。如图 11–1 中的区位分析图，华乐广场位于大连市东部寺儿沟片区的华乐街道。大连东部的城市干道鲁迅路，自西向东穿越广场建设基地，并向东延伸至城市最东端的海之韵广场。从区位关系分析，似乎广场位于城市的东或西，对广场的设计并无影响。利用节点控制理论，经过对大连的城市广场布局的研究，以及广场与城市宏观关系的研究得出结论，日本人建设的大连，广场的布局具有一定的规律，有一条城市广场串起的轴线，华乐广场恰在此轴线的东段。该轴为大连城市布局的主轴线，可谓城市的脊梁。人民广场、中山广场是广场文化轴上重要的节点，经过三八广场、二七广场的平淡过渡，华乐广场可成为城市又一靓丽的节点，无论城市职能、城市意义都可如此。

广场文化轴概念的提出与建立，是此项目区位研究的最有意义的成果，也是节点控制理论实用意义的体现。广场文化轴概念的建立，可明确广场与城市的关系，明确广场在城市整体系统中所处的地位与起的作用，使广场的设计具有明确的指导思想与目标，即凸显与加强广场文化轴，在节点控制下强化城市结构，加强已经建立的城市秩序。

11.1.2 现状广场空间研究

1. 广场环境空间

广场的建设基地原为一处山坡，南高北低，西高东低。基地处于一处南北向坡度 15% 左右，东西向坡度较小的坡面上。整体分析，环境空间的东西向坡度较小，忽略此因素，可视环境空间为一单向的坡面。目前，广场的周围大多为新建的居住小区。小区的空间形态各异，各自有相对独立的空间体系，靠广场边的建筑形成对广场场地的围合。如图 11-1 中的空间形态环境分析图所示，小区空间没有明显的地块划分，广场周边皆为连片的住宅空间，与广场没有分隔。

图 11-1　现状分析

2. 广场空间

综合分析，广场现状空间影响设计的因素如下：

（1）基地选址在一处坡度较大的山坡上，自然坡度过大，空间凌乱、破碎难以满足广场空间相对平坦的要求，对广场的空间形态、城市功能及工程建设，都具有极大的不利影响。规整的空间形态，特大的规模，与基地条件极不相符。

（2）广场周边建筑的基底标高相差过大，基底平面不连续，仅图中标出的就有 8 个相差 5 ~ 10m 的平面，高差最大的相差 19m。这样的建筑围合的空间，不能形成一个竖向关系协调、完整的广场平面。20 世纪 70 年代前大连的广场，建筑物基底的高差不大，能够形成一个连续的界面，可以保证围合一个与建筑基底平面相协调的广场场地，而华乐广场则不然，不可能形成协调、完整的场地平面。

（3）南广场场地的空间界面与周边建筑不协调，场边高层建筑的屋顶标高，与最低的建筑基底标高相差 79m，与场地的最底标高相差近 83m；与广场场地最高标高，高差大于 10m，显得高高在上；有的建筑在广场上只能看到少部分的立面，形不成完整的空间形态；这样的空间高度关系，无论如何也无法塑造出一个说得过去的，较理想的空间形态。

（4）广场空间除了场地以外，与周围的小区没有界线，广场只是几个小区围合的一块空地。广场空间的围合感较差，原因是形态不吻合，围合不完整，场边的建筑根本不属于广场，各有其主。这样的空间划分、组织，没有体现出以广场为核心的，塑造核心型空间的意图。相反，其东南的高层居住区的空间形态，严谨而夸张，好似广场的设置及空间形态，由其构图的意义而决定。

（5）鲁迅路将广场分为南北两部分，南广场已建成，历史与现实造成了南、北广场空间、时间的隔离，使广场失去空间整体性及时间特征的统一性。

（6）由于高差过大，南广场的场地空间，与周围环境空间的关系不协调，可达性较差，影响广场使用功能的发挥。

11.1.3　文化、功能及色彩研究

华乐广场的上位规划为“华乐小区详细规划”，景观功能是设置广场的主要目的。对广场文化内涵没有任何规划要求，更没有所谓主题。广场边的建筑有的已经建成，没有文化馆、影剧院、画廊等文化品位较高的设施；也没有重要的城市功能。所以，现在的广场显得很苍白，缺乏活力，仅仅是绿化与硬铺地的组合。

广场周围的小区，构成广场的环境色彩，整体上呈灰白色，广场上的建筑与周边的住宅色调比较统一，缺少变化。南广场以灰与绿的色彩组合为主，即植物的绿与石材的灰结合，整体上给人以冷灰、沉寂的感觉。冰冷的石砌台阶，暗灰石材地面，色彩以及材料的质感，使广场显得缺少生气，缺少人情味。

11.1.4　上位规划研究及设计条件研究

由于大连没有做过城市广场建设的总体规划，而华乐广场本身为详细规划层面设置的，所以华乐广场的规划没有上位规划的支撑。这就需要设计者从总体规划的角度出发，首先

进行广场与城市关系的定位，进行较全面的综合分析，以确定广场规划设计的整体性基础，然后再进行局部小范围的分析定位，进行广场的详细规划设计。

设计要求:设置地下防空空间,考虑平战结合,开发商用功能。要求广场具有文化品位,有古典韵味。

设计范围：按场地的形状划界，不包括场边的建筑，在场地界线内进行"规划设计"，包括已经建成的南广场，可对其进行局部改建。

11.2 华乐广场设计指导思想

本项目除了规划范围以外，所有需要总体规划确定的内容，必须自行确定。根据设计要求，需要自行确定具有丰富文化内涵的主题，以表达广场的"文化品位"，同时，主题的选择需要考虑"古典韵味"。场地周边未建的建筑在本项目用地范围外，对其功能也不能有所作为，广场用以承载城市功能的部分为地下人防空间。考虑平战结合，并要求广场成为城市的旅游景点。分析以上因素以及广场对于城市的意义，确定了"主题明确，特色鲜明，文化氛围浓厚;平战结合，优化功能，形成区域核心;为旅游城奉献靓丽的旅游景点"的设计目标和"体现人性化"的设计主张。广场被誉为城市的"起居室"，应以"人性化的设计，体现人情味，凝聚人气，增强广场的核心效应"为设计原则；以"建立广场与城市的关系，确定广场的主题，使广场具有丰富的文化内涵等"为项目设计的要点;秉承"立足广场，置于城市，寻求本色文化，景观主导，科学合理，注重艺术品质"的设计理念。

由于场地选址的原因，本项目有许多难以解决的技术难题，如处理好广场三部分之间的时空关联关系，广场与城市主干道之间的关系，广场空间的竖向关系等。更重要的是，在基础条件不适合作为城市节点的前提下，如何塑造一个满足设计要求，并能承载城市节点意义的广场？就现状而言，环境条件对广场是很不利的，而环境是难以改变的，不能随设计人的意志改变，如地形的高差是不能改变的，现有建筑物的功能，也难以改变。只有立足于广场，才能发掘出属于广场本身的文化特色，只有置于城市才能保证文化与城市的意义，只有置于城市整体系统中，才能保证广场的城市意义，才能找到属于广场本身的东西，包括本色的文化。所以，要提高广场的品质，必须立足于广场本身，并且处理好广场与城市的，即宏观与微观的关系。景观意义、景观功能为主导，才能保证广场的旅游功能。当然，广场的空间设计，工程建筑必须具有科学与合理性。高贵的艺术品质，是景观元素必须具备的，而科学合理是产生美的基础，是高贵艺术品质的保证。

要满足设计要求，并使广场能发挥重要的作用，综合上述分析，本项目规划重点考虑以下几个方面的问题：

（1）文化特色。文化特色是旅游功能的保证，是古典韵味的基础。然而，对于一个没有文化内涵的，设计委托没有明确的文化题材要求的，没有上位规划支撑的，一个普普通通的广场，如何体现文化特色？

（2）旅游功能。广场要成为城市的旅游景点，就必须要设计一个旅游景点，而这是很难做到的。广场在各个方面都应具有较好的品质，而且要以游客的需求与认可为标准。

（3）技术要求。技术方面的重点，主要有三个方面，如何处理好广场三部分之间的时空关联关系，广场与城市主干道之间的关系，以及广场空间的竖向关系。

（4）节点塑造。南广场已经建成，广场的建筑多数建成，设计的主体只是场地，难道场地的图案能塑造城市的节点？先天不足、问题很多的广场如何成为城市的重要节点？节点塑造应重点解决上述问题。

11.3　广场主题与文化设计

广场的名称为华乐广场，从名字中寻求广场的主题，是只属于华乐广场的主题。华乐的字面意义可引申理解为“华乐（yuè）”——中华的音乐，大连的核心广场中山广场为音乐广场，为了延伸、烘托核心广场的功能，确定广场的主题为：中华音乐。作为广场的设计主题，必须体现设计理念，音乐是提升广场的文化与艺术品质的理想主题。

（1）立足广场：虽然中华音乐是一个宏大的主题，但与广场的名称相关，主题出自广场本身，广场的文化内涵，能够具有本色文化的象征意义，并非是用于任何广场皆可的文化内涵。

（2）置于城市：中山广场是大连的音乐广场，音乐是城市的核心广场的核心主题，然而其缺乏音乐文化，缺乏音乐元素，但不缺少的是广场上大量的音乐人群，说明城市需要这样的音乐广场。而华乐广场可以在音乐文化、音乐元素、音乐功能上，对核心广场的缺憾进行补充，成为音乐文化在城市广场轴上的延伸，也是对核心广场的主题的延伸，体现核心广场的控制意义。

（3）古典韵味与文化品位：中华音乐具有悠久的历史，远古的骨笛，曾侯乙的编钟，敦煌的壁画等音乐景观元素，不仅体现古典韵味，也能展示音乐发展史，彰显音乐艺术魅力，凸显广场的文化、艺术品质。

（4）旅游景点：音乐艺术景观元素，可以其悠久的历史文化内涵，高雅的艺术品质，成为“旅游景点”的有力支撑。

综合上述分析，华乐广场由主题引申出的文化元素，可以赋予广场较丰富的文化内涵，从而获得较强的生命力，具备城市节点应有的文化品位，并能表达古典文化，营造“古色古香”的文化氛围，满足设计条件的要求。更重要的是为提高广场的城市地位，奠定丰厚的文化基础。华乐广场的文化内涵，以凸显广场的音乐主题为核心，展示中华音乐文化的辉煌历史，形成广场的文化特色。结合景观设计，广场上设置以音乐题材为主的景观元素，如半埋于土中的编钟，以敦煌的乐舞壁画为题材的浮雕，中国古老的乐器造型艺术品等；结合广场的商服功能，设置与音乐相关的，体现音乐文化的商服业，如面向大众的学习音乐的“乐园”，享受音乐的“音乐之家”、“乐吧”等。

11.4　广场的空间设计

11.4.1　空间形态设计

针对华乐广场的现状，空间形态设计需要解决的问题，主要是空间的整体感。利用两座平面、立面均为弧形的人行过街桥，架设于鲁迅路上，联系南、北广场，并弱化鲁迅路对广场的分割，强调主体空间的圆形轮廓，形成整体感较强的空间；北广场设计一圆柱体的“核”型空间，形成三层空间公用的“轴”与“核”，强调三层空间一体化的效果；北广场的地面采用透空设计，使广场的地面层与半地下层空间整体连通，强调整体性。

11.4.2 空间艺术设计

（1）空间的变化

广场空间形的变化源于场地的基本形状，场地空间的形的变化，呈现梯形—半圆形—半圆形—梯形的秩序，如图 11-2 中的广场平面图所示。设计强调主体空间的圆形轮廓，

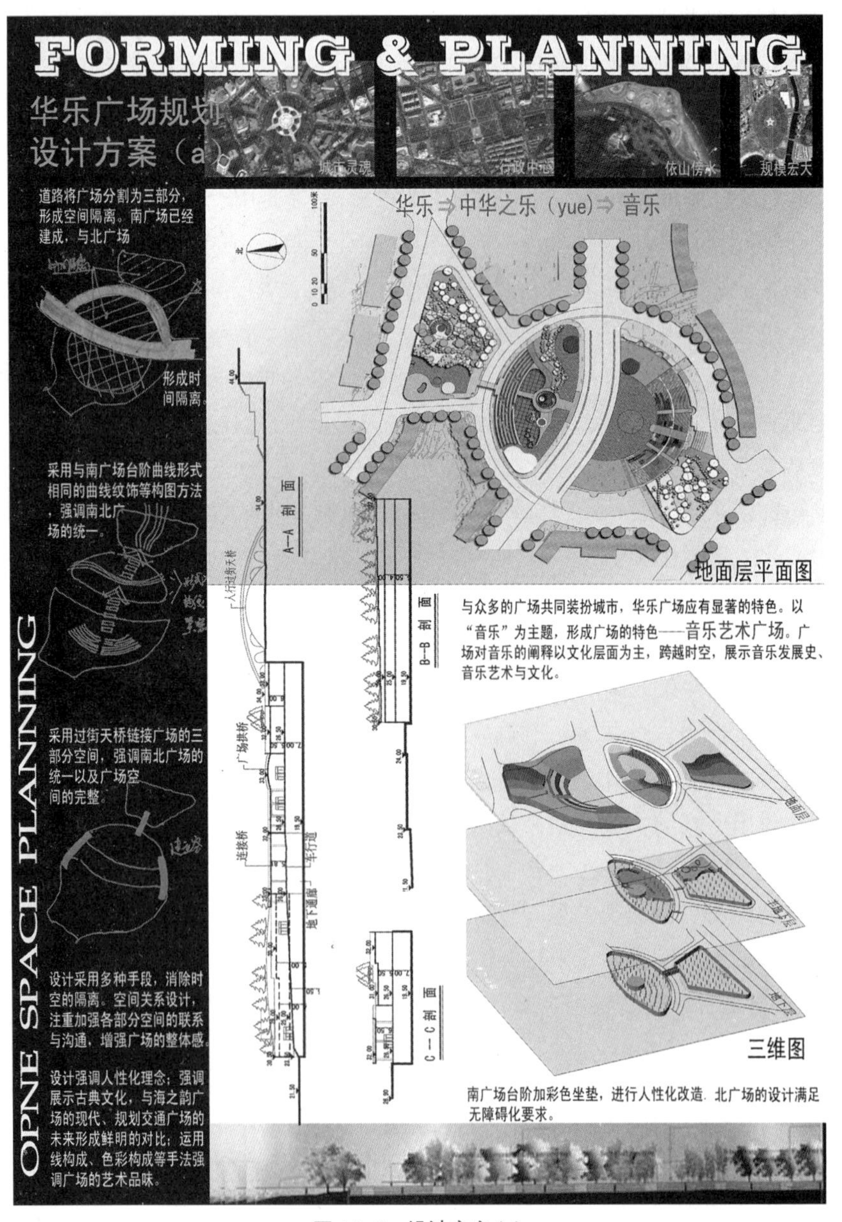

图 11-2 设计方案 (a)

实际上也是强化与突出空间的变化；北广场的半圆场地的空间划分，采用与南广场不同的形式；北广场的梯形空间的处理，也采用与南广场不同的方法；结合地形，设计采用了“多层广场”的概念，设计广场为三层，其中地面层及半地下层设有供市民活动、休憩的广场，这种形式的广场是城市唯一的（图 11-2 中的三维空间图），这是相对于城市其他广场空间形式与形态的变化，是局部相对于整体的变化。

（2）空间的统一

南广场的弧状台阶密集的弧线排列，形成了强烈的弧形韵律的空间感。为了强调统一，北广场设计了源于五线谱、琴弦的弧形纹饰，北广场的梯形空间分割出弧线连接的曲线形空间，等等。

（3）空间的构成艺术

建成的南广场的台阶，为一组明显的曲线的排列，所以设计突出广场平面空间的曲线形分割，利用源于五线谱的地面纹饰，以及各种形式的曲线组合，强调线构成的概念；源于广场主体空间的圆，广场上设计多个圆形空间以及点状的花坛，强调点构成的概念；从艺术角度出发，上述方法的意图是凸显广场的空间艺术。

11.4.3　空间关系设计

道路分割广场为三部分，南广场、北广场及梯形北广场，竖向高差也非常大，形成多层台地，这样的情况还是比较少见的。空间关系设计的主要目的是弱化南、北广场时间与空间的隔离，上述“（1）空间的变化”中的方法，重点是解决空间的隔离，密切三部分空间的联系。然而对于华乐广场的设计，尤为重要的是设计思想与设计方法的统一，以消除时间的隔离。上述“（2）空间的统一”中强调统一与构成艺术的方法，如强调曲线的风格，点构成与线构成艺术应用，都能使三部分的广场空间，形成统一的设计思想、方法与风格，塑造完美的整体空间形态。

广场分为三个水平界面，每层界面可分别贴近与其接近的环境空间界面，密切广场与周围环境空间的关系，与人的关系，尽量提高广场的可达性。

鲁迅路是城市的主要交通空间，为广场带来了噪声、粉尘、废气与危险，设计以透明装饰隔断，隔离广场与道路空间，降低污染与影响。

11.5　广场的功能设计

没有相对重要的城市功能，等于广场在城市本质上低于承载城市重要功能的城市元素，仅凭景观功能，难以塑造其城市节点的特性，使其发挥城市节点控制、组织的结构性作用。广场也会黯然失色，品位较低，失去吸引力，不能发挥广场的公共空间功能，难以成为会聚民众的公共场所。

11.5.1　商服功能

华乐广场的现状，是一个没有承载城市的重要职能，也没有重大的纪念意义或其他功能的大广场。在广场规划的层面，并不能赋予广场城市级的功能。分析广场与城市的区位关系，以及广场自身的条件，结合平战结合的要求，广场只能在北广场的半地下层，设置居住区级的部分商服功能，使其成为居住区级的商服中心之一。

11.5.2 旅游功能

如此大规模的广场，没有旅游功能，对于大连来说，就是一个失败的广场，而且旅游功能也是提升广场品质的主要功能。首先，广场应成为广场文化旅游项目的重要节点，应多方面提升广场的旅游功能。其次，广场要设置服务于城市旅游体系的商业、餐饮业、服务业，增强广场的旅游功能，使其成为城市旅游体系的重要节点。

11.5.3 音乐功能

目前大连没有音乐功能较突出的广场，中山广场只有一个城市级的剧场，因此可以音乐广场作为华乐广场的重要功能,塑造广场“城市级”的品质。广场设置面向大众的“乐园”，供音乐爱好者学习音乐；设置大众化的音乐之家、音乐之角，供音乐爱好者切磋与享受音乐;设置“乐吧”，供音乐爱好者练习、欣赏音乐等，还可设置专业的、城市级的音乐商场，设置专业演出场所，等等。

11.5.4 人防功能

按设计要求，人防功能为广场的必设功能。据人防工程的特点，广场的地下层作为人防地下室。考虑平战结合，平时可用于地下停车场、小型剧场等功能，以聚合广场的人气，活跃广场的人文环境，显现其较强的生命力。

11.6 广场的景观设计

为体现音乐主题，广场以音乐艺术景观为主，展示音乐艺术历史的精华。塑造广场的高贵的艺术品质，以提升其在城市中的影响力，也是塑造其节点特性的必要。综合分析广场内部与外部的景观视线，以及景观效果，从空间形态与色彩方面入手，塑造广场整体的景观形象。在北广场的中心部位，设置广场的主体景观元素（见图 11–3 中的平面图），设计为一音乐题材的大型主题雕塑。设计要求雕塑反映中华音乐辉煌历史的人、物或事件，塑造广场的、城市的音乐艺术之魂。

广场的景观元素以三类为主，构成广场的艺术景观体系、绿化景观体系以及水景体系；各类景观，以主体景观即主题雕塑为核心，沿贯穿南北的主轴线布局。

艺术景观元素多数布置在梯形北广场，以浮雕长廊（墙）、半埋于土中的编钟、古代乐器雕塑等为主，构成广场的艺术景观体系。景观元素要较简洁、系统地反映我国音乐艺术的发展史，具有丰富的文化内涵，体现广场不凡的文化与艺术品位。

绿化景观以林为主，形成树林、花坛以及草坪等元素构成的绿化景观体系。绿化景观既是广场的主要景观，也是主要的配景体系，总体上应体现出较高的园林艺术水平。梯形北广场的树林，命名为“华乐林”，为城市的音乐之角，供音乐爱好者切磋乐艺与享受音乐，

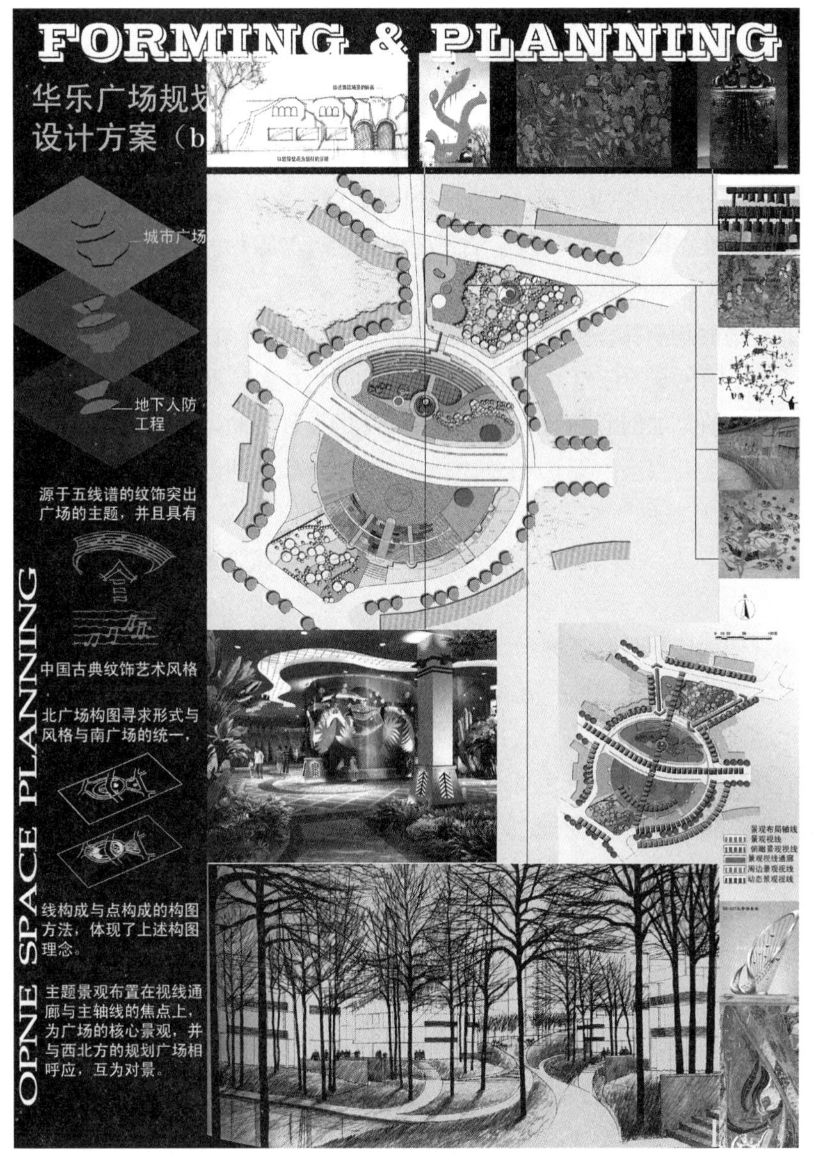

图 11–3　设计方案 (b)

创造城市“百姓音乐”的文化氛围。

水景景观为人工景观，主体水景为以“蓝色之舞”为主题的水族箱，在梯形北广场点缀景观水池，形成广场的水景体系。在主题雕塑的下部设置通高两层（半地下与地下层）圆柱形透明水族箱。在展示黄海、渤海珍惜海洋动物的同时，伴随着悠扬的乐曲，鱼儿翩翩起舞，奉献“蓝色之舞”。

11.7　广场的色彩设计

色彩设计的宗旨是“艳丽于市，斑斓与乐”，即广场的色彩艳丽于市井，并与美妙的乐曲共舞斑斓的市井生活。总体上，广场的色彩要以灰色调的环境色为背景，以亮丽的暖色调为主，使广场突出于灰色的环境，成为局域的亮点，体现城市节点的内涵与品质，如图 11-2、图 11-3 所示。

主题雕塑的色彩，要靓丽、美观、突出，应是广场上色彩体系的核心与焦点。宜选用红色、白色等饱和度高，与周围色彩对比强烈的颜色。

广场的三部分场地采用相同的、偏红的暖色调，意在用色彩统一广场的三部分空间，用色彩标识同意义、同性质的空间；活跃广场氛围，与绿化的色彩形成对比与相互衬托的关系，并改变南广场的冷漠色调。

梯形北广场的华乐林，按照广场的曲线纹饰构筑台地，在解决地形高差的同时，以不同的树种形成不同色彩的色带，意在强调曲线空间，丰富广场色彩。

南广场的台阶，加铺彩色坐垫，体现人性化的设计理念，以不同的色彩组合，展示色彩构成艺术。

11.8 广场的光媒景观设计

光媒景观作为广场夜幕下的景观主体，也是体现色彩设计宗旨的主要方面。与主题雕塑结合，设置主题光媒景观——激光表演，以主题雕塑为主题和背景，伴随着音乐、激光起舞。与主题光媒景观对应，半地下与地下层设置以“蓝色之舞”为主体的光媒景观。总体上广场的灯光色彩以暖色调为主，形成光媒景观的背景，并以点构成线，勾勒广场的纹饰与空间轮廓，随着音乐的节律变幻、舞动，展示优美的光媒景观，用绚丽、和谐的灯光，奏响光的交响曲。

11.9 结语

华乐广场的“规划”设计，是一个基本失去规划意义的规划项目，实际是一个极为困难的广场设计。首先，自然环境的条件根本不适合设置广场，至少不应该设置如此规模的形态规整的广场。有必要的话应选择形状自由的，易于变化的规模较小的广场。其次，人为的原因，导致广场的设计有要求，无依据，无主题，无目标（出于城市规划的目标），无上位规划的支撑；广场的位置、功能已确定，广场的建筑（事实已不属于广场）已建成，广场的空间范围模糊不清，广场的空间形态极差，已不可能成为核心型空间，等等。再次，广场的空间被道路分割为三部分，同时又存在纵向的隔离，较难解决的是时间的隔离。上述问题如何解决？针对上述问题，设计采取相应的策略，科学的方法与合理的手段，创造有利设计的条件，化难题成为亮点，让无题胜似有题，使无据同于有据。本质上，华乐广场的规划设计，是城市节点的塑造与设计，为此，本案在以下三个方面进行重点设计：

（1）本项目设计以委托方的要求为基础，重点从宏观角度研究广场与城市的关系，确定广场的城市职能与意义，从中寻求并确定设计依据。确定华乐广场为城市的重要节点，广场承载城市的音乐艺术功能与旅游功能，为广场的塑造确定目标与依据。

（2）发掘华乐广场本身的内涵，确定属于华乐广场的广场主题，以满足“文化品位、古典韵味”的设计要求。好的设计主题不会产生于其他的“案例”，星海广场的华表无法与天安门广场的华表相比，因为它没有文化，没有氛围，没有历史底蕴，没有内涵，没有真正的意义。

（3）立足于广场，调动一切可以调动的因素，从文化、功能、空间、景观等多方面全方位地对广场进行塑造，使其体现出城市节点的品质与性格，确定其作为城市节点的非同一般的城市地位，提升其结构性品质，增强其对城市的结构性作用。

图片来源

图 1–1 笔者绘制

图 2–1、图 2–2、图 2–3、图 2–4、图 2–5 笔者绘制

图 2–6 蔡永洁 . 城市广场［M］. 南京：东南大学出版社，2006:20.

图 2–7、图 2–8、图 2–9、图 2–10、图 2–11、图 2–12 笔者绘制

图 2–13 蔡永洁 . 城市广场［M］. 南京：东南大学出版社，2006:42.

图 2–14 笔者绘制

图 2–15 蔡永洁 . 城市广场［M］. 南京：东南大学出版社，2006:58.

图 2–16 蔡永洁 . 城市广场［M］. 南京：东南大学出版社，2006:67.

图 2–17、图 2–18、图 2–19、图 2–20、图 2–21、图 2–22、图 2–23 笔者绘制

图 3–1 网络图片：http://djzhx.glite.edu.cn/tumu/jianz–design/china.htm

图 3–2 笔者基于中央电视台发现之旅频道节目画面绘制

图 3–3 网络图片：http://www.bdlrl.com/ship/_private/20_ca/02–gdca/tg01–dmg.html

图 3–4 网络图片（拼接）：http://www.360doc.com/content/09/0103/17/77484_2253070.shtml

图 3–5 笔者绘制

图 4–1 网络图片：http://www.zgdazxw.com.cn/NewsView.asp?ID=11071

图 4–2、图 4–3 笔者绘制，基图：刘长德 . 大连城市规划 100 年［M］. 大连：大连海事大学出版社，1999:50.

图 4–4 蔡永洁 . 城市广场［M］. 南京：东南大学出版社，2006:50.

图 4–5、图 4–6、图 4–7、图 4–8、图 4–9 笔者绘制

图 4–10、图 4–11、图 4–12、图 4–13、图 4–14 笔者绘制，基图：刘长德 . 大连城市规划 100 年［M］. 大连：大连海事大学出版社，1999:50.

图 4–15 笔者绘制，基图：图 2–2

图 4–16 笔者绘制，基图：图 2–3

图 4–17 笔者绘制，基图：图 2–7

图 4–18 笔者绘制

图 4–19、图 4–20、图 4–21、图 4–22、图 4–23 笔者绘制，基图：刘长德 . 大连城市规划 100 年［M］. 大连：大连海事大学出版社，1999.8:50.

图 4–24 笔者绘制，基图：图 4–1

图 4–25、图 4–26 笔者绘制，基图：刘长德 . 大连城市规划 100 年［M］. 大连：大连海事大学出版社，1999:50（局部）.

图 4–27 网络图片：http://image.baidu.com/i?word=%B4%F3%C1%AC%D6%D0%C9%BD%B9%E3%B3%A1&tn=baiduimage

图 4–28 1 网络图片：http://www.morishin–web.com/photo/china/dairen_minseisho/photo_dairen_minseisho.html

图 4–28 2、3、4、5、6 网络图片：http://kevinhuanming.blog.163.com/blog/static/102687149201032885045283/

图 4–29　笔者图片

图 4–30　大连市城建档案馆

图 4–31、图 4–32　笔者绘制

图 4–33　笔者绘制，基图：图 4–30

图 4–34　笔者绘制，基图：图 2–22

图 4–35　蔡永洁 . 城市广场［M］. 南京：东南大学出版社，2006:51.

图 4–36　笔者绘制

图 4–37　笔者图片

图 4–38、图 4–39、图 4–40、图 4–41、图 4–42　笔者绘制

图 4–43　网络图片：http://www.hprt.net/photo/%E5%87%BA%E4%B8%80%E6%9C%AC%E5%9F%8E%E5%B8%82%E6%91%84%E5%BD%B1%E4%BD%9C%E5%93%81.html

图 4–44　笔者绘制

图 4–45　笔者绘制，基图：大连市城市规划设计研究院：大连市旧版道路网规划图局部

图 4–46、图 4–47、图 4–48、图 4–49、图 4–50、图 4–51　网络图片：谷歌截图

图 4–52　笔者绘制

图 5–1、图 5–2、图 5–3、图 5–4、图 5–5　笔者绘制

图 5–6　笔者图片

图 5–7、图 5–8、图 5–9　笔者绘制

图 5–10　笔者绘制

图 5–11　网络图片：http://wenku.baidu.com./view/b5b95e42336cleb91a375dce.html

图 5–12　网络图片：http://tszyk.bucea.edu.cn/gdwhlczyk2/ghyjp1/bjyz1/6459.htm

图 5–13、图 5–14　笔者绘制

图 6–1、图 6–2　笔者绘制

图 6–3　蔡永洁 . 城市广场［M］. 南京：东南大学出版社，2006:63.

图 6–4　笔者绘制，基图：图 5–10

图 6–5、图 6–6　笔者绘制，基图：http://www.tjupdi.com/website/pro_detail.asp?pro_id=63

图 6–7　网络图片：http://auto.ifeng.com/news/special/mrht1013/

图 6–8　笔者绘制

图 6–9　网络图片：http://image.baidu.com/i?ct=201326592&cl=2&nc=1&lm=–1&st=–1&tn=baiduimage&istype=2&fm=&pv=&z=0&ie=utf–8&word=%E6%B7%B1%E5%9C%B3%E8%A7%84%E5%88%92%E5%9B%BE

图 6–10　笔者绘制，基图：图 6–7

图 6–11、图 6–12　笔者绘制

图 6–13、图 6–14　笔者绘制

图 6–15　E・N・培根等 . 城市设计［M］. 黄富厢等编译 . 北京：中国建筑工业出版社，2003：235.

图 6–16　E・N・培根等 . 城市设计［M］. 黄富厢等编译 . 北京：中国建筑工业出版社，2003：247.

图 6–17　E・N・培根等 . 城市设计［M］. 黄富厢等编译 . 北京：中国建筑工业出版社，2003：106.

图 7–1　笔者绘制，基图：刘长德 . 大连城市规划 100 年［M］. 大连：大连海事大学出版社，1999:50.

图 7-2、图 7-3　笔者绘制

图 7-4　笔者绘制，基图：图 3-30（局部）

图 7-5　笔者绘制，基图：谷歌截图

图 7-6、图 7-7、图 7-8　笔者绘制

图 7-9、图 7-10　金广君 . 图解城市设计 [M]. 北京：中国建筑工业出版社，2010：110.

图 7-11　笔者绘制

图 7-12　网络图片：http://www.wallpaperstravel.com/view/lubeck-germany-the-trave-river-1920x1200-travel.html

图 7-13　笔者绘制，基图：大连市城市规划设计研究院

图 7-14　网络图片：http://xufaqi.blog.163.com/blog/static/90897422008931784 0745/

图 7-15　网络图片：http://slx819.blog.163.com/blog/static/69140627201305121 7287/

图 7-16、图 7-17、图 7-18、图 7-19、图 7-20、图 7-21　笔者绘制

图 7-22　网络图片：http://www.wallpaperstravel.com/view/lubeck-germany-the-trave-river-1920x1200-travel.html

图 8-1　大连市城市规划设计研究院

图 8-2、图 8-3　笔者绘制 基图：图 8-1（局部）

图 8-4 图 8-5、图 8-6、图 8-7、图 8-8、图 8-9、图 8-10、图 8-11　笔者绘制

图 9-1、图 9-2　笔者绘制，基图：大连市城市规划设计研究院（旧版道路网规划图局部）

图 9-3　笔者绘制，基图：大连市城市规划设计研究院

图 9-4、图 9-5、图 9-6、图 9-7、图 9-8、图 9-9、图 9-10、图 9-11、图 9-12、图 9-13、图 9-14 笔者绘制，基图：大连市城市规划设计研究院（旧版道路网规划图局部）

图 9-15　E・N・培根等 . 城市设计 [M]. 黄富厢等编译 . 北京：中国建筑工业出版社，2003：136.

图 9-16　E・N・培根等 . 城市设计 [M]. 黄富厢等编译 . 北京：中国建筑工业出版社，2003：137.

图 10-1 ~ 图 10-8　笔者绘制

图 11-1 ~ 图 11-3　笔者绘制

参考文献

[1] 蔡永洁 . 城市广场［ M ］. 南京 ：东南大学出版社，2006.

[2] 唐纳德·沃特森等著，艾伦·布拉斯特，罗伯特·G·谢卜利 . 城市设计手册 [M]. 刘海龙，郭凌云，俞孔坚译 . 北京 ：中国建筑工业出版社，2006.

[3] E.N. 培根等 . 城市设计［ M ］. 黄富厢等编译 . 北京 ：中国建筑工业出版社，2003.

[4] 李德华 . 城市规划原理［ M ］. 北京 ：中国建筑工业出版社，2001.

[5] 梁思成 . 中国建筑史［ M ］. 天津 ：百花文艺出版社，2005.

[6] 杨鸿勋 . 建筑考古学论文集［ M ］. 北京 ：文物出版社，1987.

[7] 刘长德 . 大连城市规划 100 年［ M ］. 大连 ：大连海事大学出版社，1999.

[8] 王挺之，刘耀春 . 文艺复兴时期意大利城市的空间布局［ J ］. 历史研究，2008（2）.

[9] 克莱尔・库珀・马库斯等编著 . 人性场所［ M ］. 俞孔坚等译 . 北京 ：中国建筑工业出版社，2001.

[10] 芦原义信 . 外部空间设计［ M ］. 尹培桐译 . 北京 ：中国建筑工业出版社，1985.

[11] 贾兰坡 . “北京人”的故居［ M ］. 北京 ：北京出版社，1958.

[12] 李新伟 . 灵宝西坡遗址的发现与思考［ N ］. 中国社会科学报，2010-2-2.

[13] 金广君 . 图解城市设计［ M ］. 北京 ：中国建筑工业出版社，2010.

[14] 张杰 . 中国城市空间文化渊源［ M ］. 北京 ：清华大学出版社，2012.

[15] 唐燕 . 城市设计运作的制度与制度环境［ M ］. 北京 ：中国建筑工业出版社，2012.

后　记

完成此书，经历了城市规划理论与实践较全面的历练。有些想法，随着撰写进程而不断增强，似乎也逐渐成熟，似乎也不是很清晰、明确，有待于进一步的研究。

（1）城市总体规划应以文化体系与空间体系规划为基本的规划设计体系。其中，文化体系发展规划关乎城市的意识形态与上层建筑领域的建设，决定城市的发展方向，应是城市总体规划的基础与纲领性文件。所以，要对城市文化的历史与未来进行全面的分析，以确定城市的总体发展目标。是否需要淡化“城市设计”的概念，而注重城市“空间体系”的规划设计，毕竟城市规划设计的主要对象是城市的空间体系。不能视“城市设计”为城市规划的专项规划或配套规划内容，而是主体内容。

（2）城市规划理论是感性的，非理性的；并非以自然科学理论为主，是以人文哲理为主的理论；城市规划理论基于其他理论，应用其他理论，这在《城市规划原理》中也有体现；城市规划没有定律、公式也说明这一点。故宫、布达拉宫、克里姆林宫、卢浮宫、白宫……，是不同文化的产物，都是按照城市规划原理规划建设的？似乎，各类文化对古代城市建设的影响，形成了古代城市规划的基本理论。如礼制、风水、民俗等文化，对中国古代城市建设具有根本性的影响。那么，历史的、当代的文化对当代城市建设有何影响？

（3）总体城市规划的首要任务是建立城市的结构框架体系。城市主导运行机制分析，是确定结构框架的基础。城市结构体系确定后，其他体系的规划设计，则顺理成章。

具体做法是，首先确定城市的核心节点（城市级），核心节点确立城市主轴线，从而形成城市的结构框架，如“两心、两横、一纵”的结构模式。基于结构框架，建立城市的次级节点体系（片区级）与次级轴线体系、再次级节点体系（街道级）与再次级轴线体系。一般情况下，三级节点与轴线体系构成城市的结构体系。节点体系为城市的各级功能核心，轴线体系为城市的各级功能轴。至此，城市总体规划的基本框架与秩序已建立完成，其他方面的规划设计即可有序地展开。

（4）城市节点控制、组织的意义，在于两个方面，一方面是对社会的控制与组织，一方面是对城市的控制与组织。

天安门广场是国家级的核心节点，广场上的元素所弘扬、展示的是国家层面的政治、文化意义，发挥着统一全国人民的思想，团结一致建设社会主义国家的作用。从城市规划理论角度解析，这样的作用就是控制与组织。天安门广场也是城市布局的核心，其轴线控制着北京的空间布局；其周边的建筑，对北京及全国的建筑形态、风格等都有影响，这些体现的是节点对城市的控制意义。同样，大连的人民广场是城市级的核心节点、行政中心，其作用类似于天安门广场。

基于城市节点的上述客观意义，建立节点控制主导的理论体系，以继承、丰富、发展城市规划设计的理论与方法。俗话说“没有规矩，不成方圆”，城市建设需要规矩，控制的意义也在于循规蹈矩。所谓“规矩”即城市建设的“讲究”，是城市设计的理论之源。

（5）当今城市规划设计的误区。长期以来，城市规划好像迷失了方向，似乎越不理睬城市建成什么样子的规划设计方案，越能得到认可。而当不切实际的总体规划目标确定后，又为了一个街坊、居住区的规划设计方案“漂亮”与否而努力地设计，努力地评审，似乎把总体规划的目标忘记了，也许是总目标与街坊的规划无关。但是，城市是由街坊组合形成的，一个街坊与总目标没关系，一百个呢？所有的呢？类似这样的现象比较多，具体的表现主要有以下几个方面：

1）城市规划师俨然成了经济师，为城市经济的发展，作了详尽的区位与发展趋势分析，制定了宏伟的发展目标。这样的规划方案大多以经济发展规划为“虎头”，城市空间体系规划往往就成了“蛇尾”。城市建成什么样，仅仅与限制开发商的容积率——基本没有依据的指标，具有一定的相关性。重经济体系发展规划，轻空间体系发展规划，将空间体系发展规划归为“城市设计”，《城市规划原理》中阐述的城市规划的主要任务——城市未来空间安排的意志的理由、依据似乎不充分，为何如此，为何那样？难以像经济发展规划一样，做出让人振奋的“区位”分析。

2）城市规划师俨然成了艺术家，似乎要把每栋建筑都规划成城市之最美，方显城市规划师的高超水平。然而，总体规划目标中并没有制定“美的程度”，所以方案做得“漂亮”与否就可以演变为一种“制衡”，“仁者见仁，智者见智”吗？请设想，城市之美由一群不懂艺术的人来创造，结果会如何？一定要知道，圣马可大教堂、卢浮宫、故宫、布达拉宫……，那都不是规划师的作品，都是历史上世界著名的艺术家、艺术建筑师的作品。有一点规划师应特别清晰，城市不能全是“红花”，大多都是绿叶。规划设计城市之美的精力、重点不应放在“绿叶”上，而“红花”的设计，不是多数规划师所能为之的。

3）城市结构几乎等于城市构成。提出此问题，原因在于有些规划设计案的“规划结构”图就是片区划分图，与结构毫不相关。什么是“规划结构”？是城市结构？空间结构？还是“规划设计的城市结构”简称“规划结构”？这些都是太不清晰的简称，导致规划师糊涂的简称。如果清晰，对于任何一个城市的发展，首先应作城市结构体系的拓展规划，然而是否有这样的规划设计？似乎很少见。

4）“经济基础”不是确定城市发展目标的依据。改革开放后中国的经济快速发展，城市规划以经济为重是必然的发展趋势。经济发展规划已成为城市规划的重点、核心，包括城市发展目标的确定。然而，从目标的确定上，可以说明经济不应成为城市规划的核心。城市发展目标的依据，应是国家的“主导文化”。如“科学发展观”、“中国梦”一类国家建设的宗旨、目标，是城市发展目标确定的基本依据。以经济为核心导致当今城市规划的内容不够全面，不能真实地反映城市发展的实际需求。几乎大多数规划中没有涉及文化体系，却都有响亮的发展目标；“可持续发展”是规划设计中最时尚的用语，却没有自然体系的发展规划，也不是很注重环保体系发展规划；空间体系是规划设计的本质意义，却只落得用地分配与建筑高度的限定。应该探索解决这些问题的途径，完善城市总体规划，不要让总体规划的“可操作性”成为规划方案的优点。

（6）关注城市历史文化的保护。对城市历史文化的保护，要具有“扬长避短”的理念，尤其像大连这样的，曾经有明显特色的城市。规划人要知晓城市之长短，并有义务让城市建设的决策层明确城市之长短。城市建设不能只“消费”城市的特色，更要保护好城市的特色，让城市的特色具有可持续性，惠及城市的未来。就大连而言，拆掉大片的日本房，去追求所谓国际化，即是不知长短，葬送特色与未来。“依偎着连绵的青山，环绕着万顷碧波，荡漾着浓浓的欧陆风情”是大连之长，“国际化”是北京、上海、广州等城市之长。城市空间的布局及形态所展现的欧洲古典主义风格，欧式日本房所形成的风格基础与氛围，是大连的，也是国际（化）的。大规模地改造日本房地段，是在摧毁城市空间文化的基础与氛围，只保护广场意义不大。眼下的大连，剩下的只有寥寥无几的老广场和老街坊，并且被并不十分国际化的氛围所包围，城市欧陆文化特色的基础与氛围已经荡然无存。面对这样的窘境，规划人责无旁贷。难道，城市的发展模式必须以拆掉四合院、日本房为基础吗？应该能找出好的方法与途径，同样，规划人责无旁贷。

（7）关于历史文化的延续与发展。宏观分析，每个城市都有历史文化。老北京是中国古典城市文化的经典与代表作，红色的故宫包含丰富的古老文化，受到世界范围内广泛的敬仰。其文化渊源为礼制文化，而礼制文化源于中国新石器初期的敬天、敬地、敬人、敬神的文化；寓意九五之尊的九五之比，色彩应用对应于阴阳五行文化等。那么，如何让这些源远流长的文化在当今的城市建设中得到延续或衍生与发展？还是戛然而止？是摆在规划人面前的，有待探讨与明确的问题，探索与实践是现实的与必要的。向往新文化，鄙视封建文化时代已成为过去，而不要让城市文化断代，是否应成为当代规划人的追求？